园 林 树 木 学
Landscape Dendrology

许晓岗 童丽丽 编著

东南大学出版社·南京

内容提要

园林树木学是园林及景观学专业的重要专业基础课，综合性很强，它与植物学、植物地理学、植物生态学、园林植物栽培学等多门学科有着密切的联系，主要研究园林树木的形态特征、系统分类、地理分布、生态习性、园林功能、栽培管理及应用。

本教材分为总论和各论两部分，在阐明基本概念、基本理论的前提下，与园林建设的实际需要相结合，共收录了江苏省及其同纬度地区常见的园林植物 70 科 239 属近 500 种(含种下等级)，充分考虑了园林、风景园林等专业的自学考试人才培养目标和要求，基于系统性和科学性，突出针对性和实用性，努力反映园林树木学学科领域的最新技术、研究成果和发展趋势，适合考生及相关专业学生研习。

图书在版编目(CIP)数据

园林树木学 / 许晓岗,童丽丽编著. -- 南京 : 东
南大学出版社,2022.5
　ISBN 978 - 7 - 5766 - 0070 - 4

　Ⅰ. ①园…　Ⅱ. ①许…　②童…　Ⅲ. ①园林树木-高
等教育-自学考试-教材　Ⅳ. ①S68

中国版本图书馆 CIP 数据核字(2022)第 062511 号

责任编辑:李　婧　姜　来　　责任校对:韩小亮　　封面设计:李思颐　任晏孜　　责任印制:周荣虎

园林树木学

YUANLIN SHUMUXUE

编　　著:许晓岗　童丽丽
出版发行:东南大学出版社
社　　址:南京市四牌楼 2 号　　邮编:210096　　电话:025-83793330
网　　址:http://www.seupress.com
电子邮箱:press@seupress.com
经　　销:全国各地新华书店
印　　刷:南京玉河印刷厂
开　　本:787 mm×1092 mm　1/16
印　　张:17
字　　数:417 千
版　　次:2022 年 5 月第 1 版
印　　次:2022 年 5 月第 1 次印刷
书　　号:ISBN 978 - 7 - 5766 - 0070 - 4
定　　价:50.00 元

本社图书若有印装质量问题,请直接与营销部调换。电话(传真):025-83791830

前　言

园林植物是园林四维空间中最具生命力的要素,会随着四季的流转而变化。在园林植物中,园林树木所占比重最大。它不仅具有代表不同地域植物区系的特征,而且承载着千百年来人们对树木特有的情感,例如,松、竹、梅被誉为"岁寒三友"。

园林树木学是一门综合性很强的专业课,它与植物学、植物地理学、植物生态学、园林植物栽培学等多门学科有着密切的联系,是园林及景观学专业的重要专业基础课,主要研究园林树木的形态特征、系统分类、地理分布、生态习性、园林功能、栽培管理及应用。

学好园林树木学,对园林规划设计、施工,园林的养护管理等实践工作具有重大意义。本书在各论中对每个物种的园林观赏、生态、经济、疗愈康养、社会文化等功能均做了介绍。

本教材共收录了江苏省及其同纬度地区常见的园林植物 70 科 239 属近 500 种(含种下等级),考虑到实际工作中运用操作的方便,其中裸子植物采用郑万钧分类系统(1978),被子植物各科排列采用恩格勒分类系统(1964)。本书所采用的形态术语基本上按照中国科学院植物研究所的《中国高等植物图鉴》中所附的形态术语。

为适应江苏省自学考试的特点,减少全书篇幅,方便考生自学,并充分利用当今丰富的公共网络资源,本书中各个物种的照片均可用其拉丁学名在中国数字植物标本馆(https://www.cvh.ac.cn/)或植物智(http://www.iplant.cn/)等网站上检索并免费浏览。这一设计也降低了本书售价。

本教材由南京林业大学许晓岗、金陵科技学院童丽丽编著。南京林业大学田露、程瑶、王洪超、郑浩志等参加了编写。李思颐、任晏孜负责封面设计。

本书在编写过程中得到了东南大学出版社的大力支持。

最后,向本书所引用的参考文献的所有作者们致以深深谢意!

由于编者水平有限,加之编写时间仓促,书中难免有错漏之处,望各位读者不吝指正。

编者
2021 年 12 月于南京

目　　录

第一篇　总论

第二篇　各论

第一篇　总论

第一章　园林树木学的含义及园林树木的应用

第一节　园林树木学的含义

一、园林树木的含义

园林树木,指适合在城市园林绿地及风景区栽植应用的木本植物,包括各种乔木、灌木和木质藤本。园林树木不仅包括花、果、叶、枝或树形美丽的观赏树木,而且包括在城市与工矿区绿化及风景区建设中能起卫生防护、承载地域文化、改善环境、森林康养等作用的生态树种。因此,园林树木的范围要比观赏树木更为宽广。

二、园林树木学的内涵

树木学(dendrology)是研究树木的形态识别及分类、地理分布、生物学和生态学特性以及资源价值利用的学科。dendrology 源自希腊文 dendro(树木)和 logos(学理)。园林树木学是以园林建设为宗旨,对园林树木的形态特征、景观特征、系统分类、地理分布、生态习性、生存环境因子、功能用途、栽培繁殖、应用进行系统研究的一门学科。它属于应用科学的范畴,为城乡园林绿化、风景区以及森林公园等各类人居环境的建设服务,是园林专业的重要基础课之一。

园林绿化工作主要与园林植物打交道,园林植物中又以园林树木所占比重最大。未来园林建设的趋势必定是以植物造园(景)为主流,以最大程度获得良好的生态效益和景观效果。园林工作的现状是诸多设计师对园林树木类群与习性知之甚少,而从事树木栽培养护管理工作的技师又对树木配植与景观设计不在行。一个好的园林技师在设计与应用树木时,能够预见树木未来不同时间阶段的景观效果,在当前阶段须经园林师按照设计目标进行定向培育与管理,最终达到理想的景观效果。因而,学好园林树木学对园林规划设计、绿化施工,以及园林的养护管理等实践工作均有重大意义。

第二节　园林树木资源

中国幅员辽阔,地跨寒温带、温带、亚热带及热带,地形条件复杂,海拔高度相差很大,多样的气候类型和复杂的地形条件为园林植物的繁衍生息创造了优越的自然环境,具有很高的物种多样性,是世界园林植物的重要发祥地之一。我国园林树木资源丰富的主要原因是我国疆域辽阔，领土南北跨纬度很广，大部分位于中纬度地区，且地理位置处于大陆东岸，地形起伏多山，山脉多为东西走向且沟壑峡谷深，末次盛冰期期间，大冰川自北向南运动时受到层层阻截，不少地区未受到冰川的直接干扰，因而保存了许多欧洲已经灭绝了的树种，如水杉、水松、马褂木、银杏、银杉等，此外人类活动也对园林树木资源产生了巨大影响。

我国植物的野生种质资源相当丰富，而且还保存着许多第三纪以来的古老孑遗植物，如银杏、水杉、金钱松、银杉、珙桐等，被誉为"世界园林之母"。据统计，我国现有高等植物种类3万余种，居世界第3位，种子植物超过25 000种（其中本土乔灌木种类约8 000多种）。很多著名的园林植物以我国为分布中心，如银杏、珙桐、蜡梅等，以及传统十大名花中的梅花、牡丹、月季、杜鹃、山茶、桂花。

公元300年，桃花通过丝绸之路传到伊朗，之后传到欧洲各国。

山茶花于公元7世纪传入日本，然后又从日本传入欧洲和美国。

中国丰富的植物资源早就为世界园林学界所关注。早在1899年，欧内斯特·亨利·威尔逊（E. H. Wilson）先后受英国威奇公司和美国哈佛大学的委托，5次来中国搜集植物，其中有著名的巴山冷杉、猕猴桃、醉鱼草、山木通、铁线莲、山玉兰、湖北海棠、金露梅等。在长达18年的时间里，他的足迹遍及川、鄂、滇、甘、陕、台等地，采集腊叶标本约65 000份，球根、插穗及苗木共达3 500号、1 000余种，并带走种子和鳞茎交给美国哈佛大学阿诺德树木园繁殖栽培，同时分送部分种子和鳞茎至世界其他地方。至今，很多植物的拉丁学名中都有他的名字，如：三峡械（*Acer wilsonii* Rehder）。1913年，欧内斯特·亨利·威尔逊根据他对中国植物多年的考察，编写了《一个博物学家在华西》（*A Naturalist in Western China*）。该书共两卷，记述了中国众多的植物种类。1929年，欧内斯特·亨利·威尔逊又出版了他的中国采集记事《中国——园林之母》（*China, Mother of Gardens*）。书中写道：中国的确是园林的母亲，因为我们的花园深深受惠于她所具有的优质的植物，从早春开花的连翘、玉兰，夏季的牡丹、蔷薇，直到秋天的菊花，显然都是中国分享给世界园林的丰富资源，还有现代月季的亲本、温室杜鹃、樱草以及食用的桃子、橘子、柠檬、柚等。老实说，美国或欧洲的园林中无一不具备中国的代表植物，而这些植物都是乔木、灌木、草本、藤本植物中最好的！中国是公认的"花卉王国""世界园林之母"，"没有中国的植物便不能成为花园"。

罗伯特·福琼（Robert Fortune）从1839年到1890年曾四次来华考察，收集花卉种子、球根、插穗、植株等，将大量的中国植物引种到英国，如：秋牡丹、桔梗、金钟花、构骨、石岩杜鹃、柏木、阔叶十大功劳、榆叶梅、榕树、溲疏、十二三个牡丹栽培品种、2种小菊变种和云锦杜鹃。2种小菊变种后来成为英国杂种满天星菊花的亲本。云锦杜鹃在英国近代杂种杜鹃中起了重要作用。至今，很多植物的拉丁学名中都有他的名字，如：扶芳藤（*Euonymus fortunei*）。

由于中国有丰富的观赏植物资源，世界各国纷纷从中国引种。今日西方庭园中许多具有魅力的花木，追溯其历史，大多都是用中国植物作为亲本，经反复杂交育种而成。现代月季是世界花卉育种史上的奇迹，有20 000多个品种。亲本大约由15个原种组成，其中来源于中国的原种有10个。欧洲人进行了几百年的月季、蔷薇育种，但在1800年以前仍然只培养了一季开花或一季半开花的品种，花色花型单调。在引入了中国四季开花的月季、香水月季、野蔷薇并进行杂交之后，才形成繁花似锦、香气浓郁、四季开花、姿态万千的现代月季。

世界月季育种家们承认，没有中国的月季就没有世界的现代月季，"现代月季品种的血管里流着中国月季的血"。

美国阿诺德树木园引种中国植物 1 500 种以上，甚至把中国产的四照花作为园徽。美国加州的树木花草中有 70% 以上来自中国。世界著名植物园美国密苏里植物园有大量植物来自中国，特别是一些珍稀植物。意大利引种中国植物 1 000 余种。德国现在植物中的 50% 来源于中国。荷兰 40% 的花木从中国引入。英国爱丁堡皇家植物园引种了中国植物 1 527 种，其中杜鹃花就有 400 多种，这些植物大都用于英国庭园美化。1818 年英国从中国引入的紫藤，至 1839 年（经 21 年），在花园中已开了 675 000 朵花，成为一大奇迹。1876 年英国从我国台湾引入一种叫驳骨丹（*Buddleja asiastica* Lour.）的植物，并与产于马达加斯加的黄花醉鱼草进行杂交，培育出蜡黄醉鱼草，冬季开花，成为观赏珍品，于 1953 年荣获英国皇家园艺协会优秀奖，次年再度获得该协会"一级证书"奖。英国人感叹道，没有中国植物就没有英国园林。

由此可见，丰富的中国观赏植物资源是世界园林的基石，是全人类宝贵的财富。

第三节　园林树木的栽培历史

我国园林树木栽培历史悠久，源远流长。战国时代是中国封建社会的开端，宫室庭园中广植花草树木，并形成了园林的雏形。此时，人们已开始赋予花卉感情色彩，以情赏花、以花传情之趣体现在劳动与生活之中，在中国最早的民歌总集《诗经》以及《楚辞》《礼记》《博雅》等古籍中都有记载。桃花栽培的历史约 3 000 年，如《诗经》中记载："桃之夭夭，灼灼其华"。"摽有梅，其实七兮""昔我往矣，杨柳依依"等等，都是记述当时男女青年相爱或亲友之间别离，用梅子、柳枝以及其他芬芳花枝相互赠送表达爱慕或惜别之情的。屈原在《橘颂》中以橘树为喻，表达了自己追求美好品质和理想的坚定意志。这些都说明在这一时期，园林树木在我国的栽培已相当广泛，在我国先民的物质生活和精神生活中都起过相当大的作用。

秦汉时期就有园林的相关记载。先秦时多称"囿"，汉多称为"苑"。"苑囿"合称也较为常见。先秦及汉代苑囿以物质资料生产为主，兼有游赏功能，多依托湿地等生产力较高的自然环境，其物产主要供给祭祀活动及宾客宴请，是中国园林的初始形态。2 000 多年前我国已用松树作行道树。

魏晋南北朝时期，玄学的发展、佛教的传入、西行求法等活动对古代文化艺术的形成、中西文化的交流起到一定的积极作用。佛教建筑（寺、塔、石窟）和都城建筑的大量修建，也促进了园林建设的发展与花卉栽培，使花卉由纯生产栽培走向观赏栽培。皇家权贵广辟园苑，大造温室，穿池堆山，遍植奇花异木；民间种花、卖花、赏花也渐成风尚。有关花卉的书、诗、画、歌、工艺品陆续面世，例如记载花卉科学技术的书籍有北魏贾思勰著的《齐民要术》、西晋嵇含著的《南方草木状》，后者是世界上最早的植物分类学专著；晋代戴凯之著有《竹谱》。

至隋、唐和两宋时期，随着大唐盛世的百业兴旺、宋代的稳定与繁荣，养花、赏花蔚然成风。唐代京都长安用榆、槐作行道树。北宋东京汴梁街道旁种植了桃、李、杏、梨。据史料记载，当时点茶、挂画、燃香和插花合称"四艺"，成为社会上特别是文人士大夫阶层的时尚，花卉工艺品和绘画以及盆景、插花等艺术品层出不穷,可称为中国史上花文化发展的鼎盛时期。隋唐时,牡丹曾被视为国花。其间,著名的园林树木专著、专谱也相继问世,如《魏王花木志》([后魏]元欣)、《园庭草木疏》([唐]王绘)、《平泉山居草木记》([唐]李德裕)、《洛阳牡丹记》([宋]欧阳修)、《梅花喜神谱》([宋]宋伯仁)、《荔枝谱》([宋]蔡襄)、《梅谱》([宋]范成大)、《海棠谱》([宋]陈思)等。

明清两代是中国各类花卉、树木著作甚多且内容全面丰富、科学性较强的时期,标志着中国花卉栽培和应用理论的日臻完善和系统化。主要专著有:《二如亭群芳谱》([明]王象晋)、《本草纲目》([明]李时珍)、《长物志》([明]文震亨)、《学圃杂疏》([明]王世懋)、《月季新谱》([明]陈继儒)、《灌园史》([明]陈诗教)、《花史左编》([明]王路)、《汝南圃史》([明]周文华)、《罗篱斋兰谱》([明]张应文)、《花镜》([清]陈淏子)、《广群芳谱》([清]汪灏)、《菊谱》([清]弘皎)、《凤仙谱》([清]赵学敏)等。

清末至新中国成立前夕,由于中国连年战乱,国力十分弱,花卉业发展停滞,花田几近荒芜。花卉资源及名花品种或屡被掠夺,或大量丢失,或流向国外,仅有少数地区经营花卉栽培。新中国成立以后,随着国民经济的恢复与发展,城市园林建设逐渐受到重视,中国花卉业有了蓬勃的发展,如菏泽、洛阳的花农重整花田,收集品种,恢复牡丹生产。

改革开放以来,百业兴旺,人民生活水平不断提高,园林树木栽培作为一种产业得到空前发展,很多地方已经形成了自己的特色产业,如苏北沭阳苗木基地、浙江萧山苗木基地、山东青州花木基地等。园林树木栽培及其产品加工作为朝阳产业,再次走进国民经济领域中,正朝着商品化、专业化方向迈进。

第四节　园林树木的特性及作用

一、园林树木的特性

(一)生物学特性

园林树木的生长发育规律(个体发育)及生长周期的各个阶段的性状表现称为树木的生物学特性,它包括树木由种子萌发,经苗木、幼树逐渐发育到开花结果,直到最后衰老死亡的整个生命过程的发展规律。如有的树种萌芽能力强,砍伐后可通过根蘖或茎蘖萌芽产生新株,有的树种则不能,前者可采用萌芽更新和头木作业法经营,而后者只能采用种子更新。又如有的树种发育迟、寿命长,而另一类树种发育早、寿命短。树种生物学特性可按生长发育过程和阶段分述如下:

1. 种子期　种子的品质、休眠、储藏及萌发条件、子叶与胚在萌芽过程中的表现等。

2. 苗木期　苗木形态及生长过程中的变化、耐阴性、适应性、地上与地下部分的生长过程。

3. 营养生长期　树木生长快慢及生态条件、材积生长过程(高度、直径、材积)、寿命。

4. 发育期　开花条件、初花和盛花期、初果期、盛果期、生长衰老期、传粉与授精的特性和条件、胚囊的发育、果实与种子的成熟过程等。

5．繁殖　常见的树木一般进行有性和无性繁殖。有性繁殖又称两性繁殖，是将种子播于泥土中，使其发芽成为新株，播种的方式主要有条播法和点播法两种。无性繁殖又称营养繁殖或单性繁殖，是利用植物营养器官（如根、叶、茎）的一部分来培育幼苗，从母体分离，并生长成为独立新株，其方式一般包括扦插法、压条法、分株法、嫁接法和组织培养法等。

园林树木物候学是园林树木生物学特性的研究内容之一。它主要研究树木在一年中随季节变化而有序出现的特性和需求，即随季节变化而有序地发生生命变化的表现。树木对一年四季变化的反应是很确切和敏感的，在某一季节（特定温度、湿度条件下）会有相应的生命表现，这都是有规律的，简称物候期。一年内树木物候期的变化项目，即观测项目一般可概括为以下内容：萌芽前的状态，芽膨胀开放，展叶（发叶、盛叶），枝伸长至终止，开花（始花、盛花、花落），结果（幼果、果熟、果落），落叶（叶变色、凋落），冬芽形成过程、冬态。物候观测资料应选择固定地点、固定的典型树木并定时记录，同时还要长期坚持记录，至少5年以上的资料才有科学价值。

物候期资料对于了解树木的生物学特性，掌握林业生产和技术措施有很大的参考价值，如：植树季节应确定在树芽萌动之前；配置花木应注意树木的花期，将花期不同的树种配植于一园，以收"四季烂漫芬芳"之效。应当指出，在温带地区物候期变化较明显，且季节性较强，但是在热带地区，物候学的研究更复杂，有的树木一年内不断开花又不停地结果。

（二）生态学特性

任何树种都生存在地球上的某一空间，它们不能离开所依赖的环境条件而生存。对树木生长发育有影响的环境条件称为生态因素，也称为生态因子。各种园林树木在其系统发育过程中形成了与特定生态因素相适应的生态学特性，也是园林树木生态学研究的内容。

对树木有影响的生态因素大体可分为四类：气候因素、土壤因素、地形因素、生物因素。

1．气候因素：包括光、温度、水分、空气和风

（1）光

各树种在其系统发育中形成了对光照强度的不同需求。根据树木对光的需求可以将树种分为喜光树种（不耐阴树种）、耐阴树种和中等耐阴树种。

判断树木耐阴性的方法有生理指标法和形态指标法两种。生理指标法是通过光合作用测定，确定光补偿点和光饱和点。形态指标法是根据树木的外部形态来判断树种的喜光性和耐阴性。其主要内容见喜光性与耐阴性树种的形态比较（表1-1）。一般可根据树冠形态、叶外表和内部结构、寿命长短、生境的光照条件、天然更新条件和林冠下更新能力等对树种耐阴性进行排序。更重要的是，要根据该树种所属类群的区系以及该物种在原产地的生境中所处的生态位。所谓生境，是指生物的个体、种群或群落所在的具体地域环境。生境内包含生物所必需的生存条件以及其他的生态因素。这对于园林树木中的应用有重要的指示意义。

表 1-1 喜光性与耐阴性树种的形态比较

项目	喜光性树种形态	耐阴性树种形态
树冠	枝叶稀疏,透光	枝叶浓密,透光度小
树干	自然整枝良好,枝下高长	自然整枝不良,枝下高短或近无
树皮	通常较厚	通常较薄
叶	叶小而厚,落叶	叶大而薄,明显叶镶嵌
林下天然更新	不良,常为单层林	良好,常为复层林

喜光植物又称阳性植物,自幼年期起就需要充足的光照才能进行正常的生长发育,不耐庇荫,如马尾松、落叶松、合欢等。耐阴植物也称阴性植物,是指在一定的庇荫条件下能正常生长发育的植物。中性植物界于两者之间。一般公认的不耐阴树种有:落叶松属(*Larix*)、松属(二针一束的松类)(*Pinus*)、桦木属(*Betula*)、杨属(*Populus*)、柳属(*Salix*)、桉属(*Eucalyptus*)、泡桐属(*Paulownia*)、山槐属(*Albizia*)、金合欢属(*Acacia*)的树种。耐阴树种有:红豆杉属(*Taxus*)、穗花杉属(*Amentotaxus*)、冷杉属(*Abies*)、铁杉属(*Tsuga*)、八角属(*Illicium*)、楠属(*Phoebe*)、润楠属(*Machilus*)、桃叶珊瑚属(*Aucuba*)、茵芋属(*Skimmia*)的树种。中等耐阴树种有:槭属(*Acer*)、椴树属(*Tilia*)、水青冈属(*Fagus*)、鹅耳枥属(*Carpinus*)的树种,以及苦槠(*Castanopsis sclerophylla*)、木荷(*Schima superba*)、樟(*Cinnamomum camphora*)、红松(*Pinus koraiensis*)、杉木(*Cunninghamia lanceolata*)等。

同一植物对光照的需求随生长环境、本身的生长发育阶段和年龄的不同而有差异。在一般情况下,在干旱瘠薄环境下生长的植物比在肥沃湿润环境下生长的植物需光量大,有些植物在幼苗阶段需要一定的庇荫,随年龄的增长,需光量逐渐增加。

(2)温度

温度是树木分布的主导因素。一般情况下用积温来衡量某一树种所处的地带属性。所谓积温就是树木生长期内某种指标温度持续期的逐日平均气温的总和。在各种积温中,使用最广泛的是日平均气温≥10 ℃稳定期的积温。积温是研究温度与生物有机体发育速度之间关系的一种指标,从强度和作用时间两个方面表示温度对生物有机体生长发育的影响,一般以摄氏度·日(℃·d)为单位。一个树种一般适生于某一个气候带范围内,如超越气候带限定的温度幅度则不能正常生活。按温度带(日平均气温≥10 ℃稳定期的积温)可将树种对温度的要求划分为以下 7 类:

① 寒温带　日平均气温≥10 ℃稳定期的积温<1 700 ℃,最冷月平均温度<-30 ℃。最耐寒树种有落叶松、樟子松、西伯利亚红松、雪岭云杉、白桦等。

② 中温带　日平均气温≥10 ℃稳定期的积温为 1 700~3 500 ℃,最冷月平均温度-30~-10 ℃,耐寒树种有红松、胡桃楸、黄檗、花曲柳、蒙古栎、鱼鳞云杉、臭冷杉。

③ 暖温带　日平均气温≥10 ℃稳定期的积温为 3 500~4 500 ℃,最冷月平均温度-10~0 ℃。次耐寒树种有槲栎、辽东栎、核桃、枣树、毛白杨、苹果、白梨、赤松、油松、侧柏、白榆、野茉莉、垂珠花、白花龙、芬芳安息香。

④ 亚热带　日平均气温≥10 ℃稳定期的积温为 4 500~6 500 ℃,最冷月平均温度 0~10 ℃。喜温树种有杉木、毛竹、马尾松、白栎、苦槠、石栎、油桐、棕榈、茶树、油茶、木荷、樟

树、楠木、柑橘、中华安息香。

⑤ 南亚热带　日平均气温≥10 ℃稳定期的积温为 6 500～8 200 ℃,最冷月平均温度 10～15 ℃。喜暖树种有榕树、火力楠、蒲葵、橄榄、翻白叶、苹婆、烟斗石栎、刺栲、木棉、肉桂、八角、龙眼、荔枝。

⑥ 北热带　日平均气温≥10 ℃稳定期的积温为 8 200～8 700 ℃,最冷月平均温度 10～15 ℃。喜热树种(忌霜树种)有杧果、菩提榕、印度榕、巴西橡胶树、团花、石梓、番龙眼、铁刀木、八宝树、四数木、咖啡、红花天料木、紫荆木、海南黄檀、油棕、鱼尾葵、龙脑香、红树。

⑦ 热带　日平均气温≥10 ℃稳定期的积温为 8 700～9 200 ℃,或更多,最冷月平均温度＞20 ℃。最喜热树种有酸豆、轻木、可可、腰果、胡椒、水椰。

（3）水分

水分(大气降水)对树木的生存与分布有重要的意义。

土壤水分与树木生长的关系更为密切。生态学家根据树木对水分要求的差别,将树木分为湿生树种、中生树种、旱生树种三大类型。

湿生树种　适生于排水条件不良或土壤含水量经常饱和的生境,根系不发达,因通气条件不良,有的种类树干基部常膨大,同时具有膝状根、呼吸根和支柱根,这类植物的根系短而浅,通常有气腔,可贮氧,如水松、池杉、桤木属（Alnus）植物、枫杨、喜树、垂柳、水团花属（Adina）植物。

旱生树种及耐旱树种　旱生树种指具有典型旱生结构和生理特性的树木,一般是原产于沙漠、向阳山坡、风化石砾沙土或沙滩地的植物,能在土壤干燥、空气干燥的条件下正常生长,具有极强的耐旱能力,如木麻黄、柽柳、沙冬青、梭梭等。旱生树种常具有发达的根系,植物体常具有深根系、发达的角质层、绒毛及栓皮或具肉茎、气孔深陷等性状。耐旱树种是指那些在森林气候条件下耐干旱的树种,如油松、马尾松、黑松、侧柏、柏木、栓皮栎、乌岗栎、刺槐等。

中生树种　指介于上述二者之间的大多数树种,常生长于湿润而排水良好的土壤中,大多数植物都属此类,如枫香、南酸枣、槭树、椴树、杨树、楝树、朴树等。中生树种还可以细分为中偏湿和中偏旱类型。

许多植物对水分条件的适应性很强,在干旱和低湿条件下均能生长,有时在间歇性水淹的条件下也能生长,如旱柳、柽柳、紫穗槐等;另一些植物则对水分的适应幅度较小,既不耐旱,也不耐湿,如玉兰、杉木等。

（4）空气

由于全球森林面积日益减少,全球二氧化碳浓度增加,空气质量下降。同时,随着现代工业的发展,空气中各种有毒物质如粉尘、二氧化硫、氟、一氧化碳、二氧化氮以及汞、镉、铬、砷、锰、硒等的含量不断增加,对人类健康产生极大的威胁。有毒气体和上述物质可以伤害和毁灭植物,但植物在一定范围内也具有吸毒、吸尘、转化、还原有毒物质和净化大气的能力,这就是抗污性。

实践证明,在工矿区大量种植抗污性树木可以降低有毒物质的浓度,改善大气环境。对烟尘、二氧化硫抗性强的树种有臭椿、女贞、构树、刺槐、桑树、夹竹桃、二球悬铃木、榕树、海桐,抗性中等的有五角枫、木槿、黄连木、葡萄、野茉莉、白花龙、垂珠花,抗性弱的有雪松、油松、泡桐、苹果、香椿、金钱松、枫杨。对有毒物质侵染反应最敏感的树木可以作为监测种,如能监测二氧化硫的有枫杨、竹柏、梧桐、木棉、安息香等。

（5）风

风也是重要的生态因素。风可以调节森林内的温度和湿度,加强蒸腾作用,促进树木传播花粉和种子。风能通过改变温度和水分条件从而间接地影响树木的生长发育。风对植物有利的方面表现在有利于风媒花的传粉、受精及种子、果实的散播,如一些具翅（如槭属）或具毛（如梓属）的植物种子依靠风力传播。因此,风有利于森林的更新。

风对植物的直接影响主要表现在大风或台风对植物的机械损伤,大风或台风吹折大枝或主干,削弱树木的高径生长。长期生长在风口的树木形成偏冠、偏心材而成为独特地域性植物景观,如黄山的迎客松。此外,长时间的干热风使空气干燥,增强蒸腾作用,致使植物枯萎死亡。具强大直根系、材质坚韧的树种抗风力强,可以用来营造防风林和农田防护林,如马尾松、木麻黄等。相比之下,刺槐、泡桐等浅根性树种的抗风力相对较弱。同一树种的苗木抗风能力的大小又因繁殖方法、立地条件和栽植方式不同而有差异。例如雪松,扦插繁殖的苗木根系明显没有实生苗发达,抗风能力较差,这在园林工程设计与施工中要予以重视。

由于树木有减慢风速,削弱风蚀,降低蒸腾等作用,有计划地、科学地种植农田防护林带,或在园林景观空间的上风口种植树木可充分发挥防风固沙、保土、保水、保肥、改良土壤、改善农田小气候、美化环境、保证农业稳产高产的作用。

2. 土壤因素

土壤具有不同的物理性质、化学性质、有机质含量、微生物及肥力质量。不同树种对土壤亦有不同的要求和适应能力。土壤质地是土壤物理性质之一,土壤一般分为沙土、壤土和黏土三类。多数树种适生于质地适中（不黏也不太疏松）、土温、空气、水分状况良好的壤土。黏重、板结的土壤为多数树种所忌。沙土过于干燥瘠薄,亦不适宜树木生长。

热带海岸沙地树种常具有小型叶、硬叶、多刺或蔓生能力强等特点,如木麻黄、露兜树等。荒漠沙生植物常具有特殊的适应力,如:骆驼刺属（*Alhagi*）植物的根可伸进地下数米的深处以吸取地下水;沙柳具广阔的根幅,可大面积地吸收地表的雨露;沙冬青的枝叶逢旱则枯,遇雨则绿,巧妙地避害趋利。

土壤酸碱度（pH）是土壤化学性质的综合反应,多数种子植物生活的土壤 pH 范围为 3.7～8.5。根据树木对酸碱度适应性的差别,一般可分为酸性土树种、钙质土（中性土）树种、碱性土树种三类。

酸性土的 pH 为 4.0～6.5,常见的树种有马尾松、桤木、桃金娘、杜鹃花、茶树、木荷、杨梅、桉树等。

钙质土的 pH 为 6.5～7.5,常见的树种有柏木、圆叶乌桕、南天竹、青檀、花椒、黄连木等。

碱性土的 pH 为 7.5～8.5,常见的树种有柽柳、椰子、桐花树、海枣、红树、梭梭等。

土壤肥力质量主要表现在土层厚度、有机质和腐殖质含量等方面,实际上也应包括土壤物理性质和无机养分含量等综合性状。由于竞争力的优劣,一些耐阴的树种通常占据着有肥沃土壤的生境,这些树种常称为肥土树种,如梣属（*Fraxinus*）、槭属（*Acer*）、水青冈属

（*Fagus*）、冷杉属（*Abies*）、红豆杉属（*Taxus*）、楠属（*Phoebe*）、大青属（*Clerodendron*）、紫金牛属（*Ardisia*）的树种。另一类可生长在干燥瘠薄土壤上的树种称为瘠土树种，如马尾松、油茶、刺槐、胡枝子、枸骨等。瘠土树种多具有根瘤和菌根。

3. 地形因素

海拔高度、坡向、坡位、坡度等的变化对光、热、水分和养料进行重新组合和分配，从而影响树木生长。地形的变化影响气候、土壤及生物等因素的变化，在地形复杂的山区尤为明显。在这些因素中，海拔高度和坡向对植物分布的影响最大。

中国是个多山之国，中国西南地形更是复杂，如青藏高原被称为"世界屋脊"，从深幽的河谷至高耸的雪山，构成了世界上最完整的植物垂直分布带谱。地形与植物生长的关系极为密切，树种的分布格局往往是不同地貌格局相互影响的结果。大地形是指山脉分布、大地貌类型（平原、丘陵、高原、山地等）的格局等，可在大范围内影响树木的分布。不同的山脉、河流和大地貌单元常形成不同的森林区系和树种组成，如云南高原就有特定的区系和特有树种，像云南松、滇青冈、滇楸、滇杨、云南油杉等。中地形指山地高度、位置、坡向、丘陵等，如华东山地海拔800 m以下为马尾松，海拔800 m以上则为台湾松（黄山松）。不同的坡向，树种组成常不同。在长江中下游山地，阳坡常生长喜光耐干燥的树种，如马尾松、山槐、栓皮栎、枫香等；阴坡常聚生喜阴湿的毛竹、杉木、樟、楠、栲、椆类。就小地形而论，在一个山头范围内，山脊、山坡、山麓或山谷的树种分布也不相同。历史上就有"一树春风有两般，南枝向暖北枝寒"的描述。一般来说，山的阳面树种多样性比阴面要低。

4. 生物因素

树木的生长不仅受制于物理环境条件，也受到生物环境，如植物群落、伴生树种的影响，同时还与层间植物，地被物，寄生、附生、腐生植物（生物），真菌，各微生物等构成复杂的关系。如果脱离了这些生物关系，树种就生长不良。园林树木也一样，它们也需要一种特定的生物环境或群落条件。例如，金钱松的树根部有共生性的菌根，如果缺乏这种菌根，它就会生长不良；可利用有益生物如白僵菌、杀螟杆菌以及固氮菌等生物因子防治病虫害或提高植物的养分利用率；鸟类是害虫的天敌，因此可以利用鸟类来消灭城市园林中的害虫，少用或不用化学药物防治，对提高园林质量大有裨益。

鼠害、病害、虫害等也均属生物因子，但为不利的一面，要加以控制，及时防治病虫害以减轻其危害。

二、园林树木的作用

园林中最有生命力的素材应为随季节和年份不断变化的植物，尤其是园林树木。园林树木种类繁多，以多样的姿态组成了丰富的轮廓线，也是构成园林空间景观的骨架。它不同的季相色彩构成了瑰丽的景观，不仅其本身所具有的色、香、姿可作为园林造景的主题，同时还可衬托其他造园元素，形成生机盎然的画面，如扬州个园里的各种竹类植物、苏州狮子林里的白皮松等。在很大程度上，园林树木的选择和配置决定了园林品质的优劣。

园林树木具有良好的生态、社会、经济效益，主要体现在以下几方面：

（一）具有良好的生态效益，是天然的"空气净化器"

经合理配置的园林树木组成的树丛、树带等绿化带，能明显改变区域性小气候，有效改善环境,提高环境质量。

1. 具有调节空气温度和湿度的作用

园林植物的降温作用主要来自园林植物的庇荫作用。绿荫树可植于庭间、园内、路旁。华东地区常见的绿荫树种,常绿的有香樟、女贞、广玉兰等,落叶的有悬铃木、鹅掌楸、喜树、梧桐、香椿、榉、银杏等,藤本类的有紫藤、葡萄、凌霄等。夏季时,树木浓荫下的温度比阳光下要低十几摄氏度,草坪也可降温 3℃ 左右。

植物具有强大的蒸腾作用,可以提高空气的湿度。数据显示,在有园林树木的地方,由于树木存在蒸腾作用,空气相对湿度可提高 20% 左右,绿地面积越大,湿度增加的效应越明显。据测定,树林里的湿度比城市高 30%,树林空气相对湿度一般比空旷地高 7%~14%。

2. 具有净化空气、吸收有害气体、杀菌的作用

地球上的绿色植物,尤其是园林树木,在白天进行光合作用时吸收二氧化碳,放出氧气;晚上大部分绿色植物在呼吸作用中吸收氧气,放出二氧化碳。据测定,光合作用吸收的二氧化碳要比呼吸作用排出的二氧化碳多 20 倍。地球上 60% 以上的氧气来自绿色植物,所以,人们把绿色植物喻为"新鲜空气的加工厂"。

很多园林树木不但外形美观,而且可以减轻有害气体污染,对有害气体具有吸收作用,并能使一部分污染物质滞留。例如:对二氧化硫具有较强吸收和滞留能力的园林树木有加拿大杨、垂柳、臭椿、刺槐、苹果、柳杉,以及刺柏属及松属的一些树种等;吸收氟化氢的常见园林树木有泡桐、梧桐、榉树、大叶黄杨、女贞等;具有滞尘作用的树种有刺楸、榆树、朴树、木槿、广玉兰、重阳木、女贞、刺槐、大叶黄杨、臭椿、三角槭、夹竹桃、紫薇等;具有杀菌作用的树种有悬铃木、桧柏、雪松、柳杉等。

许多园林树种虽然没有抗毒、吸毒、净化毒气的功能,但对某种有毒物质很敏感,所以我们可以利用它们来对大气中的有毒物质进行监测,以确保人们能生活在合乎健康标准的环境中。其中可用于对二氧化硫进行监测的有野茉莉、杏、山荆子、紫丁香、月季、连翘、杜仲、雪松等,可用于对氟进行监测的有榆叶梅、杜鹃、樱桃、杏、李、桃、月季、雪松等,可用于对氯进行监测的有锦葵、石榴、复叶槭、苹果、桃、柳、油松、落叶松等。

目前城市园林景观树木存在的主要问题有两个:一是过多地强调树木的观赏性用途,导致观赏性物种相对比较单一,集中于某几种植物,例如春天的樱花、秋天的桂花等,从而导致景观异质性较弱。二是抗菌、杀菌植物种植面积不足。城镇中闹市区空气里细菌含量比公园、绿地高数倍,甚至数十倍以上,主要原因是公园、绿地中很多植物能分泌杀菌剂。所以,寻找自然界中具有抗菌杀菌作用的植物,并大规模推广其在园林中的种植十分重要。

许多树木分泌多种杀菌素。如桉树、肉桂、柠檬等树木含有芳香油,它们具有杀菌力。再如安息香是自然界中有效的杀菌抑菌物。安息香属($Styrax$)是安息香科中比较特别的一个属,因该属植物树干受外部条件伤害而分泌出树脂样物质而得名。其中,白花龙($Styrax\ faberi$)含有香脂酸类、三萜类等成分,其芳香的花朵内有 14 种萜烯类化合物,其中罗勒烯相对含量最高,月桂烯、α-葎草烯次之,具有较好的杀菌抑菌、净化空气效果,生态效益佳。

据研究,杀菌力较强的树种有侧柏、柏木、刺柏、欧洲松、铅笔柏、雪松、柳杉、黄栌、盐肤木、锦熟黄杨、大叶黄杨、核桃、月桂、合欢、锦鸡儿、刺槐、槐、紫薇、广玉兰、木槿、楝、女贞、紫

丁香、悬铃木、石榴、枣、枸橘、银白杨、钻天杨、栾树、臭椿、野茉莉、白花龙、垂珠花、陀螺果等。

3.具有减噪、防火作用

在城郊接合部、城市的住宅区栽植一定宽度的乔灌木混交林带，如雪松-枫香-珊瑚树、悬铃木-椤木石楠-海桐林带，可以阻隔和减弱噪音，创造清静的环境。

有些植物具有很好的防火作用，例如常绿、少蜡、无树脂、表皮质厚、叶富含水的树木有珊瑚树、木荷、桃叶珊瑚、厚皮香、山茶、油茶、罗汉松、蚊母树、八角金盘、海桐、冬青、女贞、青冈、大叶黄杨等。可以在化工厂区内、加油站、住宅及其他建筑物周围、林缘与住宅之间、林缘之间选择具有防火作用的树种营造防火隔离林带。

4.具有防风固沙、水土保持、防湿的作用

凡是枝干强韧而具弹性、根深而不易折断者，皆为防风植物。常见的有刺柏、银杏、糙叶树、柽柳、侧柏、棕榈、梧桐、女贞、朴树、竹类、枇杷、鹅掌楸等。

住宅基地具有相当的湿气，易导致墙之表面脱落，滋生虫体，致人疾病。因此可选择一些防湿树种，如垂柳、赤杨、桤木、桦木、枫杨、白杨、泡桐、落羽杉、水松、水杉等，防止湿气的发生。

（二）具有良好的社会效益，创造良好居住环境

树木绿色葱葱，不但可以消除疲劳，而且让人心情舒畅，增进人们的身心健康。园林树木与其他园林要素不一样的是它会发生形状的变化、大小的变化、色相的变化、季相的变化，甚至晨昏的变化等，这是其他无生命的造园材料所没有的。

园林树木具有色彩美。它们的各个部分具有色彩美，不同树种的花、果、叶、茎、树皮也呈现出不同的色彩，且色彩随气象之变而互殊。花开时节，群芳竞秀；果缀林间，增色匪浅。树木的叶色随着季节不同而互殊，如枫香、黄连木、黄栌、漆树等秋天变为红色，银杏、金钱松秋季为金黄色。一些树其叶正背面色彩显著不同，称双色叶树，如：银白杨叶表绿色，叶背为银白色；红背桂的叶面绿色，叶背则为红色。一些色叶树种终年有色，如金边黄杨、变叶木、红叶李、紫叶桃等。

姿态美是构成园林树木美的重要因素之一。松树的苍劲挺拔，毛白杨的高大雄伟，牡丹的娇艳富贵，碧桃的婀娜妩媚，以及各类草本花卉的姹紫嫣红，各具特色之美。树干直立的毛白杨、落羽杉、水杉、塔柏等给人以豪迈雄伟之感，叶形奇特的八角金盘、棕竹、苏铁、银杏等让人倍感奇妙。

园林树木的美还体现在风韵美上。风韵美亦称内容美、象征美，是一种抽象美，它既能反映出大自然的自然美，又能反映出人类智慧的艺术美。人们常把树木人格化，联想出某种情绪或意境。例如：梅、松、竹有"岁寒三友"之称，喻不畏严酷的环境；桃、李喻门生；红豆表示思慕，因有诗曰"红豆生南国，春来发几枝，愿君多采撷，此物最相思"；柳树表示依恋，诗有"昔我往矣，杨柳依依"，"依依"本表示柳条飘荡之状，喻思慕之意，今指惜别时依依不舍；桑、梓象征着故乡，"维桑与梓，必恭敬止"；紫薇具有"雄辩之才"的含义；合欢树寓意合家团聚……由此可见，园林树木还是精神文化的重要载体。

众所周知，我国茉莉花文化源远流长，淡泊、高雅、和谐构成了中国文化的底色。江苏自古被称为"茉莉之乡"，也是蜚声海内外的民歌《茉莉花》的发祥地，茉莉花也因此成为江苏省的省花。可见,园林树木不仅是美化环境的物质材料,也是承传民族文化的载体。

(三)增加经济效益,促进社会和谐发展

园林树木的生产是绿色朝阳产业,经济价值较高,符合农村经济转型、建设和谐生态国家的发展趋势。

很多观赏树种既具有很高的观赏价值,又具有相当高的经济价值。很多园林树木的根、茎、叶、花、果等都具有较高的药用价值和保健作用,可用作药材、油料、香料等。因此,在发挥园林植物的社会效益的同时,应注意其经济效益的开发和利用。如发展月季、桂花、白兰花、竹类、杨树、泡桐、核桃、柿树、枣、苹果、桃、茶、金银花、枸杞、松类等,既可起到绿化、美化、香化园林的作用,还可生产和提供木材、果品、油、饮料、香精等产品。此外,就园林树木本身而言,它是花木生产者的生产资料,生产者可通过培育苗木、生产盆栽花木和树桩盆景等获取经济效益。

许多园林树木既有很高的观赏价值,又不失为良好的经济树种。例如:桃、梅、李、杏、枇杷、柑橘、杨梅等果树的观赏价值很高,其果实也美味可口。松属、胡桃属、山茶属、文冠果、野茉莉等树种的果实和种子富含油脂,为木本油料。茉莉、含笑、玉兰、珠兰、桂花等花木以富含芳香油脂而著称。

很多树木的不同器官可以入药,如银杏、牡丹、十大功劳、五味子、紫玉兰、枇杷、刺楸、杜仲、接骨木、金银花、陀螺果、安息香等均为药用花木。再如,白花龙叶片营养成分丰富,经毒性试验,无明显毒性,可以制作成茶叶,饮用安全可靠,适合于各类人群,尤其适用于经常吸烟饮酒者,具有清凉去火、祛痰消炎、开窍醒神、行气活血、明目清心、抗菌、抗炎、抗病毒、增强免疫力的功效。此外,还有不少树种可以提供淀粉类、纤维类、鞣料类、橡胶类、树脂类、饲料类、用材类等经济副产品。尤其是一些果树,更兼有园林观赏与品果尝鲜等双重功效,对于公园、风景区、私人庭园等具有一定实用性。

第二章　园林树木的分类

第一节　植物学分类系统概述

目前,全世界已收藏的植物标本达 2.5 亿份。世界各国建立植物园约 1 000 座,收藏标本在 300 万份以上的大型标本馆有 9 座。现确认世界种子植物总数为 24 万种,而产自热带、亚热带的木本植物约占种子植物总数的 50%。

千百年来,人们不断地加深着对于身边植物的了解,当种类越来越多的时候,就要把植物的物种分清楚,并且要分门别类地记录下来。这个时候就需要植物分类系统,同时也就有了植物分类学家。

世界上所有的植物分类学家都希望建立一个理想的分类系统。在这个系统里,物种按照植物在地球出现的顺序来摆放,亲缘关系近的放在一起,就好像有一棵生命树,枝条顶端的叶片就好像是一个个物种,小枝条把叶片集中在一起,大枝条又把小枝条集中在一起,最后主干把所有的大枝条集中在一个根基上。然而,绘制生命树这件事情说起来容易,做起来可就太难了。

长久以来,植物学家们主要通过观察、实验和统计的方法,依据植物形态特征的不同划分物种,并根据重要特征的进化顺序把植物按照界、门、纲、目、科、属、种的等级划分,绘制出一幅幅看上去彼此都很像的生命树,但是仔细观察会发现很多细节迥异。自人类文化启蒙时代起,就有初步的植物分类系统问世。现按其科学发展水平的阶段性,将主要系统归纳如下:

一、启蒙时期的分类系统

西奥弗拉斯图(Theophrastus,公元前 370—前 285)完成了植物学专著《植物的历史》和《植物索源》,其中记载植物 480 种,并提出了按习性分类的分类系统。中国的《尔雅》(公元前 5—前 3 世纪)记述了植物 293 种,其中木本植物 83 种,主要根据植物体型或生活型(乔木、灌木、草本)来划分类别。

二、本草时期的分类

中国秦汉时期编著的本草学专著《神农本草经》中就明确记载了 252 种植物,之后比较著名的本草著作有:

南梁(公元 5 世纪)陶弘景《本草经集注》730 种。唐(公元 659 年)苏敬等《新修本草》(《唐本草》)844 种。宋(1082)唐慎微《经史证类备急本草》1 558 种。值得一提的是明朝李时珍的《本草纲目》(1596)中记载了植物 1 195 种,分为草部、谷部、菜部、果部、木部,草部再按生境细分为山草、湿草、水草、石草、芳草、毒草等,木部又细分为香木、乔木、灌木、寓木、苞木、杂木等 6 类,可见其系统是以习性、生活型和用途为基础的分类系统,并不能反映物种之间的亲缘关系和演化关系。

三、人为分类系统(或机械分类系统)

以林奈(1707~1778)的系统为代表。1735 年他发表《自然系统》(*Systema Naturae*),按雄蕊数目结合性状,将植物划分为 24 纲,再根据花柱数目区分目。他的代表作还有《植物属志》(1737)及《植物种志》(1753),两书共记载 1 105 属(5 版,1754),7 700 种。林奈系统虽名为"自然系统",实则是典型的人为系统或机械系统。其原因在于他信奉物种不变的神创论,在主观上就没有反映物种间亲缘关系的信念,可能他创立系统主要是考虑到应用的方便。

四、自然分类系统

18 世纪后期,植物学家不赞同林奈的人为系统,趋向建立能反映植物相近关系或自然关系的系统。这是为什么呢?因为植物分类学家们的观点不一样。不同的植物学家根据不同的形态特征来规划自己的生命树,有时候,一个特征在某些植物学家的眼里是进化的,而在另一些植物学家的眼里却是原始的,于是就出现了很多的植物分类系统。其中,有的非常接近,而有的就相差甚远。一般认为法国的亚当森(M. Adanson,1727—1806)和裕苏(A. L. Jussieu,1748—1836)是自然分类系统的开创人,为现今划分的"科"打下了基础,并认为近代系统出自裕苏。随后,本瑟姆(G. Bentham)、胡克(J. D. Hooker)的《植物属志》(1862—1883)则为达尔文前的顶峰之作,有人评价本瑟姆-胡克系统与近代系统的差别只是枝节上的问题。斯图西(Stuessy)于 1990 年将鲍欣(Bauhin)系统(1623)和约翰·雷(John Ray,1886—1704)的系统也列入自然系统。

五、系统发育(phytogenetic)系统

1859 年,英国博物学家达尔文(C. R. Darwin)发表了《物种起源》(*Origin of Species*)一书,奠定了生物进化理论的基础,使生物演化规律得到了科学论述。以此为标志,植物分类才进入自然分类的时期,逐渐摆脱了人为的因素,考虑物种之间的进化和亲缘关系。

进化论提出以后,各派系统风起云涌,众说纷纭,其中影响最大、应用最广的为恩格勒(A. Engler,1844—1930)系统和哈钦松(J. Hutchinson)系统(1926—1934,1959,1973)。许多国家的大标本馆中植物标本的排列、植物志的编排都依据这两个系统。近代备受推崇的是塔赫他间(A. Takhtajan)系统(1969,1980,1987)及克朗奎斯特(A. Cronquist)系统(1968,1078,1981,1983)。后者现今广泛用于植物分类学及树木学教科书中。此外,索恩(R. F. Thorne)系统(1958,1968,1983)和达格瑞(R. Dahlgren)系统(1975,1980,1983)极富创造性并具有独出心裁的表现手法。索恩的进化树用树冠横断面表现,达格瑞的进化树用树干和树冠立体空间来表现系统的面面观等,二者都得到了颇高的评价。

斯图西(1990)将植物分类的研究方法(approaches)或学派分为人为、自然、系统发育(phyletic)、表相(phenetic)、谱系分支(cladistic)5 类。表相分类法是根据各类群间尽可能

多的特征,视全部特征为等价的,并用数学统计和聚类分析的方法求出各类群间的亲缘关系数值,以数量来表示亲疏的程度。谱系分支分类法认为植物的性状不是等价的,将比较的性状分为祖征和衍征,认为只有同祖支的衍征才有比较价值。但是随着时间的推移,到了近代,科学技术迅速发展,植物学研究也日新月异,很多植物分类系统不断得到修正,趋同的方向日益明显。当分子生物学迅猛发展时,植物分子系统学大有一统天下之势。植物分子系统学通过分析生物大分子如蛋白质和核酸(包括 DNA 和 RNA),主要是核酸分子的性状探讨植物的分类和系统发育关系。核酸分子具有良好的遗传稳定性,上面的基因组带有大量的遗传信息。有些基因组如叶绿体基因组(cpDNA),在分子水平上既存在差异,又相对保守,这些数据非常有利于系统发育学研究,不仅可以区分由共同祖先带来的同源性,还可以区分源自不同祖先但由于趋同进化而具有的相似性。根据核酸分子或者蛋白质分子数据绘制出的生命树客观性更强。

APG 系统也称为 APG 分类法,是指被子植物系统发育研究组(Angiosperm Phylogeny Group)依据分支分类学和分子系统学研究方法提出的被子植物分类系统。自 1998 年首次提出 APG Ⅰ之后,2003 年发布了 APG Ⅱ,2009 年发布了 APG Ⅲ,2016 年发布了 APG Ⅳ。

虽然同是自然分类系统,但由于研究者的论据不同,所建立的系统也是不同的,甚至有的部分是相互矛盾的。所以,迄今为止,人们还没有建立一个为大家所公认的、完美的分类系统。要实现这个目标,还需各学科进行深入研究和做大量工作。自然分类或系统发育分类最大的好处是,可以充分掌握物种的自然属性,通过学习部分个体特性而了解这一类群体的总体习性,从而很快从科学的意义上掌握树种的特性并付诸园林应用。如木兰科植物大多数为肉质根系,栽植于地下水位较高的园林中易烂根而长势较差甚至死亡,在设计与施工中应预先判断树种的规划方向。

第二节　植物的分类与命名

一、植物分类的等级与命名

等级又名阶层(hierarchy),是构成分类系统的层次。基本等级有:界、门、纲、目、科、属、种。有时还有辅助等级:亚门、亚纲、亚目、亚科、亚属、组、亚种。最常用的等级是科、属、种。现以月季为例说明如下(表 2-1):

表 2-1　植物界的主要分类单位

中文	拉丁文	英文	分类单位举例
界	regnum	kingdom	植物界(Regnum vegetable)
门	divisio	division	种子植物门(Spermatophyta)
亚门	subdivisio	subdivision	被子植物亚门(Angiospermae)
纲	classis	class	双子叶植物纲(Dicotyledoneae)
目	ordo	order	蔷薇目(Rosales)

中文	拉丁文	英文	分类单位举例
科	familia	family	蔷薇科（Rosaceae）
属	genus	genus	蔷薇属（*Rosa*）
种	species	species	月季（*Rosa chinensis* Jacq.）

1. 种（species）

种的概念和定种的标准是个极其复杂的问题。根据以形态学为基础的分类标准来看，种是分类学的基本单位，它由一群形态类似的个体所组成，这些个体来自共同的祖先，并繁衍出类似的后代。分类上所谓的"好种"，指该种具有易于与相近种区别的特征，即具有种连续系列中的间断和隔离，这种隔离可能是地理-生态上的，也可能是细胞遗传物质（基因交流）上的障碍。随着细胞学的进展，种的定义又加上了遗传学的内容，即认为同种个体间可正常交配并繁育出正常的后代，而不同种个体间不能交配或交配后产生不正常的后代，这就是生物学种的概念。

根据林奈的双命名法，一个完整的种名由三部分构成，即属名＋种加词＋命名人（常缩写），如银杉学名为 *Cathaya argyrophylla* Chun & Kuang。*Cathaya* 是银杉属的属名，意为"契丹"——中国北部一古老民族的名称，是拉丁文名词（地名拉丁化），为单数、阴性、主格。*argyrophylla* 为种加词，意义为"银叶的"，它与属名同性、同数、同格。Chun & Kuang 是命名人——陈焕镛与匡可任，二人均为中国著名植物学家。

杂交种命名将"×"加在杂交种种加词的前面，或者采用其母本与父本的名称用"×"连接起来的方式。如中东杨学名是 *Populus* × *berolinensis* Dipp.，或采用 *Populus laurifolia* Ledeb. × *P. nigra* var. *italica*（Moench.）Koehne，亦可用 *Populus laurifolia* × *nigra* var. *italica*；北京杨学名是 *Populus* × *beijingensis* W. Y. Hsu，或采用 *Populus nigra* L. var. *italica*（Moench.）Koehne × *P. cathayana* Rehd.，亦可用 *P. nigra* var. *italica* × *cathayana*。种下等级单位常用的有亚种（subspecies）、变种（variety）和变型（form）。

亚种（subspecies）一般用于在形态上有较大的变异且占据有不同分布区的变异类型。如分类学家一度曾将朴树（*Celtis sinensis* Pers.）作为四蕊朴（*Celtis tetrandra* Roxb.）的亚种，其学名改为 *C. tetrandra* Roxb. subsp. *sinensis*（Pers.）Y. C. Tang。

变种（variety）系使用最广的种下等级，一般用于存在不同的生态分化，而在形态上有异常特征的变异居群。如叶培忠发现檵木 *Loropetalum chinense*（R. Br.）Oliv. 有一红花红叶的变种红花檵木 *Loropetalum chinense*（R. Br.）Oliv. var. *rubrum* Yieh。同时，按照《国际植物命名法规》，当一种植物产生一变种时，其原种应自动降级为一原变种 *Loropetalum chinense*（R. Br.）Oliv. var. *chinense*，与 var. *rubrum* 相对应。

变型（form）用于种内变异较小但很稳定的类群，如软荚红豆（*Ormosia semicastrata* Hance）有一个变型苍叶红豆（*O. semicastrata* Hance f. *pallida* How），*pallida* 意为"苍白色的"。

栽培变种（品种）根据《国际栽培植物命名法规》第7版的规定，自1959年1月1日起发表的新品种的品种加词必须是现代语言中的一个词或几个词，中国用汉语拼音即可。如杉木有一栽培变种灰叶杉木,其命名为 *Cunninghamia lanceolata* 'Glauca';又如桂花品种'笑靥'的学名写作 *Osmanthus fragrans* 'Xiaoye'。

2. 属(genus)

形态特征相似且具有密切关系的种集合为属。属较种具有更大的稳定性,同时它又是亲缘关系上很自然的类群等级,一般情况下属的范围和名称很少变动,甚至其名称从古保留至今,如松属(*Pinus*)、杨属(*Populus*)、柳属(*Salix*)、榆属(*Ulmus*)、桑属(*Morus*)、栎属(*Quercus*)等。也就是说,古人很早就有了"属"的概念,同时为同属的种加上形容词加以区别,如"杨树"类有大叶杨、毛白杨、青杨、山杨、小叶杨等。对于初学植物分类的人来说,掌握属的概念和特征是很重要的第一步,认识了属再辨别为何种就比较容易了。

3. 科(family)

科是有亲缘关系的属的总和,或者说将一些特征类似的属归并为科。科这个等级不如属那样严密,有些科的特征比较容易掌握,所包括的属是自然的,如壳斗科、蝶形花科、杨柳科、槭树科等。而有些科包括的属可能为多起源,如大戟科、梧桐科所包含的属常不稳定,反映出这些科的界限不严格。还有一些科彼此区别很小,如一些羽状复叶的科:无患子科、清风藤科、橄榄科、楝科等。科这个级别对于学习园林树木学的学生是很重要的。首先必须熟悉和树立科的概念,如能辨别科,就便于用检索表查出属,进而查到种。科的命名一般是由该科模式属的属名和词尾-aceae 构成,如蔷薇科的科名 Rosaceae 便是由蔷薇属的署名 *Rosa* 和词尾-aceae 构成的。

二、园林树木的分类

园林树木的分类体系属实用型分类,这种分类并未考虑物种之间的亲缘及演化关系,而是按树木在园林景观中用途及地位来分,在园林规划设计与施工管理中非常有用,大致有以下分类方法:

(一)按照树木类型

园林树木按照树木类型可以分为 4 大类:

1. 乔木:树体高大,具有明显的高大主干,又可分为大乔木、小乔木,常绿、落叶乔木。

2. 灌木:树体矮小,主干低矮,有的茎干自地面呈多数生出而无明显的主干,又可分为大灌木、小灌木,常绿和落叶灌木,可观花、果、叶。在城市园林中,这一高度层次基本上是人类、车辆活动主要空间,也是抗污染类、杀菌防疫类、芳香类灌木应用的主要领地。

3. 藤本:又称攀缘木本植物,一般是指主茎不能直立,能缠绕或攀附他物而向上生长的木本植物。其栽培占用空间甚少,所以能够在不能种植乔木或灌木的地方种植;又由于具有细长柔软的茎和枝,故既可攀附上升又可倒挂下垂,能很好地覆盖任何平面,这是其他乔木、灌木或草本植物所无法实现的。攀缘木本植物又可分为绞杀类(如紫藤油麻藤等)、吸附类(如地锦、凌霄、常春藤)、卷须类(如葡萄)、蔓条类(如蔓性蔷薇)四类。作为绿化观赏植物中较为特殊的一类,攀缘木本植物在绿化城市方面发挥着重要的作用。利用攀缘植物进行垂直绿化,以其占地少、投资小、绿化效益高等诸多优点,成为扩大绿化面积的有效途径之一。它可以减少墙面辐射热,增加空气湿度和减少尘埃。这些优点对于人口密集、可供绿化用地不多、建筑密度较大的城市尤为重要。在高楼林立的城市中,要解决这些问题,进行垂直绿

化是一条路子。这类木质藤本也可以用于废弃矿坑公园、岩石园、边坡绿化。根据藤本的攀缘方式,可将它们分为以下几类:

A. **缠绕类** 其茎细长,主枝或徒长枝幼时螺旋状卷旋缠绕他物而向上生长。这一类的植物种类很多,也最常见,应用也最广泛。如:大血藤科、木通科、防己科、马兜铃科、猕猴桃科、豆科、夹竹桃科、萝藦科、旋花科、桔梗科、薯蓣科等,或整个科,或某些属、种具缠绕习性,有大量资源可供观赏应用,如庭园中常见栽培的紫藤、忍冬等等。不同的植物,茎旋转缠绕的能力是不等的。某些植物,尤其是一些木本种类,如使君子、南蛇藤属($Celastrus$)、勾儿茶属($Berchemia$)等,只有生长快速的徒长枝才具有缠绕能力;而多数草本种类,枝的缠绕能力较强。

缠绕类植物的攀缘能力一般较强,常能缠绕较粗的柱状物体而上升,不少种类能达到20 m以上的高度,是棚架、柱状体、高篱及山坡、崖壁的优良绿化材料,如宁油麻藤、忍冬等等是庭园中常见的种类。

缠绕茎在被缠物表面旋转的方向,在同一种植物中是固定不变的,总是朝一定的方向旋转缠绕。不同的学者对"向左旋转"(左旋)和"向右旋转"(右旋)有不同的理解或解释:有些学者是站在观看者的立场看茎的旋转,即从外向内看,将缠绕茎在被缠柱状体表面由右向左旋转,即顺时针方向缠绕者称为向左旋转,反之称为向右旋转;另一些学者执相反意见,是从缠绕茎自身的角度,把茎在柱状体表面旋转缠绕上升,视作犹如一个人爬上一座螺旋状楼梯一样,向左手旋转上升者称向左旋转,向右手旋转者称向右旋转。业内大多数学者同意后一种见解,以顺时针方向旋转缠绕者为右旋,逆时针方向缠绕者为左旋。植物旋转缠绕的方向分为三种类型,但目前对各种缠绕植物的缠绕方向多未见记载。

向左旋转缠绕型(左旋型) 茎总是向左旋转,不因人为牵引而改变方向,如海金沙、牵牛、尖叶清风藤、打碗花、宁油麻藤等。

向右旋转缠绕型(右旋型) 与左旋型相反,茎总是向右旋转,不因人为牵引而改为左旋,如葎草、鸡矢藤、忍冬等。

向左、右旋转缠绕型(乱旋型) 茎无固定的旋转缠绕方向,既可向左,又可向右。据观察,文竹的同一条茎,在人为牵引下可以先向左旋,后又向右旋转,再向左旋转。又如何首乌等。

最新研究表明,植物旋转缠绕的方向特性与其原产地分布起源有关,是它们各自的祖先遗传下来的本能。远在亿万年以前,有两种攀缘植物的始祖,一种生长在南半球,一种生长在北半球。为了获得更多的阳光和空间使其生长发育得更好,它们茎的顶端就随时朝向东升西落的大阳。这样,生长在南半球植物的茎就向右旋转,生长在北半球植物的茎则向左旋转。经过漫长的适应、进化过程,它们便形成了各自旋转缠绕的固定方向。以后,它们虽被移植到不同的地理位置,但其旋转缠绕的方向特性被遗传下来而固定不变。而起源于赤道附近的攀缘植物,由于太阳当空,它们就不需要随太阳转动,因而其缠绕方向不固定,可随意旋转缠绕。

B. **卷攀类** 卷攀类植物的茎不旋转缠绕,以枝、叶变态形成的卷须或叶柄、花序轴等卷曲攀缠他物而直立或向上生长。卷攀类植物一般只能卷缠较细的柱状体。可分为以下六种类型:

小叶卷须型　羽状复叶前端的小叶变态为叶卷须，借以卷曲缠绕他物攀缘。种类不多，常见于豆科的一些属种，如榼藤（*Entada phaseoloides*）。

托叶卷须型　叶柄两侧各产生 1 条相当于托叶变态的卷须，借以卷缠攀缘。只见于菝葜属及肖菝葜属两属植物中，常见种如菝葜、马甲菝葜、华肖菝葜（*Heterosmilax chinensis*）等。

叶尖钩卷型　叶片先端钩状卷曲，可借以钩缠他物，但攀附能力较弱。如嘉兰、滇黄精及须叶藤（*Flagellaria indica*）等。

叶柄卷攀型　借叶柄或小叶柄卷曲而缠绕他物攀缘上升。例如：铁线莲属（*Clematis*）的许多种的叶柄和复叶的叶轴及小叶柄均能卷缠；白英（*Solanum cathayanum*）能借单叶较短的叶柄卷曲攀缘。

茎卷须型　具有由茎变态而来的茎卷须，借以卷攀。茎卷须生于叶腋或与叶对生，单一不分枝或 2 至多分枝，依植物种而异，见于葡萄科、西番莲科及葫芦科中，常见种如葡萄、鸡蛋果（*Passiflora edulis*）、葫芦、中华栝楼（*Trichosanthes rosthornii*）等。

花序卷攀型　花序的某一部分能卷曲缠绕，借以攀缘他物。例如珊瑚藤（*Antigonon leptopus*）借花序轴顶端形成的卷须攀缘，鹰爪花（*Artabotrys hexapetalus*）、白蔹（*Ampelopsis japonica*）借花序轴卷曲攀缘，倒地铃（*Cardiospermum halicacabum*）借花序最下一对花的花柄卷缠。

C.　**吸附类**　这一类植物，茎既不缠绕，也不具备卷曲缠绕的器官，但借茎卷须末端膨大形成的吸盘或气生根吸附于他物表面或穿入他物内部而附着向上，某些种类能牢固吸附于光滑物体，如玻璃、瓷砖表面生长。它们是墙壁、屋面、石崖、堡坎及粗大树干表面绿化的理想材料。根据吸附器官的不同，这类植物又分为两种类型：

茎卷须吸附型　茎卷须的顶端膨大成圆形扁平的吸盘，借以吸附他物。吸盘常有很强的吸附能力。见于葡萄科的地锦属（*Parthenocissus*）及崖爬藤属（*Tetrastigma*）的一些种中，常见种有地锦（*Parthenocissus tricuspidata*）、五叶地锦（*Parthenocissus quinquefolia*）及崖爬藤（*T. obtectum*）等。

气生根吸附型　借茎上产生的气生根吸附于他物表面或穿入他物内部而上升。这一类植物多见于空气湿度较高的地区。植物以气生根吸附攀缘有两种形式：一种为产生多条气生根，长出后便细而多分枝，立即吸附于他物表面，见于胡椒属（*Piper*）、榕属（*Ficus*）、卫矛属（*Euonymus*）、常春藤属（*Hedera*）、凌霄属（*Campsis*）一些藤本植物中，如胡椒（*Piper nigrum*）、薜荔（*Ficus pumila*）、厚萼凌霄（*Campsis radicans*）、扶芳藤（*Euonymus fortunei*）、常春藤（*Hedera nepalensis* var. *sinensis*）等。另一种为只产生少数气生根，能牢固附着于石壁、墙砖表面，初期粗壮近肉质，不分枝，待先端插入土壤或其他基质后，方产生大量的分枝须根而吸附并吸收水分与营养，常见于天南星科的附生性植物中，如龟背竹（*Monstera deliciosa*）、麒麟叶（*Epipremnum pinnatum*）、绿萝（*Epipremnum aureum*）等。后一种形式，植物难以附着于光滑的表面上，且分枝较少，高度有限，多作室内观叶应用。

D.　**棘刺类**　茎或叶具刺状物，借以攀附他物上升或直立。这一类植物的攀缘能力较弱，生长初期应加以人工牵引或捆缚，辅助其向上到位生长。依棘刺的来源不同，又分为三种类型：

枝刺型 刺由小枝变态而来,生于叶腋或近叶腋的上方。这一型均为木本植物,刺直或向下弯,有些种弯曲呈钩状,但不具继续卷曲特性。常见的种如:光叶子花(*Bougainvillea glabra*)、钩枝藤(*Ancistrocladus tectorius*)、钩藤(*Uncaria rhynchophylla*)等的枝刺直或略下弯;黄檀属的一些种,如藤黄檀(*Dalbergia hancei*)、大金刚藤黄檀(*Dalbergia dyeriana*)的枝刺弯曲如钩或成环,初生出时有钩缠能力。

皮刺型 皮刺由表皮及皮部突起而形成,其中不含有木质部成分,着生无固定位置,常不规则散生于茎及叶柄、叶脉上,有时亦着生于叶柄的两侧,通常短而宽扁。皮刺在植物中很普遍,常见植物如:蔷薇属(*Rosa*)、悬钩子属(*Rubus*)的大多数种,贯叶蓼(*Polygonum perfoliatum*)、省藤(*Calamus salicifolius*)等。

角质细刺型 某些草本植物的细刺是由表皮的角质层突起形成,常称之为刺毛,细小而透明,通常向下倒生,也有不可估量的攀附能力。例如葎草(*Humulus scandens*)、茜草(*Rubia cordifolia*)。

E. 依附类 只有一种类型。这一类植物茎长而较细软,但既不缠绕,也无其他攀缘结构,初直立,但能借本身的分枝或叶柄依靠他物的承托而上升很高,在应用上和其他攀缘植物相近。如木本的南蛇藤属(*Celastrus*)、胡颓子属(*Elaeagnus*)、酸藤子属(*Embelia*)的许多种。

4. 匍地类:干、枝等均匍地生长,与地面接触部分可分生出不定根而扩大占地范围,如铺地柏。这类植物可以作为广义的地被而在园林景观中应用。

(二)实用分类法

按照树木在园林中的栽培目的为分类的依据,侧重实用性。

1. 观花类:如牡丹、梅花、樱花等。

2. 观叶类:赏其叶形、叶色。如银杏、槭树等。

3. 观果类(果木类):赏其果色、果形。如火棘、紫珠、佛手等。

4. 观茎干类:如光皮毛梾、红瑞木等。

5. 观芽类:如银芽柳、玉兰等。

6. 观根类:如落羽杉、池杉的气生根、榕树的板根。

7. 听觉类:如松林、响叶杨等。

8. 芳香类:如安息香、桂花、郁香忍冬、香柏、结香、芬芳安息香。

(三)按树木的园林用途分类

1. 园景树(独赏树、孤植树或公园树):通常作为庭院和园林景观局部的中心景物,赏其树形或姿态,也有赏其花、果、叶色等的。如金钱松、鹅掌楸、雪松、南洋杉、龙爪槐、银杏。

2. 庭荫树或绿荫树:栽种在庭院或公园以享其绿荫为主要目的的树种。一般多为叶大荫浓的落叶乔木,在冬季人们需要阳光时落叶。如悬铃木、银杏、樟树、榕树、七叶树、陀螺果。

3. 行道树:为了美化、遮阴和防护等目的,在道路旁栽植的树木。如悬铃木、槐、椴、七叶树、元宝槭、香樟、野茉莉、乌桕等。

4. 花果树:通常指有美丽芳香的花朵或色形美观的果实的灌木和小乔木。这类树木种类繁多,观赏效果显著,在园林绿地中应用广泛。花灌木可在高大乔木和地面之间起到过渡作用,以丰富边缘线。例如陀螺果、梅花、桃花、榆叶梅、连翘、金银木、月季、丁香、山楂、芬芳安息香等。

5. 垂直绿化树：以藤本为主。如紫藤、凌霄、地锦、木香、薜荔、常春藤、金银花、五味子、大血藤、油麻藤、扶芳藤等。

6. 绿篱树或植篱：以耐修剪、分枝多、生长缓慢、紧凑的灌木和乔木为主。常用树种有刺柏、侧柏、红豆杉、杜松、黄杨、女贞、珊瑚树、小檗、贴梗海棠、木槿、刺榆、野茉莉、白花龙等。

7. 木本地被树：用于对裸露地面或斜坡进行绿化覆盖的低矮、匍匐灌木或藤本。如：铺地柏、平枝栒子等。

8. 盆栽盆景树：主要指盆栽用于观赏及制作成树桩盆景的一类树木。如檵木、黑松、白花龙等。

(四) 依对环境因子的适应能力进行分类

1. 按水分因子：分为旱生、中生、湿生树种。

2. 按光照因子：分为阳性、阴性、中性树种。

3. 按热量因子：分为热带树种、亚热带树种、温带树种和寒带树种。

4. 按土壤因子：分为酸性土树种、碱性土树种、耐瘠薄树种和海岸树种。

5. 按空气因子：抗风、抗烟害和抗有毒气体树种。

第三节　园林树木学的学习方法

一、学习园林树木学的方法

园林树木学是研究园林植物的分类、生物学特性、生态学特性、观赏特性、文化属性及园林应用的科学，是一门实践性很强的自然与人文复合学科。在学习过程中，不仅要进行种类识别，还要认真地了解园林树木的自然属性、观赏特性和用途、物候与环境的关系、植物的文化内涵，同时要充分利用本地或他地的各种相应条件。只有在此基础上进行景观设计、环境规划、树种配置，才能达到建设优质景观与人居环境的目的。

要学好园林树木学，首先要学会识别各种树种，尽可能了解原产地生境，熟悉树木四季品相，观察其在不同园林景观中的表现并分析经典园林中树木应用的成功案例。对树木的认知，需要经过调查→采集标本→鉴定标本的过程。在鉴定标本的过程中，必须要学会使用植物检索表，用检索表对"植物字典"进行检索，在实践中认知更多的树木资源。

只有先识别物种，才能进一步了解各物种其他方面的信息。这要求我们勤翻课本，多阅读各种参考书，包括图鉴、植物志等各类工具书。此外，要加强实践环节，充分利用网络资源和各类识别软件，"处处留心皆学问"，勤学、勤问、勤练习、勤实践，不断地积累，如古人云"行住坐卧，不离这个"。只有先做到"识地识树"，才能达到"适地适树"。

二、学会使用植物检索表

植物检索表是鉴定植物的索引，各种植物志、树木志的科、属、种描述之前常编排有相应的检索表,读者可依据已编成的检索表,对待鉴定的植物依序逐条检索,直至最后查出植物所属的科、属、种。

常用的植物检索表一般采用两歧-定距式,两歧是指表内的每一项皆由相对立的两条组成,定距是指凡相同的序号皆排在位置相等的距离上,即每一序号排在一定的层次上,下一序号其层次也就退后一位。在检索时,先查对1—1,再查对2—2,进而查对3—3,直至最终。如检索表的第一项讲子叶,而学生持有的植物是双子叶时,那就应该在双子叶条目下继续查对第二项。如果第二项以叶型为对象,则按单叶或复叶的条目继续查对,直至得到答案为止。一般的植物检索表格式如下:

    1. 双子叶植物:
      2. 单叶:
        3. 羽状复叶 ··· A 种
        3. 掌状复叶 ··· B 种
      2. 复叶:
        4. 小叶 3～5 ··· C 种
        4. 小叶 7～9 ··· D 种
    1. 单子叶植物:
      5. 子房下位:
        6. 中轴胎座 ··· E 种
        6. 侧膜胎座 ··· F 种
      5. 子房上位 ··· G 种

现用检索表举例说明贵州石楠(*Photinia bodianieri*)和石楠(*Ph. serratifolia*)的细微区别。

    A1. 叶柄短,长 0.5～1.5 cm;叶片较小;树干、枝条上有刺 ·············· (1)贵州石楠
    A2. 叶柄长,长 2～4 cm;叶片较大;树干、枝条上无刺 ················ (2)石楠

三、用计算机检索和鉴定

随着科学的发展,电子计算机逐渐应用于分类学的检索和鉴定。计算机的功能源自计算机程序的运行,一个数值在特定指令下由计算机程序运行而得出。传统分类检索表实际上也就是一个运算过程的实例,即检索表是将标本特征全部包括在一系列连续求值的过程中,检索到终点就是标本鉴定的答案。计算机只能用于算术求值,而不能写作,所以只能根据某个分类学家已准备好的一套基本算法来编制计算机程序,这样才能按程序编制出检索表并能鉴定植物。

现使用计算机鉴定植物的主要研究方向有 4 个:

1. 计算机存储检索表

其程序能够使检索人与计算机实现对话,即电子计算机提问题,待检索者回答后,计算机接着提出相关联的另一个问题。其过程与使用书上的检索表相似,只不过是问题和答案都显示在屏幕上。

2. 计算机编制检索表

长期以来,人们一直追求利用计算机检索快速与精确的特性来编制检索表,但业内对此

有不同的观点。争论的焦点在于检索表的使用方式与计算机本身的运行方式相似,其容错性很小,软件(程序)功能的成功实现更多地取决于所收集到的数据和编码的容量。用计算机对植物性状进行辨认和编码的难关在于能否收录全部的分类资料。如今广泛使用的"形色""花伴侣"等程序对植物的识别不够准确,其主要原因还是对物种性状数据的采集量不够大、编码不全面,导致其对常见的树种识别较准,而对相对冷僻的树种则识别误差较大。如果这个问题可以解决,计算机用于编制检索表和进行植物特征识别会更加有效。

3. 同步多性状存储法或匹配系数

在鉴定树种的过程中,将那些待识别植物的一系列已知的性状分别记录下来并输入计算机程序,程序输出一个或数个可能的鉴定结果,或显示这个标本与其他种的区别。

4. 自动模式识别系统

此法至少可为某些类群提供自动的标本鉴定程序,此技术还结合了由光学扫描观察到的性状和识别模式程序。此程序和技术在用于化学光谱分析和染色体显微摄影、识别细胞样品中的不正常细胞的过程中得到了发展,同时也应用于植被和农业调查遥感假象的识别。

第三章 园林树木在植物造景中的应用

"山得水而活,得草木而华",造园(景)固然离不开山水,但如没有树木花草,园林的美好境界也难以形成,其中树木又充当着主角,树木的选择是否合理,配置是否得当,直接关系着园景之优劣。谈到造园,就不能不讲究树木配置的艺术效果。当然,这要建立在满足树木生态习性的基础上,同时考虑造园的功能要求。也就是说,树木的配置要美观、适用、经济、有内涵品味。

第一节 园林树木在植物造景中的配置原则

园林树种选择是营造园林植物景观的基础,要考虑硬质元素(构筑物)与软质元素(有生命的植物等)的有机结合并进行高度提炼。园林树种在景观营造中的应用一般遵循以下原则:

一、园林树种的配置要满足功能需要,体现设计意图

园林树种的选择与配置首先要从设计的主题、立意和功能出发,选择适当的树种和配置方式来表现主题,体现设计意境,满足园林的功能要求。配置时,要注意先面后点、先主后宾、远近高低相结合的原则。不同的树种,随着四季之变化可产生不同的意境。一般说来,形态不规则的阔叶树可形成活泼、轻松的气氛,高大的针叶树能构成肃穆的环境。把树木的形态做各种象征和比拟,还能引起人们的想象和联想。例如,南京著名的梅花山景区,以各种傲立风霜的梅花为主题,并通过点缀松柏类、竹类等常绿植物来比拟清高、孤洁、铮铮傲骨的君子。而在中山陵、廖仲恺墓园,则种植了大量的龙柏、石楠等常绿植物,象征革命先驱的不朽精神,同时也都种植低垂的龙爪槐以示哀悼。南京六合金牛湖森林公园是民歌《茉莉花》的诞生地,景区以芬芳的安息香科(野茉莉科)植物为主题,以安息香科的垂珠花为植物文化载体,同时配以安息香科最美的植物——陀螺果,此外还有白花龙、芬芳安息香、野茉莉等,充分体现了民歌之乡的特色人文景观。"西湖十景"之一的"平湖秋月"景区是著名的中秋赏月之地,因此在树种的选择上,以桂花、红枫为主,配以含笑、栀子花等芳香树木。夜间赏月时,微风习习,送来阵阵花香,月光、水色、花色,点出了"四时月好最宜秋"的意境。

选择行道树,不仅要树形美观、树冠高大、叶密荫浓、生长迅速、根系发达,而且要能抗污染、抗短时间强降雨积水、耐贫瘠、少病虫害、耐修剪、发枝力强、不生根蘖、适应性强、寿命长。

二、满足树种的生态学要求,适地适种,乡土树种优先

在树种的选择与配置要适地适种,最好多采用乡土树种,同时要注意种间关系,特别是

种间的化感效应。化感效应也被称为化感作用,就是植物(含微生物)通过释放化学物质到环境中而产生对其他植物直接或间接的有害作用。这一定义阐明植物化感效应的本质是植物通过向体外释放化学物质而影响邻近植物。后来发现在许多情况下这种影响也是有益的,而且植物化感作用不仅可在种间进行,也可以在种内进行(自毒作用)。自然界的各种树木由于系统发育的不同,形成了不同的生态特性与群落结构,对温度、湿度、光照、土壤及地形等环境因子的要求都不一样,对大气污染的抗性也不同。每一物种只有在一定的生态幅范围内才能正常生长和发育。所谓生态幅(ecological amplitude)是指每一种生物对每一种生态因子都有一个耐受范围,即有一个生态上的最低点和最高点。最低点和最高点(或称耐受性的下限和上限)之间的范围称为生态幅。因此,只有根据引种生态相似性原理,将适宜的园林树种引入适宜的环境之中,树种才能在所设计的环境中定居成功。可见,适地适种是植物造景必须优先考虑的原则。要优先使用乡土树种,使树木健康成长,充分发挥其自然面貌与典型之美。物种长期与环境协同进化,决定了乡土物种具有优秀的适应本地环境的特性,同时在乡土环境中与其他物种之间也形成了相互适应的状态。

贯彻"乡土树种优先,外来树种为辅"的原则。发挥乡土物种适宜本地环境的优势,不仅能保证物种选择的成功,而且具有生态安全性。外来树种经本地长期种植"归化"后,表现出良好的生态上的适宜性,如悬铃木、广玉兰等,具有较好的生态与景观效益,也应当考虑引种栽培。外来物种的引入和配置必须慎重,要建立于生态合理的基础上。

三、提高物种多样性,强调生态位原则,优化植物配置

在树种组合多样性指数高的群落内,物种之间往往形成比较复杂的关系,食物链或食物网更加趋于复杂。当面对来自外界环境的变化或群落内部种群的波动时,群落有一个较强的反馈系统,可以缓冲干扰。

自然植物群落中物种多样性高,不同物种的生态位互补,使群落保持相对稳定,资源利用也更充分,群落保持较高的生产力水平。与自然群落相比,人工景观植被群落一般生物多样较低,生态位不饱和,从而群落的稳定性也较差。

因此,在进行树种选择时,应尽量注重物种的多样性原则,填补空白的生态位,使所选择植物的生态位尽量错开,根据空间、时间和资源生态位上的差异来合理选配植物种类,协调种间关系,从而避免种间的直接竞争,增强群落自身的稳定性,建立相对稳定的"近自然顶级"植物群落,加快植物景观的建植速度,减少群落的建植时间,提高群落景观效益,充分发挥树木改善气候和卫生防护的功能,提高群落的生态效益。

四、体现树木的色彩季相变化和形态变化

园林树木的色彩能带来极明显的艺术效果。色彩的变化,一方面是由树木本身具有的季相特点引起的,另一方面是采用不同色彩的花木配置形成的。园林的色彩,首先应关注叶片,如从叶片着手,则不论是否开花,都具有良好的效果。因此要重视色叶木的应用,另外还应该注意在不同季节绿叶树的叶色有明暗、深浅之异,不同的树种其绿色也有区别,甚至同一树种的叶色还因土壤理化性质、温度等环境因子的不同而不同。在叶色和花色的搭配上,要注意色彩对比。如在以常绿树为背景时,宜多栽花色为白、黄、粉红的花灌木,以形成明快

的色彩对比。

树木的季相变化可以体现园林的季节感,这是任何其他园林元素无法取代的。因此树木配置要体现树木色彩丰富、交替出现的优美的季相,努力做到"月月有花香,四季都有景"。为创造四季景色,有效的配置方法是选取不同花期的花木以及色叶树种,分层次布置,或以混合种植来延长花期或色彩季。

园林中树木配置还要讲究形态的变化。可以结合地形的变化,通过乔、灌木的不同组合形成虚实、疏密、高低、简繁、曲折不同的林缘线和立体轮廓线。水杉、雪松等形态独特的树种可对植或群植。

五、遵循艺术构图理念

树种在应用中,要通过艺术构图体现出植物个体及群体的形式美及人们在观赏时映射出的意境美。园林植物组成的"软质"景观中的艺术再创造是极其细腻和复杂的。在植物景观设计中,首先要做到变化与统一相结合。在配置植物时,株形、色彩、线条(轮廓)、质感、比例以及其文化背景的组合要有变化,从而显出其丰富多彩;同时,又要使它们之间保持相互融合,形成和谐的统一体。目的是在统一中求变化,在变化中有统一。其次,要做到协调与对比相结合。在植物作为景观元素配置时,要注重体量、色彩及其文化内涵相调和,同时也要做到在色彩的明度、色相方面形成对比,以达到突出主题、强化视觉的冲击力的效果。

例如,杭州玉泉溪位于杭州植物园"玉泉观鱼"景点东侧,为一条人工开凿的弯曲小溪涧,引玉泉水东流入植物园的山水园。溪长60余米,宽仅1m左右,溪畔散植樱花、玉兰、女贞、南迎春、杜鹃、山茶、贴梗海棠等花草树木,砌以湖石,铺以草皮,溪流从矮树丛中涓涓流出,每到春季,花影堆叠婆娑,成为一条蜿蜒美丽的花溪。

六、要与建筑协调,起到陪衬和烘托作用

园林树木的选择,无论是体型或色彩,均须同建筑的性质、体量、形式、风格以及建筑在园中所起的作用相适应,发挥树木陪衬和烘托的作用,协调建筑和环境的关系,丰富建筑物的构图,完善建筑物的功能。在花木与园林建筑的配置上,一般来说,花色浓郁者宜植于粉墙旁边,鲜明而淡者则栽于绿丛或空旷地。

例如,中国佛教四大丛林之一的南京栖霞寺大殿前对植两棵秋叶金黄的银杏,不但树形高大舒展,烘托佛教建筑,彰显中国宗教文化的底蕴。再如,杭州岳王庙"精忠报国"影壁下种杜鹃花,借"杜鹃啼血"之寓意,以杜鹃花鲜红浓郁的色彩表达后人对忠臣的敬仰与哀思。中国园林的小桥流水边,多种植各种观赏桃、垂柳、木芙蓉、池杉营造"桃红柳绿""杨柳依依""芙蓉花开"等春景和秋景。

七、要与园林的地形、地貌及园路结合起来,取得景象的统一

对不同树种的配置可以改变地形或突出地形。例如,在地形起伏处,山顶高处可种植各种大乔木,山腰也可适当间植大乔木,低处配置矮灌木,可使地形的起伏感更加强烈,形成有一定景深的山林,平视可看到层层树木,仰视可见枝丫相交,俯视则虬根盘曲,形成山巅岭上、林莽之间的丰富景观。

在地形起伏处配置园林树木时,应考虑衬托或加强原地形的协调关系。例如:在陡峭岩坡配置尖塔形树木,如雪松等;而在浑圆的土坡处,可配置圆头形小树,使其轮廓相协调,强化原地形的特征。

对于假山石,应配植姿态生动的精致树种,如罗汉松、白皮松、紫薇等体量相对较小的小乔木。而对于叠石或独立石峰,多半可配植蔓性月季、扶芳藤、油麻藤、常春藤、凌霄、木香花、络石之类攀缘花木。

园路具有交通和导引游客等重要功能,是贯穿园林的一道风景线。因此,园路的布局要自然、灵活、富有变化。一般在主干道两旁或入口处,为烘托主景,常采用整齐规则的配置方式。园林中还常常采用林中穿路、竹中取道、花中求径等结合自然的处理方法,使得园路变化有致,让游人有"捷径"可走,别是一番情趣。

八、园林树木配置中的经济原则

在发挥园林树木主要功能的前提下,树木配置要尽量降低成本,并妥善结合生产。降低成本的途径主要有:尽量节约使用名贵树种,多用乡土树种,少用胸径 20 cm 以上的大苗木,尽量多用胸径 10 cm 以下的小苗。遵循"适地适种"的原则。园林结合生产,主要是指种植有食用、药用价值及可提供工业原料的经济树木。

在远离城市的园林中,可多种植果树,既能带来一定的经济效益,还可与旅游活动结合起来,因为对园林的审美享受可以通过人体诸感官综合体验,并不只限于视觉的美,采摘品尝美果佳实也是游园活动的一种乐趣。

第二节　园林树木在植物造景中的配置方式

配置方式就是园林树木搭配的样式。园林树木的配置方式有规则式和自然式两大类。前者整齐,严谨,具有一定的种植株行距,且按固定的方式排列;后者自然、灵活,没有一定的株行距和固定的排列方式。

一、规则式配置方式

(一)单植

在重要的位置,如建筑物的正门、广场的中央、轴线的交点等重要地点,可单独种植树形整齐、轮廓端正、生长缓慢、四季常青的园林树木。单植主要显示树木的个体美,常作为园林空间的主景。在北方可用桧柏、云杉、塔柏、香柏等,在南方可用香樟、南洋杉、苏铁、福建柏等。

对单植树木的要求是:姿态优美,色彩鲜明,体形略大,寿命长而有特色,病虫害少,以圆球形、伞形树冠为好。周围配置其他树木时,应保持合适的观赏距离,以展现它的独特风姿。

(二)对植

在园门、建筑物入口、广场或桥头的两旁等处,在其轴线的左右,相对称地栽植同种、同形、大致相等数量的树木。对植的树种要求:外形整齐美观,树体大小一致,保持形态上的均衡。常用的树种有圆柏、龙柏、桂花、柳杉、罗汉松、广玉兰等。

（三）列植

也称带植，即成行成带栽植树木。一般是将同形同种的树木按一定的株行距排列种植（单行或双行，亦可为多行）。如果间隔狭窄，树木排列很密，能起到遮蔽后方的效果。如果树冠相接，则树列的密闭性更大。也可以等距离反复种植异形或异种树，使之产生韵律感。列植多用于行道树、绿篱、林带及水边种植，或规则式广场周围种植。如用作园林景物的背景或隔离措施，一般宜密植，形成树屏。

（四）正方形栽植

也称树阵式种植。按方格网在交叉点种植树木，株行距相等。优点是透光、通风性好，便于管理和机械操作。缺点是幼龄树易受干旱、霜冻、日灼及风害，又易造成树冠密接，一般园林绿地中极少应用。

（五）三角形种植

株行距按等边式或等腰三角形排列。此法可经济利用土地，但通风透光较差，不利于机械化操作。

（六）长方形栽植

为正方形栽植的一般变形，它的行距大于株距。长方形栽植兼有正方形和三角形两种栽植方式的优点，并避免了它们的缺点，是一种较好的栽植方式。

（七）环植

这是按一定株距把树木栽为圆环的一种方式，有时仅有一个圆环，甚至半个圆环，有时则有多重圆环。

（八）花样栽植

像西洋庭园常见的花坛那样，栽植树木构成装饰花样的图形。

二、自然式配置方式

（一）孤植

孤植树主要是为了表现树木的个体美，其园林功能有两个，一是单纯为观赏，二是庇荫与观赏结合。孤植树的构图位置应该十分突出，体型要巨大，树冠轮廓要富于变化，树姿要优美，开花要繁茂，香味要浓郁或叶色具有丰富季相变化。许多树种可以用作孤植树，如落羽杉、金钱松、朴树、榕树、石楠、湖北海棠、白皮松、银杏、红枫、雪松、香樟、广玉兰等。

（二）丛植

树丛系由2～10株乔木组成，如加入灌木，总数可达数十株。树丛的组合主要考虑群体美，但其单株植物的选择条件与孤植树相似。

树丛在功能和配置上与孤植树基本相似，但其观赏效果要比孤植树更为突出。作为纯观赏性或诱导树丛，可以用两种以上的乔木搭配栽植，或乔灌木混合配植，亦可同山石花卉相结合。庇荫用的树丛，以采用树种相同、树冠开展的高大乔木为宜，一般不用灌木配合。

配置的基本形式一般有：

1. 两株配合

两树必须既有调和又有对比。因此两株配合，首先必须有通相，即采用同一树种（或外形十分相似的树种),使两者统一起来;但又必须有其殊相,即姿态和大小应有差异,才能产生对比,生动活泼。一般来说两株树的距离应小于两树冠半径之和。

2. 3株配合

3株配合最好采用姿态大小有差异的同一树种,栽植时忌3株在同一线上或成等腰、等边三角形。3株的距离都不要相等,一般最大和最小的要靠近一些成为一组,中等大小的远离一些另为一组。如果采用不同树种,最好同为常绿树或同为落叶树,或同为乔木,或同为灌木,其中大的和中等的应为同一树种。

(三)群植

群植系由十株以上、七八十株以下的乔灌木组成树木群体。这主要是为了表现群体美,因而对单株要求不严格,但树种也不宜过多。

树群的园林功能和配置方式与树丛类同。不同之处是树群属于多层结构,须从整体上来考虑生物学与美观的问题,同时要考虑每株树在人工群体中的生境。

树群可分为单纯树群和混交树群两类。

单纯树群观赏效果相对稳定,树下可再配置耐阴宿根花卉作地被植物。

混交树群在外貌上应该注意季节变化,树群内部的树种组合必须符合生态要求,高大的乔木应居中央作为背景,小乔木和花灌木在外缘。

树群中不允许有园路穿过,其任何方向上的断面,其林冠线应该是起伏错落的,水平轮廓也要有丰富的曲折变化,树木的间距要疏密有度。

(四)林植

是较大规模成片成带的树林状的种植方式。园林中的林带与片林种植,方式上可较整齐,有规则,但比之于真正的森林,仍可略为灵活自然,做到因地制宜。在防护功能之外,应着重注意在选择和搭配树种时考虑到美观并符合园林的实际需要。

树林可粗略分为密林(郁闭度0.7~1.0)与疏林(郁闭度0.4~0.6)。密林又有单纯密林和混交密林之分,前者简洁壮阔,后者华丽多彩,但从生物学的特性来看,混交密林比单纯密林好。疏林中的树种应具有较高观赏价值,树木种植要三五成群、疏密相间、有断有续、错落有致,务使构图生动活泼。疏林还常与草地和花卉结合,形成草地疏林和嵌花草地疏林。

相同树种的群体组合,树木的数量较多,以表现群体美为主,具有成林之趣。

第三节　园林树木在景观中的应用

伴随着城市化进程的不断加快、人民生活水平的日益提高及旅游业的强有力发展,大家对环境质量的要求也越来越高。绿色植物在改善环境中具有无法取代的生态效益和社会效益。园林树木在景观配置中的地位也显得格外重要。

园林树木是园林景观中的动态元素,因此在配置时,要充分考虑到植物一生及四季生长的变化规律,以及植物与绿地系统其他元素或者与建筑间的关系,合理处理好自然美与人工美的融合,追求二者的和谐统一,使之产生一种生动活泼而具有季节变化的感染力,形成一种动态的有生命的景观。

一、丰富建筑中的景观元素

门与窗都是中国古典园林中不可缺少的元素。门是观赏路径的咽喉,与墙体在一起,起到分隔空间的作用。充分利用门的造型形成框景,通过观赏植物与路、石等精心构图掩映成画,而且可以扩大视野,引导视线。园林中门的造型丰富多彩。马鞍山采石矶风景区的圆梦园(盆景园)中,在规整矩形的门框两侧配上两丛红花檵木,浑圆的树冠和椭圆叶片柔化了门框的直线条;门框的左侧植一丛粉单竹与之相呼应,起到了均衡的效果。路笔挺流畅,墙内地上自然布置着各派盆景,犹如山峦远景,层次清晰,构图简洁,将游人的视线引向深幽处,达到了入画的境界。

古典园林中的窗更富有诗情画意。窗框与其外的植物配植,俨然一幅生动画面。由于窗框的尺寸是固定不变的,而植物却不断生长,因此要选用体量增大变化不大的树种,如蜡梅、南天竹、孝顺竹、桂花、海棠、棣棠等,如南京莫愁湖公园"海棠春坞"景点。

二、增加水体及水岸边景观异质性

在人工湿地的营建中,植物的配置可以大大增加水体及水岸边景观的异质性。例如,南京的莫愁湖,在抱月楼附近的湖水中,种植了几株墨西哥落羽杉,现已成长为高大的乔木,为莫愁湖的一道风景线。春季墨西哥落羽杉绿色的枝叶像一片绿色屏障,绿水与其倒影的色彩非常调和;秋季棕褐色的秋叶丰富了水中色彩。在南京新改造的情侣园里,在河岸边设计了一片人工湿地,里面种植了大量的落羽杉和垂柳,岸边保留了原来种植的池杉、水杉、枫杨、乌桕等耐水湿植物,倒影清晰,秋季水中倒影又增添红、黄、紫等色彩,景观活泼又醒目。岸边还种植了美人蕉、梭鱼草等水生植物,色彩丰富。

水边植物配植片林时,可留出透景线,利用树干、树冠框以对岸景点。如玄武湖边利用侧柏林的透景线,框九华山藏经阁这组景观。莫愁湖公园也利用湖边片林中留出的透景线及倾向湖面的地形引导游客很自然地步向水边欣赏对岸的红枫、卫矛及无患子的秋景。

在马鞍山珍珠园全长近千米的河道上,夹峙两岸的峡口、石矶形成高低起伏的岸路,同时也把河道障隔、收放成四个段落,收窄的河边种植了庞大的榉树,分隔的效果尤为显著。沿岸的柳树、绒毛白蜡、山坡上的黑松、栾树、元宝槭、侧柏,加之散植的榉树、红花刺槐,形成一条绿色长廊,碧桃、山樱花点缀其间,益显明媚。站在后湖桥凭栏而望,两岸古树参天,清新秀丽,玉带河水映倒影,正是"两岸青山夹碧水"的写照。

三、园林树木对城市道路的造景作用

城市道路的植物配置首先要服从交通安全的需要,能更有效地协助组织车流、人流的集散,同时也起到改善城市生态环境及美化市容的作用。现代化城市中除必备的人行道、慢车道、快车道、立交桥、高速公路外,有时还有林荫道、滨河路、滨海路等,这些道路的植物配置形成车行道分隔绿带、行道树绿带、人行道绿带。

一般来说,城市道路树种应具备冠大、荫浓、主干挺直、树体洁净、落叶整齐;无飞絮、毒毛、臭味、污染的种子或果实;适应城市环境条件,如耐践踏、耐瘠薄土壤、耐旱、抗污染等;隐芽萌发能力强、耐修剪、易复壮、长寿等条件。

（一）高速公路及其节点的植物配置

我国各地高速公路具有 4 个以上的车道，中间有 3 m 的分隔带。分隔带内可以种植低矮的花灌木、草皮以及宿根花卉。一般较宽的分隔带可种植自然式的树丛。路肩外侧以及高速公路两旁则视环境进行专门的植物配置。

公路两旁有条件的情况下常配置宽 20 m 以上乔、灌、草复层混交的绿带，不但能形成车移景易的效果，而且还可以为当地野生动物、植物提供庇护场所。这样，驾车行驶在高速公路上时，可以欣赏不断变换的景观，是一种享受。

高速公路及一般公路立体交叉处的植物配置要求在弯道外侧植数行乔木，以利引导行车方向，使驾驶员有安全感。在二条道交汇到一条道上的交接处及中央隔离带上，只能种植低矮的灌木及草坪，便于驾驶员看清楚周围行车，减少交通事故。立体交叉处的面积较大，可按中心花园进行植物配置。在国内，宁杭高速首先进行了这种尝试。

（二）车行道分隔绿带的观赏植物配置

车行道分隔绿带指车行道之间的绿带。车行道一般划分为机动车道、非机动车道两种。一般情况下，在每种路面间都会有一条分隔绿带。绿带的宽度国内外都很不一致，窄者仅 1 m，宽的可达 10 m。分隔绿带上的植物配置除考虑到丰富街景外，首先要满足交通安全的需要，不能妨碍司机及行人的视线。一般窄的分隔绿带上仅种低矮的灌木及草皮，或成枝下高较高的乔木。随着宽度的增加，分隔绿带的植物配置形式多样，可采用规则式，也可采用自然式。自然式配置利用植物不同的树姿、线条、色彩，将常绿、落叶的乔灌木、花卉及草坪地被构成高低错落、层次参差的树丛、花地等各种植物景观，做到四季有景，富有变化。

我国亚热带地区树种丰富，可配置出美丽的街景。落叶乔木如枫香、无患子、鹅掌楸等作为上层乔木，下面可配置常绿低矮的灌木及常绿草本地被。对于一些土质瘠薄，不宜种植乔木处，可配置草坪、花卉及抗性强的灌木，如红花檵木等。无论何种植物配置形式，都需处理好交通与植物景观的关系。如在道路尽头、人行横道、车辆拐弯处不宜配置妨碍视线的乔灌木，只能种植草坪、花卉及低矮灌木。在暖温带、温带地区，冬天寒冷，为增添街景色彩，可选用些常绿乔木，如雪松、华山松、白皮松、油松、樟子松、云杉、杜松。地面可选用沙地柏及耐阴的藤本地被植物地锦、五叶地锦、扶芳藤、金银花等。为增加层次，可选用耐阴的珍珠梅、金银木、连翘、天目琼花、海仙花、枸杞等作为下木。还有很多双色叶树种如银白杨、新疆杨以及秋色树种如银杏、紫叶李、栾树、黄连木、五角枫、红瑞木、火炬树等，都可配置在分隔绿带上。

（三）在行道树绿带中的应用形式

行道树绿带指车行道与人行道之间种植行道树的绿带、步行道绿带及建筑基础绿带。其功能主要是分隔嘈杂的车行道，为行人遮阴，提供安静、优美的环境，同时美化街景。许多"火炉"城市都喜欢用冠大荫浓的悬铃木、枫杨等。新疆某些地段在人行道上搭起了葡萄棚。我国台湾地区喜欢用花大色艳的凤凰木、木棉、大花紫薇等，树冠下为蕨类地被，一派热带风光。目前行道树绿带的植物配置已逐渐向乔、灌、草复层混交发展，大大提高了生态效益。

由于绿带宽度不一致，因此，植物配置各异。基础绿带又称基础栽植，是紧靠建筑的一条较窄的绿带，国内常见用地锦等藤本植物做墙面垂直绿化，将珊瑚树或者女贞植于墙前做分隔。如果绿带再宽些，则以此绿色屏障作为背景，前面配植花灌木、宿根花卉及草坪，但在外缘常用绿篱分隔,以防行人践踏破坏。国外极为注意基础绿带,一些夏日气候凉爽、无须行道树遮阴的城市,以各式各样的基础栽植来构成街景。

四、园林树木在风景区道路景观中的应用

园林树木在风景区道路景观中的应用根据园路的功能而定。园路除了集散、组织交通外,主要起到引导游览路线的作用。园路的宽窄、线路乃至高低起伏都是根据园景中地形以及各景区相互联系的要求来设计的。曲线流畅的园路旁配置些应四时变化的植物,游人漫步其上,远近各景可构成一幅连续的动态画卷,步移景异。

(一)主路旁的园林树木的配置

主路是沟通各活动区的主要道路,游人量大,甚至有车辆通行。平坦笔直的主路两旁常用规则式配置。最好植以观花乔木,并以花灌木作下木,丰富园内色彩。主路前方有引人瞩目的风景建筑作对景时,两旁植物可密植,使道路成为一条甬道形成夹景,以突出建筑主景。入口处也常常采用规则式配置,可以强调气氛。如栖霞山风景区的入口处用两排高大整齐的银杏引导游客进入古寺。

蜿蜒曲折的园路,路旁植物不宜成排成行,而以自然式配置为宜。沿路的植物景观在视觉上应有挡有敞、有疏有密、有高有低,景观中有草坪、花地、灌丛、树丛、孤立树、修剪成型的植物雕塑,甚至水面、山坡、景观建筑小品等,不断变化。游人沿路漫游可经过大草坪,也可在林下小憩或穿行在花丛中赏花。路旁若有微地形变化或园路本身高低起伏,最适宜进行自然式配置。若在路旁微地形隆起处配置复层混交的人工群落,最得自然之趣。如华东地区可用湿地松、黑松、火炬松或金钱松等作上层乔木,用杜鹃、含笑、刺梨、山茶作下木,用络石、阔叶麦冬、沿阶草、蔓长春花、常春藤或石蒜等作地被。游人步行在松林下,周围环绕这些适于近看的观赏花木,顿觉清幽宁静。如路边无论远近都有景可观,则在配置植物时必须留出透视线。如遇水面,对岸有景可观,则沿水面一侧路边不仅要留出透视线,在地形上还需稍加处理,向着水岸方向的地面略下倾,再植上草坪,引导游人走向水边去欣赏对岸景观。

(二)次路及小路旁的园林树木的配置

次路是园中各区内的主要道路,一般宽2～3 m。小路供游人漫步在宁静的休息区中,一般宽仅1～1.5 m。次路与小路两旁的植物配置可更灵活多样。由于路窄,有的只需在路的一旁种植乔、灌木,就可达到既遮阴又可赏花的效果。南京林业大学的樱花路已经成为南京地区的著名赏樱景点。有的栽植诸如木绣球、冬青、鸡爪槭等具有拱形枝条的大灌木或小乔木于路边;有的甚至采用拱道廊架,种植数种藤本植物;有的植成复层混交群落,游人穿行其下,富有野趣。南京白马公园的一条小径边配置了榉树、梧桐、珊瑚树、桂花、夹竹桃、海桐及金钟花等组成的复层混交群落,秋天色彩斑斓。福州滨江公园的次路及小路两旁种植了扶桑、龙船花、米兰、红桑等,形成了色彩艳丽的彩叶篱及花篱。长江以南常在小径两旁配置竹林,形成竹径,让游人循径探幽,如扬州的个园。竹径自古以来都是中国园林中常用的造景手法。竹生长迅速,适应性强,常绿,清秀挺拔,用竹来创造曲折、幽静、深邃的园路环境,是非常符合中华文化传统的。杭州"西湖十景"中的"云栖竹径""三潭印月",西泠印社,植物园内都有竹径。安吉万竹园的竹径长达千米,两旁毛竹高20余米,竹林深远望不到边。穿行在这曲折的竹径中,"夹径萧萧竹万枝,云深岩壑媚幽姿"的幽深感油然而生。

第二篇 各论

第四章 裸子植物门

一、银杏科 Ginkgoaceae

(一) 银杏属 *Ginkgo*

落叶乔木,树干高大,分枝繁茂。枝分长枝与短枝。叶扇形,有长柄,具多数叉状并列细脉,在长枝上螺旋状排列散生,在短枝上成簇生状。球花单性,雌雄异株,生于短枝顶部的鳞片状叶的腋内,呈簇生状;雄球花具梗,葇荑花序状,雄蕊多数,螺旋状着生,排列较疏;雌球花具长梗,梗端常分2叉。种子核果状,具长梗,下垂,外种皮肉质,中种皮骨质,内种皮膜质,胚乳丰富;子叶常2枚,发芽时不出土。

本属仅有1种,我国浙江天目山有野生状态的树木,其他各地栽培很广,为重要的庭园观赏树种,亦可作行道树。

1. 银杏 *Ginkgo biloba* L.

形态特征: 落叶乔木,高可达40 m。大枝斜展,一年生的长枝淡褐黄色,二年生以上枝条变为灰色,并有细纵裂纹。叶扇形,具波状缺刻;叶柄长。种子具长梗,下垂,常为椭圆形、卵圆形。熟时黄色或橙黄色,外被白粉,胚乳肉质,味甘略苦。花期3—4月,种子9—10月成熟。

分布与生境: 在中国,银杏主要分布于温带和亚热带气候区内。江苏省全境均有分布。喜光,宜生长于温润而又排水良好的深厚沙质壤土,以中性或微酸性土最适宜;不耐积水,耐旱,耐寒;深根性,萌芽力强。

园林应用: 银杏源自汉语中的广东话——"银果",从日语转借,在英语中就叫ginkgo。银杏树姿优美,冠大荫浓,秋叶金黄,且叶形奇特,"高林似吴鸭,满树蹼铺铺"。银杏是优良的庭荫树、行道树和园景树,在我国常与刺柏等树形端庄的常绿树一起列植或对植,颇为森严。银杏树的果实俗称白果,因此银杏又名白果树。银杏是第四纪冰川运动后遗留下来的裸子植物中最古老的孑遗植物,现存活在世的银杏稀少而分散。和它同纲的所有其他植物皆已灭绝,所以银杏又有"活化石"的美称。银杏树生长较慢,寿命极长,自然条件下从栽种到结银杏果要20多年,40年后才能大量结果,因此又有人把它称作"公孙树",有"公种而孙得食"的含义,是树中的老寿星。寺庙园林中常成对栽植雌雄银杏,以银杏彰显其历史悠久。

二、苏铁科 Cycadaceae

(一) 苏铁属 *Cycas*

常绿木本植物,树干粗壮,圆柱形,稀在顶端呈二叉状分枝,或呈块茎状,髓部大,木质部及韧皮部较窄。叶螺旋状排列,有鳞叶及营养叶,二者相互成环着生;鳞叶小,密被褐色毡毛,营养叶大,深裂成羽状,稀叉状二回羽状深裂,集生于树干顶部或块状茎上。雌雄异株,雄球花单生于树干顶端,螺旋状排列。种子核果状,具3层种皮,胚乳丰富。

约有110种,分布于南北两半球的热带及亚热带地区。我国有8种。

1. 苏铁 *Cycas revoluta* Thunb.

形态特征:常绿木本,高可达20 m。叶羽状,厚革质而坚硬,基部两侧有刺,裂片条形,边缘反卷,先端刺尖。雄球花圆柱形,胚珠2~6枚,生于大孢子叶柄的两侧,有绒毛,种子红褐色或橘红色,倒卵圆形或卵圆形。花期6—7月,种子10月成熟。

分布与生境:产于华南,各地栽培。江苏、浙江及华北各省区多栽于盆中,冬季置于温室越冬,也可以用聚乙烯布包裹露地越冬。喜暖热湿润气候,喜肥沃湿润的酸性沙壤土,不耐积水。生长缓慢,寿命长。

园林应用:苏铁树形特殊,常植为花坛中心树,也极适于建筑附近或草地孤植或丛植,还可作园路树。在北方为大型盆栽植物,多用于布置大型建筑的厅堂。苏铁的种子橘红色而光亮美观,古籍中称为"凤凰蛋"。

三、柏科 Cupressaceae

(一) 扁柏属 *Chamaecyparis*

常绿乔木。生鳞叶的小枝扁平,排成一平面。叶鳞形,通常二型,稀同型,交叉对生,小枝上面中央的叶卵形或菱状卵形,先端微尖或钝,下面的叶有白粉或无,侧面的叶对折呈船形。雌雄同株,球花单生于短枝顶端;雄球花黄色、暗褐色或深红色,卵圆形或矩圆形。球果圆球形,很少矩圆形,当年成熟,种鳞3~6对,木质,盾形,顶部中央有小尖头,发育种鳞有种子1~5(通常3)粒。

本属约有6种,分布于北美、日本及中国台湾。中国有1种及1变种,均产于台湾,为主要森林树种。另引入栽培4种。

1. 美国扁柏 *Chamaecyparis lawsoniana* (A. Murray) Parl.

形态特征:乔木,在原产地高达60 m。树皮红褐色,鳞状深裂。鳞叶形小,排列紧密,先端钝尖或微钝,背部有腺点。雄球花深红色。球果圆球形,红褐色;种鳞4对,发育种鳞具2~4粒种子。

分布与生境:我国华东各地区引种栽培,生长良好。在江苏省内分布于苏南长三角平原、丘陵城镇区(如南京、苏州)以及苏南山地、丘陵城镇区(如宜兴、溧阳)。喜光,也稍耐阴,耐寒。喜排水良好的潮湿土壤。

园林应用:美国扁柏树形整齐,适于列植,也可丛植、孤植;栽培品种繁多,有些低矮品种适于岩石园应用。美国扁柏木材纹理细密,强度中等,经久耐用;可作为建筑、装修、地板、造船、飞机用材,是珍贵的材用树种。木材具香味,可提取芳香油,具有防虫、防湿的功效,也是良好的园林康养树种。

2. 日本花柏 *Chamaecyparis pisifera* (Siebold & Zucc.) Endl.

形态特征:乔木,在原产地高达50 m。树皮红褐色,裂成薄皮脱落;树冠尖塔形;生鳞叶小枝条扁平,排成一平面。球果圆球形,熟时暗褐色;种鳞5对;种子三角状卵圆形,有棱脊,两侧有宽翅。

分布与生境：中国华东、华北等地引种栽培。在江苏省内分布于苏中江淮平原、低地城镇区，苏中滨海平原城镇区，苏南长三角平原、丘陵城镇区以及苏南山地、丘陵城镇区。较耐阴，喜温暖湿润气候及深厚的沙壤土。

园林应用：日本花柏树形端庄，在园林中孤植、列植、丛植、群植皆适宜，也用于风景区造林。其种子可榨取脂肪油；木材坚硬致密，耐腐力强，可供建筑、工艺品雕刻、室内装饰等用。

3. 红桧 *Chamaecyparis formosensis* Matsum.

形态特征：与日本花柏为近缘种，已濒临绝种。有叶小枝扁平，鳞形叶二型，交互对生，雌雄同株，球花单生侧枝顶端；球果当年成熟，椭圆形，种鳞盾形，顶面具少数沟纹，中央稍凹，有尖头；种子扁，倒卵圆形，两侧有窄翅；高达 57 m，胸径可达 6.5 m。

分布与生境：特产于中国台湾，是中国特有的树种。生于海拔 1 050～2 000 m，气候温和湿润、雨量丰沛、酸性黄壤地带，为喜光树种。

园林应用：在中国台湾，红桧又被尊称为"神木"，是树高仅次于美国加州"世界爷"——红杉（*Sequoiadendron giganteum*）的又一种大树。在林海茫茫的阿里山上，有一株高 57 m、胸径 6.5 m 的巨大红桧，树龄约有 3 000 年，它的材积量有 504 m³，相当于几百平方米 30 多年生杉木林的木材蓄积量。在台中苗栗县泰安乡有一株称为"大雪山二号"的"神木"，树高 55 m，胸围 22.7 m，树干中有一个大洞，洞内可放下一顶供 4 人住的帐篷。红桧材质优良，木材耐腐朽，木质中还含有一种香精油，香气经久弥远。因而，红桧是园林中不可多得的杀菌防疫的好树种，适合种植在亚热带地区的医院、学校、幼儿园、养老院等处。

该种为亚洲东部最大的树木，木材优良，纹路美丽，质地良好，可供作建材，制作家具、雕刻等，同时木材耐湿性强，加工后有光泽，是台湾针叶树中的一级木材，为造船的良好材料。材质较轻软，耐韧性强，边材淡红黄色，心材淡黄褐色，有光泽，有香气。宜用于人口稠密的城市周边造林。

（二）柏木属 *Cupressus*

常绿乔木，稀灌木状。小枝斜上伸展，稀下垂，生鳞叶的小枝四棱形或圆柱形，不排成一平面。叶鳞形，交叉对生，排列成四行，同型或二型，叶背有明显或不明显的腺点，边缘具极细的齿毛。雌雄同株，球花单生枝顶。球果第二年夏初成熟，球形或近球形；种鳞 4～8 对，熟时张开，木质，盾形，顶端中部常具凸起的短尖头，能育种鳞具 5 至多粒种子；种子稍扁，有棱角，两侧具窄翅；子叶 2～5 枚。

本属约有 20 种，分布于北美南部、亚洲东部、喜马拉雅山区及地中海等温带及亚热带地区。我国有 5 种，产于秦岭以南及长江流域以南，均系材用树种，引种栽培 4 种，作园林绿化树。

1. 墨西哥柏木 *Cupressus lusitanica* Mill.

形态特征：乔木，在原产地高达 30 m。树皮红褐色，纵裂；鳞叶蓝绿色，被蜡质白粉，先端尖，背部无明显的腺点。球果圆球形，褐色，被白粉；种鳞 3～4 对，顶部有一尖头，发育种鳞具多数种子；种子有棱脊，具窄翅。

分布与生境：我国亚热带有引种。在江苏省分布于苏中江淮平原、低地城镇区，苏中滨海平原城镇区，苏南山地、丘陵城镇区以及苏南长三角平原、丘陵城镇区（如南京）。喜温暖湿润气候,对土壤要求不严,耐瘠薄,在深厚疏松肥沃之地生长最好。喜中性至微碱性土壤。

园林应用:墨西哥柏木是亚热带中高山的优良用材、水土保持、荒山绿化和观赏树种。木材密度达 0.43 kg/m³,耐久用,抗白蚁,供建筑和造纸等用,也可作薪材。可种植于纪念性建筑群如陵园、寺庙、纪念馆等中。

2. 柏木 Cupressus funebris Endl.

形态特征:乔木,高可达 35 m,胸径 2 m。树皮淡褐灰色,小枝细长下垂,绿色,较老的小枝圆柱形,暗褐紫色;鳞叶小枝扁平,排成一平面,下垂,两面绿色。鳞叶长 1~1.5 mm,先端锐尖,中部之叶的背部有腺点,两侧之叶背部有棱脊。雄球花椭圆形或卵圆形,球果圆球形,径 0.8~1.2 cm,种子宽倒卵状菱形或近圆形,种鳞 4 对,顶端为不规则的五边形或近方形,发育种鳞具 5~6 种子,熟时淡褐色,有光泽。花期 3—5 月,球果翌年 5—6 月成熟。主要分布在长江流域及以南地区,主要垂直分布于海拔 300~1 000 m。

分布与生境:产于秦岭、大巴山、大别山以南,西至四川、云南,南达华南北部,以四川、贵州、湖南、湖北为中心产区。多分布于海拔 1 000~2 000 m 的地带。喜光,产区年平均气温 13~19 ℃,年降水量 1 000 mm 以上;在中性、微酸性及钙质土上均能生长,尤喜生于钙质土壤,耐干旱瘠薄,天然更新能力强,系中亚热带石灰岩山地钙质土上的指示植物。

园林应用:在长江以南石灰岩山地可选作造林树种,也可用于废弃采石迹地的生态修复与景观重建。木材有香气,具一定的挥发性,纹理直,结构细,坚韧耐腐,供材用;球果、枝叶可入药;枝叶、根部皆可提取柏干油,为出口物资,可用于康养治疗园艺中。该树种寿命长,树姿优美,可栽作庭园观赏,更适于陵园、寺庙、纪念馆等地种植,昔日成都武侯祠曾有"丞相祠堂何处寻,锦州城外柏森森"一景。

(三)刺柏属 *Juniperus*

常绿乔木或灌木。小枝近圆柱形或四棱形;冬芽显著。叶全为刺形,三叶轮生,基部有关节,不下延生长,披针形或近条形。雌雄同株或异株,球花单生叶腋;雄球花卵圆形或矩圆形,雄蕊约 5 对,交叉对生;雌球花近圆球形。球果浆果状,近球形,二年或三年成熟;种鳞 3 枚,合生,肉质,苞鳞与种鳞结合而生,仅顶端尖头分离,成熟时不张开或仅球果顶端微张开;种子通常 3 粒,卵圆形,具棱脊,有树脂槽,无翅。

本属约有 10 余种,分布于亚洲、欧洲及北美洲。我国产 3 种,引入栽培 1 种。

1. 刺柏 *Juniperus formosana* Hayata

形态特征:常绿乔木,高达 12 m。树皮褐色,枝条斜展或近直展,树冠塔形或圆锥形。小枝下垂,条状披针形。球果近球形或宽卵圆形,熟时淡红褐色,被白粉或白粉脱落;种子半月圆形,具 3~4 棱脊,近基部有 3~4 个树脂槽。

分布与生境:为我国特有树种,分布很广,自温带至寒带均有分布,如中国台湾地区以及长江以南各省区。江苏全境均有分布。喜光,耐寒,耐旱,喜温暖湿润气候,夏季喜冷凉,对土壤要求不严,在酸性土上以至海边干燥的岩缝间和沙砾地均可生长。主侧根均甚发达,常生于干旱瘠薄处,如岩山、水土流失的荒坡。

园林应用:刺柏冠塔形或圆柱形,树形秀丽,树姿优美,枝条斜展,小枝下垂,故名"垂柏",在长江流域各大城市多栽培作庭园树,作为岩石园点缀树种最佳。该树种的老桩是制作盆景的上好材料,也可用于水土流失地、护坡工程地造林。耐干旱瘠薄,是优良的山地水土保持树种,也广泛用于高速公路绿化。

(四)侧柏属 *Platycladus*

常绿乔木。生鳞叶的小枝直展或斜展,排成一平面,扁平,两面同型。叶鳞形,二型,交叉对生,排成四列,基部下延生长,背面有腺点。雌雄同株,球花单生于小枝顶端;雄球花有6对交叉对生的雄蕊,花药2~4;雌球花有4对交叉对生的珠鳞,仅中间2对珠鳞各生1~2枚直立胚珠。球果当年成熟,熟时开裂;种鳞4对,木质,厚,近扁平,背部顶端的下方有一弯曲的钩状尖头,中部的种鳞发育;种子无翅,稀有极窄之翅。子叶2枚,发芽时出土。

仅有侧柏1种,分布几遍全国。

1. 侧柏 *Platycladus orientalis* (L.) Franco

形态特征:乔木,高达20余 m。树皮浅灰褐色,纵裂成条片。鳞叶先端微钝。种子卵圆形或近椭圆形,顶端微尖,灰褐色或紫褐色。球果近卵圆形,成熟前近肉质,蓝绿色,被白粉;成熟后木质,开裂,红褐色。花期3—4月,球果9—10月成熟。

分布与生境:产于华北、华东、华南、华中等地区。江苏省全境如徐州、连云港、南通、南京、苏州等地均有分布。喜光,适应于暖湿气候,在酸性、中性、钙质土上均能生长,以在钙质土上生长最好。能耐干旱瘠薄。

园林应用:侧柏树姿优美,耸干参差,恍若翠旌,枝叶低垂,宛如碧盖。树形端直,鳞叶翠绿,耐修剪,少病虫害,常栽培作庭园树。可作绿篱,是北方重要的绿篱树种之一。侧柏也是北方重要的山地造林树种。侧柏嫩枝、叶及果皆可入药,其味苦、涩,性微寒,入肺、肝、大肠经,有凉血止血、乌须发、止咳喘的功效。主要用于血热妄行引起的出血病症,并有镇咳、祛痰、降压、防脱发等作用。其果实中的果仁则有养心安神、润肠通便之功效。我国古代《神农本草经》中记载:柏子仁味甘,平。主治惊悸,安五脏,益气,除湿痹。久服,令人悦泽美色、耳目聪明、不饥不老、轻身延年。秋,冬二季采收成熟种子,晒干,除去种皮,收集种仁。具有养心安神、润肠通便、止汗的功效,用于阴血不足、虚烦失眠、心悸怔忡、肠燥便秘、阴虚盗汗。现代人多将侧柏作为园林绿化观赏植物,而对其养生价值却鲜有了解。在古代,侧柏的嫩枝、嫩叶是备受道家推崇的延年上品。明代李时珍《本草纲目》中"乃多寿之木,所以可入服食""道家以之点汤常饮"的记载,为侧柏叶的食疗养生价值做出了权威性的概括。该树种还是用于森林康养度假区、养老院、医院环境建设的好材料。

(五)崖柏属 *Thuja*

常绿乔木或灌木。生鳞叶的小枝排成平面,扁平。鳞叶二型,交叉对生,排成四列,两侧的叶呈船形,中央之叶倒卵状斜方形。雌雄同株,球花生于小枝顶端;雄球花具多数雄蕊,每雄蕊具4花药;雌球花具3~5对交叉对生的珠鳞。球果矩圆形或长卵圆形,种鳞薄,革质,扁平,近顶端有突起的尖头,仅下面2~3对种鳞各具1~2粒种子;种子扁平,两侧有翅。

本属约有6种,分布于美洲北部及亚洲东部。我国产2种,分布于吉林南部及四川东北部。另引种栽培3种,作观赏树。

1. 北美香柏 *Thuja occidentalis* L.

形态特征:乔木,在原产地高达20 m。树皮红褐色或橘红色,稀呈灰褐色,枝条开展,树冠塔形。叶鳞形,先端尖,中央之叶楔状菱形或斜方形,尖头下方有透明隆起的圆形腺点。球果成熟后呈淡红褐色,下垂,长椭圆形。种鳞通常5对;种子扁,两侧具翅。

分布与生境： 我国华东地区青岛、杭州等地引种栽培。江苏省全境均有分布。喜光，耐阴，对土壤要求不严，能生长于温润的碱性土中。耐修剪，抗烟尘和有毒气体的能力强。生长较慢，寿命长。

园林应用： 北美香柏圆锥形的树冠优美整齐，树形端庄，色泽鲜艳，给人以庄重之感，对土壤要求不严，能生长于碱性土或石灰岩发育的土壤中。园林上常作行状或点状栽植和作绿篱，适用于规则式园林；可沿道路、建筑等处列植，也可丛植和群植；如修剪成灌木状，可植于疏林下、植为绿篱或用作基础种植材料；又由于其抗烟尘和有毒气体的能力很强，故可栽植于工矿产业区。材质坚韧，结构细致，有香气，还可提取精油，耐腐性强，是重要的芳香植物，可以用于芳香园林建设中。

2. 日本香柏 *Thuja standishii* (Gordon) Carrière

形态特征： 乔木，在原产地高达 18 m。树皮红褐色，裂成鳞状薄片脱落；形成宽塔形树冠。生鳞叶的小枝较厚，扁平，下面的鳞叶无明显的白粉；鳞叶先端钝尖，中央之叶尖头下方无腺点。球果卵圆形，熟时暗褐色；种鳞 5～6 对，仅中间 2～3 对发育生有种子；种子扁，两侧有窄翅。

分布与生境： 分布于温带草原区（如兰州）以及温带荒漠区（如乌鲁木齐）。耐低温。江苏省全境均有栽培，生长良好。

园林应用： 日本香柏树形优美，干通直，大枝开展，耐修剪，可作行道树也可作庭院观赏树种，是我国亚热带中山用材林、风景林、水土保持林的优良树种。木材可供建筑用，叶有香气，可作香料，可于芳香植物园、医院、幼儿园、学校、敬老院以及居住区栽植。

四、罗汉松科 Podocarpaceae

（一）罗汉松属 *Podocarpus*

常绿乔木或灌木。叶条形、披针形、椭圆状卵形或鳞形，螺旋状排列，近对生或交叉对生，基部通常不扭转或扭转列成两列。雌雄异株，雄球花穗状，单生或簇生叶腋，或呈分枝状，稀顶生，有总梗或几无总梗，基部有少数螺旋状排列的苞片。种子当年成熟，核果状，有梗或无梗，全部为肉质假种皮所包，生于肉质或非肉质的种托上。

本属约有 100 种，分布于亚热带、热带及南温带，多产于南半球。我国有 13 种、3 变种，分布于长江以南各省区及台湾地区。可作庭园树用。

1. 罗汉松 *Podocarpus macrophyllus* (Thunb.) Sweet

形态特征： 乔木，高达 20 m。树皮灰色或灰褐色，浅纵裂，呈薄片状脱落；枝开展或斜展，较密。叶条状披针形，先端尖，基部楔形，中脉隆起。种子卵圆形，先端圆，熟时肉质假种皮紫黑色，有白粉，种托肉质圆柱形，红色或紫红色。花期 4—5 月，种子 8—9 月成熟。

分布与生境： 产于华东、华南地区，野生的树木极少。日本也有分布。在江苏省分布于苏中江淮平原、低地城镇区（如扬州），苏中滨海平原城镇区（如南通），苏南长三角平原、丘陵城镇区（如南京、苏州）以及苏南山地、丘陵城镇区（如宜兴、溧阳）。较耐阴，喜排水良好而湿润的沙质壤土，耐海风、海潮，抗污染。生长速度较慢，寿命长。

园林应用： 罗汉松树形优美，四季常青，种子形似头状，生于红紫色的种托上，似身披袈裟的罗汉，故名罗汉松。江南寺院和庭院中常见栽培。枝叶密集，耐修剪，也是优良的绿篱材料,被誉为世界三大海岸绿篱树种之一,也可营造沿海防护林。其材质细致均匀,易加工,可供制作家具、器具、文具及农具等用。

(二)竹柏属 *Nageia*

常绿乔木,雌雄异株或很少雌雄同株。树冠圆柱形。叶螺旋状排列,在新枝上近对生。叶片宽卵形、椭圆形到长圆状披针形,革质,有多数并列的细脉。雄球花穗状圆柱形,单生叶腋,常呈分枝状;雌球花单生于叶腋,基部有数枚苞片,花后苞片不肥大成肉质种托。种子圆球形,直径 1.2~1.5 cm,成熟假种皮暗紫色,有白粉。

本属有 5~7 种,分布于东南亚。我国有 3 种。

1. 竹柏 *Nageia nagi* (Thunb.) Kuntze

形态特征:乔木,高达 20 m。树皮近于平滑,红褐色或暗紫红色,呈小块薄片脱落;枝条开展或伸展,树冠广圆锥形。叶对生或近对生,革质,长卵形、卵状披针形,基部楔形。雄球花腋生,常呈分支状。种子圆球形。内种皮膜质。花期 3—4 月,种子 10 月成熟。竹柏为古老的裸子植物,起源于距今约 1 亿 5 500 万年的中生代白垩纪,被人们称为"活化石",是中国国家二级保护植物。

分布与生境:主要产于华东、华中地区,浙江、福建、江西、湖南、广东、广西、四川等地区均有栽培。也分布于日本。在江苏省分布于苏南长三角平原、丘陵城镇区,苏南山地、丘陵城镇区。适生于温暖、湿润、土壤深厚疏松的环境,耐阴性强,林冠下天然更新良好。在贫瘠干旱、浅薄土壤上生长很慢,不能适应石灰岩山地。

园林应用:竹柏树干修长,树皮平滑,具有阔叶树之外形,枝条开展,枝叶青翠而有光泽,叶茂荫浓,是一种优美的庭院绿化树种,宜丛植、群植,也适于列植或用作行道树,也常植于街头绿地。经过矮化处理,也是优美的盆栽植物。竹柏有净化空气、抗污染和强力驱蚊的效果,是雕刻,制作家具、胶合板的优良用材,可用于园林生态康养,同时也可产生药用和经济价值。

五、三尖杉科 Cephalotaxaceae

(一)三尖杉属 *Cephalotaxus*

常绿乔木或灌木,髓心中部具树脂道。小枝对生或不对生,基部具宿存芽鳞。叶条形或披针状条形,稀披针形,交叉对生或近对生,在侧枝上基部扭转排列成两列。球花单性,雌雄异株,稀同株;雄球花 6~11 枚聚生成头状花序,单生叶腋,有梗或几无梗,基部有多数螺旋状着生的苞片。种子第二年成熟,核果状,全部包于由珠托发育成的肉质假种皮中,常数个(稀 1 个)生于轴上,卵圆形、椭圆状卵圆形或圆球形,顶端具突起的小尖头,基部有宿存的苞片,外种皮质硬,内种皮薄膜质,有胚乳;子叶 2 枚,发芽时出土。

本属约有 24 种,中国有 8 种。

1. 三尖杉 *Cephalotaxus fortunei* Hook.

形态特征:乔木,高达 20 m。树皮褐色或红褐色,裂成片状脱落,树冠广圆形。叶排成两列,披针状条形,基部楔形,中脉隆起,下面气孔带白色。种子椭圆状卵形或近圆球形,假种皮成熟时紫色或红紫色,顶端有小尖头。初生叶镰状条形,下面有白色气孔带。花期 4 月,种子 8—10 月成熟。

分布与生境:中国亚热带特有树种,属于古老孑遗植物。分布于伏牛山、大别山、秦岭以南,至华南北部、西南。在东部各省生于海拔 200～1 000 m 地带,在西南各省区分布于较高海拔,可达 2 700～3 000 m,生于亚热带常绿阔叶林、针叶树混交林中,常自然散生于山涧潮湿地带,或生于山坡疏林、溪谷湿润而排水良好的地方。在江苏省内分布于苏南长三角平原、丘陵城镇区,苏南山地、丘陵城镇区湿润、肥沃而排水良好的沙壤土上。喜温暖湿润气候,也有一定的耐寒性。三尖杉性较耐阴,能适应林下光照强度较差的环境条件,并能正常生长和更新。

园林应用:三尖杉为常绿乔木,小枝下垂,树姿优美,可植为庭院观赏树种,也是重要的园林康养资源树种,适于孤植和丛植,也可作荫蔽树、背景树及绿篱树。三尖杉是重要药源植物,果实入药,具有驱虫、消积、抗癌的功能,还可用于咳嗽、钩虫病。由于其叶、枝、种子及根等可提取多种植物碱,可治疗癌症(主要用于提炼高三尖杉酯碱,可治疗急性粒细胞性白血病)。此外其木材坚实、有弹性,具有多种用途,种子榨油可供制皂及油漆。所以三尖杉是一种具有多种用途的重要野生经济植物,具有多方面的经济价值,因而被过度利用,资源数量急剧减少,处于渐危状态。若不加以保护,三尖杉有可能进一步陷入濒危境地。

六、红豆杉科 Taxaceae

(一)红豆杉属 *Taxus*

常绿乔木或灌木。小枝不规则互生,基部有多数或少数宿存的芽鳞,稀全部脱落。叶条形,螺旋状着生,基部扭转排成二列,直或镰状,下延生长,上面中脉隆起,下面有两条淡灰色、灰绿色或淡黄色的气孔带,叶内无树脂道。雌雄异株,球花单生叶腋。种子坚果状,当年成熟,生于杯状肉质的假种皮中,稀生于近膜质盘状的种托(即未发育成肉质假种皮的珠托)之上,种脐明显,成熟时肉质假种皮红色,有短梗或几无梗;子叶 2 枚,发芽时出土。

本属约有 11 种,分布于北半球。我国有 4 种、1 变种。可作庭园树。

1. 红豆杉 *Taxus wallichiana* var. *chinensis* (Pilg.) Florin

形态特征:乔木,高达 30 m。树皮灰褐色、红褐色或暗褐色,裂成条片状脱落;大枝开展。先端常微急尖,上面深绿色,有光泽,芽鳞三角状卵形,背部无脊或有纵脊,脱落或少数宿存于小枝的基部。叶条形,排成两列,有两条气孔带。种子生于杯状红色肉质的假种皮中,常呈卵圆形,上部渐窄,先端有突起的短钝尖头,种脐近圆形或宽椭圆形,稀三角状圆形。

分布与生境:为中国特有树种。主要产于华中甘肃、陕西、长江流域至华南地区。在江苏省内分布于苏中江淮、滨海城镇区以及苏南平原、丘陵地区(如南京)。喜温暖湿润气候,怕积水。土壤要求疏松、肥沃并且排水性良好,以沙质土壤为佳,多生于沟谷阴处。

园林应用:红豆杉种子包于鲜红色的假种皮内,散布于枝上,鲜艳夺目,是庭院中不可多得的观赏树种,耐阴性强,可配植于建筑附近、假山石旁和高大乔木组成的疏林下。园林景观中常以红豆杉表达高雅、高傲之立意;也因其外表,一两点红隐于绿叶中,像娇羞的女子,抑或是三五簇相拥,像是相思的少女在表达火热的内心而喻思念、相思之情。红豆杉能吸收一氧化碳、尼古丁、甲醛、苯、二甲苯等有害物质,净化空气,防癌、抗癌,可用于高密度城市环境下具疗愈功能的康养园林中,也可大量用于对环境质量要求较高的地方,如医院、幼儿园、学校、康复中心、敬老院等场所。从红豆杉中提取出来的紫杉醇是治疗癌症的药物,紫杉醇对肿瘤具有独特的抵抗机制,同时又显著抑制肿瘤的作用,被称为"治疗癌症的最后的希望",也可以制成美容护肤品,起到保湿、调节血液循环等作用。用红豆杉木制作的高级保健药枕、保健茶杯等日用品具有强身健体、防癌等功效。红豆杉的假种皮酸甜可口,可以刺激人的食欲。叶子可以生吃,有利于消炎和排毒。种子可以榨油。

(二) 榧树属 *Torreya*

常绿乔木。枝轮生;小枝近对生或近轮生,基部无宿存芽鳞;冬芽具数对交叉对生的芽鳞。叶交叉对生或近对生,基部扭转排列成两列,条形或条状披针形,坚硬,先端有刺状尖头,基部下延生长,上面微拱凸,中脉不明显或微明显,下面有两条较窄的气孔带,横切面维管束之下方有1个树脂道。雌雄异株,稀同株。种子第二年秋季成熟,核果状,全部包于肉质假种皮中,基部有宿存的苞片。发芽时子叶不出土。

本属共有7种,分布于北半球;北美产2种,日本产1种,我国产4种,另引入栽培1种。

1. 榧树 *Torreya grandis* Fortune ex Lindl.

形态特征:常绿乔木,高达25 m。树皮浅黄灰色、深灰色或灰褐色,不规则纵裂;一年生枝绿色,无毛,二、三年生枝黄绿色、淡褐黄色或暗绿黄色,稀淡褐色。叶条形,基部微圆,下面淡绿色。种子椭圆形、卵圆形,熟时假种皮呈淡紫褐色,有白粉,顶端微凸,花期4月,种子翌年10月成熟。

分布与生境:为中国特有树种。产于华东南部和华南地区。在江苏省内分布于苏南长三角平原、丘陵城镇区(如无锡),苏南山地、丘陵城镇区以及苏北黄淮平原、丘陵城镇区(如宿迁)。适生于温暖湿润的黄壤、红壤及黄褐土。生长慢,寿命长。

园林应用:榧树为我国特有的著名干果树种和观赏树种,栽培历史悠久。树姿优美,枝叶繁茂,挂果期长,往往一年果、两年果同时存在,素有"三代果"之称。与香榧对比,民间又称榧树为木榧子。在我国民间古村落的重要节点,常栽培榧树为"风水树",以示该村落悠久的历史。榧树是优良的园林和庭院绿化树种,种子为著名干果,风景区内、新农村建设中可结合生产成片种植,同时也可作为秋色叶树种和早春花木的背景。

2. 香榧 *Torreya grandis* Fortune ex Lindl.

形态特征:常绿乔木,高达20 m,径达1 m。小枝下垂,一、二年生小枝绿色,三年生枝呈绿紫色或紫色。种子连肉质假种皮宽矩圆形或倒卵圆形,有白粉,干后暗紫色,有光泽,顶端具短尖头;种子矩圆状倒卵形或圆柱形,基部尖,胚乳微内皱。

分布与生境:为中国特有树种。产于华东南部和华南地区。在江苏省内分布于苏南长三角平原、丘陵城镇区(如无锡),苏南山地、丘陵城镇区以及苏北黄淮平原、丘陵城镇区(如宿迁)。香榧为亚热带比较耐寒的树种,对土壤要求不高,适应性较强,喜微酸性到中性的壤土。

园林应用:香榧枝繁叶茂,形体美丽,是良好的园林绿化树种和康养树种,又是著名的干果经济树种,浙江绍兴会稽山脉中部一带的香榧种子闻名世界,种仁、枝叶可入药。香榧的果实较榧树果实口感更香甜,"三代果"既是俗称,也有一定的民俗价值,宋代苏东坡《香榧》中道:"彼美玉山果,粲为金盘实……驱攘三彭仇,已我心腹疾。"产区民间在办婚嫁喜事时用香榧作"喜果",以讨彩头。其木材在东亚国家是常被用来制作棋盘的高级木料。

七、松科 Pinaceae

(一) 冷杉属 Abies

常绿乔木,树干端直。枝条轮生,小枝对生,稀轮生,基部有宿存的芽鳞。冬芽近圆球形、卵圆形或圆锥形,常具树脂,稀无树脂,枝顶之芽三个排成一平面。叶螺旋状着生,辐射伸展或基部扭转列成两列,或枝条下面之叶排成两列、上面之叶斜展、直伸或向后反曲;叶条形,扁平,直或弯曲,先端凸尖或钝,微具短柄,柄端微膨大,无气孔线或有气孔线,下面中脉隆起,每边有 1 条气孔带。雌雄同株,球花单生于去年枝上的叶腋;球果成熟后种鳞与种子一同从宿存的中轴上脱落;子叶发芽时出土。

本属约有 50 种,分布于亚洲、欧洲、北美洲、中美洲及非洲北部的高山地带。我国有 19 种、3 变种。分布于东北、华北、西北、西南及浙江、台湾各省区的高山地带。

1. 日本冷杉 *Abies firma* Siebold & Zucc.

形态特征:常绿乔木,在原产地高达 50 m。树皮暗灰色或暗灰黑色,粗糙,呈鳞片状开裂;大枝通常平展,树冠塔形。叶条形,直或微弯。树脂道中生或边生。球果圆柱形,成熟前绿色,熟时黄褐色或灰褐色;种鳞扇状四方形;苞鳞外露,先端有三角状尖头。种翅楔状长方形,较种子为长。花期 4—5 月,球果 10 月成熟。

分布与生境:原产于日本。我国华东、华南等地区引种栽培。江苏全境均有分布。喜冷凉而湿润的气候,耐阴性强,幼苗尤甚,长大后喜光,耐寒。对烟害抗性弱,生长速度中等,寿命长。

园林应用:日本冷杉树形端庄,树姿优美,四季常绿,树冠塔形,参差挺拔,易形成庄严肃穆的气氛,适于种植在陵园、公园等建筑附近,宜于广场、甬道之旁或建筑物附近成行配植,也适于大面积种植成林。园林中在草坪、林缘及疏林空地中成群栽植,极为葱郁优美,如在其老树之下点缀山石和观叶灌木,则使景色更收到形、色俱佳之效。木材白色,不分心材与边材;材质轻松,纹理直,易于加工;也可供枕木、电柱、板材等用材,是建造屋顶花园、古典园林建筑,制作家具,造纸的优良材料。

2. 辽东冷杉(杉松) *Abies holophylla* Maxim.

形态特征:乔木,高达 30 m。幼树皮淡褐色、不开裂,老则浅纵裂,呈条片状,灰褐色或暗褐色;枝条平展;一年生枝淡黄灰色或淡黄褐色,无毛,有光泽。叶先端急尖。球果圆柱形,熟时淡黄褐色,种鳞近扇状四边形或倒三角状扇形,苞鳞短,不露出。花期 4—5 月,球果9—10 月成熟。

分布与生境:产于中国东北牡丹江流域山区、长白山区及辽河东部山区。耐阴性强,喜冷湿气候及深厚、温润、排水良好的酸性暗棕色森林土。引种到江南一带生长良好,稍耐荫蔽。野生林木生长较慢。

园林应用:辽东冷杉树冠呈尖塔形,树姿优美,秀丽挺拔,宜孤植作庭荫树,是优美的庭院观赏树种和山地风景林树种,园林中宜对植、列植。园林中常在其老树下点缀山石和观叶灌木,形成姿、色俱佳之景色,也可盆栽用于室内装饰。杉松枝、叶在民间外用可祛瘀、祛风湿、消肿、接骨,用于跌打损伤、骨折、疮痈、漆疮、风湿痹痛,是康养园林中园艺疗法的好材料。

杉松材质较轻,供制板材及造纸用。适于风景区、公园、庭园及街道等地栽植。树形优美、亭亭玉立、秀丽美观,可在建筑物北侧或其他树冠荫庇下栽植,也可在草坪上丛植成景。列植于道路两侧,易形成庄严、肃穆气氛,可用于纪念林。

(二)雪松属 Cedrus

常绿乔木。冬芽小,有少数芽鳞,枝有长枝及短枝,枝条基部有宿存的芽鳞,叶脱落后有隆起的叶枕。叶针状,坚硬,通常三棱形,叶在长枝上螺旋状排列、辐射伸展,在短枝上呈簇生状。球花单性,雌雄同株,直立,单生于短枝顶端。球果第二年(稀第三年)成熟,直立;种鳞木质,宽大,排列紧密,腹面有 2 粒种子,鳞背密生短绒毛;苞鳞短小,熟时与种鳞一同从宿存的中轴上脱落;球果顶端及基部的种鳞无种子,种子有宽大膜质的种翅;子叶通常 6～10 枚。

本属有 4 种,分布于非洲北部、亚洲西部及喜马拉雅山西部。我国有 1 种,引种栽培1 种。

1. 雪松 Cedrus deodara (Roxb. ex D. Don) G. Don

形态特征:常绿乔木,高达 50 m。树皮深灰色,树冠塔形。一年生长枝淡灰黄色,密生短绒毛。叶针形,常呈三棱形。球果成熟前淡绿色,微有白粉,熟时红褐色,卵圆形或宽椭圆形;种鳞扇状倒三角形,上部宽圆,边缘内曲,鳞背密生短绒毛。花期 10—11 月,球果翌年10 月成熟。

分布与生境:我国华东、华北、华南、华中等地均广泛栽培。江苏省全境均有分布。喜温和、凉润气候,抗寒力较强,对湿热气候适应能力较差,在土层深厚、排水良好的酸性土壤上生长旺盛,喜阳光充足环境,也稍耐阴,对土壤要求不严,在酸性土、微碱性土地上生长良好。雪松喜年降水量 600～1 000 mm 的暖温带至中亚热带气候,在中国长江中下游一带生长最好,不耐水涝,较耐干旱瘠薄。

园林应用:雪松是世界五大公园树种之一,也是中国南京、青岛、三门峡、晋城、蚌埠等城市的市树。树体高大,树形优美,大枝平展自然,常贴近地面,显得整齐美观。我国栽培雪松已经有百年历史,各地园林中均常见。由于树形独特,下部侧枝发达,一般不宜和其他树种混交或混植,也不宜种植于污染严重地区。雪松用于药疗的历史很久远,最早可以追溯到圣经时代。古埃及人将雪松油添加在化妆品中用来美容,也当作驱虫剂使用。美国的原住民也将雪松当作药疗及净化仪式使用的圣品。其木中含有非常丰富的精油,经蒸馏还可得芳香油,雪松精油的各种益处使其成为治疗头皮屑及皮疹的绝佳药物。雪松油具有抗脂漏、防腐、杀菌、补虚、收敛、利尿、调经、祛痰、杀虫及镇静等医疗功效。雪松油能有效地祛痰及化痰,传统上一直被用来治疗黏膜问题,特别是支气管的感染及阻塞,它能清理呼吸系统过多的痰和黏液,而且非常有效;雪松油也能用于关节炎及风湿等症状,能够滋补全身;雪松油对于心理以及精神紧张、焦虑、强迫症及恐惧等症状也有绝佳的舒缓作用。可见,雪松是用于园林康养、森林疗愈的重要树木资源。

(三)松属 Pinus

常绿乔木,稀为灌木。枝轮生;芽鳞多数,覆瓦状排列。叶有两型:鳞叶(原生叶)单生,螺旋状着生,在幼苗时期为扁平条形,绿色,后则逐渐退化成膜质苞片状,基部下延生长或不下延生长;针叶(次生叶)螺旋状着生,辐射伸展,常 2 针、3 针或 5 针一束,生于苞片状鳞叶的腋部,着生于不发育的短枝顶端,每束针叶基部由8~12枚芽鳞组成的叶鞘所包,叶鞘脱落或宿存,针叶边缘全缘或有细锯齿,背部无气孔线或有气孔线,腹面两侧具气孔线,横切面三角形、扇状三角形或半圆形。球花单性,雌雄同株。球果第二年(稀第三年)秋季成熟,熟时种鳞张开,种子散出,稀不张开,种子不脱落,发育的种鳞具2粒种子;种子上部具长翅,种翅与种子结合而生,或有关节而与种子脱离,或具短翅或无翅;子叶3~18枚,发芽时出土。

我国产22种、10变种,分布几遍全国,为我国森林中的主要树种。

1. 赤松 *Pinus densiflora* Siebold & Zucc.

形态特征:常绿乔木,高达30 m。树皮橘红色,裂成不规则的鳞片状块片脱落,树干上部树皮呈红褐色;树冠伞形;一年生枝淡黄色或红黄色,无毛;针叶2针1束,边缘有细锯齿;树脂道4~5,边生。球果成熟时暗黄褐色,种子倒卵状椭圆形或卵圆形,花期4月,球果翌年9月下旬至10月成熟。

分布与生境:分布于华北地区东部至华东地区如辽东半岛。在江苏省内分布于苏北黄淮平原、丘陵城镇区,苏中江淮平原、低地城镇区以及苏中滨海平原城镇区。为深根性喜光树种,抗风力强,生于年降雨量达800 mm以上的温带沿海山区及平原,能耐贫瘠土壤,不耐盐碱土,在通气不良的重黏壤土上生长不好。

园林应用:赤松树皮橙红,斑驳可爱,木材富含树脂,心材红褐色,边材淡红黄色,纹理直,质坚硬,结构较细,幼时树形整齐,老时虬枝蜿垂,是园林中不可缺少的优良观赏树木。可作庭园树,也适于在正门附近对植或在草坪中孤植、丛植,在溪边、瀑布口种植尤为适宜,也适与假山、岩洞、山石相配,均疏影翠冷、萧瑟宜人。赤松多与红枫、羽毛槭搭配,碧叶翠枝,相映成趣。赤松古朴多姿,亦为树桩盆景之佳木。树干可割树脂,耐腐力强,针叶含大量挥发性芳香油,是森林康养、园艺治疗的好材料。其木材可供园林建筑,制作电杆、枕木、矿柱(坑木)、家具、火柴杆、木纤维工业原料等用。因其抗风力较强,可作辽东半岛、山东胶东地区及江苏等沿海山地的造林或防风林树种。

2. 湿地松 *Pinus elliottii* Engelm.

形态特征:常绿乔木,高达30 m。树皮灰褐色或暗红褐色,纵裂成鳞状块片剥落;枝条每年生长2至数轮,小枝粗壮,橙褐色,后变为褐色至灰褐色。针叶2~3针一束并存,刚硬,深绿色,有气孔线,边缘有锯齿;树脂道2~9(11)个,多内生。球果圆锥形状卵形;鳞盾近斜方形,肥厚,有锐横脊,鳞脐瘤状,先端有尖刺。种子卵圆形,易脱落。

分布与生境:原产于北美东南沿海、古巴、中美洲等地,喜生于海拔150~500 m的潮湿土壤。在华中、华南、华东、台湾省等地区引种栽培。我国已引种驯化成功达数十年,在长江以南的园林和自然风景区中作为重要湿地树种应用很有前景。在江苏省内分布于苏北黄淮平原、丘陵城镇区(如连云港),苏中江淮平原、低地城镇区,苏中滨海平原城镇区,苏南长三角平原、丘陵城镇区(如南京),以及苏南山地、丘陵城镇区。喜温暖湿润气候,适生于酸性红壤至中性黄褐土之丘陵低山;耐水湿,生长速度快,对沿海瘦瘠沙土具有一定的适应性。

园林应用:湿地松树姿挺秀,叶荫浓,宜植于山间坡地,溪边池畔,可成丛成片栽植,亦适于在庭园、草地孤植、丛植作庭荫树、生态湿地林及背景树。湿地松苍劲而速生,适应性强,是一种良好的广谱性园林绿化树种,它既抗旱又耐水湿、耐瘠薄,有良好的适应性和抗逆力,因此在世界上分布极其广泛,中国秦岭—淮河一线以南的大片国土皆适宜栽植;它还是很好的经济树种,松脂和木材的收益率都很高。用于造风景林和水土保持林亦甚相宜,是我国东部地区优良的绿化和造林树种。

3. 马尾松 *Pinus massoniana* Lamb.

形态特征:常绿乔木,高达 45 m。树皮红褐色,下部灰褐色,裂成不规则的鳞状块片;树冠宽塔形或伞形;枝条每年生长一轮,一年生枝淡黄褐色,无白粉。冬芽褐色。针叶 2 针一束,细柔,叶缘具疏生刺毛状锯齿,树脂道边生。球果卵圆形或圆锥状卵圆形,熟时栗褐色;鳞盾菱形,微隆起或平,鳞脐微凹,无刺;种子长卵圆形,长 4~6 mm,连翅长 2~2.7 cm。花期 4—5 月,球果翌年 10—12 月成熟。

分布与生境:马尾松分布极广,北至河南及山东南部,南至两广、湖南(慈利县)、台湾,东至沿海,西至四川中部及贵州,遍布于华中、华南各地。一般在长江下游分布于海拔 600~700 m 以下,中游约分布于海拔 1 200 m 以上,上游约海拔 1 500 m 以下均有分布。是中国南部主要材用树种。经济价值高。喜温暖湿润气候,能生于干旱、瘠薄的红壤、石砾土及沙质土,或生于岩石缝中。在肥润、深厚的沙质壤土上生长迅速,在钙质土上生长不良或不能生长,不耐盐碱。

园林应用:马尾松树体高大雄伟,姿态古奇,适应性强,抗风力强,耐烟尘,木材纹理细,质坚,能耐水,适宜用于山涧、谷中、岩际、池畔、道旁配植和山地造景,也适合在庭前、亭旁、假山之间孤植。因其种子带翅而能“飞籽成林”,在江南常组成大面积森林,是重要的风景区资源,也是优良的园林造景材料,最适于群植成林,为长江流域以南重要的荒山造林树种。

4. 火炬松 *Pinus taeda* L.

形态特征:常绿乔木,在原产地高达 30 m。树皮鳞片状开裂,近暗灰褐色或淡褐色;枝条每年生长数轮;小枝黄褐色或淡红褐色;冬芽褐色。针叶 3 针一束,稀 2 针一束,树脂道通常 2 个,中生。球果卵状圆锥形或窄圆锥形,熟时暗红褐色;种鳞的鳞盾横脊显著隆起,鳞脐隆起延长成尖刺;种子卵圆形。

分布与生境:原产于北美洲东南部。在中国引种区内一般垂直分布在海拔 500 m 以下的低山、丘陵、岗地。海拔超过 500 m 则生长不良,达到海拔 800 m 一般都要发生冻害。中国华南、华中等地引种栽培,生长良好。在江苏省内分布于苏中江淮平原、低地城镇区,苏中滨海平原城镇区,苏南长三角平原、丘陵城镇区(如南京),以及苏南山地、丘陵城镇区。火炬松喜光,喜温暖湿润的气候;土层深厚肥沃,排水良好则速生;在岩石裸露、土层浅薄的丘陵岗地或黏重土壤上亦能生长;不耐水涝。

园林应用:火炬松树姿挺拔,针叶浓密,生长速度快,容易成景。宜配植于山间坡地、溪边等处,一般丛植,也可于庭院之建筑一侧、草地中孤植,且适合营造大面积风景林。松树针叶中含有大量松针挥发油,有杀菌功效,是森林康养、园艺疗法的好材料,可用于医院、幼儿园、学校、养老院的园林绿化。火炬松是中国南方重要造林树种和工业用材树种,也是一种重要的速生用材树种;含丰富的树脂,为医药、化工及国防工业原料。松枝和松根还是培养名贵药材茯苓的原料。

5. 黄山松 *Pinus taiwanensis* Hayata

形态特征:在黄山独特地貌和气候条件下形成的一种中国特有种。常绿乔木,高达 30 m。树皮深灰褐色,裂成不规则鳞状块片;大树树冠广伞形。一年生枝淡黄褐色或暗红褐色,无白粉;冬芽深褐色。针叶 2 针 1 束,稍硬直,两树脂道 3~7(9)个,中生。球果卵圆形,熟时褐色,有短刺;种子倒卵状椭圆形,具不规则的红褐色斑纹。花期 4—5 月,球果翌年 10 月成熟。

分布与生境:为中国特有树种。分布于台湾省和华中、华东、华南地区。其叶形较马尾松更为粗短,树脂道形状与油松不同。黄山松生长于海拔 600 m 以上,适应凉润的中山气候,在空气相对湿度较大、酸性黄壤土层深厚、排水良好的生境中生长良好;为喜光、深根性树种,喜凉润,耐瘠薄但生长迟缓。

园林应用:黄山松树姿优美,生于岩石间者常树干弯曲,树冠偃盖如画,可在长江流域自然风景区中、酸性土的荒山地带绿化配植用,也可以作为该地段的重要造林树种。因其在海拔 500 m 以下长势很差,故 500 m 以下不如种植马尾松。黄山松也是制作桩景的优良材料,是盆景植物中的"七贤"之一。其木材质地较轻软,强度中等,比马尾松木材好,可供建造园林建筑、制作家具用;又因其树脂具挥发性,可供工业及药用,可用于康养园林、园艺疗法。

6. 油松 *Pinus tabuliformis* Carr.

形态特征:乔木,高可达 25 m,胸径 1 m 以上。树皮深灰褐色或褐灰色,不规则鳞状深裂,上部树皮红褐色。一年生枝淡黄色或淡褐红色,幼时微被白粉,无毛;冬芽红褐色。针叶 2 针一束,长 10~15 cm,径约 1.5 mm,粗硬,树脂道 5~8 或更多,边生。球果卵圆形或圆卵形,熟时色浅,淡黄色或淡褐黄色,无光泽,基部不歪斜,长 4~9 cm,径与长相近,熟时暗褐色;鳞盾肥厚,横脊显著,鳞脐突起,有刺;种子连翅长 1.5~1.8 cm。球果翌年 9—10 月成熟。

分布与生境:主产于华北、西北,分布北界至辽宁、内蒙古、青海、宁夏,南迄秦岭、伏牛山。生于海拔 100~2 600 m,年降水量在 400~750 mm 的中低山区。最喜光,适应干冷气候,极耐干旱贫瘠,在酸性、中性、钙质土上均能生长,在石质荒山亦能生长,不耐水涝和盐碱。

园林应用:油松树干挺拔苍劲,四季常青,不畏风雪严寒,为西北地区重要的造林树种。油松可与速生树种成行混交植于路边,其优点是树冠层次有别,颜色变化多,街景丰富。在古典园林中,油松通常作为主景,一株即成一景者较多,三五株组成美丽景物者更多。其他作为配景、背景、框景者亦屡见不鲜。在园林配置中,除了适于独植、丛植、群植营造纯林外,亦宜行混交种植。其木材纹理直,富松脂,坚硬耐用;树干可采割松脂;松节油为中药,味苦,性温,能祛风燥湿、活络止痛;松叶味苦,性温,能祛风活血、明目、安神、杀虫、止痒;松球味苦,性温,能祛风散寒、润肠通便;松花粉味甘,性温,能燥湿、收敛止血;松香味苦、甘,性温,能祛风燥湿、排脓拔毒、生肌止痛。

7. 黑松 *Pinus thunbergii* Parl.

形态特征:常绿乔木,高达 30 m。树皮暗灰色或灰黑色,粗厚,裂成块片脱落;树冠伞形;一年生枝淡褐黄色,无毛;冬芽银白色。针叶 2 针 1 束,深绿色,粗硬。树脂道 6~11 个,中生。球果熟时褐色,圆锥状卵圆形;种鳞卵状椭圆形,鳞盾微肥厚,横脊显著;鳞脐微凹,有短刺;种子倒卵状椭圆形,花期 4—5 月,种子翌年 10 月成熟。

分布与生境:原产于日本及朝鲜南部海岸地区。中国华东沿海地带和华南等地引种栽培。山东蒙山东部的塔山用之造林已有 60 多年的历史,生长旺盛,江苏及浙江北部沿海用之造林,生长良好。最喜光,喜凉润的温带海洋性气候,耐瘠薄,耐盐碱土。天然更新能力较强,针叶粗硬,少受松毛虫危害。

园林应用:黑松树形高大美观,树冠葱郁,干枝苍劲,冬芽银白色,在冬季极为醒目,在华北和华东地区应用广泛,在园林绿化中也是使用较多的上好材料,其造景形式可参考油松。黑松耐海潮风,为著名的海岸绿化树种,是我国东部和北部沿海地区优良的防风、防潮和防沙树种;黑松也可以用于道路绿化、小区绿化、厂矿地区绿化,绿化效果好,恢复速度快,而且价格低廉。黑松是做盆景的优秀材料,经抑制生长、盘曲造型,姿态雄壮,极富观赏价值,可制作成斜干式、曲干式、悬崖式等形状,也可制成附石式盆景。黑松盆景对环境适应能力强,庭院、阳台均可培养。其枝干横展,树冠如伞盖,针叶浓绿,四季常青,树姿古雅,可终年欣赏。在生长期,宜陈放于室外阳光充足、空气流通之处,不宜长时间放置于室内。多年培养的黑松桩景老干苍劲虬曲,盘根错节,也可作五针松嫁接的砧木。

黑松木材有松脂,纹理直或斜,结构中至粗,材质较硬或较软,易施工。可供造建筑,制造电杆、枕木、矿柱、桥梁、舟车、板料、农具、器具及家具等用,也可作木纤维工业原料。树木可用以采脂,树皮、针叶、树根等可综合利用,制成多种化工产品;其种子可榨油,从中采收和提取药用的松花粉、松节、松针及松节油,是用于康养度假区、医院、学校等对环境要求较高的地区绿化的好材料。

8. 日本五针松 *Pinus parviflora* Siebold & Zucc.

形态特征:常绿乔木,在原产地高 10～30 m,胸径 0.6～1.5 m。幼树树皮淡灰色,平滑,大树树皮暗灰色,裂成鳞状块片脱落;枝平展,树冠圆锥形;一年生枝幼嫩时绿色,后呈黄褐色。针叶 5 针 1 束,微弯曲,长 3.5～5.5 cm。球果卵圆形或卵状椭圆形,几无梗,熟时种鳞张开;种子为不规则倒卵圆形,近褐色,具黑色斑纹,长 8～10 mm,径约 7 mm,种翅宽 6～8 mm,连种子长 1.8～2 cm。

分布与生境:原产于日本,属温带树种,喜生于山腹干燥之地。中国长江流域各大城市及山东青岛等地已普遍引种栽培。能耐阴,忌湿畏热;对土壤要求不严,除碱性土外都能适应,而以微酸性灰化黄壤最为适宜。

园林应用:日本五针松干苍枝劲,针叶翠叶葱茏而紧密秀丽,其秀枝舒展,偃盖如画,诚集松类气、骨、色、神之大成,为园林中的珍贵观赏树种,多作重点配置点缀。过去多用于盆栽造型,花园、居住区、宾馆的广场露地栽种较多,最宜与假山石配置成景,或配以牡丹,或配以杜鹃,或以梅为侣,以红枫为伴。在建筑主要门庭、纪念性建筑物前对植,或植于主景树丛前,苍劲朴茂,古趣盎然。日本五针松经过加工,为树桩盆景之珍品。

(四)金钱松属 *Pseudolarix*

落叶乔木。大枝不规则轮生;枝有长枝与短枝,长枝基部有宿存的芽鳞,短枝矩状;顶芽外部的芽鳞有短尖头,长枝上腋芽的芽鳞无尖头,间或最外层的芽鳞有短尖头。叶条形,柔软,在长枝上螺旋状散生,矩状短枝之叶呈簇生状,辐射平展呈圆盘形,叶脱落后有密集成环节状的叶枕。雌雄同株;球花生于短枝顶端;雄球花穗状,多数簇生;雌球花单生,具短梗。球果当年成熟,直立,有短梗;种鳞木质,苞鳞小,基部与种鳞合生,熟时与种鳞一同脱落,发育的种鳞各有 2 粒种子;种子有宽大种翅,种子连同种翅几与种鳞等长;子叶 4～6 枚。

本属为我国特产,仅有金钱松1种。分布于长江中下游各省温暖地带。为优良的材用树种及庭园树种。

1. 金钱松 *Pseudolarix amabilis* (J. Nelson) Rehder

形态特征:落叶乔木,高达40 m。树干通直,树皮灰褐色,鳞状开裂;枝平展,树冠宽塔形。一年生长枝淡红褐色或淡红黄色,无毛。叶条形,先端尖,绿色,在短枝上碗状着生,秋后呈金黄色,圆如铜钱,因此而得名。球果卵圆形或倒卵圆形,熟时淡红褐色。种子白色。花期4—5月,球果10—11月成熟。

分布与生境:产于华东南部地区至重庆万州交界地区,为著名的古老子遗植物,最早的化石发现于西伯利亚东部与西部的晚白垩世地层中,古新世至上新世在斯瓦尔巴群岛、欧洲、亚洲中部、美国西部、中国东北部及日本亦有发现。由于气候的变迁,尤其是更新世的大冰期的来临,各地的金钱松灭绝,只在中国长江中下游少数地区幸存下来。因分布零星,个体稀少,结实有明显的间歇性,亟待保护。喜温暖湿润的气候和深厚、肥沃、排水良好的酸性或中性土壤,能耐短时间低温,但不耐干旱瘠薄,也不适应盐碱地和积水的低洼地。

园林应用:本种为珍贵的观赏树木之一,与南洋杉、雪松、金松和北美红杉合称为世界五大公园树种。其树干通直挺拔,枝条轮生平展,树冠广圆锥形,新春、深秋叶片呈金黄色而极具观赏性,叶在短枝上簇生,辐射平展成圆盘状,似铜钱,故有"金钱松"之美称。园林中适于配植在池畔、溪旁、瀑布口、草坪一隅、孤植或丛植、列植或用作风景林之点缀;也可作行道树或与其他常绿树混植,饶有幽趣;大面积景区则宜将其群植成林,以观其壮丽秋色。金钱松木材纹理通直,硬度适中,材质稍粗,性较脆,可供建筑,制作板材、家具、器具及作木纤维工业原料等;树皮可提栲胶,入药(俗称土槿皮)有助于治顽癣和食积等症;根皮亦可药用,抗菌消炎、止血,可治疗食积、疥癣瘙痒,抗生育和抑制肝癌细胞活性。种子可榨油。可以种植于药用植物专类园、科普园等。

八、杉科 Taxodiaceae

(一)柳杉属 *Cryptomeria*

常绿乔木。树皮红褐色,裂成长条片脱落;枝近轮生,平展或斜上伸展,树冠尖塔形或卵圆形;冬芽形小。叶螺旋状排列略成五行列,腹背隆起呈钻形,两侧略扁,先端尖,直伸或向内弯曲,有气孔线,基部下延。雌雄同株。球果顶端的种鳞形小,无种子;种子不规则扁椭圆形或扁三角状椭圆形,边缘有极窄的翅;子叶2～3枚,发芽时出土。

本属有2种,分布于我国及日本,学术界亦有争议,目前主流学者认为应该将其合并为1种。是优美的园林树种。

1. 日本柳杉 *Cryptomeria japonica* (L. f.) D. Don

形态特征:常绿乔木,在原产地高达40 m,胸径可达2 m以上。树皮红褐色,纤维状,裂成条片状脱落;大枝常轮状着生,水平开展或微下垂,树冠尖塔形;小枝下垂,当年生枝绿色。叶钻形,直伸,先端通常不内曲,锐尖,长0.4～2 cm,基部背腹宽约2 mm,四面有气孔线。球果近球形;种鳞20～30枚,裂齿较长,窄三角形,能育种鳞有2～5粒种子;种子棕褐色,椭圆形或不规则多角形,边缘有窄翅。花期4月,球果10月成熟。

分布与生境：原产于日本及中国。在华东、华南、华中等地引种栽培。喜光，耐阴，喜气候凉爽湿润、空气湿度大的环境，生长极为良好。耐寒，畏高温炎热，忌干旱。适生于深厚肥沃、排水良好的沙质壤土，积水时易烂根。对二氧化硫等有毒气体具很强的吸收能力。

园林应用：日本柳杉树形挺拔，高大优美，可作庭园观赏树，为日本的重要造林树种。日本柳杉木材拥有清香的气味、红棕的颜色及轻而强壮的特性，而且有一定的防水能力并能抵抗腐坏，可作高密度城市环境中的康养园林及园艺治疗树种，在建筑及室内设计等方面均有广泛应用。日本柳杉也是部分蛾类幼虫如蝙蝠蛾属中的物种的寄主和食物。日本柳杉在我国江苏、浙江、江西等省有栽培变种，均作庭园观赏树。

（二）杉木属 *Cunninghamia*

常绿乔木。枝轮生或不规则轮生。冬芽圆卵形。叶螺旋状着生，披针形或条状披针形，基部下延，边缘有细锯齿，上下两面均有气孔线，上面的气孔线较下面为少。雌雄同株。球果近球形或卵圆形；苞鳞革质，扁平，宽卵形或三角状卵形，先端有硬尖头，边缘有不规则的细锯齿，基部心脏形，背面中肋两侧具明显稀疏的气孔线，熟后不脱落；种鳞很小，着生于苞鳞的腹面中下部与苞鳞合生，上部分离、三裂，裂片先端有不规则的细缺齿，发育种鳞的腹面着生 3 粒种子；种子扁平，两则边缘有窄翅；子叶 2 枚，发芽时出土。

本属有 2 种及 2 栽培品种，产于我国秦岭以南、长江以南温暖地区及台湾山区，系重要的用材树种。

1. 杉木 *Cunninghamia lanceolata*（Lamb.）Hook.

形态特征：常绿乔木，高达 30 m。大树树冠圆锥形，树皮灰褐色，内皮淡红色；大枝平展；花芽圆球形、较大。叶条状披针形，通常微弯，先端渐尖，微具白粉。苞鳞横椭圆形，先端急尖，上部边缘膜质。球果卵圆形；熟时苞鳞革质，棕黄色，三角状卵形，先端有坚硬的刺状尖头；种鳞很小，先端三裂，侧裂较大，裂片分离；种子扁平，遮盖着种鳞，长卵形或矩圆形，暗褐色，有光泽，两侧边缘有窄翅。花期 4 月，球果 10 月下旬成熟。

分布与生境：分布于中国秦岭、淮河以南地区。较喜光，幼年稍耐庇荫。对土壤的要求较高，最适宜肥沃、深厚、疏松、排水良好的土壤，忌土壤瘠薄、板结及排水不良。

园林应用：杉木树干修直圆满，树姿优美，大枝开展，适于大面积背景林。木材沥出的油脂（杉木油）具挥发性，具香味，材中含有"杉脑"，能抗虫耐腐，可以用于康养园林绿化。其木材可以用于造园林中各类有防腐需要的建筑、器具、园林小品以及室内装饰等。杉木是中国最普遍而重要的商品材，根、皮、果、叶均可药用。

（三）金松属 *Sciadopitys*

常绿乔木。枝短，水平伸展。叶二型；鳞状叶小，膜质苞片状，螺旋状着生，散生于枝上，在枝顶成簇生状；合生叶条形，扁平，革质，两面中央有一条纵槽，生于鳞状叶的腋部，着生于不发育的短枝的顶端，辐射开展，在枝端呈伞形。雌雄同株。球果有短柄，第二年成熟；种鳞木质；种子扁，有窄翅；子叶 2 枚。

本属仅有 1 种，产于日本。我国引入栽培，作庭园树。

1. 金松 *Sciadopitys verticillata*（Thunb.）Siebold & Zucc.

形态特征：常绿乔木，高达 40 m。枝近轮生，水平伸展，树冠尖塔形；树皮淡红褐色，裂成条片脱落。鳞状叶三角形，基部绿色，上部膜质、红褐色，先端钝，第二年变成褐色；合生叶条形,先端钝,有微凹缺。球果卵状矩圆形,种鳞宽楔形或扇形,先端宽圆,向外反卷,腹面与背面覆盖部分均有细毛;种子扁,矩圆形或椭圆形。

分布与生境:原产于日本。我国华东、华中等地有栽培。生长较慢,耐阴性较强,喜生于肥沃、深厚、排水良好的土壤。除用种子繁殖外,还可用插枝或分根繁殖。

园林应用:金松是名贵的观赏树种,树形优美,枝叶密生,为世界著名的五大庭园树种之一,可作观赏庭园树。金松也是著名的防火树种,也可用于城市园林与加油站、化工厂等火险等级高的区域之间防火林带。木材供造建筑、桥桩、船只等用。

(四)北美红杉属 *Sequoia*

常绿大乔木。冬芽尖,鳞片多数,覆瓦状排列。叶二型,螺旋状着生,鳞状叶贴生或微开展,上面有气孔线;条形叶基部扭转排成二列,无柄,上面有少数断续的气孔线或无,下面有2条白色气孔带。雌雄同株。球果下垂,当年成熟;卵状椭圆形或卵圆形;种鳞木质,盾形,发育种鳞有2~5粒种子;种子两侧有翅;子叶2枚。

本属仅有1种,产美国。我国引入栽培。

1. 北美红杉 *Sequoia sempervirens* (D. Don) Endl.

形态特征:常绿大乔木,在原产地高达110 m。树皮红褐色,纵裂;枝条水平开展,树冠圆锥形。主枝之叶卵状矩圆形;侧枝之叶条形,先端急尖,基部扭转排成二列,无柄。球果卵状椭圆形或卵圆形,淡红褐色;种鳞盾形,顶部有凹槽;种子椭圆状矩圆形,淡褐色,两侧有翅。

分布与生境:特产于美国西部加利福尼亚州、俄勒冈州、华盛顿州等沿海地区。我国华东沿海地区及南方地区等有引种栽培。喜湿润空气和土壤,夏季凉爽的气候,耐阴,不耐干燥。根际萌芽性强,易于萌芽更新。

园林应用:红杉是世界上最高大的树种,被称为"海岸巨人(costal giants)",树形壮丽雄伟,枝叶密生,适于湿地周边、池畔、水边、草坪孤植或群植,景观秀丽,气势非凡,也适于宽阔道路两旁列植。其木材坚硬,原产地居民用它搭建木屋或制作家具、工艺雕刻品等。

(五)落羽杉属(落羽松属)*Taxodium*

落叶或半常绿性乔木。小枝有两种,主枝宿存,侧生小枝冬季脱落;冬芽形小,球形。叶螺旋状排列,基部下延生长,异型:钻形叶在主枝上斜上伸展,或向上弯曲而靠近小枝,宿存;条形叶在侧生小枝上列成二列,冬季与枝一同脱落。雌雄同株。球果球形或卵圆形,具短梗或几无梗;种鳞木质,盾形,顶部呈不规则的四边形;苞鳞与种鳞合生,仅先端分离,向外突起成三角状小尖头;发育的种鳞各有2粒种子,种子呈不规则三角形,有明显锐利的棱脊;子叶4~9枚,发芽时出土。

本属共有3种,原产于北美洲及墨西哥,我国均已引种,作庭园树及造林树用。

1. 落羽杉 *Taxodium distichum* (L.) Rich.

形态特征:落叶大乔木,在原产地高达50 m。在幼龄至中龄阶段(50年生以下)树干圆满通直,圆锥形或伞状卵形树冠,50年生以上有些植株会逐渐形成不规则宽大树冠。落羽杉树冠比较窄,50年生以下基本是尖塔形。干基通常膨大,具屈膝状的呼吸根;树皮棕色;大枝水平开展,侧生小枝二列。叶条形,排成2列,羽状。球果卵圆形,有短梗,向下斜垂,熟时淡褐黄色,有白粉;种子褐色。花期3月,球果10月成熟。

分布与生境：落羽杉是古老的孑遗植物，耐低温，耐盐碱，耐水淹。中国华南、华中、华东地区均引种栽培。在江苏省内分布于苏中江淮平原、低地城镇区，苏中滨海平原城镇区，苏南长三角平原、丘陵城镇区以及苏南山地、丘陵城镇区。阳性，喜温暖，耐水湿，土壤以湿润而富含腐殖质者为最佳，抗风性强。

园林应用：落羽杉新叶嫩绿，入秋变为红褐色，冠形雄伟秀丽，是世界著名的园林景观秋色树种。园林中最适于水边、湿地中的水岸生态系统造景，或列植、丛植，或群植成林，其枝叶茂盛；秋季落叶较迟，红叶似火，落叶后则地面一片火红。用于庭院造景则以几株丛植为宜，亭亭玉立，颇能入画。在中国大部分地区都可用于造工业用树林和生态保护林。其种子为鸟雀、松鼠等野生动物喜食，是很好的动物招引树种。因此，落羽杉对维护森林公园、自然保护区生物链，增加生物多样性，水土保持，涵养水源等均能起到很好的作用。落羽杉木材材质轻软，纹理细致，易于加工，耐腐朽，可作建筑、船舶、家具等用材。

2. 墨西哥落羽杉 *Taxodium mucronatum* Ten.

形态特征：半常绿或常绿乔木，在原产地高达 50 m。树干尖削度大，干基通常膨大，胸径可达 4 m；具屈膝状的呼吸根；树皮棕色；大树的小枝微下垂，侧生小枝螺旋状排列。叶条形，羽状 2 列。球果卵状球形，有短梗，向下斜垂，熟时淡褐黄色，有白粉；种子褐色。花期 3 月，球果 10 月成熟。

分布与生境：原产于墨西哥及美国西南部。湖北武汉、江苏南京等地引种栽培。喜光，喜温暖湿润气候，耐水湿，耐寒，对耐盐碱土适应能力强。生长速度较快。

园林应用：墨西哥落羽杉树形高大美观，生长迅速，枝繁叶茂，于我国东部栽培时为半常绿树种，绿色期长于落羽杉和池杉，是江南低湿地区优良的庭院、道路绿化树种和水上森林造林树种，可用于公园水边、河流沿岸等的绿化造景。墨西哥落羽杉抗风力强，病虫害少，适应性强，也是沿海滩涂地、盐碱地和"四旁"成片造林的特宜树种。

3. 池杉 *Taxodium distichum* var. *imbricatum* (Nutt.) Croom

形态特征：落叶乔木，亦称池柏、沼落羽松。落叶乔木，高可达 25 m。主干挺直，枝条向上形成狭窄的树冠，尖塔形，形状优美；叶钻形在枝上螺旋伸展；球果圆球形。树皮纵裂成长条片而脱落，树干基部膨大，通常有屈膝状的呼吸根。花期 3 月，果实 10—11 月成熟，球果圆球形或长圆状球形，有短梗，种子不规则三角形，略扁，红褐色，边缘有锐脊。

分布与生境：原产于北美洲东南部沼泽地区，为古老的孑遗树种之一。中国于 1900 年以后引入，华中及长江中下游地区如河南鸡公山、湖北武汉、江苏南京、江苏南通和浙江杭州等地有栽培。池杉为速生树种，强阳性，耐寒性较强，极耐水淹，也相当耐干旱，喜深厚、疏松、湿润的酸性土壤，已成为长江南北水网地区重要的绿化树种。其抗风力强；幼苗、幼树对土壤酸碱性反应敏感，当土壤 pH 在 7 以上时，易出现不同程度的黄化现象，生长不良。

园林应用：树形婆娑，常出现膝状根，枝叶秀丽，秋叶棕褐色，是观赏价值很高的园林树种，适生于水岸湿地交错地带，特别适合水边湿地成片栽植、孤植或丛植为园景树，亦可列植作道路的行道树，或在河边和低洼水网等常遇水涝地区种植，也可植于湖泊等浅水区域及河流两岸，营造水上森林景观。池杉木材纹理通直，结构细致，具有丝绳光泽，不翘不裂，工艺性能良好；是造船、建筑、枕木、家具、车辆的良好用材；由于韧性强，耐冲击，故亦为制作弯曲木和运动器材的原料。值得一提的是，其膝状根形态各异且奇特，常被用来雕刻制作各类人物或动物工艺品在江浙一带的风景旅游区销售。

（六）水松属 *Glyptostrobus*

半常绿性乔木。冬芽形小。叶螺旋状着生，基部下延，有三种类型：鳞形叶较厚，在多年生或当年生主枝上辐射伸展，宿存 2～3 年；条形叶扁平，薄，着生于幼树的一年生小枝或大树的萌生枝上，往往列成二列状；鳞形叶宿存，条形或条状钻形叶均于秋后连同侧生短枝一同脱落。雌雄同株，球花单生于有鳞形叶的小枝枝顶，直立或微向下弯；种子椭圆形，微扁，具向下生长的长翅；子叶 4～5 枚，发芽时出土。

本属仅有水松 1 种，为我国特产，分布于广东、广西、福建、江西、四川、云南等省区。

1. 水松 *Glyptostrobus pensilis*（Staunton ex D. Don）K. Koch

形态特征：中国特有树种。半常绿乔木，高 8～10 m。树干基部膨大成柱槽状，有伸出土面或水面的吸收根，树干有扭纹；树皮褐色，纵裂成不规则的长条片；枝条稀疏。叶条状锥形。球果倒卵圆形；种子椭圆形，稍扁，褐色。花期 1～2 月，球果秋后成熟。

分布与生境：主要分布于广东珠江三角洲和福建中部及闽江下游海拔 1 000 m 以下地区。分布区位于中亚热带东部和北热带东部。武汉、杭州、上海、南京等地有栽培。多生于低海拔地区。喜温暖湿润的气候，喜光，耐水湿，不耐低温。对土壤的适应性较强，除盐碱土之外，在其他各种土壤上均能生长，而以在水分较多的冲渍土上生长最好。

园林应用：水松树姿优美，树形高大，可作湿地水乡庭园树种。其根系发达，可栽于河边、堤旁，作水上森林、固堤护岸和防风之用。其木材淡红黄色，材质轻软，纹理细，也可作建筑、桥梁、家具等用材。根部的木材质轻，浮力大，可制作救生圈、瓶塞等软木用具。种鳞、树皮含单宁，为药用资源，也可作鞣料、染渔网或制皮革。

（七）水杉属 *Metasequoia*

落叶大乔木。小枝对生或近对生。叶条形，扁平，交互对生，羽状二列，冬季与侧生小枝一起脱落。雄球花单生叶腋或枝顶，具短梗，或多数组成总状或圆锥状花序；雌球花单生前一年生枝顶，珠鳞与苞鳞几合生，11～14 对，胚珠 5～9。球果近圆球形，下垂，具长梗，当年成熟；种鳞交互对生，木质，盾形，顶端扁菱形，有凹槽，宿存；发育种鳞有 5～9 种子；种子倒卵形，扁平，周围有窄翅，先端凹缺；子叶 2，出土。

仅存 1 种，产于我国四川、湖北及湖南，现各地栽培。

1. 水杉 *Metasequoia glyptostroboides* Hu & W. C. Cheng

形态特征：乔木，高可达 40 m，胸径可达 2.5 m。干基部膨大；树皮灰褐色。大枝斜展，小枝下垂，一年生枝淡褐色。叶长 1～3.5 cm，宽 1.5～2 mm。球果深褐色，长 1.8～2.5 cm，径 1.6～2.5 cm。花期 2 月下旬，球果 11 月成熟。为我国特有珍稀树种，天然水杉植株及群落为国家一级保护植物。

分布与生境：水杉天然古树幸存于湖北利川、四川石柱、湖南龙山，现国内外广为栽培。多生于山谷或山麓附近地势平缓、土层深厚、湿润或稍有积水的地方。喜光，喜温暖湿润、夏季凉爽、冬季有雪而并不严寒的气候。栽培区年平均气温 12～20 ℃，年降水量 800～1 400 mm，年无霜期约 230 天，年平均相对湿度 82%。水杉耐寒性强，可耐 −25 ℃低温，耐水湿能力强，不耐贫瘠和干旱，根系发达，易繁殖，移栽容易成活。适宜生长于肥沃、深厚、湿润、pH 4.5～5.5 的沙壤土、酸性山地黄壤、紫色土或冲积土。在轻盐碱地上可以生长，生长快慢常受土壤水分的影响,在长期积水、排水不良的地方生长缓慢,树干基部通常膨大且有纵棱。

园林应用:水杉是"活化石"树种,其树姿优美,也是秋季观叶树种。在园林中最适于列植,也可丛植、片植,可用于堤岸、湖滨、池畔、庭院等绿化,也可成片栽植营造风景林,还可栽于建筑物前或用作行道树。水杉对二氧化硫有一定的抵抗能力,是工矿区绿化的优良树种。其适应性强,可营造长江中下游冲积平原、水网地、湖区防护林和材用林。水杉边材白色,心材褐红色,其材质轻软,纹理直,结构稍粗,早、晚材硬度区别大,不耐水湿,适用于建筑、制板料、制作器具、造模型、造纸及室内装饰等。

第五章　被子植物门

第一节　双子叶植物纲

Ⅰ．离瓣花亚纲

九、杨柳科 Salicaceae

（一）杨属 *Populus*

乔木。树干通常端直；树皮光滑或纵裂，常为灰白色。有顶芽（胡杨无），芽鳞多数，常有黏脂。叶互生，多为卵圆形、卵圆状披针形，齿状缘；叶柄长，侧扁或圆柱形，先端有或无腺点。葇荑花序下垂，常先叶开放；雄花序较雌花序稍早开放。种子小，多数，子叶椭圆形。

本属有 100 多种，广泛分布于欧洲、亚洲、北美洲的温带、寒带及地中海沿岸国家与中东地区，其他国家和地区也有少量的天然林分布。许多平原地区把杨树作为大力发展的速生树种。

杨树是全世界主要的造林与材用树种之一。随着世界经济的不断发展，木材的需求量不断加大，很多国家与地区处于木材供不应求的状态，这一现象也促使了许多国家和地区开始大量营造人工林，其中杨树就是主要造林树种。近几十年来，由于对木材的需求和对世界森林资源的保护，各个国家和地区营造了大量的杨树人工林。目前在全球范围内，杨树人工林是世界上分布最广泛的人工林之一。

1. 银白杨 *Populus alba* L.

形态特征：落叶乔木，高达 30 m。树皮白至灰白色。小枝被白绒毛。双色叶，幼时双面被毛，成年仅背面被银白色绒毛，掌状 3～5 浅裂，叶缘具不规则粗齿，基部楔形、圆形或近心形。叶柄与叶片等长或较短，被白绒毛。雌雄异株。蒴果圆锥形，2 瓣裂。花期 4 月。

分布与生境：我国西北、华北、辽宁南部及西藏等地有栽培。喜光，不耐阴。喜大陆性气候，耐寒，深根性，根萌蘖力强，抗风力强，对土壤条件要求不严，但在湿润肥沃的沙质土生长良好。

园林应用：银白杨属白杨派。具有灰白色树干和银白色的叶片，远看极为醒目，具有较高的观赏价值。可用作行道树和庭荫树，或于草坪上孤植、丛植，为西北地区平原沙荒造林树种，亦为杨树育种珍贵材料。

2. 毛白杨 *Populus tomentosa* Carrière

形态特征：落叶乔木，高达 30 m，胸径 1 m。叶三角状卵形或卵形，边缘具不规则深波状齿缺，背面幼时密生灰白色绒毛，叶基浅心形或近截形。叶柄上部略侧扁，稍短于叶，通常有腺体。苞片边缘具长毛。果2瓣裂。花期3—4月,果期4—5月。

分布与生境:属白杨派。我国特产,分布于华北、西北至安徽、江苏、浙江,以黄河流域中下游为中心产区。江苏各地广泛栽培,在苏北地区生长良好。喜光,对土壤要求不严格,喜中性沙壤土,为我国特有的优良速生树种之一。

园林应用:毛白杨树干通直,树皮灰白,树体高大、雄伟,大而深绿色的叶片在微风吹拂时能发出欢快的响声,给人以豪爽之感。在园林中可作庭荫树或行道树,气势严整壮观。

3. 响叶杨 *Populus adenopoda* Maxim.

形态特征:落叶乔木,高30 m,胸径50 cm。小枝被柔毛,老枝无毛,芽无毛,有黏脂。叶卵形,先端长渐尖,基部截形或圆形,边缘具整齐圆锯齿,叶背初被柔毛,后渐脱落。叶柄侧扁,长2~12 cm,顶端有2显著腺体。花序轴有毛,苞片边缘具长柔毛。果卵状长椭圆形,无毛,2瓣裂,有短梗。花期3—4月,果期4—5月。

分布与生境:属白杨派。主要分布于长江及淮河流域。在江苏省内分布于南京和宜兴一带山坡树林中。喜光,不耐严寒,较耐干燥,宜栽植于平原及丘陵地区的微酸性或中性土壤上。

园林应用:响叶杨树干通直,树皮灰白、树体高大,在园林中可作庭荫树或行道树,也是造林树种。木材白色,心材微带红色,为一般建筑、板料、造纸等用材。

4. 加杨 *Populus × canadensis* Moench

形态特征:落叶乔木,高30 m。树皮灰绿或褐灰色;一年生小枝截面近圆形,灰绿或黄褐色,常有棱,无毛;二年生枝灰绿色。顶芽红褐色,长尖,有黏液。叶三角形,两面光滑无毛,叶缘具整齐圆钝锯齿,边缘半透明。叶柄扁,微带红色。雌雄异株,蒴果。

分布与生境:加杨为美洲黑杨(*P. deltoides*)和欧洲黑杨(*P. nigra*)的天然杂交种,属黑杨派。我国普遍栽培,尤以华北、东北及长江流域为多。江苏各地均有栽培。喜光,喜湿润,耐瘠薄,耐涝,速生。

园林应用:加杨生长速度快,树体高大,树冠宽阔,叶片大而具光泽,夏季绿荫浓密,是优良的庭荫树、行道树、公路树以及防护林材料,也是北方的速生用材树种。

5. 小叶杨 *Populus simonii* Carrière

形态特征:落叶乔木,高20 m,胸径50 cm。树皮灰绿色,沟裂。芽、小枝、叶下面及果均无毛。萌枝及幼树小枝有棱脊。叶菱状倒卵形,有整齐细锯齿。叶柄长2~4 cm,无毛,近圆筒形,顶端无腺体。果通常2(3)瓣裂。花期3—5月,果期4—6月。

分布与生境:属青杨派。我国广泛分布于东北、华北、西北、华东及西南各省区。南京附近有野生,江苏各地均有分布。喜光,适应性强,能耐40℃高温和−36℃的低温,能生长于各种土壤。

园林应用:小叶杨是中国主要乡土树种和栽培树种。适作行道树、庭荫树,也是防风固沙、保持水土、护岸固堤的重要树种。

6. 钻天杨 *Populus nigra* var. *italica* (Moench) Koehne

形态特征:乔木,高30 m。树皮暗灰褐色,树冠圆柱形,枝直立上升。芽先端长渐尖,淡红色,富黏脂。长枝叶扁三角形,通常宽大于长,边缘钝圆锯齿;短枝叶菱状三角形或菱状卵圆形,叶柄上部微扁,顶端无腺点。蒴果2瓣裂,先端尖,果柄细长。花期4月,果期5月。

分布与生境：属黑杨派。产于东北、华北各地。江苏各地均有栽培。喜光，抗寒，抗旱，耐干旱气候，稍耐盐碱及水湿，但在低洼常积水处生长不良。

园林应用：钻天杨树冠狭窄，作行道和护田林树种甚宜，也为杨树育种常用亲本之一。

（二）柳属 *Salix*

乔木或匍匐状、垫状、直立灌木。无顶芽，侧芽通常紧贴枝上，芽鳞单一。叶互生，稀对生，多为披针形，羽状脉，有锯齿或全缘；叶柄短；具托叶，常早落，稀宿存。荑葇花序，先叶开放，稀后叶开放；子房无柄或有柄。蒴果 2 瓣裂；种子小，多呈暗褐色。

本属世界约有 520 多种，主产北半球温带地区。我国有 257 种、122 变种、33 变型。各省区均产。为保持水土、固堤、防沙和四旁绿化及美化环境的优良树种。

1. 垂柳 *Salix babylonica* L.

形态特征：落叶乔木，高达 18 m。树皮灰黑色，不规则开裂。小枝细长下垂，淡褐绿或褐带紫色，节间长 3 cm 以上。单叶互生，狭披针形，基部楔形，有时偏斜，缘有锯齿，叶光滑无毛。叶柄具白色细柔毛。雌花仅具 1 腺体。花期 3—4 月，果期 4—5 月。

分布与生境：产于长江流域及黄河流域，各地普遍栽培。江苏各地均有栽培。耐水湿，也能生于干旱处，是一种两栖树木。

园林应用：垂柳枝条细长，姿势优美，生长迅速，发叶早、落叶迟，自古受人们喜爱。是园林最常用的岸边绿化树种，特别是在每年涨水与枯水期明显的水岸交错地带。也可作行道树、公路树，亦适用于工厂绿化。对二氧化硫、氯气等抗性弱，不宜种植在大气污染地区。

2. 旱柳 *Salix matsudana* Koidz.

形态特征：落叶乔木，高 18 m。树皮灰黑纵裂。小枝倾斜向上生长，一年生枝黄绿或带褐色，无顶芽。单叶互生披针形，基部圆形或楔形，缘有细齿；叶背微被白粉，伏生绢毛。苞片卵形，仅背面基部有疏柔毛。雌雄异株。雌雄花均具 2 腺体。花期 3—4 月，果期 4—5 月。

分布与生境：我国广布，以黄河流域为分布中心，北达东北各地，南至淮河流域，西至甘肃和青海，是北方平原地区常见树种。江苏各地均有栽培。喜光，不耐阴，耐寒，耐干旱、水湿、寒冷，是很好的两栖树种。

园林应用：旱柳树冠丰满，生长迅速，枝叶柔软嫩绿，发芽早，落叶迟，为早春蜜源树，是北方常用的庭荫树和行道树，也常用作公路树，用于防护林及沙荒地造林、更是"四旁"绿化、河岸防护及沙地防护主要树种。主要变型为龙爪柳（*S. matsudana* f. *tortuosa*）：枝条扭曲向上，是优良的园景树，现在市场上常作插花用材。

3. 银叶柳 *Salix chienii* W. C. Cheng

形态特征：落叶灌木或小乔木，高 12 m。树干通常弯曲，树皮暗褐灰色，纵浅裂。叶长椭圆形或披针形，先端急尖或钝尖，基部阔楔形或近圆形；幼叶两面有绢状柔毛，成叶上面绿色，无毛或有疏毛，下面苍白色，有绢状毛，边缘具细腺锯齿；叶柄短，长约 1 mm，有绢状毛。雄蕊 2，花丝基部合生，花序与叶同时开放或稍先叶开放。

分布与生境：产于浙江、江西、江苏、安徽、湖北、湖南。江苏省内南京、镇江、常州、无锡、苏州、宜兴、溧阳等地有引种栽培。多生于海拔 500～600 m 的山谷及路边或山谷溪边、山坡林缘或林中、山坡溪边灌丛中。喜光，喜湿润土地，颇耐寒。

园林应用：该树种叶色观赏价值较高，尚未在园林中广泛应用，为优美的观赏树种，用途同垂柳。花中蜜腺丰富，为优良蜜源植物，可作为昆虫招引树种配置于诸如蝴蝶馆等特色专业类园中。银叶柳的根或枝叶具有清热解毒、祛风止痒、止痛之功效，常用于感冒发热、咽喉肿痛、皮肤瘙痒、膀胱炎、尿道炎、跌打伤痛，可以用于康养疗愈园林中。其材质轻，易切削，干燥后不变形，无特殊气味，可作建筑、箱板和火柴梗等用材；木材纤维含量高，是造纸和人造棉原料；柳条可编筐、箱、帽等；柳叶可作羊、马等的饲料。

4. 河柳 *Salix chaenomeloides* Krimura

形态特征：又名大叶柳、腺柳。落叶乔木。小枝红褐色或褐色，无毛，有光泽。叶卵形、椭圆状披针形或近椭圆形，长 4～12 cm，宽 2～4.5 cm，边缘有具腺的内弯细齿，下面苍白，两面无毛；叶柄长 5～12 mm，顶端有腺体；托叶半心形，边缘有细齿。总花梗和花序轴皆有柔毛；苞片卵形；雄花序长 4～5 cm；腺体 2；雄蕊 3～5，花丝基部有柔毛；雌花序下垂，长达 5.5 cm，有疏生花；仅腹面有 1 腺体；子房无毛，有梗。蒴果卵形，长 3 mm，果穗中轴有白色绒毛。

分布与生境：分布于河北、山东、山西、河南、陕西、安徽、江苏、浙江。朝鲜、日本也有。多生于海拔 1 000 m 以下的山沟水旁或河滩。

园林应用：木材供制器具，树皮可提栲胶，纤维供纺织及制作绳索，枝条供编织，又为蜜源植物。其他用途同垂柳。

十、杨梅科 Myricaceae

（一）杨梅属 *Myrica*

常绿或落叶乔木或灌木，雌雄同株或异株。单叶常密集于小枝上端，无托叶，全缘或具锯齿。穗状花序单一或分枝，直立或稍俯垂状。核果小坚果状而具薄的果皮，或为较大的核果而具多少肉质的外果皮及坚硬的内果皮。种子直立，具膜质种皮。

约有 50 种，广泛分布于两半球热带、亚热带及温带。我国产 4 种、1 变种，分布于长江以南各省区。

1. 杨梅 *Myrica rubra* Siebold & Zucc.

形态特征：常绿乔木，高 15 m。树皮灰色，叶革质，长圆状倒卵形，先端钝尖或钝圆，全缘，背面密生黄色腺体。花雌雄异株，雄花序穗状，单生或数条丛生于叶腋，雌花序单生于叶腋。核果球形，熟时紫红色，味酸甜。花期 3—4 月，果期 6—7 月。

分布与生境：长江以南各省区均有分布与栽培。江苏省内南京、镇江、常州、无锡、苏州、宜兴、溧阳等地有栽培，主要分布于长江以南。喜温暖湿润气候，喜光，耐干旱瘠薄，宜在排水良好的酸性土壤上生长。

园林应用：杨梅树冠圆整、枝繁叶茂、树姿优雅、密荫婆娑，初夏果实密集而红紫。园林造景中，既可结合生产，于山坡大面积种植；也可植于庭院房前，孤植、丛植于草坪，或列植于路边等各处，是园林绿化结合生产的优良树种。若采用密植方式可以用来分隔空间，起到绿墙遮蔽作用。其果味酸甜适中，既可直接食用，又可加工成杨梅干、酱、蜜饯等，还可酿酒，有止渴、生津、助消化等功效，具有广阔的经济前景。江南诸多园林在初夏时以杨梅为植物载体举办杨梅文化节，极大地提高了园林的经济与社会双重效益。

十一、胡桃科 Juglandaceae

(一)化香树属 *Platycarya*

落叶小乔木。芽具芽鳞。叶互生,奇数羽状复叶,小叶边缘有锯齿。雄花序及两性花序共同形成直立的伞房状花序束;生于两性花序下方周围者为雄性穗状花序。果序球果状,直立,有多数木质而有弹性的宿存苞片,苞片密集而成覆瓦状排列。果为小坚果状,背腹压扁状,两侧具狭翅,外果皮薄,革质,内果皮海绵质,种子具膜质种皮;子叶皱褶。

有 2 种;1 种分布于我国黄河以南各省区及朝鲜和日本,1 种为我国特有。可以作为庭园观赏花木。

1. 化香树 *Platycarya strobilacea* Siebold & Zucc.

形态特征:落叶乔木,高 2~5 m。树皮灰褐色,纵裂;幼枝有棕色绒毛,髓实心。奇数羽状复叶,小叶 7~15(19),对生,无柄,卵状披针形,先端渐长尖,基部偏斜,边缘有细尖重锯齿。穗状花序两性,直立,雄花序在上,雌花序在下。果苞披针形,先端刺尖,小坚果连翅近圆形。花期 5—7 月,果期 7—10 月。

分布与生境:分布于中国华东、华中、华南及西南各省区,为习见树种。江苏省内连云港、南京、江宁、宜兴等地有分布。喜光,耐干旱瘠薄,抗风力强,速生,耐烟尘,萌芽性强。在酸性土、钙质土上均可生长,是一种具广谱性的土壤适应性树种。

园林应用:化香树树姿端庄,适应性强,既耐水湿也耐干旱,是良好的两栖树木。其果序呈球果状,形似古代兵器狼牙棒,宿存枝端经久不落,具有特殊的观赏价值。化香树适应性强,在园林中可丛植观赏,也是重要的荒山造林和生态建设树种。还可作嫁接青钱柳、核桃、山核桃和薄壳山核桃的砧木。其木材纹理细、质坚,供作桥梁、家具用材;茎皮纤维可制人造棉和绳索;叶可入药,能顺气、祛风、化痰、消肿、止痛、燥湿、杀虫,外用治疮毒。化香树还可用于市民广场、各类中心游园、工厂等地的园林绿化,是园林康养和园艺疗法的上好树种。化香的根皮、树皮、叶和果实为制栲胶的原料;种子可榨油;树皮纤维能代麻;叶可作园林病虫害防治的绿色农药,捣烂加水过滤出的汁液对防治棉蚜、红蜘蛛、甘薯金花虫、菜青虫、地老虎等有效。

(二)枫杨属 *Pterocarya*

落叶乔木。叶互生,常集生于小枝顶端,奇数(稀偶数)羽状复叶,小叶的侧脉在近叶缘处相互连接成环,边缘有细锯齿。葇荑花序单性;雄花序长而具多数雄花。果实为干的坚果,外果皮薄革质,内果皮木质。子叶 4 深裂,在种子萌发时伸出地面。

本属分 2 组,约有 8 种,其中 1 种产于高加索地区,1 种产于日本和我国山东,1 种产于越南北部和我国云南东南部,其余 5 种为我国特有。可以作为庭园观赏花木。

1. 枫杨 *Pterocarya stenoptera* C. DC.

形态特征:落叶乔木,高达 30 m。树皮老时深纵裂,小枝有灰黄色皮孔,髓部呈薄片状。裸芽密被锈褐色腺鳞。偶数羽状复叶,叶轴具窄翅,叶纸质,矩圆形,先端尖或钝,基部偏斜,具细锯齿。雌雄同株异花。雄花柔荑花序,生于二年枝叶腋;雌花穗状,生新枝顶端。穗状果序长 20 cm,下垂。小坚果两端具翅。花期 4—5 月,果期 8—9 月。

分布与生境:广布于华北、华东、华中、华南、西南各省区,主要分布于黄河流域以南。江苏各地均有分布。喜光,喜温暖潮湿,略耐侧阴,幼树耐阴、耐寒;耐湿性强也耐干旱,为两栖树种;对土壤要求不严,深根性,萌芽力强。抗烟尘和有毒气体。其带翅的核果主要依赖水流漂浮传播并被冲积到岸边定植,故枫杨一般沿水岸分布。

园林应用:枫杨树冠宽展,枝叶茂密,为河床两岸低洼湿地的良好绿化树种,用作庭荫树孤植、片植,尤其适于低湿处造景。对有毒气体有一定的抗性,也适于工矿区绿化。生长快速,根系发达,可防治水土流失,是黄河、长江流域以南各地造林、固堤护岸树种。枫杨既可以作为行道树,也可成片种植或孤植于草坪及坡地,均可形成一定景观。在受污染水体的消落带生态重建中,降污力强的木本乡土植物枫杨应作为主要的物种。枫杨树皮还有祛风止痛、杀虫、敛疮等功效。枫杨叶有毒,可作植物农药杀虫剂,是园林康养和园艺疗法的好材料;树皮和枝皮含鞣质,可提取栲胶,亦可作纤维原料;果实可作饲料和酿酒,种子还可榨油。其木材色白质软,容易加工,不耐腐,易翘曲,胶接、着色、油漆均宜,可制作家具及火柴杆等。

(三)山核桃属 *Carya*

落叶乔木。叶互生,奇数羽状复叶;小叶边缘具锯齿。雌雄同株。雄性葇荑花序具多数雄花,下垂,常 3 条成 1 束,生于花序总柄上。雌性穗状花序顶生,直立,具少数雌花。果序直立。果为假核果,外果皮干后革质或木质,通常 4 瓣裂开;果核基部不完全 2~4 室;内果皮骨质,坚硬,久后即自行破裂,壁内无空隙或稀具空隙。

约有 15 种,主要分布在北美洲,亚洲东部产 4 种,我国有 4 种,引种栽培 1 种。可作为庭院观赏花木。

1. 山核桃 *Carya cathayensis* Sarg.

形态特征:落叶乔木,高 20 m。树皮灰白色,平滑,枝髓部实心。裸芽,芽、幼枝、叶下面、果皮均密被褐黄色腺鳞。奇数羽状复叶,小叶 5~7,椭圆状披针形,先端渐尖,锯齿细尖,几无柄。果卵球形,具 4 纵脊,壳较厚。花期 4~5 月,果期 9 月。

分布与生境:分布于长江流域,主要产于于浙、皖交界的天目山区。江苏各地均有人工引种栽培。适生于山麓疏林中或腐殖质丰富的山谷,海拔可达 400~1 200 m。喜温暖湿润气候,适生于石灰土。

园林应用:山核桃是著名木本油料和干果树种,果仁为地方(安徽宁国至浙江临安一带天目山脉)特产。另外,山核桃果壳可制活性炭,果壳、果皮、枝叶可生产天然植物燃料,总苞可提取单宁,木材可制作家具及供军工用。本种树干端直,树冠近广卵形,宜作庭荫树、行道树、风景树;其根系发达,耐水湿也耐干旱,为两栖树种,可孤植、丛植于湖畔,也可用于生态防护林建设,是山区城镇园林结合生产的优良树种;亦适于河流沿岸及平原地区绿化造林,为很好的城乡绿化树种和果材兼用树种。

2. 美国山核桃(薄壳山核桃)*Carya illinoinensis* (Wangenh.) K. Koch

形态特征:大乔木,高可达 50 m。树皮粗糙,深纵裂。芽黄褐色,被柔毛。小枝灰褐色,具稀疏皮孔。奇数羽状复叶,具 9~17 枚小叶;小叶具极短的小叶柄,卵状披针形至长椭圆状披针形,通常稍呈镰状弯曲,基部歪斜,阔楔形或近圆形,顶端渐尖,边缘具单锯齿或重锯齿。雄性葇荑花序 3 条 1 束,几乎无总梗;雌性穗状花序直立,花序轴密被柔毛,具 3~10 雌花。果实矩圆状或长椭圆形,有 4 条纵棱。5 月开花,9—11 月果成熟。

分布与生境:原产于北美洲。我国河北、河南、江苏、浙江、福建、江西、湖南、四川等省有栽培,以长江中下游地区栽培较多。喜光,喜温暖潮湿气候,不耐干瘠,耐水湿,适应性强。深根性,根系发达,寿命长。

园林应用:树体高大,根深叶茂,树姿雄伟壮丽。是优良的行道树和庭荫树,常孤植、列植或林植,用作庭荫树、行道树,也可植作风景林及用于河流沿岸、湖泊周围大面积造林,还可以用于水岸生态系统修复。美国山核桃是著名干果树种,俗称"碧根果",种仁味美,长期食用有明显的防衰老,健肠胃,预防前列腺癌、肝炎、妇女白带增多、心脏病、心血管疾病,改善性功能等作用。本种是重要的园林观赏与经济相结合的干果油料树种。

(四)青钱柳属 *Cyclocarya*

落叶乔木。芽具柄,无芽鳞。木材为环孔型,髓部片状分隔。叶互生,奇数羽状复叶;小叶边缘有锯齿。雌雄同株。雌、雄花序均荑荑状;雄花序具极多花,3条成束生于叶痕腋内的花序总梗上;雌花序单独顶生,约具雌花达20朵。雄花辐射对称,具短花梗;雌花几乎无梗或具短梗。果实具短柄,在中部四周为由苞片及小苞片形成的水平向圆盘状翅所围绕,顶端具4枚宿存的花被片。

现存仅1种,为我国特有,分布于长江以南各省区。可作为庭院观赏花木。

1. 青钱柳 *Cyclocarya paliurus* (Batalin) Iljinsk.

形态特征:别名摇钱树、麻柳、青钱李、山麻柳、山化树。落叶乔木,高20 m,胸径80 cm。裸芽,枝具片状髓。奇数羽状复叶,小叶7~9(13),叶基部偏斜,细锯齿,两面被腺鳞。坚果扁球形,具圆盘翅状。花期3~6月,果期9月。

分布与生境:为中国特产树种。产于华南、华东、华中等各地区。常生长在海拔500~2 500 m的山地湿润森林中。喜光,幼苗稍耐阴;喜风化岩湿润土质,要求深厚肥沃的土壤,喜湿也稍耐旱,萌芽性强,生长中速。抗病虫害。青钱柳为第四纪冰川时期幸存下来的珍稀树种,仅存于中国。青钱柳被誉为"植物界的大熊猫""医学界的第三棵树"。

园林应用:青钱柳树形优美,高大挺拔,枝叶美丽多姿,其果实像一串串的铜钱(俗称"摇钱树"),果实奇特,10月至翌年5月挂在树上,迎风摇曳,别具一格,颇具观赏性,具有很高的庭院观赏价值。可作庭荫树、行道树。青钱柳木材轻软,有光泽,纹理交错,结构略细,容易加工,胶黏性和油漆性能好,是家具良材;树皮含鞣质及纤维,为制橡胶及造纸原料,亦可提制栲胶。青钱柳树皮、叶、根有杀虫止痒、消炎止痛祛风之功效。青钱柳叶可制茶,其富含丰富的皂苷、黄酮、多糖等有机营养成分,能够有效平衡人体糖代谢,从而达到降血糖、逆转并发症的养生效果;中医将其临床用于治疗糖尿病,因其药理作用能明显降低血糖和尿糖,减少脂肪。

十二、壳斗科 Fagaceae

(一)栗属 *Castanea*

落叶乔木,稀灌木。树皮纵裂。无顶芽;叶互生,叶缘有锐裂齿,羽状侧脉直达齿尖,齿尖常呈芒状;托叶对生,早落。花单性同株或为混合花序;穗状花序,直立;壳斗4瓣裂,有栗褐色坚果1~3(5)个,通称栗子,果顶部常被伏毛,底部有淡黄白色略粗糙的果脐;每果有1(2~3)种子,种皮红棕色至暗褐色,不育胚珠位于种皮的顶部,子叶平凸,等大,若不等大,则为镶嵌状,种子萌发时子叶不出土。

约有 12～17 种。我国有 4 种及 1 变种,其中有 1 种为引进栽培,东北至吉林,西北至甘肃南部,东至台湾,南至广州近郊均有分布。

1. 板栗 Castanea mollissima Blume

形态特征:落叶乔木,高 15 m。树皮灰褐色,深纵裂。无顶芽,一年生枝被灰色绒毛。叶矩圆状椭圆形,边缘有芒状锯齿,叶表亮绿,叶背被灰白绒毛。雌雄花同序,雄花生于花序中上部,雌花生于基部。壳斗球形,密被长针刺,内含 1～3 粒坚果。花期 4—6 月,果期 9—10 月。

分布与生境:为中国特产树种。各地栽培,以华北及长江流域最为集中。喜光,耐旱,耐寒,对土壤要求不严。深根性,根系发达,萌蘖力强。

园林应用:栗在古书中最早见于《诗经》,可知栗的栽培在我国至少有 2 500 余年的历史,它是我国食用最早的著名坚果树种之一,年产量居世界首位。我国素有民谚:"七月阳桃八月楂,九月栗子笑哈哈"。板栗素有"千果之王"的美誉,与桃、杏、李、枣并称"五果",国外称之为"健康食品",属于健脾补肾、延年益寿的上等果品。板栗是我国培育最早的果树之一。我国板栗品质优良、营养丰富,为世界群栗之冠。板栗树冠宽大,枝叶茂密,是园林结合生产的优良树种,大型风景区内可辟专园经营,诸如农业观光园、采摘园等,亦可用于山区绿化和水土保持。板栗为深根性树种,育苗和移栽时为减少根系损伤,宜采用容器标准化育苗,在园林中可以全季节栽培应用。板栗花有特殊香气,而且还有驱蚊作用。

2. 锥栗 Castanea henryi (Skan) Rehder & E. H. Wilson

形态特征:高大落叶乔木,高 30 m,胸径 1 m。幼枝无毛,叶披针形,先端尾尖或长渐尖,基部常一侧偏斜,边缘有芒状锯齿,两面无毛。雌雄花异序,雌花序生于上部叶腋。壳斗近球形,密被刺,内含 1 坚果,卵形,先端尖。花期 5—7 月,果期 9—10 月。

分布与生境:产于秦岭以南至五岭以北。江苏省各地均有分布。喜光,耐旱,要求排水良好。病虫害少,树干挺直,生长较快,属优良速生树种。常与光皮桦、响叶杨、白栎等混生为次生阔叶林。

园林应用:锥栗是珍贵材用和干果树种,果实可制成栗粉或罐头,也是中国重要木本粮食植物之一。其树干挺直,生长迅速,属优良速生树种,木材坚实,可作枕木、建筑等用材;树形美观,可植为庭荫树,在景区可结合生产大面积造林;其壳斗木材和树皮含大量鞣质,可提制栲胶。锥栗有补肾益气、活血化瘀,治腰脚不遂、内寒腹泻等作用;其叶、壳斗苦、涩,平,用于治疗湿热、泄泻,其种子味甘,性平,可用于治疗肾虚、瘘弱、消瘦。

(二)锥属 Castanopsis

常绿乔木。枝有顶芽,芽鳞交互对生。叶二列,互生或螺旋状排列,叶背被毛或鳞腺,或二者兼有;托叶早落;花雌雄异序或同序,花序直立,穗状或圆锥花序;壳斗全包或包着坚果的一部分,辐射或两侧对称,稀不开裂,外壁有疏或密的刺,稀具鳞片或疣体,有坚果 1～3 个;坚果翌年成熟,稀当年成熟,果脐平凸或浑圆;子叶平凸;种子无胚乳,萌发时子叶留在土中。

约有 120 种,产于亚洲热带及亚热带地区。我国约有 63 种、2 变种,产于长江以南各地。主产西南及南部。本属为北亚热带标志性属,许多种类为南方常绿阔叶林的建群种。

1. 苦槠 *Castanopsis sclerophylla* (Lindl. et Paxton) Schottky

形态特征：常绿乔木，高 15 m，胸径 50 cm。树皮暗褐色，浅纵裂。叶厚革质，长椭圆形，短渐尖，边缘中部以上有粗锐齿，下面被淡银灰色蜡层。壳斗深杯状，全包坚果或包坚果大部分。苞片鳞片状，鳞片三角形或瘤状突起，坚果近球形。花期 4—5 月，果期 9—11 月。

分布与生境：产于长江中下游以南、五岭以北地区，为该属中分布最北的种，也是北亚热带边缘重要常绿树种之一。喜温暖潮湿气候，较耐寒，幼树耐阴，耐干旱瘠薄，抗污染。喜温暖、湿润气候，喜光，也能耐阴；喜深厚、湿润土壤，也耐干旱、瘠薄。苦槠树为深根性树种，对土壤的适应性强，在陡山、瘠薄山及芒草山上都能生长，生于密林中，常与杉、樟混生，村边、路旁也有栽培，人工造林需用容器苗。

园林应用：苦槠树体高大雄伟，树冠圆球形，枝叶茂密，观赏价值很高，抗 CO 等有毒气体，可在草坪上孤植或群植作背景树。由于其抗污染，可用于工矿区绿化及防护林带。苦槠树叶为厚革质，兼有防风、避火作用，鲜叶可耐 425 ℃的着火温度，是很好的防火树种之一，可用于化工厂、加油站等有防火要求的场所的园林绿化，是营造生物防火林带工程理想的树种。苦槠果实的外表与板栗类似，种仁富含淀粉，浸水脱涩后可制成苦槠粉，进一步加工可制成苦槠豆腐、苦槠粉丝、苦槠粉皮、苦槠糕，是防暑降温的佳品。苦槠木材呈浅黄色或黄白色，结构致密，纹理直，富有弹性，耐湿抗腐，是建筑、桥梁、家具、运动器材、农具及机械等的上等用材。同时，苦槠的枝丫为优良的食用菌培养材料。苦槠四季常绿，寿命长，宜在庭园中孤植、丛植或混交栽植，或营造风景林、沿海防风林及作工厂区绿化树种。随着全球气候变化，"南树北移"热潮中，一些南方常绿树种向北引种成为可能。因此，在原有北亚热带与暖温带交界过渡地带的城市中，苦槠可得到广泛应用。

2. 甜槠 *Castanopsis eyrei* (Champ. ex Benth.) Tutcher

形态特征：常绿乔木，高 20 m，胸径 50 cm。树皮褐色，常纵扭裂，枝、叶无毛。叶革质，卵形，披针形或长椭圆形，顶部长渐尖，常向一侧弯斜，基部一侧较短或甚偏斜，且稍沿叶柄下延，压干后常一侧叠褶，全缘或在顶部有少数浅裂齿，当年生叶两面同色，二年生叶背常带淡薄的银灰色；壳斗有 1 坚果，基部或中下部以下合生为刺轴，连生成刺环。

分布与生境：产于长江以南各地，但海南、云南不产。江苏省内宜兴、溧阳等地有分布。生长于海拔 300～1 700 m 丘陵或山地疏林或密林中。在常绿阔叶林或针阔叶混交林中常为主要树种，有时成小片纯林。适生于气候温暖多雨地区的肥沃、湿润的酸性土上，在瘠薄的石砾地上也能生长，适应性较强。幼树耐阴，成树则需一定的光照条件。深根性，萌芽力强。天然分布的常构成纯林或与木荷、丝栗栲、青冈栎、石栎、赤杨叶等树种组成混交林。

园林应用：树冠圆球形，枝叶茂密，可在草坪上孤植或群植作背景树。因其深根性，移栽成活率不高，园林中育苗宜用一次性容器培育以便在施工中直接栽植。由于其抗污染，可用于工矿区绿化及营造防护林带。甜槠木材纹理直，结构尚细，质坚硬，加工容易，少开裂，刨面光滑，钉着力强，油漆性质良好，适于作建筑、门窗、室内装修、家具档料、农具等用材。其壳斗（橡碗）与树皮可提栲胶。枝丫朽木可用作培育香菇基底材料。

（三）柯属 *Lithocarpus*

常绿乔木。枝有顶芽。叶全缘或有裂齿，常有鳞秕或鳞腺。穗状花序直立，单穗腋生，常雌雄同序，每壳斗有坚果 1 个，全包坚果或包着坚果一部分，壳斗外壁有各式变态小苞片，壳斗壁木栓质、薄壳质或厚木质；坚果被毛或否，果壁厚角质、木质或薄壳质，果脐凸起或凹陷，子叶平凸，褶合或镶嵌状，不育胚珠位于果壳内壁顶侧或底部；种子萌发时子叶出土。

有 300 余种，主要分布于亚洲。我国已知有 122 种、1 亚种、14 变种。

1. 柯（石栎）*Lithocarpus glaber*（Thunb.）Nakai

形态特征：常绿乔木，高 15 m。小枝及花序轴均密被灰黄色短绒毛，二年生枝的毛较疏且短，常变为污黑色。叶革质，倒卵形，先端突尖，基部楔形，上部叶缘有 2～4 个浅裂齿或全缘，叶背面无毛，有较厚的蜡鳞层；雌雄花同序，雌花位于花序下部。壳斗碟状或浅碗状，小苞片三角形，紧贴，覆瓦状排列或连生成圆环，坚果长椭圆形，顶端被白粉。花期 7—11 月，果翌年 7—11 月成熟。

分布与生境：产于秦岭南坡以南各地，但北回归线以南极少见，海南和云南南部均不产。日本南部也有。在江苏省内淮安、扬州、泰州、盐城、南通、南京、镇江、常州、无锡、苏州、宜兴、溧阳等地有分布。生于海拔约 1 500 m 以下坡地杂木林中，阳坡较常见，常被砍伐，故呈灌木状。喜光，喜温暖潮湿气候，幼树耐阴，耐干旱瘠薄，要求中等肥沃、湿润的立地条件。

园林应用：柯树冠宽大，呈半球形，枝叶茂密，终年常青，生长旺盛，可作庭荫树或植为高篱，也适宜用于风景区大面积造林；在公园，可于空旷处丛植，也可丛植为花灌木和秋色叶树种的背景材料。树皮褐黑色，不开裂，内皮红棕色，木材的心、边材近于同色，干后呈淡茶褐色，材质颇坚重，结构略粗，纹理直行，不甚耐腐，适作家具，农具等用材。种子富含淀粉和单宁，经处理后可以食用，可制豆腐或直接沉淀后晒干供食用，富含铁、磷、锌等矿物质。其单宁可以用作鞣料和水垢清除剂。

2. 东南石栎（港柯）*Lithocarpus harlandii*（Hance ex Walp.）Rehder

形态特征：常绿乔木，高 18 m，胸径 50 cm。新生枝有纵沟棱，枝、叶及芽鳞均无毛。叶硬革质，叶形变化大，披针形至长椭圆形，基部狭，叶边缘上段有波浪状钝裂齿，叶背有细圆片状薄的蜡鳞层。壳斗浅碗状，小苞片鳞片状，三角形或菱形，中央及边缘稍呈肋状隆起，覆瓦状排列，被微柔毛。花期 5—6 月，果翌年 9—10 月成熟。

分布与生境：产于长江以南各省区。江苏省内宜兴、溧阳等地有分布。石栎喜光，幼时较耐阴，喜生于土层深厚、湿润的土壤，耐干旱瘠薄。

园林应用：枝叶茂密，特别是叶片修长，终年常青，生长旺盛，可作庭荫树，也适用于风景区大面积造林。常与银木荷、红楠、厚皮香等组成常绿阔叶林。木材坚硬，耐磨损，供作农业机械、动力机械的基础垫木，建筑工程承重构件，船只，桥梁，车厢，地板，木梭，体育器械，高级家具的用材。树皮含单宁，可提制栲胶。种仁富含淀粉，可作饲料或酿酒。

（四）青冈属 *Cyclobalanopsis*

常绿乔木，稀灌木。树皮平滑。叶螺旋状互生，全缘或有锯齿，羽状脉。花单性，雌雄同株；雄花序为下垂柔荑花序。果实成熟时发育的总苞称为壳斗，包着坚果一部分至大部分，稀全包，小苞片轮状排列，愈合成同心环带，环带全缘或具裂齿，每一壳斗内通常只有一个坚果。坚果当年成熟或翌年成熟，近球形至椭圆形，底部圆形疤痕为果脐，不孕胚珠位于种子的近顶部。种子具肉质子叶，富含淀粉，发芽时子叶不出土。

本属有 150 种，主要分布在亚洲热带、亚热带，我国有 77 种及 3 变种，分布于秦岭、淮河流域以南各省区，为组成常绿阔叶林的主要树种之一。

1. 青冈 *Cyclobalanopsis glauca* (Thunb.) Oerst.

形态特征：又名青冈栎。常绿乔木，高 20 m。树皮平滑不裂。小枝无毛，叶倒卵状椭圆形，中部以上具疏锯齿，下面被平伏白色单毛，老时脱落，常有白色鳞秕，壳斗碗形，包坚果 1/3～1/2。坚果卵形或椭圆形，无毛。花期 4—5 月，果 10—11 月成熟。

分布与生境：产于长江流域及其以南地区。江苏省内淮安、扬州、泰州、盐城、南通、南京、镇江、常州、无锡、苏州、宜兴、溧阳等地有分布。生于海拔 60～2 600 m 的山坡或沟谷，组成常绿阔叶林或常绿阔叶与落叶阔叶混交林。喜温暖多雨气候，较耐阴，对土壤要求不严，喜钙质土，萌芽力强，耐修剪，深根性，抗有毒气体能力较强。

园林应用：青冈树冠为宽椭圆形，枝叶茂密，树姿优美，四季常青，是良好的绿化树种。可供公园、风景区内群植成林，或用作背景树。也可植为高篱，且是良好的防风林带、防火林带树种。青冈为常绿阔叶林重要组成树种，性耐瘠薄，喜钙。木材性质优良，为纺织工业木梭的重要材料。青冈木炭是保持木材原来构造和孔内残留焦油的不纯的无定形碳，是上好的生活燃料，中国古代利用其吸湿性来观测气候变化等。现今青冈木炭除仍作燃料外，还用作金属冶炼、粉末合金、食品和轻工业的燃料，电炉冶炼的还原剂，此外还应用在研磨、绘画、化妆、医药、火药、渗碳等各方面。

2. 青栲（小叶青冈） *Cyclobalanopsis myrsinifolia* (Blume) Oerst.

形态特征：常绿乔木，高 20 m。小枝无毛。叶卵状披针形，中部以上具细锯齿，下面无毛，粉白色。壳斗碗形，包坚果 1/3～1/2。花期 6 月，果期 10 月。

分布与生境：产于中国大部分省区，北至陕西、河南南部，东至福建、台湾，南至广东、广西，西南至四川、贵州、云南等省区。老挝、日本也有分布。江苏省内南京、镇江、常州、无锡、苏州、宜兴、溧阳等地有分布。生于海拔 200～2 500 m 的陡峭的山谷、阴坡阴湿杂木林中。

园林应用：青栲枝叶茂密，树姿优美，四季常青，是良好的绿化树种，也是重要的园林绿化树种，可供公园、风景区内群植成林，或用作背景树。其用途广泛，也可作为防火、防风林树种，还是重要的经济、用材树种。由于青栲耐贫瘠，喜钙质土壤，木材坚硬，韧度高，干缩程度较大，耐腐蚀，可制作家具、地板等，是非常具有开发前景的材用树种，种子淀粉含量可达 60%～70%，可食，树皮还可提取栲胶，因此是非常好的多用途树种，经济价值大，由于青栲具有根系发达、侧枝多、生物量大等特点，在中国南方地区还广泛用作薪炭材、水土保持树种，能保持水土、改善土壤肥力，有重要的生态效益。由于原产地生境为陡峭的山坡，其根系为深根性且要求排水良好，故在园林应用中宜用容器苗且避免在积水地域配置，以保证成活率。

（五）栎属 *Quercus*

常绿、落叶乔木，稀灌木。叶螺旋状互生；托叶常早落。花单性，雌雄同株；雌花序为下垂柔荑花序；花被杯形，4～7 裂或更多。壳斗（总苞）包着坚果一部分，稀全包坚果。每壳斗内有 1 个坚果。坚果当年或翌年成熟，坚果顶端有突起柱座，底部有圆形果脐，不育胚珠位于种皮的基部，种子萌发时子叶不出土。

本属约有 300 种，广布于亚、非、欧、美 4 洲。我国有 51 种、14 变种、1 变型；引入栽培历史较长的有 2 种。分布于全国各省区，多为组成森林的重要树种。

1. 麻栎 *Quercus acutissima* Carruth.

形态特征：落叶乔木。叶长椭圆状披针形，具芒状锯齿，幼时被短柔毛，侧脉直达齿端。壳斗杯状，包坚果 1/2，苞片钻形，反曲，被灰白色绒毛。坚果卵球形或卵状椭圆形。花期 4—5 月，果期翌年 9—10 月。

分布与生境：我国分布最广的栎属植物之一，在辽宁、河北、山西、山东、江苏、安徽、浙江、江西、福建、河南、湖北、湖南、广东、海南、广西、四川、贵州、云南等省区均有分布。朝鲜、日本、越南、印度也有分布。江苏省各地均有分布。生于海拔 60～2 200 m 的山地阳坡，成小片纯林或混交林。喜光，耐干旱瘠薄，不耐积水。抗污染，深根性，抗风力强。种子萌发力强。

园林应用：麻栎树形高大，树干通直，树冠伸展，浓荫如盖，属深根性，较耐旱，季相变化明显，可作庭荫树、行道树，若与枫香、苦槠、青冈等混植，可构成城市风景林，园林造景宜用容器苗，可孤植、丛植或群植。本种对二氧化硫的抗性和吸收能力较强，对氯气、氟化氢的抗性也较强，且抗火、抗烟能力较强，也适用于工矿区绿化，是营造防风林、水源涵养林及防火林带的优良树种。木材坚硬，不变形，耐腐蚀，可作建筑、枕木、车船、家具用材。

2. 栓皮栎 *Quercus variabilis* Blume

形态特征：落叶乔木。形态与麻栎相近，不同点在于本种树皮木栓层发达，老叶下面密被灰白色星状毛，壳斗包坚果约 2/3。果近卵形，果脐突起。花期 3—4 月，果期翌年 9—10 月。

分布与生境：分布于中国辽宁、河北、山西、陕西、甘肃、山东、江苏、安徽、浙江、江西、福建、台湾、河南、湖北、湖南、广东、广西、四川、贵州、云南等省区。江苏省各地均有分布。华北地区通常生于海拔 800 m 以下的阳坡，西南地区可达海拔 2 000～3 000 m。喜光，幼树需充分庇荫。对气候、土壤的适应性强，亦耐干旱、瘠薄，但不耐积水。深根性，主根明显，抗风力强，但不耐移植，故园林中宜用容器苗。萌芽力强，易天然萌芽更新，且寿命长。

园林应用：栓皮栎是中国重要的树种，也是我国分布最广泛的落叶栎属植物之一，其特性显著，根系发达，适应性强，叶色、季相变化明显，较麻栎更为耐旱，是重要的山地风景林树种，亦可植为庭院观赏树，也是营造防风林、水源涵养林及防护林的优良树种。其木材为环孔材，边材淡黄色，心材淡红色，树皮木栓发达，耐火力强，栓皮为国防及工业重要材料，因而栓皮栎也是特用经济树种。壳斗、树皮富含单宁，可提取栲胶。

3. 小叶栎 *Quercus chenii* Nakai

形态特征：落叶乔木，高 25 m。叶披针形，具芒状锯齿，老叶无毛，侧脉直达齿端。壳斗杯状，包坚果约 1/3，壳斗上部苞片线形，直伸或微反曲，中下部苞片为长三角形。坚果椭圆形，顶端有微毛；果脐微突起。花期 3—4 月，果期翌年 9—10 月。

分布与生境：分布于江苏、安徽等地。江苏省内淮安、扬州、泰州、盐城、南通、南京、镇江、常州、无锡、苏州、宜兴、溧阳等地有分布。生于海拔 600 m 以下的丘陵地区，成小片纯林或与其他落叶阔叶树组成混交林，尤其是常与马尾松、化香、枫香混生为次生林。

园林应用：该树叶形优美，耐干旱瘠薄，为重要的山地风景林树种，亦可植为庭院观赏树。小叶栎萌生能力强，木材热值高，又是优良的可再生能源树种。

4. 槲栎 *Quercus aliena* Blume

形态特征：落叶乔木，高 30 m。叶片长椭圆状倒卵形至倒卵形，长 10~20(30) cm，叶缘具波状钝齿，叶背被灰棕色细绒毛，壳斗杯形，包坚果约 1/2。坚果椭圆状卵形。花期 4—5 月，果期 9—10 月。

分布与生境：分布于西北东部、华北南部至长江流域、华南、西南各地。江苏省各地均有分布。喜光，耐干旱瘠薄，萌芽性强。

园林应用：槲栎叶片大且肥厚，叶形奇特、美观，叶色翠绿油亮，枝叶稠密，是优美的观叶树种，适宜用于山地风景区造林，也是优良的城市绿化树种，可作庭荫树。其木材坚硬，耐腐，纹理致密，供作建筑、家具及薪炭等用材；种子富含淀粉，可酿酒，也可制凉皮、粉条、豆腐及酱油等，又可榨油。其壳斗、树皮富含单宁，是园林经济树种。

5. 锐齿槲栎 *Quercus aliena* var. *acutiserrata* Maxim. ex Wenz.

形态特征：为槲栎变种，与槲栎的不同在于叶缘具粗大锯齿，齿端尖锐，内弯，叶背密被灰色细绒毛，叶片形状变异较大。

分布与生境：广布于我国辽宁东南部、河北、山西、陕西、甘肃、山东、河南、湖北、江苏、安徽、浙江、江西、台湾、湖南、广东、广西、四川、贵州和云南。江苏省各地均有分布。生长于海拔 100~2 700 m 的山地杂木林中，或形成小片纯林。

园林应用：叶片大且肥厚，叶形奇特、美观，叶色翠绿油亮、枝叶稠密，是优美的观叶树种，适宜用于山地风景区造林，也是优良的城市绿化树种，可作庭荫树。其他用途同槲栎。

6. 白栎 *Quercus fabri* Hance

形态特征：落叶乔木或灌木，高 20 m。小枝密生灰色至灰褐色绒毛。叶片倒卵形，顶端钝或短渐尖，叶缘具波状锯齿或粗钝锯齿，叶背支脉明显。壳斗杯形，包着坚果约 1/3，小苞片卵状披针形，排列紧密，在口缘处稍伸出。花期 4 月，果 10 月成熟。

分布与生境：广布于淮河以南、长江流域至华南、西南各省区。江苏省各地均有分布。喜光，喜温暖气候，较耐阴，喜深厚、湿润、肥沃的土壤，较耐干旱瘠薄。深根性，不耐移植；萌芽力强，抗污染。

园林应用：白栎是淮河流域至长江流域最常见的落叶栎属植物之一，枝叶繁茂，宜作庭荫树于草坪中孤植、丛植，或在山坡上成片种植，也可作其他花灌木的背景树。该树种的幼芽、嫩芽、新枝、花及果实有毒，牛、羊，马、猪和兔等动物长期大量采食后常中毒，在牧区或野生动物园应谨慎配置。

7. 槲树 *Quercus dentata* Thumb.

形态特征：落叶乔木，高 25 m。小枝有沟槽，密被灰黄色星状绒毛。叶片倒卵形，长 10~30 cm，基部耳形，叶缘具波状裂片或粗锯齿，叶背面密被灰褐色星状绒毛。壳斗杯形，包着坚果 1/2~1/3，小苞片革质，窄披针形，反曲或直立，红棕色，外面被褐色丝状毛，内面无毛。

分布与生境：产于东北、华北、西北至长江流域及西南。在江苏省内徐州、连云港、宿迁、淮安、扬州、泰州、盐城、南通等地均有分布。喜光，稍耐阴，耐寒，耐干旱瘠薄，忌低湿；深根性，萌芽力强；抗烟尘和有毒气体。

园林应用：槲树树形奇雅，树冠广展，树干挺直，叶大荫浓，叶片入秋呈橙黄色且经久不落,秋叶艳丽,季相色彩极其丰富,可孤植、片植或与其他树种混植,是著名的秋色叶树种之一。

8. 枹栎 *Quercus serrata* Murray

形态特征:落叶乔木,高 15 m。树皮暗灰褐色,不规则深纵裂。叶常聚生于枝顶,叶片较小,单叶互生,长椭圆状倒卵形或卵状披针形,叶缘具内弯浅锯齿,齿端具腺,叶柄短。花期 4—5 月,果实翌年 10 月成熟。

分布与生境:产于甘肃、陕西、山西、辽宁南部、山东、湖南、广东、广西、江苏、安徽、浙江、江西、福建、台湾、河南、湖北、四川、贵州等地区。江苏省各地均有分布。生于海拔 60～2 000 m 的山地。

园林应用:可作庭荫树,也可作观赏树种。短柄枹栎木材是常见的主要用材,为码头、坑道桩柱、车、船、器械、地板、家具、农具及建筑用材,枝干可作薪炭。短柄枹栎叶上的虫瘿具有健脾胃、利尿、解毒之功效。常用于胃痛、小便淋涩。

9. 乌冈栎 *Quercus phillyreoides* A. Gray

形态特征:常绿灌木或小乔木。小枝幼时有短绒毛。叶片革质,倒卵形,基部圆形或近心形,叶缘中部以上具疏锯齿,两面同为绿色,老叶两面无毛或仅叶背中脉被疏柔毛,壳斗杯形,包着坚果 1/2～2/3,小苞片三角形,覆瓦状排列紧密。花期 3—4 月,果期 9—10 月。

分布与生境:产陕西、河南、四川、贵州、云南,经长江流域至两广和福建等省区。日本也有分布。江苏省内宜兴、溧阳等地有分布。生长在海拔 300～1 200 m 的山坡、山顶和山谷密林中,常生于山地岩石上,有极高的耐贫瘠的特性。喜光,较耐阴,耐干旱,抗风,抗山火,生长速度较慢,有较强的抗病虫害能力。

园林应用:树冠自然、低矮,疏密有致,大枝屈曲,姿态优美。萌蘖性、再生性强,适合修剪成各种绿篱造型或作盆景材料,园林中适用于作绿篱或背景墙或种植于庭院四周、一般建筑物边缘等,具有极佳景观效果,适用于沿海地区庭院造景。乌冈栎木材坚硬,耐腐,为家具、农具、细木工用材,种子含淀粉,可酿酒和作饲料。

十三、榆科 Ulmaceae

(一)榆属 *Ulmus*

乔木,稀灌木。树皮不规则纵裂,粗糙,稀裂成块片或薄片脱落。叶互生,二列,边缘具重锯齿或单锯齿,羽状脉直或上部分叉,脉端伸入锯齿,上面中脉常凹陷,侧脉微凹或平,下面叶脉隆起,基部多少偏斜,稀近对称,有柄;托叶膜质,早落。花两性;花被钟形,花梗与花被之间有关节;花后数周果即成熟。果为扁平的翅果,圆形、倒卵形或椭圆形,果核部分位于翅果的中部至上部,果翅膜质;种子扁或微凸,种皮薄,无胚乳,胚直立,子叶扁平或微凸。

本属有 30 余种,产于北半球。我国有 25 种、6 变种,分布遍及全国,以长江流域以北较多。另引入栽培 3 种。本属多为春天观赏花果景观的树种,也是重要的食用及药用资源植物,多数种也是珍贵的木材树种。

1. 醉翁榆(糙叶榆) *Ulmus gaussenii* W. C. Cheng

形态特征:落叶乔木,高达 25 m。萌发枝有木栓翅。叶长圆状倒卵形、椭圆形,表面有短毛,粗糙,叶顶端钝,基部歪斜,边缘有单锯齿。翅果大,广卵形或圆形,种子位于翅果中部,两面及边缘有毛。花期 3—4 月。

分布与生境:是中国特有种,因仅分布于安徽滁州琅琊山醉翁亭附近而得名。江苏省内南京、镇江、常州、无锡、苏州、宜兴、溧阳等地有栽培。为阳性树种,主干挺拔通直,根系发达,常盘结于岩石隙缝中,多生长于石灰岩坡地和溪沟两旁。

园林应用:醉翁榆树干通直,为江淮、淮北石灰岩丘陵山地的优良造林树种,华东及黄河以南地区可用于城市绿化,作庭荫树、行道树以及石灰岩丘陵山地的优良造林树种。木材坚实,可作车辆、农具、家具、器具等用材。翅果含油量高,是医药和轻工业、化工业的重要原料。种子发酵后与榆树皮、红土、菊花末等加工成黄糊,药用,可杀虫、消积。

2. 大果榆 *Ulmus macrocarpa* Hance

形态特征:落叶乔木或灌木,高达 20 m。小枝淡黄褐色,常有木栓翅。叶阔倒卵形,顶端突尖,边缘重锯齿,少单锯齿,质地粗糙,厚而硬,表面有粗硬毛。翅果大,倒卵形,两面和边缘有短细毛,种子位于翅果中部。花期 3—4 月,果期 4—6 月。

分布与生境:大果榆分布于我国东北、华北、西北、华东等地区。江苏省内徐州、连云港、宿迁、淮安、扬州、泰州、盐城、南通等地有分布。生于海拔 700~1 800 m 地带之山坡、谷地、台地、黄土丘陵、固定沙丘及岩缝中。喜光,抗旱,耐干旱瘠薄。

园林应用:大果榆适应性强,极耐干旱瘠薄,深秋叶片红褐色,是北方秋色叶树种之一,供栽培观赏。可供车辆、农具、家具、器具等用材。翅果含油量高,是医药和轻、化工业的重要原料。种子发酵后与榆树皮、红土、菊花末等加工成黄糊,药用,可杀虫、消积。

3. 榆树 *Ulmus pumila* L.

形态特征:又称白榆。落叶乔木,高达 25 m。树冠圆球形,树皮粗糙,叶互生,卵状长椭圆形,先端尖,边缘有不规则单锯齿,两面无毛。翅果近圆形,无毛,顶端凹缺,种子位于翅果中部或近中部。花期 3—4 月,花先叶开放;果期 4—5 月。

分布与生境:分布于我国东北、华北、西北和西南,长江流域等地有栽培。朝鲜、俄罗斯、蒙古也有分布。生于海拔 2 500 m 以下之山坡、山谷、川地、丘陵及沙岗等处。喜光,耐寒,耐旱;喜肥沃湿润而排水良好的土壤,耐水湿,耐干旱瘠薄和盐碱土。抗风力、保土力强,萌芽力强。抗烟尘和有毒气体。

园林应用:白榆树体高大,树干通直,绿荫较浓,小枝下垂,生长快且适应性强,是城乡绿化的重要树种,也可作行道树、庭荫树或用于工厂绿化、营造防护林。在干瘠、严寒之地常呈灌木状,故可作绿篱,又因老茎残根萌芽力强,其老桩是优良的盆景材料。在盐碱地区,榆树是主要乔木树种之一,木材供作家具、车辆、农具、器具、桥梁、建筑等用材。树皮内含淀粉及黏性物,磨成粉,称榆皮面,掺和面粉可食用,并为制醋原料;枝皮纤维坚韧,可代麻制绳索、麻袋或作人造棉与造纸原料;幼嫩翅果(俗称"榆钱")与面粉混拌可蒸食,老果含油 25%,可供医药和轻、化工业用;叶可作饲料。树皮、叶及翅果均可药用,能安神、利小便。在生态修复中,榆树也是营造防风林、水土保持林和盐碱地造林的主要树种之一,此外还是抗有毒气体(二氧化碳及氯气)能力较强的树种。

4. 多脉榆 *Ulmus castaneifolia* Hemsl.

形态特征:为中国特有植物。落叶乔木,高达 15 m。树皮粗糙,叶较厚,长圆形或长椭圆形,表面除叶脉疏生毛外,其余无毛,侧脉 24~35 对,边缘有重锯齿。翅果长圆状倒卵形,种子位于翅果顶端凹缺处。

分布与生境：分布于中国湖北西部、四川东部、云南东南部、贵州北部、湖南西部至南部、广西西部及东北部、广东北部、江西南部、安徽南部、福建北部及浙江南部。江苏省内南京、句容等地有栽培。生长于海拔 500～1 600 m 的山地和山谷的阔叶林中。喜光，根系发达，抗风力强。喜深厚、肥沃、有机质含量较多土壤。

园林应用：多脉榆树体高大，绿荫较浓，适应性强，可用作庭荫树、观赏树种，也可用于营造防护林。木材坚实，纹理直，结构略粗，有光泽及花纹，可作家具、器具、地板、车辆、造船及室内装修等用材；枝条、根皮有胶质物，可做造纸糊料。

5. 美国榆 *Ulmus americana* L.

形态特征：落叶乔木，高达 40 m。树皮不规则纵裂，灰白色。叶卵圆形或椭圆状，顶端尾尖，侧脉 12～15 对，边缘略有重锯齿。翅果椭圆形，周围密生长缘毛，有长柄，种子位于翅果中央。花果期 3—4 月。

分布与生境：原产于美国东部。江苏、山东及北京等地引种栽培。江苏省内各地均有栽培。喜光，耐寒，喜肥沃湿润而排水良好的土壤，耐水湿，耐干旱瘠薄。

园林应用：美国榆树体高大，冠大荫浓，适应性强，是城乡绿化的重要树种，可作行道树和遮阴树，也是防风固沙、水土保持和盐碱地造林的重要树种。美国榆木材具光泽，纹理细腻而具较强的立体感，园林布展中常作为装饰材料。

6. 琅琊榆 *Ulmus chenmoui* W. C. Cheng

形态特征：落叶乔木，高达 20 m。树皮淡灰褐色。叶长椭圆形，基部近心形，叶面密生硬毛，两面有白色绢毛及褐色腺点，侧脉 15～20 对，叶缘有重锯齿。翅果椭圆形，种子位于翅果顶端凹缺处，有毛。花果期 3 月下旬至 4 月。

分布与生境：主要分布于安徽琅琊山及江苏句容宝华山海拔 150～200 m 地带。江苏省内淮安、扬州、泰州、盐城、南通、南京、镇江、常州、无锡、苏州、宜兴、溧阳等地有栽培。阳性树种，生于中性湿润黏土的阔叶林中及石炭岩缝中，耐干旱瘠薄，喜深厚肥沃的土壤。为中国特有的植物，处于濒危状态。

园林应用：琅琊榆适应性强，生长旺盛，树荫浓密，是优良的庭荫树和行道树，也可用于山地营造风景林。其木材坚实，纹理直，耐火，可作家具、车辆、器具、室内装修等用材。

7. 红果榆（明陵榆）*Ulmus szechuanica* W. P. Fang

形态特征：落叶乔木，高达 20 m。树皮灰褐色，直裂为鳞片。叶椭圆形，长 6～10 cm，顶端长尖，基部近心形，偏斜，两面近光滑，侧脉 15～20 对，叶缘有重锯齿，叶柄略带红色。翅果卵圆形，种子位于翅果中部偏上，周围稍带红色。花果期 3—4 月。

分布与生境：分布于华东（安徽南部、江苏南部、浙江北部、江西）及四川中部。江苏省内淮安、扬州、泰州、盐城、南通、南京、镇江、常州、无锡、苏州、宜兴、溧阳等地有分布。生于平原、低丘或溪涧旁酸性土及微酸性土之阔叶林中。生长中速，耐寒性较强，适生于微酸性土壤中。

园林应用：红果榆树体高大挺拔，适应性强，是长江下游平原及低丘陵地区重要的绿化造林树种，也常用于城市绿化，作园林庭荫树、行道树或"四旁"绿化造林树种。其木材可供制家具、农具、器具等用，树皮纤维可制绳索及人造棉。

8. 杭州榆 *Ulmus changii* Cheng

形态特征：落叶乔木，高达 20 余 m。幼枝被密毛，一年生枝无毛或多少有毛，小枝无扁平的木栓翅。叶卵形或卵状椭圆形，基部偏斜，圆楔形、圆形或心脏形，侧脉每边 12～20 (24) 条，边缘常具单锯齿，稀兼具或全为重锯齿，翅果长圆形或椭圆状长圆形，全被短毛，果核部分位于翅果的中部或稍向下，花果期 3—4 月。

分布与生境：江苏南部的南京、镇江、常州、无锡、苏州、宜兴、溧阳等地有分布。生于海拔 200～800 m 的山坡、谷地及溪旁的阔叶树林中，能适应酸性土及碱性土。

园林应用：杭州榆树体高大挺拔，适应性强，是重要的绿化造林树种，也常用于城市绿化，可作庭荫树和行道树。木材坚实耐用，不挠，不裂，易加工，可作家具、器具、地板、车辆及建筑等用材。树皮纤维可制绳索与作造纸原料。

9. 榔榆 *Ulmus parvifolia* Jacq.

形态特征：又称小叶榆。落叶乔木，高达 15 m。小枝褐色，有软毛。叶革质，椭圆形，顶端尖或钝，基部圆形，两侧稍不等，叶缘有单锯齿。花秋季开放，花萼 4 深裂，无花瓣。翅果椭圆形，翅较狭而厚，种子位于果实中央，无毛。花期 8—9 月，果期 10—11 月。

分布与生境：分布于中国河北、山东、江苏、安徽、浙江、福建、台湾、江西、广东、广西、湖南、湖北、贵州、四川、陕西、河南等省区。江苏省各地均有分布。喜光，稍耐阴，喜温暖气候，喜湿润肥沃土壤，耐干旱瘠薄和水涝，是一种很好的两栖树木。深根性，萌芽力强。抗污染，抗烟尘和有毒气体。

园林应用：榔榆是榆属中少有的在秋天开花结果的树种，其树形优美，姿态潇洒，树皮斑驳，枝叶细密，具有较高观赏价值。在庭院中孤植、丛植，或与亭榭、山石配植都很合适，也是优良的行道树和园景树，还是优良的盆景材料。榔榆耐干旱瘠薄和水湿，可用于水岸交错带或湿地景观绿化；抗性较强，还可选作厂矿区绿化树种。榔榆木材坚硬，纹理直，可作家具、车辆、造船、器具、农具、油榨、船橹等用材；树皮纤维强韧、纯、细，杂质少，可作蜡纸及人造棉原料，或织麻袋、编绳索。其根、皮、嫩叶入药有消肿止痛、解毒治热的功效，外敷治水火烫伤；叶制土农药，可杀红蜘蛛。

（二）朴属 *Celtis*

乔木。叶互生，常绿或落叶，有锯齿或全缘，具三出脉或 3～5 对羽状脉。花小，两性或单性，有柄，聚集成小聚伞花序或圆锥花序；花序生于当年生小枝上。花被片 4～5，仅基部稍合生，脱落；雄蕊与花被片同数，着生于通常具柔毛的花托上。果为核果，内果皮骨质；种子充满核内，胚乳少量或无，胚弯，子叶宽。

约有 50 种，分布于北温带和热带。我国有 22 种 3 变种，除新疆、青海外各地均有分布。

1. 珊瑚朴 *Celtis julianae* C. K. Schneid.

形态特征：落叶乔木，高达 30 m。幼枝密生褐黄色茸毛。叶厚纸质，较大，长 7～16 cm，顶端渐尖或尾尖，宽卵形，基部近圆形，或不对称楔形，表面稍粗糙，背面黄绿色或黄色，脉纹明显突出，叶缘中上部以上具浅钝齿；核果椭圆形，金黄色至橙黄色；果柄长于叶柄一倍。花期 3—4 月，果期 9—10 月。

分布与生境：产于长江流域及四川、贵州、陕西、甘肃等地。江苏省内各地均有栽培。喜光、略耐阴，耐寒性比朴树稍差。适应性强，不择土壤，耐旱，耐水湿和瘠薄；深根性，抗风力强。抗污染力强。生长速度中等,寿命长。

园林应用:珊瑚朴树体高大且挺直,冠阔荫浓,树皮光洁,秋季果球形、橘红色,为良好观果树种,也是未来具有很大发展潜力的行道树和庭荫树。珊瑚朴为石灰岩山地上的原生树种,能抗烟尘及有毒气体,病虫害少,可作为工厂绿化、"四旁"绿化树种。珊瑚朴年轮明显,木材硬度适中,纹理直,材质重,可供家具、农具、建筑、体育器材用材;其树皮含纤维,可作人造棉、纸张原料等;果核可榨油,供制皂、润滑油用。

2. 紫弹树 *Celtis biondii* Pamp.

形态特征:落叶乔木,高达 14 m。幼枝密生红褐色或淡黄色柔毛。叶卵形,中上部边缘有锯齿,核果通常 2 个,腋生,橙红色或带黑色,果柄长 9～18 mm,长于叶柄 1 倍以上,果核有明显网纹。花期 4—5 月,果期 8—10 月。

分布与生境:分布于长江流域及其以南地区,北达陕西。日本、朝鲜也有分布。江苏省内苏州、宜兴、溧阳、句容、南京江浦等地有栽培。多生于海拔 50～2 000 m 山地灌丛或杂木林中,可生于石灰岩上。

园林应用:紫弹朴树形高大,树冠圆满宽广,树荫浓郁,适应性强,移栽成活率高,价格低廉,是优良的绿荫树,可孤植于草坪或旷地、丛植作庭荫树,亦可列植为行道树或用于农村"四旁"绿化,也是河网区防风固堤树种。对二氧化硫、氯气等多种有毒气体的抗性强且具有较强的吸滞粉尘的能力,适用于工矿区绿化。

3. 大叶朴 *Celtis koraiensis* Nakai

形态特征:落叶乔木,高达 12 m。小枝浅褐色,无毛。叶倒卵形,顶端圆形或截形,伸出 1～3 个尾状长尖,边缘有粗大锯齿,背面带黄色,无毛。核果暗黄色,果柄较叶柄长。果单生叶腋,近球形至球状椭圆形。花期 4—5 月,果期 9—10 月。

分布与生境:产于东北南部、华北、西北及华东地区。朝鲜也有分布。江苏省各地均有分布。多生于海拔 100～1 500 m 山坡、沟谷林中,喜光,也颇为耐阴,喜湿润,也耐旱,为良好的两栖树种。

园林应用:大叶朴树体高大,树皮光洁,叶片大而奇特,遮阴效果好,是优良的绿荫树,可用作庭荫树和行道树,也适合北方山地营造风景林。因其两栖特性,可用于河网区防风固堤,或湿地水岸绿化。其木材坚硬,亦可作家具用材。全株均可入药,有解毒清热、消肿止痛功效。大叶朴纤维是造纸和人造棉等的原料。

4. 朴树 *Celtis sinensis* Pers.

形态特征:落叶乔木,高达 20 m。树皮灰色,平滑。当年生小枝密生毛。叶质较厚,阔卵形,中上部边缘有锯齿,三出脉,表面无毛,背面叶脉处有毛。核果近球形,单生叶腋,果柄等长或稍长于叶柄,果核有网纹或棱脊。花期 4 月,果期 9—10 月。

分布与生境:产于黄河流域以南至华南。江苏省各地均有分布。弱阳性,较耐阴;喜温暖气候和肥沃、湿润、深厚的中性土。其适应性较强,寿命长,深根性,抗风力强,耐轻度盐碱,既耐旱又耐湿,是良好的两栖树种。

园林应用:朴树树形美观,树冠宽广,秋叶黄色,是优美的庭荫树,也适于作行道树或用于水岸绿化,因其抗烟尘和有毒气体,适用于营造防护林及工厂绿化。茎皮为造纸和人造棉的原料;果实可榨油,作润滑油;木材坚硬,可供工业用材;根、皮、叶入药,有消肿止痛、解毒治热的功效,外敷治水火烫伤;叶制土农药可杀红蜘蛛。

5. 小叶朴 *Celtis bungeana* Blume

形态特征:落叶乔木,高可达 15 m。小枝无毛,淡灰色。叶长卵形,先端渐尖,基部不对称,中部以上有浅钝齿或近全缘,或一侧具齿、另一侧全缘。核果球形,成熟时紫黑色,果柄细,通常长于叶柄 1 倍以上,果核略有不明显网纹。花期 4—5 月,果期 9—10 月。

分布与生境:产于东北南部、西北、华北至西南。江苏各地均有分布。喜光,稍耐阴,喜深厚湿润的中性黏土,耐寒,深根性。抗有毒气体,对烟尘污染抗性强。生长慢,寿命长。

园林应用:小叶朴是朴属中耐寒性最强的种类之一,可作庭荫树、行道树,适应性强,也适用于城市居民区、学校、厂矿、街头绿地及农村"四旁"绿化,是河岸防风固堤树种。还可制作树桩盆景。小叶朴木材坚硬,可供工业用材;茎皮为造纸和人造棉原料;果实可榨油,作润滑油;树皮、根皮入药。

(三)糙叶树属 *Aphananthe*

落叶或半常绿乔木或灌木。叶互生,纸质或革质,有锯齿或全缘,具羽状脉或基出三脉;托叶侧生,分离,早落。花与叶同时生出,单性,雌雄同株,雄花排成密集的聚伞花序,花被 4～5 深裂,裂片较窄,覆瓦状排列,花柱短,柱头 2,条形。核果卵状或近球状,外果皮肉质,内果皮骨质。种子具薄的胚乳或无,胚内卷,子叶窄。

本属约有 5 种,主要分布在亚洲东部和大洋洲东部的亚热带和热带地区,马达加斯加岛和墨西哥各产 1 种。我国产 2 种、1 变种,分布于西南地区至台湾省。

1. 糙叶树 *Aphananthe aspera*(Thunb.)Planch.

形态特征:落叶乔木,高达 25 m。叶互生,卵形或椭圆状卵形,先端急尖,边缘基部以上有单锯齿,两面粗糙,均有糙伏毛。核果近球形或卵球形,果柄较叶柄短。花期 4—5 月,果期 8—10 月。

分布与生境:产于山西、山东及长江以南,南至华南北部,西至四川、云南。在华东和华北地区生于海拔 150～600 m 地带,在西南和中南地区生于海拔 500～1 000 m 的山谷、溪边林中。朝鲜、日本和越南也有分布。华东地区有栽培。江苏各地均有栽培。喜光,略耐阴,喜温暖湿润气候,不耐严寒,适生于深厚肥沃土壤中,生长较迅速。

园林应用:糙叶树高大且树姿婆娑,树冠广展,苍劲挺拔,枝叶茂密,叶形秀丽且秋叶金黄,浓荫匝地,是绿荫树之佳选,也可用于谷地、溪边绿化。皮可制纤维;叶可作土农药,治棉蚜虫;木材坚实耐用,可制农具。

(四)山黄麻属 *Trema*

小乔木或大灌木。叶互生,卵形至狭披针形,边缘有细锯齿,基部三出脉,稀五出脉或羽状脉;托叶离生,早落。花单性或杂性,有短梗,多数密集成聚伞花序而成对生于叶腋;核果小,直立,卵圆形或近球形,具宿存的花被片和柱头,稀花被脱落,外果皮多少肉质,内果皮骨质;种子具肉质胚乳,胚弯曲或内卷,子叶狭窄。

约有 15 种,产于热带和亚热带。我国有 6 种、1 变种,产于华东至西南。

1. 山油麻 *Trema cannabina* Lour. var. *dielsiana*(Hand.-Mazz.)C. J. Chen

形态特征:小枝紫红色,后渐变为棕色,密被斜伸的短刚毛。叶薄纸质,叶面被糙毛,粗糙,叶背密被柔毛,在脉上有粗毛;叶柄被伸展的粗毛。雌雄同株。核果近球形,橘红色。花期 3—6 月,果期 9—10 月。

分布与生境:产于长江流域至广东、广西、四川东部。印度、缅甸、马来西亚、泰国、越南、老挝、柬埔寨、印度尼西亚、菲律宾等地有分布。在我国南部山地和丘陵地为常见的小灌木,常生于草坡上。在江苏省内分布于溧阳山区,生山坡丛林内。

园林应用:果实橘红色,可作观果树种栽培观赏。园林中适于丛植或作盆景材料。韧皮纤维可供造纸和纺织,也可供药用。

(五)青檀属 *Pteroceltis*

中国特有单种属。落叶乔木。叶互生,有锯齿,基部三出脉;托叶早落。花单性同株,雄花数朵簇生于当年生枝的下部叶腋,花被 5 深裂,裂片覆瓦状排列;雌花单生于一年生枝上部叶腋,花被 4 深裂,裂片披针形。坚果具长梗,近球状,围绕以宽的翅,内果皮骨质;种子具很少胚乳,胚弯曲,子叶宽。

仅有 1 种,特产于我国东北辽宁、华北、西北、中部和南部地区。

1. 青檀(翼朴) *Pteroceltis tatarinowii* Maxim.

形态特征:中国特有的单种属植物。落叶乔木,高达 20 m。树皮灰色或深灰色,呈不规则长片状剥落。叶纸质,宽卵形至长卵形,先端渐尖至尾状渐尖,基部不对称,楔形、圆形或截形,边缘有不整齐的锯齿,基部三出脉,叶面翠绿。翅果状坚果近圆形或近四方形,果实外面无毛或多少被曲柔毛,常有不规则的皱纹,具宿存的花柱和花被,果梗纤细。花期 3—5月,果期 8—9 月。

分布与生境:零星或成片分布于中国 19 个省区,产于辽宁、华北、西北,经长江流域至华南、四川。江苏省内南京江浦区、溧阳、宜兴等地有分布。喜光,稍耐阴,耐干旱瘠薄,根系发达,生长快,萌芽力强,寿命长。由于自然植被破坏,青檀常被大量砍伐,致使其分布区逐渐缩小,林相残破,有些地区残留极少。

园林应用:青檀树冠开阔,宜作庭荫树、行道树,也适合用于石灰岩山地绿化造林,是石灰岩石漠化地区重要的环境改良树种。茎皮、枝皮纤维为制造驰名国内外的书画宣纸的优质原料;木材坚实、致密,韧性强,耐磨损,可作家具、农具、绘图板及细木工用材;种子可榨油。

(六)榉属 *Zelkova*

落叶乔木。叶互生,具短柄,有圆齿状锯齿,羽状脉,脉端直达齿尖。花杂性,几乎与叶同时开放,雄花数朵簇生于幼枝的下部叶腋,雌花或两性花通常单生于幼枝的上部叶腋。果为核果,偏斜,宿存的柱头呈喙状,在背面具龙骨状凸起,内果皮多少坚硬;种子压扁,顶端凹陷,胚乳缺,胚弯曲,子叶宽,先端微缺或 2 浅裂。

约有 10 种,分布于地中海东部至亚洲东部。我国有 3 种,产于辽东半岛至西南以东的广大地区。

1. 大叶榉 *Zelkova schneideriana* Hand.-Mazz.

形态特征:落叶乔木,高达 35 m,胸径达 80 cm。树皮呈不规则的片状剥落。叶厚纸质,大小、形状变异大,卵形至椭圆状披针形,长 3~10 cm,基部稍偏斜,被糙毛,叶背浅绿,密被柔毛,边缘具圆齿状锯齿。核果与榉树相似。花期 3—4 月,果期 10—11 月。

分布与生境:分布于中国陕西南部、甘肃南部以南至华南、西南各地。生于海拔 200~

1 100 m 地带,云南和西藏可达海拔 1 800～2 800 m。江苏省各地均有分布,常生于溪涧水旁或山坡土层较厚的疏林中酸性、中性及钙质较肥沃的土地上。

园林应用:秋叶黄色,为优良秋色叶树种;因其耐水湿,可用于水岸交错地带绿化。木材质坚,纹理美观,不易伸缩与反折,耐腐力强,其老树木材常带红色,俗称"血榉",可作造船、桥梁、家具用材;树皮含纤维,可供制人造棉、绳索和作造纸原料。

2. 榉树 *Zelkova serrata* (Thunb.) Makino

形态特征:落叶乔木或灌木,高达 15 m。树皮呈不规则片状剥落,幼枝有白柔毛。叶厚纸质,卵形或长椭圆状卵形,边缘有钝锯齿,表面粗糙,有脱落硬毛,背面密生柔毛。花单性同株,核果几无梗,斜卵状圆锥形。花期 4 月,果期 9—10 月。

分布与生境:在中国分布广泛,主产于长江流域。江苏省各地均有分布。生长较慢,材质优良,是珍贵的硬叶阔叶树种。喜光,略耐阴,也耐水湿,是一种很好的两栖植物。喜温暖湿润气候,喜深厚、肥沃土壤,尤喜石灰性土,耐轻度盐碱,不耐干旱瘠薄。深根性,抗风力强;耐烟尘,抗污染,寿命长。属国家二级重点保护植物。

园林应用:榉树树冠呈倒三角形,枝细叶美,绿荫浓密,叶秋季变色,有黄色系和红色系两个品系,是江南地区重要秋色树种。可做园林中的庭荫树,也可用于湿地及水岸交错地带绿化、滨水地带绿化,还是很好的行道树。其树冠浓密,能防风、耐烟尘、抗污染,适用于粉尘污染区绿化,可选作工厂区防火林带树种。榉树皮和叶供药用;木材纹理细,质坚,能耐水,可作桥梁、家具用材;茎皮纤维可制人造棉和绳索。

3. 大果榉 *Zelkova sinica* C. K. Schneid.

形态特征:落叶乔木,高 15 m。树皮灰白色,块状剥落。小枝通常无毛。叶卵形或椭圆形,薄纸质,表面平滑,背面脉腋有毛,其余光滑无毛,顶端几乎不偏斜。核果大。花期 4 月,果期 6—9 月。本种与大叶榉、榉树的区别在于核果较大,顶端不凹陷,具果梗,叶较小。

分布与生境:特产于我国。分布于华中及甘肃、四川等地,海拔 800～2 500 m 地带山坡林地。江苏省各地均有分布。多生于土层深厚肥沃的石灰岩山地、沟谷及平原,常生于山谷、溪旁及较湿润的山坡疏林中。

园林应用:是优良的庭荫树,还是很好的行道树。木材纹理细,质坚,抗压力强,有弹性,耐水湿,耐腐朽,可作家具用材,为贵重的硬材树种。榉树茎皮纤维可制人造棉,树皮、叶入药,用于治疗烧烫伤。

(七)刺榆属 *Hemiptelea*

落叶乔木。小枝坚硬,有棘刺。叶互生,有钝锯齿,具羽状脉;托叶早落。花杂性,具梗,与叶同时开放,单生或 2～4 朵簇生于当年生枝的叶腋;花被 4～5 裂,呈杯状,雄蕊与花被片同数,雌蕊具短花柱,柱头 2,条形,子房侧向压扁,1 室,具 1 倒生胚珠。小坚果偏斜,两侧扁,在上半部具鸡头状的翅,基部具宿存的花被;胚直立,子叶宽。

仅 1 种,分布于我国及朝鲜。

1. 刺榆 *Hemiptelea davidii* (Hance) Planch.

形态特征:落叶小乔木,高 10 m。小枝坚硬,有刺,叶椭圆形,羽状脉,边缘有整齐粗锯齿。花杂性,与叶同放,单性花与两性花同株。小坚果斜卵形,扁平,上半部有斜翅,翅顶端渐缩成喙状。花期 4—5 月,果期 9—10 月。

分布与生境：产于东北中南部、华北、西北、华东、华中地区。江苏省各地均有分布。常生于海拔 2 000 m 以下的坡地次生林中。喜光，耐寒，耐旱，对土壤适应性强。

园林应用：刺榆树形优美，耐修剪，耐干旱，生长快，枝具刺，易生长于各种土质，既适合园林中丛植或制成盆景观赏，也是优良的绿篱材料。可作固沙树种。木材淡褐色，坚硬而细致，可供制农具及器具用；树皮纤维可作制造人造棉、绳索、麻袋的原料；嫩叶可制作饮料；种子可榨油。

十四、桑科 Moraceae

(一) 柘属 Maclura

乔木或小乔木，或为攀缘藤状灌木。有乳液，具无叶的腋生刺以代替短枝。叶互生，全缘；托叶 2 枚，侧生。花雌雄异株，均为具苞片的球形头状花序，苞片锥形、披针形至盾形，具 2 个埋藏的黄色腺体，常每花 2~4 苞片，附着于花被片上，通常在头状长序基部。聚花果肉质；小核果卵圆形，果皮壳质，为肉质花被片包围。

约有 12 种，分布于大洋洲至亚洲。我国产 5 种，分布于西南至东南部与海南岛，1 种分布北达华北。

1. 柘 *Maclura tricuspidata* Carrière

形态特征：落叶灌木或小乔木，高达 8 m。树皮呈不规则薄片状剥落，枝上有硬刺，叶全缘或 3 裂。叶卵圆形或卵状披针形，先端渐尖。花排列成头状花序，单生或成对腋生。聚花果近球形，肉质，红色。花期 6 月，果期 9—10 月。

分布与生境：产于北京以南，陕西、河南至华南、西南各地。朝鲜也有，日本有栽培。江苏省各地均有分布。生于海拔 50~2 200 m 阳光充足的山地或林缘. 喜光，耐干旱瘠薄，喜钙质土，较耐寒，生长缓慢。

园林应用：柘多生枝刺，可作绿篱、刺篱，也是重要的荒山绿化及水土保持树种。果实成熟时红色，也可作为观果树种。因鸟兽喜食其果实，故常在城市生物多样性培育工程中植于动物招引林中。柘的茎皮纤维可以造纸；根皮药用；嫩叶可以养幼蚕；果可生食或酿酒；木材心部黄色，质坚硬细致，可供制作家具用或作黄色染料。

(二) 桑属 Morus

落叶乔木或灌木，无刺。冬芽具 3~6 枚芽鳞，呈覆瓦状排列。叶互生，边缘具锯齿，全缘至深裂，基生叶脉三至五出，侧脉羽状；托叶侧生，早落。花雌雄异株或同株，或同株异序，雌雄花序均为穗状；聚花果（俗称桑葚）为多数包藏于肉质花被片内的核果组成，外果皮肉质，内果皮壳质。种子近球形，胚乳丰富，胚内弯，子叶椭圆形，胚根向上内弯。

约有 16 种，主要分布在北温带。我国产 11 种，各地均有分布。

1. 桑 *Morus alba* L.

形态特征：落叶小乔木或灌木，高达 15 m。树皮灰黄色或黄褐色。叶卵形，边缘有锯齿或多种分裂，表面无毛，有光泽，背面绿色。花单性异株，腋生柔荑花序，花柱不明显或无，柱头 2。聚花果长卵形至圆柱形，成熟时紫红色或黑色或黄白色。花期 4—5 月，果期 6—7 月。

分布与生境：桑树为广布树种，自东北至华南均有栽培和分布，以长江和黄河流域最为常见。江苏省各地均有分布。喜光，幼时稍耐阴，喜温暖湿润气候，耐寒，耐盐碱，耐干旱瘠薄和水湿,为很好的两栖植物。深根性,萌芽力强,耐修剪,抗污染。

园林应用:桑树树冠宽阔,枝叶茂密,秋叶变黄,是优良的园林绿化树种。因其有两栖特性,可用于湿地水岸生态系统中交错地带绿化;抗污染,可用于厂矿区绿化。叶可饲蚕,为主要经济树种之一;木材可制器具;枝条可编箩筐;桑皮可作造纸原料;桑葚可供食用、酿酒;叶、果和根皮可入药。

2. 蒙桑 *Morus mongolica* (Bureau) C. K. Schneid.

形态特征:落叶乔木或灌木。叶长椭圆状卵形,叶缘有锯齿,表面光滑无毛,背面脉腋常有簇毛。花暗黄色。聚花果熟时红色至紫黑色。花期 3—4 月,果期 4—5 月。

分布与生境:产于东北南部、华北、华中、西北、西南等地。华北低山阳坡、向阳沟谷习见。江苏仅南京幕府山产。

园林应用:蒙桑树形美观,秋叶金黄色,可用于公园和城市绿化。结果量大,是产区野生鸟类重要的食源树种,可用于城市生物多样性培育工程。茎皮纤维系高级造纸原料,脱胶后作混纺和单纺原料;根皮入药,为消炎利尿剂;木材可供制家具、器具等;果实可食,也可加工成桑葚酒、桑葚干、桑葚蜜等;植株可作园景树;种子含油脂,可榨油制香皂。

(三)构属 *Broussonetia*

乔木或灌木,或为攀缘藤状灌木。有乳液,冬芽小。叶互生,分裂或不分裂,边缘具锯齿,基生叶脉三出,侧脉羽状;托叶侧生,分离,卵状披针形,早落。花雌雄异株或同株;雄花为下垂柔荑花序或球形头状花序,雄蕊与花被裂片同数而对生;雌花密集成球形头状花序。聚花果球形,胚弯曲,子叶圆形,扁平或对折。

本属约有 4 种,分布于亚洲东部和太平洋岛屿。我国均产,主要分布于西南部至东南部各省区。

1. 构树 *Broussonetia papyrifera* (L.) L'Hér. ex Vent.

形态特征:落叶乔木,高达 16 m。树冠开张,卵形或广卵圆形。枝粗壮,平展,密生白色绢毛。叶阔卵形,顶端锐尖,基部圆形或近心形,边缘有粗齿,3~5 深裂,两面有厚柔毛。花雌雄异株,雄花组成柔荑花序,雌花序头状。聚花果球形。花期 4—5 月,果期 7—9 月。

分布与生境:分布广,在中国的温带、热带均有分布,自西北、华北至华南、西南均产。江苏省各地均有分布。不论平原、丘陵或山地均能生长,喜光,不耐阴,耐干旱瘠薄,也耐水湿,是很好的两栖树种。对土壤要求不严,喜钙质土,耐盐碱;抗污染,抗烟尘能力强;萌芽力和萌蘖力强,生长速度快。

园林应用:构树枝繁叶茂,虽然观赏价值一般,但抗逆性强,抗污染,滞尘能力强,可作城乡绿化树种,尤其适于工矿区和荒山绿化应用,还可用于修复受损的水岸生态系统。果为野生鸟类的食源;叶是很好的猪饲料;韧皮纤维是造纸的高级原料,材质洁白;根和种子均可入药;树液可治皮肤病。经济价值很高。

(四)榕属 *Ficus*

乔木或灌木,有时为攀缘状,或附生。具乳液。叶互生,稀对生,全缘或具锯齿或分裂,无毛或被毛,有或无钟乳体;托叶合生,包围顶芽,早落,遗留环状疤痕。花雌雄同株或异株,生于肉质壶形花序托内壁;雌雄同株的花序托内有雄花、瘿花和雌花;雌雄异株的花序托则雄花、瘿花同生于一花序托内,而雌花或不育花则生于另一植株花序托内壁;榕果腋生或生于老茎,口部苞片覆瓦状排列,基生苞片 3,早落或宿存,有时苞片侧生,有或无总梗。

约有 1 000 种,主要分布热带、亚热带地区。我国约 98 种、3 亚种、43 变种、2 变型。分布于西南部至东部和南部,其余地区较稀少。

1. 爬藤榕 Ficus sarmentosa var. impressa (Champ.) Corner

形态特征:常绿攀缘灌木。枝光滑且有环状托叶痕,灰棕色,幼枝和芽有棕色绒毛。叶革质,披针形或椭圆状披针形,顶端渐尖,表面光滑,深绿色,背面灰白色,网脉突起,叶柄密生棕毛。隐花果单生或成对腋生,或簇生于老枝,球形,有短柄。花期 4—5 月,果期 6—7 月。

分布与生境:我国华东、华南、西南常见,北至河南、陕西、甘肃。印度东北部、越南也有分布。江苏省各地均有分布。常攀缘在城墙、石灰岩陡坡及屋墙上。

园林应用:爬藤榕生长迅速,枝叶茂密,是长江以南地区优良的常绿攀缘绿化植物,是垂直绿化的好材料。茎皮纤维可制纸和人造棉。

2. 珍珠莲 Ficus sarmentosa var. henryi (King ex Oliv.) Corner

形态特征:常绿攀缘状灌木,长达 15 m。叶革质,卵状椭圆形,表面无毛,深绿色,背面粉绿色,有柔毛,网脉突起呈蜂窝状。隐花果单生或成对腋生,无柄,近球形,无总梗或具短梗。花期 5—7 月,果期 8 月。

分布与生境:广布于长江流域至华南、西南,北达陕西。在江苏省内宜兴、溧阳等地有分布。生于山谷密林或灌丛中。适应性强,较耐寒。

园林应用:珍珠莲攀缘能力强,株丛繁茂,是优良的垂直绿化材料,适于攀附石壁、裸岩、矮墙,也可用于岩石园绿化。瘦果可制作凉粉。

3. 无花果 Ficus carica L.

形态特征:落叶小乔木或灌木,高 3 m 以上。树冠圆球形。小枝直立,粗壮无毛。叶厚纸质,倒卵或近圆形,基部心形,边缘波状或具粗齿,3～5 深裂,表面粗糙,背面有短毛,掌状脉。隐花果单生叶腋,梨形,成熟时黑紫色。花期 5—6 月,果熟期 10 月。

分布与生境:原产地中海一带,分布于土耳其至阿富汗,现温带和亚热带地区常见栽培。江苏省各地均有分布。喜光,喜温暖气候,喜向阳、土层深厚、疏松肥沃、排水良好的沙壤土,耐旱瘠薄而不耐涝。侧根发达,根系浅,抗污染。

园林应用:无花果叶片深绿色而深裂如掌,果实黄色至紫红色,果期甚长,既是著名的果树,也是优良的造景材料,园林中可结合生产栽培。新鲜幼果及鲜叶治痔疮疗效良好;果实味甜,可食或制蜜饯,又可作药用。无花果叶片大,叶面粗糙,具有良好的吸尘效果,如与其他植物配置在一起,还可以形成良好的防噪声屏障。无花果树能抵抗一般植物不能忍受的有毒气体和大气污染,是化工污染区绿化的好树种。此外,无花果适应性强,抗风,耐旱,耐盐碱,在沿海地区栽植可以起到防风固沙、绿化沙滩的作用。

4. 薜荔 Ficus pumila L.

形态特征:常绿攀缘灌木。叶异型,在不生花序托的枝上叶小而薄,心状卵形,基部斜,生花序托的枝上叶较大而厚,革质,卵状椭圆形,表面无毛,背面有短柔毛,网脉明显,突起呈蜂窝状。隐花果单生于叶腋,梨形或倒卵形,有短柄。花期 5—6 月,果熟期 7—9 月。

分布与生境:产于长江流域至华南、西南。日本、印度也有分布。江苏省各地均有分布,偶见栽培,其余地区常见野生。生长在海拔 300~1 200 m 的村寨附近或墙壁上。性强健,生长迅速,耐阴,喜温暖湿润的气候,对土壤要求不严,但以在酸性土上生长为佳。

园林应用:具有很强的攀缘能力,缘壁上升,纵横萦结。适于假山、石壁等的绿化,也用于水边驳岸的点缀。耐阴性强,也是优良的林下地被。成熟果可制凉粉,是中国南方民间传统的消暑佳品。根、茎、叶果均可药用,有祛风除湿、活血通络作用,用来治腰腿痛、乳痛、疮疖等。藤蔓柔性好,可用来编织和作造纸原料。

十五、毛茛科 Ranunculaceae

(一)芍药属 Paeonia

灌木、亚灌木或多年生草本。根圆柱形或具纺锤形的块根。叶通常为二回三出复叶,小叶片不裂而全缘或分裂、裂片常全缘。单花顶生,或数朵生枝顶,或数朵生茎顶和茎上部叶腋,有时仅顶端一朵开放,大型;苞片披针形,叶状,大小不等,宿存;萼片宽卵形,大小不等;花瓣 5~13,倒卵形;雄蕊多数,离心发育,花丝狭线形,花药黄色,纵裂;花盘杯状或盘状,革质或肉质,完全包裹或半包裹心皮,或仅包裹心皮基部;心皮多为 2~3,离生,有毛或无毛,向上逐渐收缩成极短的花柱,柱头扁平,向外反卷,胚珠多数,沿心皮腹缝线排成 2 列。蓇葖果成熟时沿心皮的腹缝线开裂;种子数颗,黑色、深褐色,光滑无毛。

约有 35 种,分布于欧亚大陆温带地区。我国有 11 种,主要分布在西南、西北地区,少数种类在东北、华北及长江两岸各省也有分布。是较好的庭院观赏植物。

1. **牡丹 Paeonia suffruticosa Andrews**

形态特征:落叶小灌木。叶为二回三出复叶至 2 回羽状复叶,顶生小叶有柄,两侧小叶卵形至长卵形,较小,近无柄,边缘光滑,表面无光泽。蓇葖果长圆形,密生黄褐色硬毛。花期 4—5 月,果期 8—9 月。

分布与生境:原产于我国中部。江苏省内南京等地有栽培。喜光,不耐水湿,稍耐阴,喜温凉气候,较耐寒,畏炎热。根系发达,肉质、肥大,生长缓慢。

园林应用:牡丹花大而美,姿、色、香兼备,是我国传统名花,其花色泽艳丽,玉笑珠香,风流潇洒,富丽堂皇,素有"花中之王"的美誉。牡丹有数千年的自然生长和 1 500 多年的人工栽培历史。在清朝末年,牡丹就曾被当作中国的国花,1985 年 5 月牡丹被评为"中国十大名花"之一。牡丹因其肥大又长的肉质根,在江南园林中宜配置于高地、台地等排水良好且阳光的地方,故适于成片栽植,或在假山、岩石园中配植。其种子榨油可供食用;根皮可供药用。

2. **芍药 Paeonia lactiflora Pall.**

形态特征:多年生草本。茎下部叶为二回三出复叶,向上渐变为单叶。花期 5—6 月,果期 8—9 月。

分布与生境:在我国分布于江苏、东北、华北、陕西及甘肃南部。在东北分布于海拔 480~700 m 的山坡草地及林下,在其他各省分布于海拔 1 000~2 300 m 的山坡草地。朝鲜、日本、蒙古及西伯利亚地区也有分布。中国四川、贵州、安徽、山东、浙江等省及各城市公园有栽培,花瓣各色。

园林应用:芍药花大艳丽,品种丰富,在园林中常成片种植,花开时十分壮观,是近代公园中或花坛上的主要花卉,也是较好的庭院观赏植物。芍药被人们誉为"花仙"和"花相",又被称为"五月花神",因自古就作为爱情之花,现已被尊为七夕节的代表花卉。由于芍药的花期紧接牡丹之后且两者形态相似,故园林中常常将其与牡丹混栽,以营造长期的景观效果。芍药是既能药用,又能供观赏的经济植物之一。芍药的根鲜脆多汁,可供药用,称"白芍",能镇痛、镇痉、祛瘀、通经;种子含油,供制皂和涂料用。

十六、木通科 Lardizabalaceae

(一)木通属 Akebia

落叶或半常绿木质缠绕藤本。冬芽具多枚宿存的鳞片。掌状复叶互生或在短枝上簇生,具长柄,通常有小叶 3 或 5 片;小叶全缘或边缘波状。花单性,雌雄同株同序,多朵组成腋生的总状花序,有时花序伞房状。肉质蓇葖果长圆状圆柱形,成熟时沿腹缝线开裂;种子多数,卵形,略扁平,排成多行藏于果肉中,有胚乳,胚小。

有 4 种,分布于亚洲东部,我国有 3 种和 2 亚种。

1. 木通 Akebia quinata (Houtt.) Decne.

形态特征:别名山通草、野木瓜、附支。落叶或半常绿藤本,长达 9 m。全株无毛;老枝密布皮孔。掌状复叶互生,叶簇生在短枝上,小叶 5,倒卵形,顶端微凹,并有细尖,全缘,表面深绿色,背面绿白色。果熟时暗红色,纵裂,出现白瓤。花期 4—5 月,果期 9—10 月。

分布与生境:产于东亚(日本和朝鲜)。在我国分布于黄河以南各省区。江苏省内各地均有分布。木通为阴性植物,喜光也稍耐阴,喜温暖湿润环境,较耐寒,适生于肥沃湿润而排水良好的土壤,常生长在低海拔山坡林下草丛中。

园林应用:木通叶片秀丽,花朵淡紫色而芳香,观赏价值高,是垂直绿化的良好材料,或可令其缠绕树木,也可用于岩石园绿化,点缀山石,观赏效果绝佳。木通是著名的中药材,约 2 000 年前的《神农本草经》中就记载木通味甘、性微寒,清热利尿、活血通脉,主治尿赤淋浊、淋病涩痛、水肿尿少、乳汁不下、经闭、痛经、风湿痹痛、水肿、胸中烦热、咽喉疼痛、口舌生疮。

十七、小檗科 Berberidaceae

(一)小檗属 Berberis

落叶或常绿灌木。枝无毛或被绒毛;通常具刺,单生或 3~5 分叉;老枝常呈暗灰色或紫黑色,幼枝有时为红色,常有散生黑色疣点,内皮层和木质部均为黄色。单叶互生,着生于侧生的短枝上,通常具叶柄。花序为单生、簇生、总状、圆锥或伞形花序;花 3 基数,小苞片通常 3,早落。浆果球形、椭圆形、长圆形、卵形或倒卵形,通常为红色或蓝黑色。种子 1~10,黄褐色至红棕色或黑色,无假种皮。

中国约有 250 种,主产于西部和西南部。本属大多数植物的根皮和茎皮含有小檗碱,可代黄连药用。也常作观赏植物栽培。

1. 日本小檗 Berberis thunbegii DC.

形态特征:落叶灌木,高达 2~3 m。老枝灰棕色或紫褐色,嫩枝紫红色,刺细小,单一,少分叉。叶片膜质,通常约 8 片簇生于刺腋,菱状卵形,全缘,基部急狭呈楔形,两面脉纹不明显,花序伞形或近簇生。浆果长椭圆形,熟时红色或紫红色。花期 4—6 月,果期 7—10 月。

分布与生境:原产于日本,我国秦岭地区也有分布,现在我国广泛栽培。江苏省内各地均有分布。喜光,稍耐阴,喜温暖湿润气候,亦耐寒。耐旱,喜深厚、肥沃、排水良好的土壤。日本小檗分枝密,萌蘖性强,姿态圆整,耐修剪。

园林应用:日本小檗株形紧凑,枝细叶密,春开黄花,秋结红果,深秋叶色紫红,果实经冬不落,是花、果、叶俱佳的观赏花木,适于作花灌木丛植、孤植,也可作刺篱。叶片紫红,远观效果极佳,是优良的绿篱和地被材料。果枝可作鲜切花插瓶,广泛用于城市庭院或室内绿化装饰。根和茎内含小檗碱,可供提取制药品"黄连素"的原料;民间以枝、叶煎水服,可治结膜炎;根皮可作健胃剂;茎皮去外皮后,可作黄色染料。

(二)南天竹属 Nandina

常绿灌木,无根状茎。叶互生,2～3 回羽状复叶,叶轴具关节;小叶全缘,叶脉羽状;无托叶。大型圆锥花序顶生或腋生;花两性,3 基数,具小苞片;萼片多数,螺旋状排列,由外向内逐渐增大;花瓣 6,基部无蜜腺;雄蕊与花瓣对生,花药纵裂,花粉长球形,具 3 孔沟,外壁具明显网状雕纹;子房倾斜椭圆形,花柱短,柱头全缘或偶有数小裂。浆果球形,红色或橙红色,顶端具宿存花柱。种子 1～3 枚,灰色或淡棕褐色,无假种皮。

仅有 1 种,分布于中国和日本。北美洲东南部常栽培。

1. 南天竹 Nandina domestica Thunb.

形态特征:常绿灌木,高约 2 m。茎直立,幼枝常为红色。羽状复叶互生,各级羽片全对生,小叶革质,近无柄,椭圆状披针形,全缘,深绿色,冬季常变红色。圆锥花序顶生,花白色。浆果球形,鲜红色。花期 11 月至翌年 3 月,果期 4—8 月。

分布与生境:分布于华东、华南至西南,北达河南、陕西。日本、印度也有栽培。江苏省内淮安、扬州、泰州、盐城、南通、南京、镇江、常州、无锡、苏州、宜兴、溧阳等地有栽培,供观赏。喜温暖多湿且通风良好的环境,土壤以排水良好的中性壤土最适合。萌发力强,寿命长。

园林应用:南天竹很早就植作观赏,是赏叶观果之佳品。园林中可与山石、建筑配植,因其形态优越清雅,也可作为盆栽观赏,枝叶或果枝是良好的插花材料。南天竹含多种生物碱,根、茎可供药用,能清热除湿、通经活络,可用于感冒发热、眼结膜炎、肺热咳嗽、湿热黄疸、急性胃肠炎、尿路感染、跌打损伤。

(三)十大功劳属 Mahonia

常绿灌木或小乔木,高 0.3～8 m。枝无刺。奇数羽状复叶互生,无叶柄或具叶柄;小叶3～41 对,侧生小叶通常无叶柄或具小叶柄;小叶边缘具粗疏或细锯齿,少有全缘。花序顶生;苞片较花梗短或长;花黄色;萼片 3 轮,9 枚;花瓣 2 轮,6 枚,基部具 2 枚腺体或无;雄蕊 6 枚,花药瓣裂;子房含基生胚珠 1～7 枚,花柱极短或无花柱,柱头盾状。浆果深蓝色至黑色。

中国约有 35 种,主要分布于四川、云南、贵州和西藏东南部。

1. 十大功劳 Mahonia fortunei (Lindl.) Fedde

形态特征:常绿灌木,高达 2 m。全体无毛。叶互生,一回羽状复叶,小叶 5～9 枚,革质,狭披针形,顶生小叶最大,均无柄,边缘有 6～13 刺状锐齿。总状花序直立,4～8 个簇生。浆果圆形,蓝黑色,有白粉。花期7—9月,果期10—11月。

分布与生境:产于长江以南地区。日本、印度尼西亚和美国等地有栽培。江苏省各地均有栽培。多生于阴湿谷沟。喜光,也耐半阴,喜温暖气候,较耐寒,耐旱;适生于肥沃湿润而排水良好的土壤;萌蘖力强。

园林应用:十大功劳枝干挺直,株形美观,叶形秀丽奇特,花朵黄色,十分优美。在园林中可作为绿篱、地被或与山石相配,也可作绿篱或盆栽材料。根、茎、叶含小檗碱等生物碱,清热解毒、消肿、止泻,用于治疗腹泻、痢疾、黄疸肝炎、烧伤、烫伤和疮毒。"十大功劳"的名称源于它在民间医疗保健中的功效远不止10种,全株、根、茎、叶均可入药,且疗效卓著。

2. 阔叶十大功劳 *Mahonia bealei* (Fortune) Carr.

形态特征:常绿灌木,高达2 m。叶较十大功劳宽,卵形至卵状椭圆形,小叶7～15,厚革质,顶生小叶较大,有柄,每侧有2～8刺状锐齿,边缘反卷。总状花序直立。浆果卵形,暗蓝色,有白粉。花期11月至翌年3月,果期4—8月。

分布与生境:产于秦岭、大别山以南,长江流域各地园林中常见栽培。江苏省各地均有栽培。喜温暖湿润气候,耐半阴,不耐严寒;萌蘖力强。

园林应用:阔叶十大功劳四季常青,叶片奇特,花、果、叶及株形兼供观赏,是优美的花灌木。可植于岩石园、药用植物专类园,也可作绿篱树种,还可选作冬季切花材料。根、茎、叶含小檗碱等生物碱,全株入药,药用同十大功劳。

十八、木兰科 Magnoliaceae

(一)鹅掌楸属 *Liriodendron*

落叶乔木。树皮灰白色,纵裂,呈小块状脱落;小枝具分隔的髓心。叶互生,具长柄,托叶与叶柄离生,叶片先端平截或微凹,近基部具1对或2列侧裂。花无香气,单生枝顶,与叶同时开放,两性。聚合果纺锤状,成熟心皮木质,种皮与内果皮愈合,顶端延伸成翅状,成熟时自花托脱落,花托宿存;种子1～2颗,具薄而干燥的种皮,胚藏于胚乳中。根为肉质,不耐移植,胸径大于10 cm的植株移植成活率极低。

1. 鹅掌楸(马褂木) *Liriodendron chinense* (Hemsl.) Sarg.

形态特征:落叶大乔木,高达40 m。树冠圆锥形。小枝灰色或灰褐色,叶马褂状,每边常有2裂片,背面粉白色。花杯状,花被片淡绿色,内面近基部淡黄绿色。小坚果有翅,顶端钝。花期5—6月,果期10月。

分布与生境:产于华东、华中和西南各省区,主要生长在长江流域以南。江苏省内淮安、扬州、泰州、盐城、南通、南京、镇江、常州、无锡、苏州、宜兴、溧阳等地有栽培。喜光,喜温暖湿润气候,喜深厚、肥沃、排水良好的酸性或弱酸性土壤,不耐旱;生长快,对病虫害抗性强。

园林应用:鹅掌楸叶形奇特,花大而美丽,形似郁金香,秋季叶色金黄,似一件件黄马褂,是珍贵的行道树和庭园观赏树种,栽种后能很快成荫。对二氧化硫等抗性中等,可在大气污染较严重地区栽培。木材淡红褐色,纹理直,结构细,质轻软,易加工,少变形,干燥后少开裂,无虫蛀,是建筑、造船、制家具、细木工的优良用材,亦可制胶合板;叶和树皮入药,主治风湿痹痛、风寒咳嗽等疾病。

2. 北美鹅掌楸 *Liriodendron tulipifera* L.

形态特征：落叶大乔木，高达 16 m。小枝褐色或棕褐色，叶较小，每边有 2～4 短而渐尖的裂片，背面淡绿色。花较大，花被片米黄白色，内侧基部黄棕色。聚合果上的小坚果顶端尖或突尖。花期 5—6 月，果期 9—10 月。

分布与生境：原产于北美东南部，是世界珍贵的庭园观赏树之一。我国南京、青岛、庐山等地栽培。江苏省内淮安、扬州、泰州、盐城、南通、南京、镇江、常州、无锡、苏州、宜兴、溧阳等地有栽培。长势优于鹅掌楸，耐寒性更强。

园林应用：北美鹅掌楸叶形奇特，花大而美丽，宜作庭荫树、行道树，是优美的庭园树种，也是美国重要材用树种，可作行道树，观赏价值高。业内人士早已将这 2 种鹅掌楸杂交，后代更显两者之优良性状，故而在园林中常用杂交鹅掌楸。

（二）北美木兰属 *Magnolia*

乔木或灌木。树皮通常灰色，光滑，或有时粗糙具深沟，通常落叶，少数常绿；小枝具环状的托叶痕，髓心连续或分隔；叶膜质或厚纸质，互生，有时密集成假轮生，全缘，稀先端 2 浅裂。花通常芳香，大而美丽，雌蕊常先熟，单生枝顶，两性，落叶种类花在发叶前开放或与叶同时开放；花被片白色、粉红色或紫红色，很少黄色。聚合果成熟时通常为长圆状圆柱形、卵状圆柱形或长圆状卵圆形，偏斜弯曲。成熟蓇葖果革质或近木质，互相分离，沿背缝线开裂，顶端具或短或长的喙，全部宿存于果轴。种子 1～2 颗，外种皮橙红色或鲜红色，肉质，含油，内种皮坚硬，种脐有丝状假珠柄与胎座相连，悬挂种子于外。

约有 90 种，产于亚洲东南部温带及热带。我国约有 31 种，分布于西南部、秦岭以南至华东、东北。是优良的庭院观赏和园林绿化树种。

1. 广玉兰（荷花玉兰）*Magnolia grandiflora* L.

形态特征：常绿乔木，高达 30 m。树皮灰褐色，幼枝密被绒毛。叶厚革质，倒卵状长椭圆形，背面有锈色短绒毛。花白色，荷花状，芳香；花柄密生淡黄色绒毛。聚合蓇葖果圆柱形，有锈色毛，种子红色。花期 6 月，果 10 月成熟。

分布与生境：原产于北美东部。我国主要在长江流域至珠江流域有栽培。江苏省各地均有栽培。喜温暖湿润气候，有一定耐寒力，弱阳性，对土壤要求不严，不耐干旱，忌积水，不耐移植。

园林应用：广玉兰树形端庄整齐，树姿态雄伟壮丽，叶阔荫浓，可用于道路绿化；花似荷花，芳香馥郁，可植于芳香园林，是优良的园林绿化树种。对二氧化硫、氯气等有毒气体有较强抗性，可用于净化空气，也可用于高密度城市中疗愈及园艺康养环境建设。木材黄白色，材质坚重，可作装饰用材。叶、幼枝和花可提取芳香油；花可制浸膏；叶可入药，治高血压；种子可榨油。

（三）玉兰属 *Yulania*

乔木或灌木。树皮通常灰色，光滑或有时粗糙具深沟。落叶，小枝具环状托叶痕。叶厚纸质，互生，全缘。花通常芳香，大而美丽，单生枝顶，两性，先叶开放；雄蕊常先成熟；花被片白色、粉红色或紫红色，很少黄色。聚合果成熟时通常为长圆状圆柱形，偏斜弯曲。成熟蓇葖果革质或近木质，互相分离，沿背缝线开裂，顶端具或短或长的喙，全部宿存于果轴。种子 1～2 粒；外种皮橙红色或鲜红色，肉质，含油；内种皮坚硬；种脐有丝状假珠柄与胎座相连，悬挂种子于果外。

约有 25 种,产于亚洲东南部的温带及亚热带地区。我国原产 16 种,引入 1 种,分布于西南部秦岭以南至华东、华北。是优良的庭院观赏和园林绿化树种。

1. 玉兰(白玉兰) *Yulania denudata* (Desr.) D. L. Fu

形态特征:落叶乔木,高达 15 m。冬芽密生灰褐色或淡黄灰色绒毛。叶倒卵状长圆形,顶端突尖,基部楔形或阔楔形,背面有柔毛,主要在叶脉上。花大,先叶开放,白色,花被片 9,无萼片。聚合果圆筒形,果梗有毛。3 月开花,6—7 月果熟。

分布与生境:原产于我国中部各省、长江流域,现北京及黄河流域以南均有栽培。喜光,较耐寒,可露地越冬。忌低湿,栽植地渍水易烂根;喜肥沃、排水良好而带微酸性的沙质土壤。玉兰对有害气体的抗性较强。

园林应用:花白色到淡紫红色,大型、芳香,花冠杯状,花先叶开放,花期 10 天左右。是南方早春重要的著名观花园林树种。玉兰花外形极像莲花,盛开时,花瓣展向四方,具有很高的观赏价值;可作行道树和用于庭院绿化。玉兰对二氧化硫、氯气等抗性较强,花含有挥发油,具有一定的药用价值,可在大气污染较严重的高密度城市人居环境下应用于园艺康养和疗愈。玉兰干燥花蕾在中药里称"辛夷",味辛,性温,具有祛风散寒、宣肺通窍的功效,可用于治疗头痛、血瘀型痛经、鼻塞、急慢性鼻窦炎、过敏性鼻炎等。现代药理学研究表明,玉兰花对常见皮肤真菌有抑制作用。

2. 宝华玉兰 *Yulania zenii* (W. C. Cheng) D. L. Fu

形态特征:落叶乔木,高达 15 m。冬芽密生绢状绒毛,小枝褐色。叶长圆状倒卵形,顶端短突尖,基部楔形或近圆形,背面苍白色,脉上有柔毛。花先叶开放,花被片 9～10,匙形,上部白色,下部紫红色。聚合蓇葖果。花期 3—4 月,果期 8—9 月。

分布与生境:本种产于江苏句容宝华山,为江苏特有种类,生长在山坡杂树林中,野生植株数量稀少,为国家一级保护植物。江苏省内其他地区、湖北、山东等地有栽培。喜光照充足,暖热湿润和通风良好的环境。

园林应用:本种花色优美,先开花后长叶,芳香艳丽,是优良的庭院观赏树种。其他用途同玉兰。本种与玉兰的区别在于:叶倒卵状长圆形,花被片匙形,外面中部以下紫色等。

3. 黄山木兰 *Yulania cylindrica* (E. H. Wilson) D. L. Fu

形态特征:中国特有种。落叶乔木或灌木。枝细长,近直立上升。叶倒披针状长圆形,顶端钝或稍尖,背面苍白。花先叶开放,花被片 6～9,匙形,外侧下部紫红色,其余部分白色。聚合蓇葖果,外面有小疣状突起。花期 4 月,果期 8—9 月。

分布与生境:零星分布于我国华东、华南。江苏省内的淮安、扬州、泰州、盐城、南通、南京、镇江、常州、无锡、苏州、宜兴、溧阳等地有栽培。生于海拔 600～1 700 m 处的山坡、沟谷疏林或山顶灌丛中,为国家三级保护植物。幼树稍耐阴,根系发达,萌蘖性强。性耐寒而不耐干热,生长速度中等,在肥沃湿润而排水良好的酸性土长势较好,若生于低湿积水地,常易烂根。

园林应用:黄山木兰树姿婆娑,早春开花,花大而色泽艳丽,花色有白、淡黄、淡红色等变异类型,是观赏价值很高的花木,可作为园林观赏绿化树种,也是一种很有发展前途的"四旁"绿化树种;花芳香馥郁,是芳香植物,可以应用于园艺芳香疗法或森林康养等。材质坚实,不易变形,可供高级家具用材;花蕾可入药,有润肺止咳、利尿、解毒之功效;花可提取浸膏,用于调配生产香皂和化妆品的香精等。

4. 辛夷(紫玉兰) *Yulania liliflora* (Desr.) D. L. Fu

形态特征:中国特有植物。落叶灌木,高达3 m,常丛生。叶椭圆状卵形,顶端急尖或渐尖,基部楔形,背面沿脉有柔毛。花先叶开放或很少与叶同放。花萼片3,披针形,淡紫褐色,花瓣6,长圆状倒卵形,外面紫色或紫红色,内面白色。聚合果。花期4—5月,果9—10月成熟。

分布与生境:原产于我国云南、福建、湖北、四川等地,现各地广为栽培。生长于海拔300~1 600 m的地区,一般生长在山坡林缘。喜光,稍耐阴,较耐寒,对土壤要求不严,忌积水,萌芽力强但不耐移植。

园林应用:紫玉兰花朵艳丽怡人,芳香淡雅,孤植或丛植都很美观,树形婀娜,枝繁花茂,常植于庭院,是早春著名花木,也是优良的园艺康养、森林疗愈树种,亦可作玉兰、白兰等木兰科植物的嫁接砧木。其树皮、叶、花蕾均可入药,为中国有2 000多年历史的传统花卉和中药。

(四) 厚朴属 *Houpoea*

特产于我国。落叶乔木。树皮通常灰色。小枝具环状托叶痕。叶厚纸质,密集成假轮生,全缘,有时先端二裂。花芳香,大而美丽。成熟蓇葖果革质,互相分离,沿背缝线开裂,全部宿存于果轴。种子1~2粒;外种皮橙红色或鲜红色,肉质,含油;内种皮坚硬;脐有丝状假珠柄与胎座相连,悬挂种子于果外。

本属仅分布于我国安徽、浙江、江西、福建南部、广东北部、广西北部和东北部。现野生种群很少,多栽培于海拔300~1 400 m的山麓和村舍附近林中。

1. 厚朴 *Houpoea officinalis* (Rehder & E. H. Wilson) N. H. Xia & C. Y. Wu

形态特征:落叶乔木,高达20 m。树皮厚,紫褐色,油润而带辛辣味,小枝粗壮,顶芽发达。叶革质,倒卵形或倒卵状椭圆形,顶端圆、钝尖或短突尖。花与叶同时开放,白色,芳香。聚合蓇葖果发育整齐。花期5—6月,果期8—10月。

分布与生境:产于秦岭以南多数省区。现存的野生厚朴非常少,以西南、华北等地区为主要栽培区。江苏省内淮安、扬州、泰州、盐城、南通、南京、镇江、常州、无锡、苏州、宜兴、溧阳等地有栽培。喜光,幼时耐阴,喜温暖湿润气候、肥沃疏松的酸性至中性土,不耐干旱和水涝;萌发力强;生长速度较快。

园林应用:厚朴叶大荫浓,树干通直,花大而洁白,可作行道树及园景树。各地常常栽培供药用。树皮、根皮、花、种子及芽皆可入药,以干燥干皮、根皮及枝皮为主,对食积气滞、腹胀便秘、湿阻中焦等疾病有治疗作用,还能加入抗癌药物中;种子可榨油,可制肥皂;木材供建筑、板料、家具、雕刻、乐器、细木工等用材。

2. 四叶厚朴 *Houpoea officinalis* var. *biloba* Rehder & E. H. Wilson

形态特征:厚朴的变种。落叶乔木,高达15 m。叶先端凹缺,成2钝圆的浅裂片,但幼苗之叶先端钝圆,并不凹缺;聚合果基部较窄。花叶同时开放,花期5—6月,果期8—10月。

分布与生境:产于华东安徽、福建及华南地区。江苏省内淮安、扬州、泰州、盐城、南通、南京、镇江、常州、无锡、苏州、宜兴、溧阳等地有栽培。中性偏阴,喜凉爽湿润气候及肥沃排水良好的酸性土壤，畏酷暑和干热。

园林应用：叶大荫浓，花大、美丽且芳香，可作绿化观赏树种，也可作行道树及园景树。木材供板料、家具、雕刻、细木工、乐器、铅笔杆等用材；树皮入药，功用同厚朴而稍差；花芽、种子亦供药用。

（五）木莲属 *Manglietia*

常绿乔木。叶革质，全缘，幼叶在芽中对折；托叶包着幼芽，下部贴生于叶柄，叶柄上留有或长或短的托叶痕。花单生枝顶，两性，近革质，常带绿色或红色；花药线形，内向开裂，花丝短而不明显，药隔伸出成短尖。聚合果紧密，球形、卵状球形、圆柱形、卵圆形或长圆状卵形，成熟蓇葖果近木质或厚木质，宿存，沿背缝线开裂，或同时沿腹缝线开裂，通常顶端具喙，具种子1至10数颗。

约有30种，分布于亚洲热带和亚热带，以亚热带种类最多。我国有22种，产于长江流域以南，为常绿阔叶林的主要树种。

1. 木莲 *Manglietia fordiana* Oliv.

形态特征：常绿乔木，高达20 m。小枝有皮孔和环状纹。叶厚革质，长椭圆状披针形，顶端急尖或短渐尖，背面苍绿色或有白粉。花白色，花被片9枚，倒卵状椭圆形，聚合蓇葖果，肉质，深红色，熟时木质，紫色，外面有小疣点，顶端有小尖头。花期5月，果期10月。

分布与生境：分布于华南、西南。江苏省内南京、镇江、常州、无锡、苏州、宜兴、溧阳等地有分布。生于海拔1 200 m的花岗岩、沙质岩山地丘陵。喜温暖湿润气候和排水良好的酸性土壤，不耐干热；幼年耐阴，后喜光。

园林应用：木莲树干通直高大，树形优美，枝叶浓密，花大芳香，果实鲜红，是美丽的园林树木，为最常见的风景树种之一。其木材纹理美观，木材供板料、细工用材，是建筑、家具的优良用材；果及树皮入药，能通便、止咳。

（六）含笑属 *Michelia*

常绿乔木或灌木。叶革质，单叶互生，全缘；托叶膜质，小枝具环状托叶痕。聚伞花序，花两性，通常芳香。聚合果为离心皮果，常因部分蓇葖不发育形成疏松的穗状聚合果；成熟蓇葖果革质或木质，全部宿存于果轴，无柄或有短柄，背缝开裂或腹背为2瓣裂。种子2至数颗，红色或褐色。

约有50种，分布于亚洲热带、亚热带及温带。我国约有41种，主产于西南部至东部，为常绿阔叶林的重要组成树种。

1. 白兰 *Michelia* × *alba* DC.

形态特征：常绿乔木或呈灌木状。叶薄革质，长椭圆形，叶柄长1.5～3 cm，托叶痕几达叶柄中部。花单生于叶腋，白色，芳香，花被片10片以上，披针形，雌蕊群有长约4 mm的柄。聚合蓇葖果。花期4—10月。通常不结实。

分布与生境：广植于东南亚。江苏省内各地均有栽培。喜光照充足、暖热湿润和通风良好的环境。怕寒冷，既不耐涝也不耐旱，喜富含腐殖质、排水良好、疏松肥沃的酸性沙质壤土。长江流域各省区多盆栽，在温室越冬。

园林应用：是华南著名的园林树种，可用作行道树和用于庭院绿化，对二氧化硫、氯气等抗性较强，可在大气污染较严重的地区栽培。花非常芬芳，可提取香精或熏茶，也可提制浸膏供药用,有行气化浊、治咳嗽等效。在江苏地区主要用于室内中庭、芳香园林内庭、园艺康养中心等小气候较好的地方。

2. 含笑花 *Michelia figo* (Lour.) Spreng.

形态特征:常绿灌木,高 1~3 m。芽、叶柄、嫩枝和花梗均密生黄褐色绒毛。叶革质,椭圆状倒卵形,叶柄长 2~4 mm。花单生叶腋,淡黄色,边缘有时红色或紫色,花被片 6,长椭圆形,雌蕊果期长约 6 mm。聚合蓇葖果。花期 5—6 月,果期 9 月。

分布与生境:原产于华南,生于阴坡杂木林中,现长江以南各地广为栽培。江苏省内淮安、扬州、泰州、盐城、南通、南京、镇江、常州、无锡、苏州、宜兴、溧阳等地有栽培。喜温暖湿润气候,不耐寒,喜半阴环境,不耐烈日,不耐干旱瘠薄,要求排水性良好、肥沃疏松的酸性壤土。对二氧化硫有较强抗性。

园林应用:本种树形、叶形俱美,为江南地区常见的重要芳香花灌木,有类似香蕉的香味,苞润如玉,香幽若兰,可用于风景区绿化,也可常用作盆栽花木,供庭园观赏。可供高密度城市环境下疗愈、康养、美容保健等药用。

(七)五味子属 *Schisandra*

木质藤本。小枝具叶柄的基部两侧下延而成纵条纹状或有时呈狭翅状;有长枝和距状短枝。芽单独腋生,或二枚并生,或多枚集生于叶腋或短枝顶端。叶纸质,边缘膜质,下延至叶柄成狭翅,叶肉具透明点;叶痕圆形。花单性,雌雄异株,少有同株,单生于叶腋或苞片腋,常在短枝上,由于节间密,呈数朵簇生状,少有同一花梗有 2~8 朵花呈聚伞状花序。成熟心皮为小浆果,排列于下垂肉质果托上,形成疏散或紧密的长穗状的聚合果。种子 2(3) 粒或有时仅 1 粒发育,肾形,扁椭圆形或扁球形,种脐明显,通常为"U"形,种皮淡褐色,脆壳质,光滑或具皱纹或瘤状凸起;胚小,弯曲,胚乳丰富,油质。

约有 30 种,主产于亚洲东部和东南部。我国约有 19 种,南北各地均有。

1. 华中五味子 *Schisandra sphenanthera* Rehder & E. H. Wilson

形态特征:落叶木质藤本。枝细长,红褐色,有皮孔。叶椭圆形、卵状披针形,边缘有疏锯齿,叶柄长 1~3 cm。花单性,异株,单生或 1~2 朵生于叶腋,橙黄色。雄蕊柱倒卵形。聚合浆果,红色,肉质。花期 4—7 月,果期 7—9 月。

分布与生境:分布于长江流域至西南地区,北达秦岭。江苏省内南京、宜兴一带有分布。生于海拔 600~3 000 m 的湿润山坡边或灌丛中。喜湿润荫蔽环境,喜肥厚湿润、排水良好的土壤。耐寒性较北五味子差。

园林应用:叶片秀丽,果实红艳,是优良的垂直绿化材料,也可用于园艺康养。果实入药;种仁含有脂肪油,可制肥皂或作润滑油;叶、果实可提取芳香油;茎皮纤维柔韧,可供制绳索。

(八)八角属 *Illicium*

常绿乔木或灌木。全株无毛,有芳香气味,常有顶芽。叶为单叶,互生,近顶端簇生,革质或纸质,全缘,边缘稍外卷,具羽状脉,有叶柄,无托叶。花芽卵状或球状;花两性,红色或黄色,少数白色;常单生,有时 2~5 朵簇生,腋生或腋上生,有时近顶生。聚合果由数至 10 余个蓇葖果组成,单轮排列,斜生于短的花托上,呈星状,腹缝开裂。种子椭圆状或卵状,侧向压扁,浅棕色或稻秆色,有光泽,易碎,胚乳丰富,含油,胚微小。

我国有 28 种、2 变种，产于西南部、南部至东部。

1. 红毒茴（莽草）Illicium lanceolatum A. C. Sm.

形态特征:常绿灌木或小乔木，高 3～8 m。叶互生或聚生于小枝上部，革质，倒披针形，背面淡绿色。花 1～2 朵腋生，花柄长 3～5 cm，花被片 10～15，数轮，内面深红色，雄蕊 1 轮 6～11，心皮 8～12。蓇葖果木质，种子褐色光亮。花期 4—6 月，果期 8—10 月。

分布与生境:主产于华东，北达河南，西至湖北。江苏省内宜兴、常熟、南京等地有栽培。生长在溪流沿岸的阴湿混交或疏林中，抗污染，耐阴性强。

园林应用:全株有香气，树姿优美，花粉红色且美丽，果形奇特，可作为城市园林绿化树种，宜作为林下层以保持适当遮阴。果实和叶有强烈香气，可提取芳香油；植株可植于芳香园林，在城市高密度人居环境中起到疗愈作用。枝、叶、根、果均有毒，果实尤其是果壳毒性大，种子有剧毒，可入药，有祛风止痛、消肿散结、杀虫止痒的功效；木材适用于作家具、建筑、室内装修等用材。

十九、蜡梅科 Calycanthaceae

（一）蜡梅属 Chimonanthus

直立灌木。小枝四方形至近圆柱形。叶对生，落叶或常绿，纸质或近革质，叶面粗糙；羽状脉，有叶柄；鳞芽裸露。花腋生，芳香，直径 0.7～4 cm；花被片 15～25，黄色或黄白色，有紫红色条纹，膜质；雄蕊 5～6，着生于杯状花托上，花丝丝状，基部宽而连生，通常被微毛，花药 2 室，外向，退化雄蕊少数至多数，长圆形，被微毛，着生于雄蕊内面的花托上；心皮 5～15，离生，每心皮有胚珠 2 颗或 1 颗败育。果托坛状，被短柔毛；瘦果长圆形，内有种子 1 个。

有 3 种，我国特产。日本、朝鲜及欧洲、北美等均有引种栽培。

1. 蜡梅 Chimonanthus praecox（L.）Link

形态特征:落叶大灌木，高达 4 m。枝、茎截面呈方形，棕红色，有椭圆形突出皮孔。单叶对生，椭圆状卵形，顶端渐尖，基部圆形或阔楔形。花芳香，内部花被片有紫色条纹。花托椭圆形，口部收缩。聚合瘦果长，果托壶形。花期 1—3 月，花先叶开放，果 9—10 月成熟。

分布与生境:产于我国中部，湖北、湖南等地仍有野生，广西、广东等省区均有栽培。日本、朝鲜和欧洲、美洲均有引种栽培。江苏省各地均有分布。生于山地林中，喜光，稍耐阴，耐寒。喜深厚而排水良好的轻壤土，非常耐干旱，民间有"旱不死的蜡梅"之说，忌水湿。萌芽力强。

园林应用:蜡梅是我国特有的珍贵花木，为很好的冬季及早春观赏树种，在园林中可以成片栽植，在庭院中与其他树种混栽，也可以在岩石园或与假山配植，又适作古桩盆景和用于插花与造型艺术。蜡梅在百花凋零的隆冬绽蕾，斗寒傲雪，表现出在逆境面前不屈不挠的性格，给人以精神的激励、美的享受。蜡梅在严寒的冬季绽放并散发馥郁的芳香，是一种珍贵的芳香植物，可用于芳香园林、园艺康养、高密度城市中疗愈环境的建设。蜡梅不仅是观赏花木，其花既是味道颇佳的食品，又能解热生津，含有芳樟醇、龙脑、桉叶素、蒎烯、倍半萜醇等多种芳香化合物，可提炼成高级香料，也是制高级花茶的香花之一。

二十、樟科 Lauraceae

(一) 樟属 Cinnamomum

常绿乔木或灌木。树皮、小枝和叶极芳香。芽裸露或具鳞片,覆瓦状排列。叶互生、近对生或对生,有时聚生于枝顶,革质,离基三出脉或三出脉,亦有羽状脉。花黄色或白色,两性,稀为杂性,组成圆锥花序,由(1) 3 至多花的聚伞花序所组成。花被筒短,杯状或钟状,花被裂片 6,近等大,花后完全脱落,或上部脱落而下部留存在花被筒的边缘上,极稀宿存。果肉质,有果托;果托杯状、钟状或圆锥状,或有不规则小齿,有时有由花被片基部形成的平头裂片 6 枚。

约有 250 种,产于热带亚热带亚洲东部、澳大利亚及太平洋岛屿。我国约有 46 种和 1 变型,主产南方各省区,北达陕西及甘肃南部。为常见的园林树种之一。

1. 樟树 Cinnamomum camphora (L.) J. Presl

形态特征:又名香樟。常绿乔木,高达 50 m。树皮灰黄褐色,纵裂。叶互生,薄革质,椭圆状卵形,离基三出脉,近叶基的第一对或第二对侧脉长而显著,背面微被白粉,脉腋有腺点。圆锥花序腋生,花绿色。果近球形,熟时紫黑色,果托盘状。花期 4—5 月,果期 8—11 月。

分布与生境:分布于长江以南各地。越南、朝鲜、日本也有分布。其他国家常有引种栽培。江苏省各地均有分布。喜温暖湿润气候和深厚肥沃的酸性或中性沙壤土,稍耐盐碱;较耐水湿,不耐干旱瘠薄;寿命长,天然落籽成苗很容易,生长速度快。有一定的抗海潮风、抗烟尘和抗有毒气体的能力。

园林应用:樟树是我国珍贵材用、特用经济和园林绿化树种。树体高大雄伟,子叶浓密,树形美观,是江南最为常见的园林树种之一。樟树花期满园芳香,可用于城市疗愈环境或康养园林,又适作庭荫树,是目前应用最为广泛的行道树之一,也可用于营造风景林和防护林。木材及根、枝、叶可提取樟脑和樟油,供医药及香料工业用;果核含脂肪,油供工业用;根、果、枝和叶入药,有祛风散寒、强心镇痉和杀虫等功能;木材又为造船、制橱箱和建筑等用材。樟树果实鸟兽喜食,可用于生物多样性培育,或作风景区或保护区的动物招引树种配置,但由于其成熟果实腐烂后落籽及鸟类粪便排泄容易造成一定的污染,故在人居小区、市民广场、停车场等人群密度高的地方慎用。

2. 天竺桂 Cinnamomum japonicum Sieb.

形态特征:常绿乔木,高达 10～15 m。树冠卵状圆锥形,树皮光滑不开裂。叶近对生,卵形或卵状披针形,革质,两面无毛,离基三出脉近于平行,脉腋无腺体。果实椭圆形。花期 4—5 月,果期 7—9 月。

分布与生境:产于江苏南部、浙江、安徽南部、湖北东南部、江西和台湾等地。朝鲜、日本也有分布。江苏省内沿太湖周边丘陵地带(如宜兴、溧阳等地)有分布。生于山坡、谷地较阴湿的杂木林中。为中性树种,偏耐阴,幼时很耐阴,忌阳光直射,喜温暖湿润气候,要求深厚和排水良好的酸性及中性土,忌积水。具一定的抗污染能力,生长中速。

园林应用:天竺桂树姿蔚秀,四季常绿,是优良的行道树、园景造林树种,也可用于营造混交林和隔离防护林。天竺桂树皮和叶散发怡人香味,有良好的园艺康养保健作用,可用于园林疗愈环境的建设;枝叶茂密,抗污染,又可作工矿区绿化和建立防护林带的材料。

(二)润楠属 *Machilus*

常绿乔木或灌木。芽大或小,常具覆瓦状排列的鳞片。叶互生,全缘,具羽状脉。圆锥花序顶生或近顶生,花密而近无总梗或疏松而具长总梗;花两性,小或较大;花被筒短;花被裂片6,排成2轮,近等大或外轮的较小,花后不脱落。果肉质,球形或少有椭圆形,果下有宿存反曲的花被裂片;果梗不增粗或略微增粗。

约有100种,分布于亚洲东南部和东部的热带、亚热带;我国有68种、3变种。是优良的园林观景树种。

1. 红楠 *Machilus thunbergii* Siebold & Zucc.

形态特征:常绿乔木,高达10～15 m。小枝无毛,侧枝粗壮无毛。叶厚革质,倒卵形或倒卵状披针形,背面粉绿色,顶端突尖,基部楔形。果球形,稍扁,宿存花被片向外翻卷;果熟时蓝黑色,果柄鲜红色。花期2—4月,果期7—8月。

分布与生境:我国自山东以南至华东、华南、台湾均有分布。江苏省内徐州、连云港、宿迁、南京、镇江、常州、无锡、苏州、宜兴、溧阳等地有栽培。本种为该属分布最北的种,较耐寒,较耐阴,喜温暖湿润气候,抗海潮。

园林应用:红楠树形端庄,其树枝分层向上伸展,果梗鲜红,果期景观如片片红霞,甚为美观,是优良的园林景观树种,沿海地带可用其营造海岸防风林带。红楠也是良好的园艺康养保健树种,可以用于城市疗愈园林的建设。叶可提制芳香油,是优良的天然香料,精油具显著的抗菌、消炎、镇痛作用;树皮和根皮可入药,具有温中、理气和胃、舒筋活络、消肿镇痛之功效,常用于治疗寒滞呕吐、腹泻、小儿吐乳、纳呆食少、扭挫伤、转筋、寒湿脚气;种子可榨油,供制肥皂及作润滑油。

(三)楠属 *Phoebe*

常绿乔木或灌木。叶通常聚生枝顶,互生,羽状脉。花两性;聚伞状圆锥花序或近总状花序,生于当年生枝中、下部叶腋,少为顶生;花被裂片6;相等或外轮略小,花后变革质或木质,直立。果卵珠形、椭圆形及球形,少为长圆形,基部为宿存花被片所包围;宿存花被片紧贴、松散或先端外倾,但不反卷或极少略反卷;果梗不增粗或明显增粗。

约有94种,分布于亚洲及美洲热带。我国有34种、3变种,产于长江流域及以南地区。是优良的庭院绿化树种。

1. 紫楠 *Phoebe sheareri*（Hemsl.）Gamble

形态特征:常绿乔木,高达20 m。树皮灰色纵裂,芽、幼枝、叶背面及叶柄密生锈色绒毛。叶倒卵形至倒披针形,顶端尾尖,基部楔形,表面叶脉凹下,背面网状脉隆起。圆锥花序生于新枝叶腋,密生棕色或锈色绒毛。果实卵形,宿存花被松散,种子单胚。花期5—6月,果期10—11月。

分布与生境:广布于长江流域及其以南各省。江苏省内南京、镇江、常州、无锡、苏州、宜兴、溧阳等地有分布。多生于海拔1 000 m以下的阴湿山谷和杂木林中,耐阴,喜温暖湿润气候和排水良好的酸性及中性土,深根性,主根发达,萌芽力强。本种是楠属中唯一分布于江苏的种,为江苏省重点保护物种。

园林应用:紫楠树形端庄美观,叶大荫浓,在草坪孤植、丛植,或在大型建筑物前后配植显得雄伟壮观,是优良的庭院绿化树种。叶背面密生绒毛且粗糙,故滞尘效果好,可用于水泥厂、建材加工厂等厂区绿化,也可作行道树。在山地风景区营造大面积风景林还有较好的防风、防火效能,可栽作防护林带。紫楠木材坚硬、耐腐,是建筑、造船、制家具等的良材;根、枝、叶均可提炼芳香油,供医药或工业用;种子可榨油,供制皂和作润滑油;叶、根可入药。

(四)檫木属 *Sassafras*

落叶乔木。顶芽大,具鳞片,鳞片近圆形,外面密被绢毛。叶互生,聚集于枝顶,坚纸质,具羽状脉或离基三出脉,异型,不分裂或2~3浅裂。花通常雌雄异株,通常单性,或明显两性但功能上为单性,具梗。总状花序(假伞形花序)顶生,少花,疏松,下垂,具梗,基部有迟落互生的总苞片;苞片线形至丝状。果为核果,卵球形,深蓝色,基部有浅杯状的果托;果梗伸长,无毛。种子长圆形,先端有尖头,种皮薄;胚近球形,直立。

有3种,亚洲东部和北美间断分布。我国有2种,产于长江以南各省区及台湾省。

1. 檫木 *Sassafras tzumu* (Hemsl.) Hemsl.

形态特征: 落叶乔木,高达35 m。树冠广卵形或椭球形,小枝绿色,无毛。叶互生,菱状卵形,全缘或上部2~3裂,背面有白粉,无毛,离基三出脉,幼叶密被毛,带红色,秋天红黄色。果球形,蓝黑色,表面有白色蜡质粉。花期2—3月,先叶开放,果期7~8月。

分布与生境: 分布于长江流域至华南及西南。江苏省内淮安、扬州、泰州、盐城、南通、南京、镇江、常州、无锡、苏州、宜兴、溧阳等地有分布。常生于海拔150~1 900 m疏林或密林中。不甚耐旱,忌水湿,深根性,萌芽力强,生长速度较快。

园林应用: 檫木树干通直,叶宽大奇特,秋叶血红色,是世界观赏名木之一,为良好的观赏树和行道树。也可用于山地风景区营造秋色林,是我国南方红壤及黄壤山区主要速生用材造林树种,并可与杉木混栽,形成常绿与落叶、针叶与阔叶混交的杉檫混交林。檫木木材浅黄色,材质优良,细致,耐久,用于造船、水车及上等家具;根和树皮入药,功能为活血散瘀、祛风去湿,可治扭挫伤和腰肌劳伤;果、叶和根尚含芳香油,是用于城市园林康养、园艺疗法的好材料。

(五)山胡椒属 *Lindera*

常绿或落叶乔、灌木,具香气。叶互生,全缘或三裂,羽状脉、三出脉或离基三出脉。花单性,雌雄异株,黄色或绿黄色;伞形花序在叶腋单生或2至多数簇生在腋生缩短短枝上;总花梗有或无;总苞片4,交互对生。花被片6,有时7~9,近等大或外轮稍大,通常脱落。果圆形或椭圆形,浆果或核果,幼果绿色,熟时红色,后变为紫黑色,内有种子1枚。

约有100种,分布于亚洲、北美洲温带及热带地区。我国有40种、9变种、2变型。可栽培观赏。

1. 江浙山胡椒 *Lindera chienii* W. C. Cheng

形态特征: 又称江浙钓樟。落叶灌木或小乔木,高2~5 m。叶纸质,倒披针形或倒卵形,顶端短尖,基部窄楔形,侧脉7~9对,网状脉明显。果实球形,大,直径0.8~1.0 cm,红色。花期3—4月,果期9—10月。

分布与生境: 产于华东,河南等省也有分布。江苏省内淮安、扬州、泰州、盐城、南通、南京、镇江、常州、无锡、苏州、宜兴、溧阳等地有分布。生于向阳的山坡灌丛中和荒芜的山野旷地、路旁、山坡或丛林中。

园林应用：全株有香气，可植于芳香园林、医院、幼儿园、学校、疗养院、敬老院等对环境质量要求高的场所，是城市园林康养、园艺疗法的好材料。叶和果实可提取芳香油。

2. 山胡椒 *Lindera glauca* (Siebold & Zucc.) Blume

形态特征：落叶灌木或小乔木，高达 6 m。秋冬落叶宿存，翌年春天展新叶时脱落。小枝灰白色，有毛。叶全缘，互生或近对生，宽椭圆形或倒卵形，背面苍白色，密生细柔毛。雌雄异株。花序有短花序梗。果球形，熟时黑色或紫黑色，果柄有毛。花期 3—4 月，果期 7—9 月。

分布与生境：广泛分布于秦岭—淮河一线以南广大地区，也分布于甘肃、陕西等省。朝鲜、日本也有分布。江苏省各地均有分布。生于海拔 900 m 以下山坡、林缘、路旁。喜光，耐干旱瘠薄，对土壤适应性广，深根性，主根发达，移栽成活困难，园林工程苗木培育时宜用控根器或容器育苗，栽植施工时直接以大规格容器定植。

园林应用：山胡椒全株有香气，落叶宿存期显淡咖啡色，为冬季林中佳景。可栽培观赏，适于公园和风景区丛植，特别是用于康养园林、疗愈度假区、幼儿园、医院、学校、疗养院等有特殊环境要求的场所绿化。山胡椒木材可制家具；叶、花、果含芳香油；种仁油含月桂酸，可制肥皂和作润滑油，榨油后的渣可制酱油或直接作肥料；根、枝、叶、果可入药，叶可温中散寒、破气化滞、祛风消肿，根治劳伤脱力、水湿浮肿、四肢酸麻、风湿性关节炎、跌打损伤，果治胃痛。

3. 狭叶山胡椒 *Lindera angustifolia* W. C. Cheng

形态特征：落叶灌木或小乔木，高达 4 m。秋冬落叶宿存，翌年春天展新叶时脱落，冬芽鳞片有明显的脊。叶长椭圆状披针形，背面苍白色，有黄褐色柔毛。伞形花序无花序梗。果实近球形，成熟时黑色。花期 3—4 月，果期 9—10 月。

分布与生境：产于长江流域至华南，北达山东、陕西。朝鲜也有分布。江苏省各地均有分布。生于山坡灌丛或疏林中，喜光，耐干旱瘠薄，对土壤适应性广，深根性。

园林应用：叶片狭长美观，枝叶芳香，可栽培观赏，适用于风景区绿化，也可散植于林缘。叶可提取芳香油，可供药用。其他用途同山胡椒。

4. 三桠乌药 *Lindera obtusiloba* Blume

形态特征：落叶灌木或小乔木，高 3～5 m。树皮黑棕色，小枝黄绿色。叶近圆形或扁圆形，纸质，顶端常三裂，基部心形或圆形，背面灰白色，密生棕黄色绢毛，三出脉。伞形花序，无总梗，外被长柔毛。果近球形，暗红色或紫黑色。花期 3—4 月，果期 8—9 月。

分布与生境：产于华北、华中、华南、西南等地。朝鲜、日本也有分布。江苏省内连云港等地有分布。从北向南生于海拔 20～3 000 m 的山谷、密林灌丛中。喜光，不耐水湿。

园林应用：三桠乌药树形自然，秋叶金黄，是不可多得的秋色叶灌木。可植于庭园观赏，适于林下、林缘、岩石园应用。三桠乌药的种子含油高，可作医药及轻工原料；木材致密，可供细木工用。

5. 红脉钓樟 *Lindera rubronervia* Gamble

形态特征：落叶灌木或小乔木，高约 5 m。小枝细长，稍带棕黑色，冬芽红色。叶纸质，卵状披针形，离基三出脉，叶脉及叶柄均为红色，背面中脉及侧脉有毛，密被白粉。果球形，黑色,熟后弯曲。花期3—4月,果期8—9月。

分布与生境:产于河南、安徽、江苏、浙江、江西等省。在江苏省内淮安、扬州、泰州、盐城、南通、南京、镇江、常州、无锡、苏州、宜兴、溧阳等地有分布。生于山坡、溪边、山谷灌木林中。

园林应用:该种叶色秀丽,秋叶红褐色,是很好的秋色叶树种,可植于庭院、岩石园、水岸生态护坡等地。其果实和叶可提取芳香油,可植于园艺疗法、园林康养等疗愈环境。

6. 乌药 *Lindera aggregata* (Sims) Kosterm.

形态特征:常绿灌木或小乔木,高达4 m。叶革质,椭圆形、卵形或近圆形,基部圆形,上面绿色,有光泽,下面苍白色,密生柔毛,三出脉。伞形花序无总梗,果实椭圆形。花期3—4月,果期6—9月。

分布与生境:产于秦岭以南,南至华南,东至台湾省。越南、菲律宾也有分布。江苏省内南京、镇江、常州、无锡、苏州、宜兴、溧阳等地有分布。生于海拔200~1 000 m向阳坡地、山谷或疏林灌丛中。喜光,颇耐阴,对土壤要求不严,萌芽力强,耐修剪。

园林应用:乌药株形丰满,花朵细小密集,颇美观,是优良的庭院观赏植物,也可植为绿篱,可用于园艺治疗、园林康养等疗愈环境。根药用,一般在11月至次年3月采挖,为散寒理气健胃药;果实、根、叶均可提取芳香油制香皂;根、种子磨粉可杀虫。

(六)月桂属 *Laurus*

常绿小乔木。叶互生,革质,羽状脉。花雌雄异株或两性,组成具梗的伞形花序;伞形花序在开花前由4枚交互对生的总苞片所包裹,呈球形,腋生,通常成对,偶有1或3个呈簇状或短总状排列。花被筒短,花被裂片4,近等大。果卵球形;花被筒不增大或稍增大,完整或撕裂。

有2种,产于大西洋的加那利群岛、马德拉群岛及地中海沿岸地区。我国引种栽培1种。是优美的庭院观赏树种。

1. 月桂 *Laurus nobilis* L.

形态特征:常绿乔木,高达12 m。树冠长卵形,树皮灰色,有瘤状突起的皮孔,小枝绿色,叶革质,披针形,互生,基部楔形,边缘波状,羽状脉,中脉在背面显著隆起,有醇香。伞形花序腋生,花小,黄绿色。果实卵形,暗紫色。花期3—5月,果期8—9月。

分布与生境:原产于地中海一带,我国华东、西南等地引种栽培。江苏省内淮安、扬州、泰州、盐城、南通、南京、镇江、常州、无锡、苏州、宜兴、溧阳等地有分布。喜光,稍耐阴,喜温暖湿润气候和疏松肥沃土壤,耐寒,耐干旱,萌芽力强。

园林应用:月桂四季常青,树形整齐而狭长,树姿优美,枝叶茂密,是优美的观叶树种,斑叶者尤为美观。月桂有浓郁香气,为著名的芳香油树种,可供药用,也可应用于园艺疗法、园林康养等疗愈环境。适于庭院、建筑物前栽植,草地造景,在宅院用作绿墙分隔空间、隐蔽遮挡效果也好。在古代欧洲,人们常用月桂枝编织成桂冠,奖励给一切有成就的人,因而月桂树常种植在著名建筑或显赫家族的庭院里。月桂叶和果含芳香油,可用于制食品及皂用香精;叶片可作调味香料或罐头矫味剂;种子含植物油,供工业用。月桂叶香气浓郁,用于烹饪可以很好地去除肉腥味。

二十一、虎耳草科 Saxifragaceae

(一) 溲疏属 *Deutzia*

落叶灌木，稀半常绿，通常被星状毛。小枝中空或具疏松髓心。叶对生，具叶柄，边缘具锯齿，无托叶。花两性，组成圆锥花序、伞房花序、聚伞花序或总状花序，稀单花，顶生或腋生；花瓣5，白色、粉红色或紫色。具多数细小种子。

约有100种，分布于北温带。我国各地均有分布，西部居多。许多种可以作为庭园观赏花木。

1. 大花溲疏 *Deutzia grandiflora* Bunge

形态特征：灌木。老枝紫褐色或灰褐色，无毛，表皮片状脱落；花枝初生极短，具2~4叶，黄褐色，被星状毛。叶纸质，卵状菱形或椭圆状卵形，先端急尖，基部楔形或阔楔形，边缘具大小相间或不整齐锯齿。聚伞花序；花瓣白色，长圆形或倒卵状长圆形。蒴果半球形，被星状毛。花期4—6月，果期9—11月。

分布与生境：分布于东北南部、华北、西北等地。江苏全境有分布。生于海拔800~1 600 m山坡、山谷和路旁灌丛中。喜光，稍耐阴，耐寒，耐旱，也耐水湿，喜温暖湿润的气候，对土壤要求不严，喜富含腐殖质的微酸性和中性土壤。

园林应用：大花溲疏夏初开白花，花期长，花型多变，花朵繁密而素雅，花枝可供瓶插观赏。常丛植于草坪、路旁或溪边、建筑物旁、山坡、林缘和岩石园，也可作为山坡地水土保持树种配置于湿地水岸交错地带。若与花期相近的山梅花配置，则次第开花，可延长树丛的观花期。果可入药。

(二) 绣球属 *Hydrangea*

常绿或落叶灌木，少数为木质藤本或藤状灌木。小枝通常具有白色或者黄棕色髓心。单叶对生或少数种类兼有3片轮生，边缘有小齿或锯齿，有时全缘。花两性，成聚伞花序排成伞形状、伞房状或圆锥状，顶生；苞片早落；花二型；不育花具长柄，生于花序外侧，花瓣状，3~5片；孕性花较小，生于花序内侧，花瓣4~5。蒴果；种子多而细小。

全球约有85种，中国约有45种，主要分布西部和西南部。

1. 绣球 *Hydrangea macrophylla* (Thunb.) Ser.

形态特征：圆球状灌木。小枝粗壮，具明显叶痕和皮孔。叶大而肥厚，椭圆形至宽卵形，先端骤尖，具短尖头，边缘具粗齿。花序球状，花密集，多数为不孕性花，大而艳丽；不孕花萼片4，宽卵形或近圆形，粉红色、蓝色或白色；孕性花小，子房大半下位。蒴果卵圆形，突出萼筒约1/3。花期6—8月。

分布与生境：产于长江流域至华南、西南。日本、朝鲜有分布。江苏省内南京、镇江、常州、无锡、苏州等地有分布。生于海拔380~1 700 m的山谷溪旁或山顶疏林中。喜阴，喜温暖湿润气候，适生于湿润肥沃、排水良好而富有腐殖质的酸性土壤。

园林应用：绣球花序大而美丽，花形丰满，花色有蓝、白、红三种变化，是常见的盆栽观赏花木，也可以作鲜切花材料。耐阴性强，适于配植在林下、水边、建筑物阴面、假山、山坡等各处，也是优良的花篱材料，常于路边成片栽植，更适于植为花篱、花境。园林中可配置于稀疏的树荫下及林荫道旁，或片植于阴坡。绣球对光照要求不高，故最适宜栽植于阳光较差的小面积庭院中。由于绣球花对土壤酸碱度很敏感并能反映在花色变化上,故可以在一些土壤污染变化监测的地带,如化工厂、实验室周边配置。

2. 中国绣球 *Hydrangea chirensis* Maxim.

形态特征:灌木,高 0.5～2 m。一、二年生小枝红褐色或褐色。叶薄纸质至纸质,长圆形或狭椭圆形,先端渐尖或短渐尖,具尾状尖头或短尖头,基部楔形,边缘近中部以上具疏钝齿或小齿;叶柄被短柔毛。伞形状或伞房状聚伞花序顶生,顶端截平或微拱。蒴果卵球形,稍长于萼筒;种子淡褐色,略扁,无翅。花期 5～6 月,果期 9—10 月。

分布与生境:主要产于华南、华东等地。江苏省内南京、镇江、常州、无锡、苏州等地有分布。生于海拔 360～2 000 m 的山谷溪边疏林或密林,或山坡、山顶灌丛或草丛中。

园林应用:同绣球。

3. 圆锥绣球 *Hydrangea paniculata* Siebold

形态特征:灌木或小乔木,高 1～5 m。枝暗红褐色或灰褐色,具凹条纹和圆形浅色皮孔。叶纸质,对生或轮生,卵形或椭圆形,先端渐尖或急尖,具短尖头,基部圆形或阔楔形,边缘有密集小锯齿。圆锥状聚伞花序尖塔形;花白色。蒴果椭圆形,顶端突出部分圆锥形;种子褐色,扁平,两端具翅。花期 7—8 月,果期 10—11 月。

分布与生境:分布于甘肃、长江流域至华南、西南,日本也有。江苏境内南京、镇江、常州、无锡、苏州等地有分布。生于海拔 360～2 000 m 的山谷溪边疏林或密林,或山坡、山顶灌丛或草丛中。较耐阴,耐寒性强。

园林应用:圆锥绣球栽培简单,繁殖容易,适应性强,可孤植、丛植、列植、片植于公园、广场、街头绿地中,也是盆栽和作切花的好材料。

(三)山梅花属 *Philadelphus*

直立落叶灌木。枝具白髓,树皮常脱落。叶对生,全缘或具齿,离基三或五出脉,全缘或有齿。花白色,总状花序,常呈聚伞状或圆锥状排列;萼裂片 4;花瓣 4。蒴果 4,瓣裂,外果皮纸质,内果皮木栓质。

本属约有 100 种,产于北温带;中国约有 15 种,多为美丽芳香之观赏花木。

1. 浙江山梅花 *Philadelphus zhejiangensis* (Cheng) S. M. Hwang

形态特征:灌木,高 1～3 m。二年生小枝黄褐色或褐色,当年生小枝暗褐色,无毛。叶椭圆形或椭圆状披针形,先端渐尖,基部楔形或阔楔形,边缘具锯齿,下面沿脉被长硬毛。总状花序;花瓣白色,椭圆形或阔椭圆形。蒴果椭圆形或陀螺形;种子具短尾。花期 5～6 月,果期 7—11 月。

分布与生境:产自江苏、安徽、浙江和福建。江苏南部有分布。生于海拔 700～1 700 m 的山谷疏林下灌丛。喜光,稍耐阴;耐旱,稍怕水,不择土壤。

园林应用:山梅花花朵洁白如雪,虽无香气,但花期长,经久不谢。可作庭园及风景区绿化材料,宜成丛、成片栽植于草地、山坡、林缘、房侧、屋后,与建筑、山石等配植也很适宜。

(四)钻地风属 *Schizophragma*

落叶木质藤本,平卧、蔓生或借气生根攀缘。叶对生,全缘或略有小锯齿;具长柄。花白色,伞房状聚伞花序顶生;花两型,边缘的不孕花仅由一大萼片组成。孕性花小,4～5 数;雄蕊 10;花柱 1,柱头 4～5 裂;蒴果倒圆锥形或陀螺状;种子多数,纺锤形,两端具狭长翅。

约有 10 种,主产于中国和日本。我国有 9 种、2 变种,分布于东部、东南部至西南部。

1. 钻地风 *Schizophragma integrifolium* Oliv.

形态特征:落叶木质藤本或藤状灌木。小枝褐色,具细条纹。叶纸质,椭圆形、长椭圆形或阔卵形,先端渐尖或急尖,具狭长或阔短尖头,基部阔楔形、圆形至浅心形,边全缘或上部具小齿。伞房状聚伞花序密被褐色、紧贴短柔毛。蒴果钟状或陀螺状;种子褐色,连翅,扁。花期 6—7 月,果期 10—11 月。

分布与生境:主要分布于华南、长江流域至华东。江苏全境有分布。生于海拔 200～2 000 m 的山谷、山坡密林或疏林中,常攀缘于岩石或乔木上。

园林应用:钻地风攀缘能力强,大型不孕花白色、叶状,是优良的攀缘植物,适于攀附石壁、矮墙、篱垣。英国邱园及美国的密苏里植物园的内墙垣就采用了该植物做垂直立体绿化。根、叶可以入药。

二十二、海桐花科 Pittosporaceae

(一)海桐花属 *Pittosporum*

常绿灌木或乔木。叶互生,全缘或有波状齿缺,在小枝上的叶常轮生。花为顶生的圆锥花序或伞房花序,或单生于叶腋内;萼片、花瓣和雄蕊均 5 枚;花瓣离生或基部合生,常向外反卷。蒴果,具 2 至多数种子;种子藏于红色胶质或油质的果肉内。

本属约有 160 种;中国产 34 种。

1. 海桐 *Pittosporum tobira*(Thunb.)W. T. Aiton

形态特征:常绿灌木或小乔木,高达 6 m。嫩枝被褐色柔毛,有皮孔。叶聚生于枝顶,二年生,革质,倒卵形或倒卵状披针形,上面深绿色,发亮,先端圆形或钝,常微凹入,基部窄楔形,全缘。伞形花序或伞房状伞形花序顶生或近顶生,密被黄褐色柔毛。蒴果圆球形,有棱;种子多数,多角形,有红色假种皮。

分布与生境:产于中国东南沿海地区。日本、朝鲜亦有分布。江苏全境有分布。喜光,略耐半阴,喜温暖气候和肥沃湿润土壤,稍耐寒。天然林中海桐种子主要依靠鸟类传播。

园林应用:海桐季相明显,可观亮叶、赏花香、看红色的假种皮,既可作绿篱,也可孤植造型,是城市园林绿化中观赏价值较高的树种之一,通常丛植于草丛边缘、林缘、门旁或列植在路边。因为有抗海潮及有毒气体能力,故又为海岸防潮林、防风林及矿区绿化的重要树种,并宜作城市隔噪声和防火林带的下木。海桐带红色假种皮的种子是鸟兽的食物,因而可以用于生物多样培育园区动物招引或作为动物园的饲用植物资源。

二十三、金缕梅科 Hamamelidaceae

(一)牛鼻栓属 *Fortunearia*

落叶灌木或小乔木,被星状柔毛。叶互生,倒卵形,有锯齿;花单性或杂性,与叶同时开放,两性花成顶生总状花序;花瓣 5;雄蕊 5,花药 2 室;蒴果木质,室间及室背开裂为 2 果瓣;种子长卵形。

该属只有牛鼻栓 1 种,产于中国西部。

1. 牛鼻栓 Fortunearia sinensis Rehder & E. H. Wilson

形态特征：我国特有。落叶灌木或小乔木,高5 m。嫩枝有毛;老枝无毛。叶膜质,倒卵形或倒卵状椭圆形,先端锐尖,基部圆形或钝,稍偏斜,上面深绿色,下面浅绿色,脉上有长毛;边缘有锯齿;叶柄有毛;托叶早落。两性花,总状花序。蒴果卵圆形,有白色皮孔。种子卵圆形,褐色。

分布与生境：主要产于华中、华东地区。江苏省内淮安、扬州、泰州、盐城、南通、南京、镇江、常州、无锡、苏州等地有分布。牛鼻栓为受保护的珍稀植物资源,它生于山坡或溪边灌丛中。喜光,也耐阴;喜温暖湿润气候,对土壤要求不严,较耐寒,耐修剪。

园林应用：牛鼻栓树形优美,可用于园林绿化,适于孤植、丛植,也是良好的绿篱树种,尤适于石灰岩地区应用。枝叶和根入药,益气、止血,主治气虚、刀伤出血。

(二)金缕梅属 Hamamelis

落叶灌木或小乔木,有星状毛。叶对生,薄革质或纸质,阔卵形,羽状脉,全缘或有波状齿缺;托叶早落。花两性,数朵簇生于叶腋;花瓣4,狭带状,黄色或淡红色,雄蕊4,花萼4裂;子房近上位或半下位,2室,胚珠1颗;蒴果木质,卵圆形;种子长圆形。

本属约有6～8种,产于北美和东亚;中国产2种。本属树种多于早春开花,且秋叶常变黄色或红色,故常作为庭园观赏树。

1. 金缕梅 Hamamelis mollis Oliv.

形态特征：落叶灌木或小乔木,高达8 m。叶纸质或薄革质,互生,阔倒卵圆形,先端短急尖,基部不等侧心形,上面稍粗糙,下面密生绒毛;边缘有波状钝齿;叶柄被绒毛;托叶早落。头状或短穗状花序腋生;花瓣带状,黄白色。蒴果卵圆形。种子椭圆形,黑色,发亮。花期5月,果期7—10月。

分布与生境：华东至华南均有分布。江苏省内淮安、扬州、泰州、盐城、南通、南京、镇江、常州、无锡、苏州等地有分布。常见于中海拔的次生林或灌丛。喜光并耐半阴;喜温暖湿润气候,也较耐寒,不耐高温和干旱;对土壤要求不严,在酸性和中性土壤中均可以生长。

园林应用：金缕梅花形奇特,树形雅致,树冠呈圆球形、卵圆形或阔圆球形,先花后叶,花香宜人,花瓣黄色,纤细、轻柔,宛如金缕,花婀娜多姿,别具风韵,缀满枝头,在冬春季迎雪怒放,状似蜡梅,故得此名,是早春重要观花树木。国内外庭院常见栽培,适于孤植于庭园一隅、池边、溪畔配以景石,或植于树丛边缘。亦可于芳香园林、园艺康养或疗愈环境中丛植、群植,花开时节满树金黄,灿若云霞,蔚为壮观。

(三)枫香属 Liquidambar

大型落叶乔木,树干挺直。叶互生,掌状开裂,缘有齿;托叶线形,早落。花单性同株,无花瓣;雄蕊无花被,头状花序常数个排成总状;雌蕊常有数枚刺状萼片,头状花序单生。果序球状,由木质蒴果集成。果内有1至2粒具翅的发育种子,其余为无翅的不发育种子。

本属共约有6种,产于北美及亚洲;中国产2种。

1. 枫香 Liquidambar formosana Hance

形态特征：落叶乔木,高达30 m,胸径最大可达1 m。树皮灰褐色,方块状剥落;叶薄革质,阔卵形,掌状3裂,中央裂片较长,先端尾状渐尖;两侧裂片平展;基部心形;边缘有锯齿,齿尖有腺状突。雄性短穗状花序常多个排成总状。蒴果,头状果序圆球形,木质。种子多数,褐色,多角形或有窄翅。

分布与生境:产于秦岭—淮河一线以南各省。越南北部、老挝及朝鲜南部、日本亦有分布。江苏全境有分布。多生于平地、村落附近及低山的次生林。喜光,幼树稍耐阴,喜温暖湿润气候,耐干旱贫瘠,不耐水湿。萌芽力强,抗污染。深根性,主根发达,不耐移植,园林种植工程中宜用容器苗以保证成活率。

园林应用:枫香树形高大挺拔,叶色秀丽,为我国南方秋季主要的观红叶树种,可于园林中作为庭荫树。在秋季日夜的温差变大后,枫香叶色逐渐变为红、紫及橙红等。除了温度变化外,枫香秋叶变色与空气湿度也有很大的相关性,因此要最大程度地发挥景观效益,应将其配置在周边有水体(如池塘、瀑布、喷泉等)的空气湿度较高的地方。枫香为康养保健树种,可栽植在医院、学校、幼儿园、疗养院等环境要求较高的地方,也可在草地上孤植、丛植或在山坡、池畔与其他树木混植。另外,枫香对火及有毒气体的抵抗力非常强,可在厂矿区的绿化中广泛应用,以改善土地质量,保证水土不过度流失,净化空气,保障生态环境稳定。枫香木材稍坚硬,可制家具及贵重商品的包装箱;树脂供药用,能解毒止痛、止血生肌;根、叶及果实亦可入药,有祛风除湿、通络活血的功效。

(四)蚊母树属 *Distylium*

常绿乔木或灌木。单叶互生,全缘,稀有齿,羽状脉;托叶早落。花单性或杂性,成腋生总状花序,花小而无花瓣,萼片1至5,雌蕊2至8;子房上位。蒴果木质,每室具1种子。

本属共有8种,中国产4种。

1. 蚊母树 *Distylium racemosum* Siebold & Zucc.

形态特征:常绿灌木或中乔木。嫩枝有鳞垢,老枝秃净;芽体裸露,被鳞垢。叶革质,椭圆形或倒卵状椭圆形,先端钝或略尖,基部阔楔形,上面深绿色,边缘无锯齿;托叶细小,早落。总状花序,花序轴无毛,卵形,有鳞垢。蒴果卵圆形,先端尖;种子卵圆形,深褐色,发亮。

分布与生境:产于我国东南沿海各省。日本亦有分布。江苏淮安、扬州、泰州、盐城、南通、南京、镇江、常州、无锡、苏州等地有栽培。常生于海拔150~800 m的山地丘陵阳坡、半阳坡的常绿阔叶林中。喜光,稍耐阴;喜温暖湿润的气候,耐寒性不强;对土壤要求不严;对烟尘和多种有毒气体有较强抗性。

园林应用:蚊母树枝叶密集,树形整齐,叶色浓绿,经冬不凋,春日开细小红色花,在长江流域城市园林中栽培较多,常用于植物篱墙、工矿区绿化或整形后孤植、丛植于草坪、园路转角、湖滨,或植于路旁、庭前草坪上及大树下,或成丛、成片栽植作为分隔空间或作为其他花木之背景。蚊母树对烟尘及多种有毒气体抗性很强,防尘及隔音效果好,能适应城市环境,是很好的城市及工矿区绿化及观赏树种。蚊母树树皮内含鞣质,可制栲胶;木材坚硬,可作家具、车辆等用材;根入药,可治水肿、手足浮肿、风湿骨节疼痛、跌打损伤等。

2. 杨梅叶蚊母树 *Distylium myricoides* Hemsl.

形态特征:常绿灌木或小乔木。嫩枝有鳞垢,老枝无毛,有皮孔;芽体无鳞状苞片,外面有鳞垢。叶革质,矩圆形或倒披针形,先端锐尖,基部楔形,上面绿色,边缘上半部有数个小齿突;叶柄有鳞垢;托叶早落。总状花序腋生,两性花位于花序顶端,花序轴有鳞垢。蒴果卵圆形,先端尖;种子褐色,有光泽。

分布与生境:产于华中、华东、华南地区。江苏淮安、扬州、泰州、盐城、南通、南京、镇江、常州、无锡、苏州等地有分布。喜光,稍耐阴,喜温暖湿润气候;对土壤要求不严,但以在排水良好、肥沃、湿润土壤上生长为佳,也能适应酸性、中性和微碱性土壤。

园林应用:杨梅叶蚊母树树冠自然开展,呈球形,枝叶繁茂,树形整齐,叶经久不落,叶色浓绿,红色小花浓密,萌芽力强,耐修剪。杨梅叶蚊母树对多种有毒气体有较强的抗性,有防尘、隔音之功能,是理想的城市及厂矿区绿化的优良树种。宜植于路旁、庭前、草坪上、大树下,成丛成片栽植为空间分隔材料或作其他花木背景,可修剪成球形植于大门两旁或作基础种植材,亦可栽植为绿篱和防护林。其他用途同蚊母树。

(五)檵木属 *Loropetalum*

常绿灌木或小乔木,有锈色星状毛。叶互生,较小,卵形,全缘。花两性;4~8朵聚成短穗状花序或头状花序;萼筒倒锥形,与子房合生;花瓣4,带状线形;雄蕊4;子房半下位。蒴果木质,被星状毛,两瓣裂开,每瓣2浅裂,具2黑色有光泽种子。

本属约4种,分布于东亚的亚热带地区;中国有3种。

1. 檵木 *Loropetalum chinense* (R. Br.) Oliv.

形态特征:常绿灌木,有时为小乔木,多分枝。叶革质,卵形,先端尖锐,基部钝,不等侧,下面被星状毛,带灰白色,全缘;托叶膜质,三角状披针形,早落。花白色。蒴果、种子卵圆形。花期4—5月,果期8—9月。

分布与生境:分布于长江流域至华南、西南。日本及印度也有分布。江苏淮安、扬州、泰州、盐城、南通、南京、镇江、常州、无锡、苏州等地有分布。喜生于向阳的丘陵及山地,亦常生于马尾松林及杉林下。适应性强,喜光但也耐阴,喜温暖湿润气候,也颇耐寒,耐干旱贫瘠,最适生于微酸性土。

园林应用:檵木树姿优美,花瓣细长如流苏状,是优良的花灌木,可制作盆景,江苏各地庭院常见栽培,适于丛植、孤植、作绿篱、植于绿化隔离带,也可以孤植于石间、园路转弯处。可供药用:叶用于止血;根及叶用于跌打损伤,有去瘀生新功效。

观赏价值较高的变种有红花檵木(*Loropetalum chinense* var. *rubum*),叶片呈暗红色,花红色,在园林中应用较原变种为多。

(六)蜡瓣花属 *Corylopsis*

落叶或半常绿灌木或小乔木。叶互生,革质,有锯齿;具托叶,早落。花两性,常先于叶片开放,黄色,总状花序常下垂,基部有数枚大型鞘状苞片;花瓣5,宽而有爪;雄蕊5,子房半上位。蒴果木质,卵圆形,2或4瓣裂,内有2黑色种子,长椭圆形。

本属约有30种,主产于东亚;中国约有20种,产于西南部至东南部。

1. 蜡瓣花 *Corylopsis sinensis* Hemsl.

形态特征:落叶灌木。枝有皮孔。叶薄革质,倒卵圆形或倒卵形,有时为长倒卵形,先端急短尖或略钝,基部不等侧心形;叶边缘有锯齿,齿尖刺毛状。总状花序,花瓣匙形。蒴果近圆球形,被褐色柔毛。花期3—4月,果期9—10月。

分布与生境:产于长江流域及以南地区。江苏淮安、扬州、泰州、盐城、南通、南京、镇江、常州、无锡、苏州等地有分布。常生于海拔1 000~1 500 m的山地灌丛、溪谷、路边。性喜光,耐半阴,喜温暖湿润的气候和酸性土壤,有一定的耐寒性。

园林应用:蜡瓣花枝叶繁茂,清丽宜人,春日先叶开花,花下垂,光泽如蜜蜡而具芳香,花瓣透明而色黄。可植于芳香园林、园艺康养保健疗愈场所。其秋叶转黄,稍染紫晕,适合配置于庭园角隅,亦可盆栽观赏。花枝可作切花材料;根皮及叶可入药,可治恶寒发热、呕逆心跳、烦乱昏迷。

(七) 蕈树属 *Altingia*

常绿乔木。顶芽被鳞片。叶革质,卵形至披针形,具羽状脉,全缘或有锯齿,托叶细小,早落。花单性同株,无花瓣。雄花排成头状或短穗状花序,常多个头状花序再排成总状花序,每个头状花序有苞片 1～4 片。雄花有多数雄蕊,花丝极短,近于无柄;花药倒卵圆形。雌花 5～30 朵排成头状花序,总苞片 3～4 片;萼筒与子房合生;子房下位。蒴果木质,室间裂开为 2 片,每片 2 浅裂;种子多数。

本属约有 12 种,分布于中南半岛、印度、马来西亚及印度尼西亚。我国有 8 种,主产于西南、华南各地。

1. 蕈树 *Altingia chinensis* (Champ. ex Benth.) Oliv. ex Hance

形态特征:常绿乔木,高 20 m,胸径达 60 cm。树皮灰色,稍粗糙。叶革质或厚革质,二年生,倒卵状矩圆形;先端短急尖,有时略钝,基部楔形,边缘有钝锯齿。头状果序近于球形;种子多数,褐色有光泽。花期 3～6 月,果期 7～9 月。

分布与生境:产于中南、西南、华东地区,越南北部也有分布。江苏省内南京、镇江、常州、无锡、苏州等地有分布。生于海拔 500～1 000 m 山地常绿阔叶林中,较喜光,喜温暖湿润气候和较为肥沃的土壤,要求土壤排水良好,忌积水。

园林应用:蕈树干形通直,树冠圆锥形,枝繁叶茂,树形优美,是优良的园林绿化观赏树种,适用于营造风景林,也可以用于公园、庭院、居住区绿化。蕈树茎中含挥发油,可提取蕈香油,供药用及制香料用,是康养保健的好树种;木材供建筑及制家具用,在森林里亦常被砍倒作培养香菇的母树;根入药,可消肿止痛。

(八) 水丝梨属 *Sycopsis*

常绿灌木或小乔木。叶革质,互生,具柄,全缘或有小锯齿,羽状脉或兼具三出脉;托叶细小,早落。花杂性,通常雄花和两性花同株,排成穗状或总状花序,有时雄花排成短穗状或假头状花序;总苞片 3～4 片。两性花:雌花的萼筒壶形,花瓣不存在,雄蕊 4～10 个,或部分发育不全,子房上位,与萼筒分离;雄花的萼筒极短,无花瓣,雄蕊 7～11 个,插生于萼筒边缘。蒴果木质,2 片裂开,每片 2 浅裂,种子长卵形。

本属约有 9 种,中国有 7 种,分布于华南及西南各省。

1. 水丝梨 *Sycopsis sinensis* Oliv.

形态特征:常绿乔木,高 14 m。嫩枝被鳞垢;老枝暗褐色,无毛;顶芽裸露。叶革质,长卵形或披针形,先端渐尖,基部楔形或钝;上面无毛,下面略有毛,通常嫩叶两面有星状柔毛,兼有鳞垢,老叶秃净无毛;全缘或中部以上有几个小锯齿。雄花穗状花序密集,近似头状,苞片红褐色,卵圆形。雌花或两性花 6～14 朵排成短穗状花序,被毛。蒴果有长丝毛。花期 3—4 月,果期 6～9 月。

分布与生境:分布于长江流域至华南、西南。在江苏长江以南地区生长良好。生于海拔约 500～1 000 m 的常绿阔叶林和灌丛中,喜温暖、阳光充足的生境和疏松、肥沃、排水良好的土壤。

园林应用：可用于庭院丛植、孤植作绿荫树，也可列植。可呈灌木状，较耐阴，适于疏林、草地、水边丛植观赏，也可作绿篱。木材可培育香菇。

二十四、杜仲科 Eucommiaceae

（一）杜仲属 *Eucommia*

落叶乔木，树体各部均具有胶质。单叶互生，具羽状脉，边缘有锯齿，具柄；无托叶。花雌雄异株，无花被，先叶开放，簇生或单生。雄花簇生，有短柄，具小苞片；雄蕊 5～10；雌花单生于小枝下部，有苞片，子房上位，1 室。翅果；种子 1 个。

本属仅有 1 种，中国特有。

1. 杜仲 *Eucommia ulmoides* Oliv.

形态特征：落叶乔木，高达 20 m，胸径约 50 cm。树皮灰褐色，粗糙，内含橡胶，折断拉开有多数细丝。老枝有皮孔。芽体卵圆形，外面发亮，红褐色。叶椭圆形、卵形或矩圆形，薄革质，基部圆形或阔楔形，先端渐尖，边缘有锯齿。花生于当年枝基部。翅果扁平，长椭圆形；种子扁平，线形。早春开花，秋后果实成熟。杜仲的树叶、树皮和果皮中均富含一种白色丝状物质杜仲胶，是宝贵的杜仲天然产物。

分布与生境：主要分布于华东、中南、西北及西南。江苏全境有分布。在自然状态下生长于海拔 300～500 m 的低山、谷地或低坡的疏林里。喜温暖湿润气候和阳光充足的环境，能耐严寒，我国大部地区均可栽培，适应性很强，对土壤的选择并不严格，在瘠薄的红土上或岩石峭壁均能生长，但以在土层深厚、疏松肥沃、湿润、排水良好的壤土上生长最好。杜仲的生长速度在幼年期较缓慢，速生期出现在第 7～20 年，20 年后生长速度又逐年降低。

园林应用：杜仲是我国特产的著名经济树种，引种到欧美各地的植物园，被称为"中国橡胶树"，其树皮、叶、木材等可以综合利用。在园林中可作庭荫树和行道树，也可在草地、池畔等处孤植。杜仲树皮可入药，补中，益精气，坚筋骨，除阴下痒湿、小便余沥，主治腰膝痛。杜仲雄花的天然活性成分有安神、镇静及镇痛作用，长期服用可明显改善睡眠。此外，杜仲雄花含有人体必需的胶原蛋白，具有促进肌肉发达强健的功效，其活性成分木脂素类具有的抗疲劳作用十分明显，对于长期从事室内工作而缺乏运动的人群有显著效果，现已被制成杜仲雄花茶广泛使用。杜仲胶是重要的工业原料，特别是可用于制作高级轮胎，杜仲胶添加改性新材料制造的轮胎具有低阻（节能）、抗湿滑（安全）、耐撕裂防老化（寿命长）等诸多特性。

二十五、悬铃木科 Platanaceae

（一）悬铃木属 *Platanus*

落叶乔木。树皮呈片状脱落。单叶互生，掌状分裂，叶柄下芽；有托叶，早落。花单性，雌雄同株，花密集成球形头状花序，下垂；萼片 3～8，花瓣与萼片同数；雄花有 3～8 雄蕊，花丝近无，雄花有 3～8 分离心皮，花柱伸长，子房上位，1 室，有 1～2 胚珠。聚合果呈球形，内有种子 1 粒。

本属约有 6～7 种，分布于北温带和亚热带地区。

1. 一球悬铃木 *Platanus occidentalis* L.

形态特征：落叶大乔木，高 40 余 m。树皮呈小块状剥落。叶大，阔卵形，通常 3 浅裂，基部截形、阔心形或稍呈楔形,边缘有数个粗大锯齿,掌状脉 3 条。花通常聚成圆球形头状花序。头状果序圆球形;小坚果先端钝,基部有长毛。

分布与生境:原产于北美洲。中国北部及中部已广泛引种栽培。江苏全境有分布。喜温暖湿润气候,适生于酸性或中性、排水好、土层深厚、肥沃的土壤,也较耐寒,抗性强,耐干旱贫瘠。

园林应用:可栽培作行道树及观赏用。树冠大,绿色期较长,遮阴效果好,生长迅速,耐修剪,干型好,适生性强,叶片吸尘、杀菌、抗有毒气体和病虫害能力强并能吸收有害气体,能适应城市透气性差的土壤。一球悬铃木用于街道、厂矿区绿化颇为合适,是重要的城市园林绿化树种,被称为“世界行道树之王”。悬铃木的果实呈球形,由若干坚果组成,每个坚果都被有一层细长的果毛,每年春夏之交,干枯的悬铃木老果脱落时,大量果毛从树上飘落,极易造成空气及环境污染,影响车辆行驶,细小的飞毛容易引发市民上呼吸道感染和皮肤疾病,给城市环境和市民的身心健康造成严重的不利影响。

2. 三球悬铃木 *Platanus orientalis* L.

形态特征:落叶大乔木,高达 30 m,树皮薄片状脱落。叶大、阔卵形,上部掌状 5～7 裂,中央裂片深裂过半,边缘有少数裂片状粗齿,掌状脉 5 条或 3 条。圆球形头状果序 3～5 个。

分布与生境:原产于欧洲东南部和亚洲西南部。江苏全境有分布。适应性强,喜光,耐寒、耐旱,对土壤要求不严;萌芽力强,耐修剪。

园林应用:园林应用同一球悬铃木,但因三球悬铃木果实较多,落果对环境造成的污染较大。

二球悬铃木(*P.* × *acerifolia*)为三球悬铃木与一球悬铃木(*P. occidentalis*)的杂交种,久经栽培,我国东北、华中及华南均有引种,江苏全境有分布。园林应用同三球悬铃木。

二十六、蔷薇科 Rosaceae

苹果亚科 Maloideae

(一) 木瓜属 *Chaenomeles*

落叶或半常绿灌木或小乔木。枝有刺或无刺。单叶互生,具齿或全缘,有短柄与托叶。花单生或簇生;先于叶开放或迟于叶开放;萼片 5,花瓣 5,雄蕊 20 或多数,排成两轮;花柱 5,基部合生;子房下位,5 室,每室具有多数胚珠排成两行。梨果大型;种皮革质。

本属共有 5 种,中国有 4 种。为重要的观赏植物和果品。

1. 木瓜海棠 *Chaenomeles cathayensis* (Hemsl.) C. K. Schneid.

形态特征:落叶灌木至小乔木,高 2～6 m。枝条直立,具短枝刺;小枝圆柱形,紫褐色。叶片椭圆形、披针形至倒卵披针形,先端急尖或渐尖,基部楔形,边缘有芒状细尖锯齿。花先叶开放;花瓣倒卵形或近圆形,淡红色或白色;雄蕊 45～50,长约花瓣之半。果实卵球形或近圆柱形,黄色有红晕,味芳香。花期 3～5 月,果期 9—10 月。

分布与生境:原产于西北、华中、中南、华东地区,生于海拔 900～2 500 m 山坡、林边、道旁,栽培或野生,现各地习见栽培。在江苏全境有栽培。喜光,喜温暖湿润的气候,耐寒,耐旱,忌积水。对土壤要求不严,但在肥沃疏松、土层深厚、排水良好的土壤中生长更好。

园林应用:木瓜海棠用途广泛,具有食用、药用价值和春观花、夏观形、秋观果、冬观干的独特观赏价值,适合庭院、公园各处露地栽植和盆栽。种仁含油,无异味,可食并可制肥皂;果实经蒸煮后可做成蜜饯,又可供药用,可作木瓜(*C. sinensis*)的代用品,但植株耐寒力不及木瓜和贴梗海棠(*C. speciosa*);树皮含鞣质,可提制栲胶;木材质坚硬,可以制作家具等。

2. 日本木瓜 *Chaenomeles japonica* (Thunb.) Lindl. ex Spach

形态特征:矮灌木,高约 1 m。枝条广开,有细刺;小枝粗糙,圆柱形,紫红色,二年生枝条有疣状突起,黑褐色,无毛。叶片倒卵形,先端圆钝,基部楔形,边缘有圆钝锯齿,齿尖向内合拢;托叶肾形有圆齿。花 3~5 朵簇生;花瓣倒卵形,砖红色。果实近球形,黄色。花期 3—6 月,果期 8—10 月。

分布与生境:原产于日本。中国陕西、山东、江苏和浙江等地广泛栽培。江苏全境有栽培。适应性强,性喜充足的阳光,也耐半阴,耐寒也耐高温,喜排水良好的土壤,耐修剪。

园林应用:日本木瓜植株低矮,可丛植于庭院、路边、坡地,也常盆栽置于阳台、室内以供观赏。有白花、斑叶和平卧变种,可制成盆景供观赏用。果实供药用,有化湿和胃、舒筋活络、祛风舒筋止痛的功效。

3. 木瓜 *Chaenomeles sinensis* (Thouin) Koehne

形态特征:灌木或小乔木,高达 5~10 m。树皮成片状脱落;小枝无刺,圆柱形,紫红色,二年生枝紫褐色。叶片椭圆卵形,先端急尖,基部宽楔形或圆形,边缘有刺芒状尖锐锯齿,齿尖有腺。花单生于叶腋;花瓣倒卵形,淡粉红色。果实长椭圆形,暗黄色,木质,味芳香。花期 4 月,果期 9—10 月。

分布与生境:产于黄河以南至华南。在江苏全境均见栽培供观赏。喜光,喜温暖,也耐寒,不耐盐碱和低湿。

园林应用:木瓜树皮斑驳有特色,适于小型庭院造景,常于房前或花台中对植或于墙角孤植,也可成片种植成木瓜林,春夏之交蔚为壮观,在江南古典园林内有很多应用。木瓜还是上好的芳香植物,可用于芳香园林、健康疗愈、园艺康养等。果实味涩,可水煮或浸渍于糖液中供食用,入药有解酒、去痰、顺气、止痢之效;果皮干燥后仍光滑,不皱缩,故有"光皮木瓜"之称;果实芳香,可直接置于室内作香源;木材坚硬,可作床柱用。

4. 贴梗海棠 *Chaenomeles speciosa* (Sweet) Nakai

形态特征:落叶灌木,高达 2 m。枝条直立开展,有刺;小枝圆柱形,紫褐色或黑褐色。叶片卵形至椭圆形,先端急尖,基部楔形,边缘具有尖锐锯齿,齿尖开展;托叶大型,草质,肾形。花先叶开放,生于二年生老枝上;花瓣倒卵形,猩红色。花梗极短,花朵紧贴在枝干上,故得此名。果实球形或卵球形,黄色或带黄绿色,味芳香。花期 3—5 月,果期 9—10 月。

分布与生境:产于我国黄河以南地区,全国各地广泛栽培。缅甸、日本、朝鲜也有分布。江苏全境有分布。喜光,耐寒,对土壤要求不严,喜沙质土壤,不耐积水。

园林应用:贴梗海棠为我国传统"海棠四品"(即西府海棠、垂丝海棠、木瓜海棠和贴梗海棠)之一。作为传统海棠的一种,贴梗海棠的花色红黄杂糅,相映成趣,是良好的芳香花木。可以种植于芳香园林、医院、幼儿园、学校、疗养院、康养中心等园艺疗愈或园林康养环境中。贴梗海棠早春先叶开花,是一种优良的春季观花果灌木,其花朵鲜润丰腴、绚烂夺目。贴梗海棠适宜丛植于草坪、庭院、树丛周围、池畔,也可以与梅花、松树配植于假山叠石之间,亦可成行栽植作花篱,还可制作盆栽观赏,是理想的花果树桩盆景材料。果实干制后入药,具有舒筋活络、化湿、强壮、兴奋、镇痛、平肝、和脾的功效。

（二）山楂属 *Crataegus*

落叶稀半常绿灌木或小乔木，通常具刺。单叶互生，有锯齿，深裂或浅裂，稀不裂，有叶柄与托叶。伞房花序或伞形花序，极少单生；萼筒钟状，萼片5；花瓣5，白色，极少数粉红色；雄蕊5～25；心皮1～5，大部分与花托合生，子房下位至半下位，每室具2胚珠。梨果，内含1～5骨质小核；种子直立、扁，子叶平凸。

本属约有1 000种，广泛分布于北半球温带，尤其以北美东部为多，中国约有17种。

1. 山楂 *Crataegus pinnatifida* Bunge

形态特征：落叶乔木，高达6 m。小枝圆柱形，当年生枝紫褐色，老枝灰褐色。叶片宽卵形或三角状卵形，先端短渐尖，基部截形，通常两侧各有3～5羽状深裂片，裂片卵状披针形或带形，先端短渐尖，边缘有尖锐稀疏不规则重锯齿。伞房花序具多花，早落；花瓣倒卵形或近圆形，白色。果实近球形，深红色，有浅色斑点。花期5—6月，果期9—10月。

分布与生境：分布于我国东北至华中、华东各地海拔100～1 500 m的荒山秃岭、阳坡、半阳坡、山谷的林边或灌木丛中。江苏全境有栽培。适应性强，喜光，也耐阴，喜凉爽、湿润的环境，较耐寒且耐高温，耐干旱贫瘠，抗污染。对土壤要求不严格，但在土层深厚、质地肥沃、疏松、排水良好的微酸性沙壤土上生长良好。

园林应用：山楂可栽培作绿篱和观赏树，秋季结果累累，经久不凋，颇为美观。园林中可结合生产成片栽植，也是优良的园路行道树。经修剪整形，也可以作绿篱。民间有诸多关于山楂的植物文化，如"冰糖葫芦"的来历。多地有山楂专类园或举办过以山楂为主题的园事活动。山楂果鸟兽喜食，是招引动物的好树种，可用于城市生物多样性培育工程。山楂是中国特有的药果兼用树种，果实人类也可生吃，或制作果脯、果糕，也可制成"冰糖葫芦"，干制后可入药，具有降血脂、血压、强心、抗心律不齐等作用，同时也是健脾开胃、消食化滞、活血化痰的良药，对胸膈痞满、疝气、血淤、闭经等症有很好的疗效。山楂含有的黄酮类化合物牡荆素是一种抗癌作用较强的药物，山楂提取物对抑制体内癌细胞生长、增殖和浸润转移均有一定的作用。

2. 湖北山楂 *Crataegus hupehensis* Sarg.

形态特征：乔木或灌木，高达3～5 m。枝条开展；小枝圆柱形，紫褐色，二年生枝条灰褐色。叶片卵形至卵状长圆形，先端短渐尖，基部宽楔形，边缘有圆钝锯齿，上半部具2～4对浅裂片，裂片卵形，先端短渐尖。伞房花序，早落；花瓣卵形，白色。果实近球形，深红色，有斑点。花期5—6月，果期8—9月。

分布与生境：产于陕西、长江流域至华东地区。江苏淮安、扬州、泰州、盐城、南通、南京、镇江、常州、无锡、苏州等地有分布。生于海拔100～2 000 m山坡灌木丛中。

园林应用：湖北山楂具有优美的树形和一定的园林价值，其树姿干张，树冠整齐优美，花繁叶茂。花洁白清香，果硕大橙红，与山楂相比更适合用于亚热带庭园及城市街道、居民小区绿化。湖北山楂果实营养丰富，可食用或制作山楂糕及酿酒，其加工食品有提神、清胃、醒脑和增进食欲的功能。湖北山楂也有较高的药用价值，具有明显抑制胆碱酯酶、降压和增进冠脉流量、降压解疼的作用，另含绿原酸，有利胆、抗菌作用等。

（三）枸子属 *Cotoneaster*

落叶、常绿或半常绿灌木，有时为小乔木状。叶互生，有时呈两列状，全缘，是蔷薇科唯一叶全缘的属；托叶细小，早落。花单生，2～3 朵或多朵成聚伞花序，腋生或着生在短枝顶端；花瓣 5，白色、粉红色或红色，直立或开张；雄蕊常 20；花柱 2～5，离生；子房下位或半下位。果实小型梨果状，红色、褐红色至紫黑色，内含 1～5 小核；小核骨质，常具 1 种子；种子扁平，子叶平凸。

本属约有 90 余种，分布在亚洲（日本除外）、欧洲和北非的温带地区。中国约有 60 种，主要产地在西部和西南部。多数可作为庭院观赏灌木。种子播种后 1～3 年发芽。

1. 平枝枸子 *Cotoneaster horizontalis* Decne.

形态特征：落叶或半常绿匍匐灌木，高不超过 0.5 m。枝水平开张呈整齐两列状；小枝圆柱形，黑褐色，因而形象地被俗称为"铺地蜈蚣"。叶片近圆形或宽椭圆形，先端多数急尖，基部楔形，全缘。花 1～2 朵，近无梗；花瓣直立，倒卵形，先端圆钝。果实近球形，鲜红色。花期 5—6 月，果期 9—10 月。

分布与生境：产于甘肃、陕西至华东、华中、西南地区。江苏全境有分布。生于灌木丛中或岩石坡上，海拔 1 000～3 500 m。平枝枸子有极强的抗性以及适应性。

园林应用：平枝枸子枝密、叶小，枝叶横展，花密集枝头，晚秋时叶色红，红果艳丽，果枝可用于插花，是优良的园林观赏花木，可种植于地被、墙沿、角隅，也是优良的制作盆景材料、岩石园绿化材料。尤其适合用于坡地、路边等地形起伏较大的区域，以及废弃采矿迹地的植被修复与景观重建。全草入药，可清热化湿、止血止痛，用于治疗泄泻、腹痛、吐血、痛经、带下病等。

2. 华中枸子 *Cotoneaster silvestrii* Pamp.

形态特征：落叶灌木，高 1～2 m。枝条开张，小枝细瘦，棕红色。叶片椭圆形至卵形，先端急尖或圆钝，稀微凹，基部圆形或宽楔形，上面无毛或幼时微具平铺柔毛，下面被薄层灰色绒毛；托叶线形，微具细柔毛，早落。聚伞花序；花瓣平展，近圆形，白色。果实近球形，红色。花期 6 月，果期 9 月。

分布与生境：分布于甘肃、河南、安徽、湖北、江西、四川等地。江苏有引种栽培。生长于海拔 500～2 600 m 的杂木林内。

园林应用：华中枸子的花富含花蜜和花粉，是上好的蜜源植物，也是江淮地区不可多得的园林绿化树种。其果实大多为红色，但色彩变化较大，从黄色到黑色，色彩纷呈，鸟兽喜食，可用于城市生物多样性培育工程中动物招引，也是上好的制作盆景材料，值得大力在园林中繁育和推广应用。

（四）梨属 *Pyrus*

落叶乔木或灌木，稀半常绿乔木，有时具刺。单叶互生，有锯齿或全缘，稀分裂，在芽中呈席卷状，有叶柄与托叶。花先叶开放或花叶同放，伞形总状花序；萼片 5；花瓣 5，白色，稀粉红色；雄蕊 15～30，花药通常深红色或紫色；花柱 2～5，离生，子房 2～5 室，每室 2 胚珠。梨果，果肉多汁，富石细胞，子房壁软骨质；种子黑色或黑褐色。

本属约 25 种。产于欧亚及北非温带；中国产 14 种。配置时要远离刺柏。

1. 杜梨 *Pyrus betulifolia* Bunge

形态特征：乔木，高达 10 m。树冠开展，枝常具刺；冬芽卵形，先端渐尖，外被灰白色绒毛。叶片菱状卵形至长圆卵形,先端渐尖,基部宽楔形,边缘有粗锐锯齿;托叶膜质,线状披针形。伞形总状花序,总花梗和花梗均被灰白色绒毛,花瓣白色宽卵形。果实近球形,褐色,有淡色斑点。花期4月,果期8—9月。

分布与生境:分布于东北南部、内蒙古、黄河流域及长江流域各地。江苏全境有分布。生于海拔50～1 800 m平坦地或山坡阳处。本种生性强健,对水肥要求也不严,抗干旱,耐寒凉,结果早,寿命很长。

园林应用:杜梨树形高大优美,早春花白如雪、繁多如雾,成片栽植后蔚为壮观。杜梨是嫁接各种栽培梨的优良砧木,也可栽培观赏,在欧美国家常于街道旁、庭院内及公园中孤植、丛植,也可以作盐碱地绿化或防护林、水土保持林及沙荒地造林树种。杜梨木材致密,可制作各种器物和雕版印刷的模板;果实虽小,但产量高且鸟兽喜食,可用于动物园或城市生物多样性培育工程中动物招引;树皮含鞣质,可提制栲胶,并可入药。

2. 豆梨 *Pyrus calleryana* Decne.

形态特征:乔木,高5～8 m。小枝粗壮,幼时有绒毛,后脱落,圆柱形。冬芽三角卵形,先端短渐尖,无毛。叶片宽卵形至卵形,先端渐尖,基部圆形至宽楔形,边缘有钝锯齿,无毛;托叶叶质,线状披针形。伞形总状花序;花瓣卵形,基部具短爪,白色。梨果球形,黑褐色,有斑点,萼片脱落。花期4月,果期8—9月。

分布与生境:分布于华北、华东至华南各地。江苏全境有分布。适生于海拔80～1 800 m的温暖潮湿的山坡、沼地、平原或山谷杂木林中。喜光,稍耐阴,不耐寒,耐干旱瘠薄。对土壤要求不严,在碱性土中也能生长。深根性,具抗病虫害能力,生长较慢。

园林应用:豆梨是集观花、观果、观形于一体的景观树种,仲春时节满树白花似雪,素雅莹洁、清爽怡人。其树冠较大,树形多样,有塔形、柱形等,可作城市行道树;又可应用于园林中作为点景树等。豆梨亦可作嫁接西洋梨、沙梨等的砧木。其木材致密,可用于细木雕刻或制作工具柄、算盘、纺织木梭、玩具、乐器、镜框等。

(五)枇杷属 *Eriobotrya*

常绿乔木或灌木。单叶互生,边缘有锯齿或近全缘,羽状网脉明显;通常有叶柄或近无柄。顶生圆锥花序,常有绒毛;萼片5,宿存;花瓣5,倒卵形或圆形;雄蕊20;心皮合生,子房下位,2～5室,每室有2胚珠。梨果肉质或干燥,内果皮膜质,有1或数粒大种子。

本属共30余种,主产于亚洲温带及亚热带;我国产13种,华中、华南、华西均有分布。

1. 枇杷 *Eriobotrya japonica*(Thunb.)Lindl.

形态特征:常绿小乔木,高可达10 m。小枝粗壮,黄褐色,密生锈色或灰棕色绒毛。叶片革质,披针形、倒披针形、倒卵形或椭圆、长圆形,先端急尖或渐尖,基部楔形或渐狭成叶柄,上部边缘有疏锯齿,基部全缘;托叶钻形,先端急尖,有毛,尤以背部为甚。圆锥花序顶生,花瓣白色,长圆形或卵形。果实球形或长圆形。花期10—12月,果期5—6月。

分布与生境:分布于甘肃南部、秦岭以南,西至四川、云南,各地广泛栽培。日本、印度、越南、缅甸、泰国、印度尼西亚等地也有栽培。江苏淮安、扬州、泰州、盐城、南通、南京、镇江、常州、无锡、苏州等地有分布。喜光,稍耐阴,也耐水湿,喜温暖湿润气候和肥沃湿润而排水良好的土壤。

园林应用:枇杷是美丽的观赏树木和果树,树形整齐美观,叶大荫浓,四季常绿,春萌新叶白毛茸茸,果色泽艳丽,是优良绿化树种和南方蜜源植物,常用于园林观赏,栽培于庭前、亭廊附近,也可配置于溪边、湖畔作背景林。因其叶面多密生绒毛且常绿而具良好的吸附灰尘效能,特别适合于多烟尘或冬季多雾霾的城市种植。枇杷也是我国南方特有的珍稀水果,其秋日养蕾,冬季开花,春来结果,夏初成熟,承四时雨露,为"果中独备四时之气者";果肉柔软多汁,酸甜适度,被誉为"果中之皇"。果供生食、制蜜饯和酿酒用;叶晒干去毛,可供药用,中医认为枇杷集四时之灵气而无偏性,有润肺下气、化痰止咳、和胃降气之效;木材红棕色,可制作木梳、手杖、农具柄等。

(六)苹果属 *Malus*

落叶稀半常绿乔木或灌木。单叶互生,叶片有齿或分裂,在芽中呈席卷状或对折状,有叶柄和托叶。伞形总状花序;花瓣近圆形或倒卵形,白色、浅红至艳红色;雄蕊 15~50,具有黄色花药和白色花丝;子房下位,3~5 室,每室有 2 胚珠。梨果,通常不具石细胞或少数种类有石细胞;种皮褐色或近黑色。

本属约有 35 种,广泛分布于北半球温带。中国有 23 种。多数为重要果树及砧木或观赏树种。

1. 花红 *Malus asiatica* Nakai

形态特征: 落叶小乔木,高 4~6 m。小枝粗壮,圆柱形,嫩枝密被柔毛,老枝暗紫褐色,无毛。冬芽卵形,先端急尖,灰红色。叶片卵形或椭圆形,先端急尖或渐尖,基部圆形或宽楔形,边缘有细锐锯齿;托叶小,膜质,披针形。伞房花序集生在小枝顶端;花瓣倒卵形或长圆倒卵形,基部有短爪,淡粉色。果实卵形或近球形,黄色或红色,有清香味,先端渐狭,是常见的水果。花期 4—5 月,果期 8—9 月。

分布与生境: 产于黄河流域及内蒙古、辽宁、河北、甘肃、湖北、四川等地。在我国东北、华北、华东各地常见栽培。在江苏徐州、连云港、宿迁、淮安、扬州、泰州、盐城、南通等地有栽培。适宜生长于海拔 50~2 800 m 的山坡阳处、平原沙地。根系强健,萌蘖力强,生长旺盛,抗逆性强。喜光,耐寒,耐干旱,亦耐水湿及盐碱。适生范围广,对土壤肥力要求不严,在土壤排水良好的坡地生长尤佳。

园林应用: 花红是我国古老的果树,其果呈黄色或淡红色,香艳可爱,为花果并美的观赏树木之一。适植于园林中各处,但应注意排水并确保有充足的光照,群植、孤植皆可,也可制作盆景。在亚热带地区种植要特别注意病虫害防治。果除鲜食外,还可以加工制成果干、果丹皮或酿酒。

2. 苹果 *Malus domestica* (Suckow) Borkh.

形态特征: 落叶乔木,高可达 15 m。多具有圆形树冠和短主干;小枝短而粗,圆柱形.冬芽卵形,先端钝,密被短柔毛。叶片椭圆形、卵形至宽椭圆形,先端急尖,基部宽楔形或圆形,边缘具有圆钝锯齿;托叶草质,披针形,先端渐尖,全缘,密被短柔毛。伞房花序集生于小枝顶端,花瓣倒卵形,基部具短爪,白色,含苞未放时带粉红色。果实扁球形,先端常有隆起,萼洼下陷,萼片永存。花期 5 月,果期 7—10 月。

分布与生境: 原产于欧洲和亚洲中部,栽培历史悠久。我国辽宁、河北、山西、山东、陕西、甘肃、四川、云南、西藏常见栽培。全世界温带地区均有种植。江苏北部有栽培。我国古代栽培的中国苹果为本种的变种,即古代所谓"柰"。适生于海拔 50~2 500 m 山坡梯田、旷野以及黄土丘陵等处。

园林应用：苹果是著名落叶果树，品种繁多，经济价值很高，园林中可结合生产成片栽植，充分发挥其经济效益，也可以丛植点缀庭院。在亚热带地区园林中配置要特别注意病虫害防治，忌积水，保证充足的光照。

3. **西府海棠** *Malus* × *micromalus* Makino

形态特征：中国特有的落叶小乔木，高达 2.5～5 m。树枝直立性强；小枝细弱，圆柱形，紫红色或暗褐色，具稀疏皮孔。冬芽卵形，先端急尖，暗紫色。叶片长椭圆形或椭圆形，先端急尖或渐尖，基部楔形，稀近圆形，边缘有尖锐锯齿；托叶膜质，线状披针形，先端渐尖，边缘有疏生腺齿。伞形总状花序集生于小枝顶端；花瓣近圆形或长椭圆形，基部有短爪，粉红色。果实近球形，红色，萼洼、梗洼均下陷。花期 4—5 月，果期 8—9 月。

分布与生境：产于华北、东北、西北、西南、华东等地。分布于海拔 100～2 400 m 地带。喜光、耐寒、耐干旱，忌空气湿度大，对土壤要求不严，最喜沙质土壤，抗病虫害。

园林应用：西府海棠在各观赏海棠中相对高大，树姿直立。花朵密集，花色艳丽，红粉相间，叶绿，果美，不论孤植、列植、丛植均极美观，最宜植于水滨及小庭一隅。西府海棠也是常见的栽培果树及观赏树，味、形皆似山楂，酸甜可口，可鲜食或制作蜜饯罐头。西府海棠因生长于西府（今陕西省宝鸡市）而得名，现为陕西省宝鸡市的市花，花姿潇洒，花开似锦，自古以来是雅俗共赏的名花，素有"花中神仙""花贵妃""国艳"之誉，历代文人墨客题咏不绝。西府海棠在园林中常与玉兰、牡丹、桂花配植，形成"玉棠富贵"的意境。相比其他海棠，西府海棠更适应亚热带气候，其病虫害相对较轻，养护管理也比较粗放。

4. **垂丝海棠** *Malus halliana* Koehne

形态特征：落叶小乔木，高达 5 m。树冠开展；小枝细弱，微弯曲，圆柱形，最初有毛，不久脱落，紫色或紫褐色。冬芽卵形，先端渐尖，紫色。叶片卵形或椭圆形至长圆形，先端长渐尖，基部楔形至近圆形，边缘有圆钝细锯齿，上面深绿色，有光泽并常带紫晕；托叶小，膜质，披针形。伞房花序，花梗紫红色，细弱、下垂，故名垂丝海棠；花瓣倒卵形，基部有短爪，粉红色。果实梨形或倒卵形，成熟时半边略带紫色，另一半呈黄绿色。花期 3—4 月，果期 9—10 月。

分布与生境：分布于长江流域至西南各地。江苏全境有分布。生于海拔 50～1 200 m 的山坡丛林中或山溪边。喜光，不耐阴，喜温暖湿润，适生于阳光充足的环境，较耐寒，对土壤要求不严，在微酸或微碱性土壤中均可成长，但以在土层深厚、疏松、肥沃、排水良好略带黏质的土壤中生长更好。生性强健，容易栽培，不需要特殊技术管理，忌积水，盆栽须防止水浸渍，以免烂根。

园林应用：垂丝海棠叶茂花繁，花姿优美，丰盈娇艳，花瓣呈玫瑰红色，朵朵弯曲下垂，可地栽装点园林，形成粉色的花海，远望犹如彤云密布。垂丝海棠不仅花色艳丽，其果实亦可观。秋季果实成熟，红黄相映高悬枝间。冬末春初时，庭园中的垂丝海棠挂满红色小果，不仅为园林冬景增色，同时其果也为鸟兽喜食，可招引动物，增加生物多样性。垂丝海棠对二氧化硫有较强的抗性，故适用于城市街道绿地和厂矿区绿化。垂丝海棠有重瓣、白花等诸多栽培品种，可在门庭两侧对植，或种植于亭台周围、丛林边缘、水滨；在古典园林中常与山石和其他花灌木配植，其后以白粉墙为背景，则尤绰约多姿。在草坪边缘成片群植，或在公园游步道旁两侧列植或丛植,亦具特色。垂丝海棠也是制作盆景的材料,经过艺术加工,可制成苍老古雅的桩景珍品。水养花枝可供瓶插及其他装饰之用。果成熟后酸甜可口,可制蜜饯,也可供药用,主治血崩。垂丝海棠在亚热带地区生长良好,但在园林中应用要特别注意病虫害,特别是蛀茎干害虫的防治。

5. 湖北海棠 *Malus hupehensis* (Pamp.) Rehder

形态特征:乔木,高达 8 m。冬芽卵形,先端急尖,暗紫色。叶片卵形至卵状椭圆形,先端渐尖,基部宽楔形,边缘有细锐锯齿,常呈紫红色;托叶草质至膜质,线状披针形,先端渐尖。伞房花序;花瓣倒卵形,基部有短爪,粉白色或近白色。心皮 3～4,每心皮中有 1 粒胚珠。果实椭圆形或近球形,黄绿色稍带红晕,每个果实有 3～4 粒种子。花期 4—5 月,果期 8—9 月。

分布与生境:本种为观赏海棠中分布最广的一种,产于西北地区、长江流域至华南各地。江苏全境有分布。生于海拔 50～3 000 m 的山坡或山谷丛林中。喜光,喜湿润,耐水湿,也耐干旱,抗寒性强,并有一定的抗盐能力。

园林应用:湖北海棠春季满树缀以粉白色花朵,在观赏海棠中属开花较晚的一种,秋季结实累累,甚为美丽,在南方可作观赏树种,孤植于庭院,或与其他海棠品种丛植、列植、片植。果实可供食用、酿酒,嫩叶可制茶。湖北海棠较其他海棠抗性强,病虫害少,在四川、湖北、山东、江苏北部等地用作苹果砧木,嫁接成活率高。山东沂蒙山区人民常将其嫩叶晒干或炒制,作茶叶代用品,此茶味微苦涩,略带甜,俗名花红茶,也称蒙山甜茶。

6. 海棠花 *Malus spectabilis* (Aiton) Borkh.

形态特征:我国特产。落叶乔木,高可达 8 m。小枝粗壮,圆柱形。冬芽卵形,先端渐尖,微被柔毛,紫褐色,有数枚外露鳞片。叶片椭圆形至长椭圆形,先端短渐尖或圆钝,基部宽楔形或近圆形,边缘有紧贴细锯齿;叶柄具短柔毛;托叶膜质,窄披针形,先端渐尖,全缘,内面具长柔毛。花序近伞形;花瓣卵形,基部有短爪,白色,在芽中呈粉红色。果实近球形,基部不下陷,梗洼隆起。花期 4—5 月,果期 8—9 月。

分布与生境:产于华东、华北、东北南部等地区。江苏全境有分布。多生长在海拔 50～2 000 m 平原或山地。适应性强,对环境要求不严,最喜沙壤土,对盐碱土抗性较强。喜光,不耐阴,耐寒,耐干旱,怕水湿。

园林应用:海棠花历来为中国人民所喜爱,素有"国艳"之誉,无论是古典园林还是公共空间,都广泛运用海棠花进行植物造景。海棠花开花后繁花满树,可孤植于庭院点缀,或与其他海棠品种丛植、列植、片植。最适宜栽植于堂前、栏外、水滨、草地、亭廊之侧。海棠花不仅能给人们带来视觉上的享受,还具有丰富的文化内涵。人们称赞它是"百花之尊""花之贵妃",甚至"花中神仙",同时将它看作是美好春天、美人佳丽和万事吉祥的象征。海棠花对二氧化硫有较强的抗性,适合种植于城市街道绿地和用于矿区绿化。其果实无论味道还是形态皆似山楂,酸甜可口,可鲜食或制作蜜饯。

(七)花楸属 *Sorbus*

落叶乔木或灌木。叶互生,有托叶,单叶或奇数羽状复叶,在芽中为对折状,稀席卷状。花两性,多数成顶生复伞房花序;萼片和花瓣各 5;雄蕊 15～25;心皮 2～5,部分离生或全部合生;子房半下位或下位,2～5 室,每室具 2 胚珠。果实为 2～5 室小型梨果,子房壁软骨质,各室具 1~2 种子。

本属有 80 多种,广布于北半球温带。中国约有 60 种。该属大多数种花果皆美丽,但分布海拔较高,多数只能引种至温带城市园林中,能在亚热带地区城市园林中应用者较少。

1. 水榆花楸 *Sorbus alnifolia* (Siebold & Zucc.) K. Koch

形态特征:乔木,高达 20 m。有长短枝之分,小枝圆柱形,具灰白色皮孔。冬芽卵形,先端急尖,外具数枚暗红褐色无毛鳞片。叶片卵形至椭圆卵形,先端短渐尖,基部宽楔形至圆形,边缘有不整齐的尖锐重锯齿,侧脉直达叶边齿尖。复伞房花序较疏松;花瓣卵形或近圆形,先端圆钝,白色。果实椭圆形或卵形,红色或黄色。花期 5 月,果期 8—9 月。

分布与生境:产于东北南部、华北、华中、西北、华东长江流域及其以北地区。在江苏低海拔地区有栽培。生于海拔 500~2 300 m 的山坡、山沟或山顶混交林或灌木丛中,为该属中海拔分布较低的种类。稍耐阴,喜光,喜湿,不耐高温、干燥,在适宜生境中生长很快。

园林应用:树冠圆锥形,春日满树白花,秋冬红果垂如豆,秋季叶片转变成猩红色,为美丽的观赏树。宜群植于山岭形成风景林,也可作公园及庭院的风景树。木材可供制作器具、车辆及模型用,树皮可制染料,纤维可供造纸用。

(八) 石楠属 *Photinia*

落叶或常绿乔木或灌木。单叶互生,革质或纸质,多数有锯齿,稀全缘,有托叶。花两性,多数,成顶生伞形、伞房或复伞房花序,稀聚伞花序;萼片 5;花瓣 5;雄蕊 20;心皮 2,稀 3~5,花柱离生或基部合生,子房半下位,2~5 室,每室 2 胚珠。果实为 2~5 室小型梨果,每室有 1~2 种子;种子直立,子叶平凸。

本属有 60 余种,主产亚洲东部及南部。中国产 40 余种,多分布于温暖的南方。

1. 中华石楠 *Photinia beauverdiana* C. K. Schneid.

形态特征:落叶灌木或小乔木,高 3~10 m。小枝无毛,紫褐色,有散生灰色皮孔。叶片薄纸质,长圆形、倒卵状长圆形或卵状披针形,先端突渐尖,基部圆形或楔形,边缘有疏生具腺锯齿。花多数,成复伞房花序;总花梗和花梗无毛,密生疣点;花瓣白色,卵形或倒卵形,先端圆钝。果实卵形,紫红色,无毛,微有疣点,先端有宿存萼片。花期 5 月,果期 7—8 月。

分布与生境:分布于陕西、华中、长江流域至华南、中南、华东地区。江苏淮安、扬州、泰州、盐城、南通、南京、镇江、常州、无锡、苏州等地有分布。生于海拔 300~1 700 m 的山坡或山谷林下。喜光,稍耐阴,喜温暖、夏季凉爽且湿润的气候;萌芽力强,耐修剪,对烟尘和有毒气体有一定的抗性。深根性,对土壤要求不严,但以在肥沃、湿润、土层深厚、排水良好、微酸性的沙质土壤上生长最为适宜。

园林应用:中华石楠常有密集的花序,春季开白色花朵,秋季结多数透明的血红色果实,可于庭院孤植、群植、列植,也可制作盆景供观赏之用。中华石楠果实鸟兽喜食,为招引动物的好树种。木材坚硬,可制作伞柄、秤杆、算盘珠、家具、农具等;根、叶入药,可行气活血、祛风止痛,主治风湿痹痛,能治疗肢膝酸软、头风头痛、跌打损伤。

2. 石楠 *Photinia serratifolia* (Desf.) Kalkman

形态特征:常绿灌木或小乔木,高 4~6 m。枝褐灰色,无毛。冬芽卵形,鳞片褐色,无毛。叶片革质,长椭圆形、长倒卵形或倒卵状椭圆形,先端尾尖,基部圆形或宽楔形,边缘有疏生具腺细锯齿,近基部全缘;叶柄粗壮。复伞房花序顶生;花密生;花瓣白色,近圆形。果实球形,红色,后成褐紫色。花期 5—7 月,果期 10 月。

分布与生境:分布于秦岭及淮河流域以南至华南地区,华北地区有少量栽培。日本及东南亚地区也有分布。江苏全境有分布。生于海拔 50～1 500 m 杂木林中。喜光,也耐阴,喜温暖湿润的气候,抗寒力不强,对土壤要求不严,较耐干旱贫瘠,不耐水湿,以在肥沃湿润的沙质土壤上生长最为适宜。萌芽力强,耐修剪,对烟尘和有毒气体有一定的抗性。

园林应用:石楠具圆形树冠,叶丛浓密,终年常绿。早春幼枝、嫩叶呈紫红色,具光泽,老叶经过秋季后,部分出现赤红色,初夏密生白色花序,冬季果实红色,鲜艳夺目,是常见的栽培树种。在公园绿地、庭院、路边、花坛中央及建筑物门庭两侧均可孤植、丛植、列植,作为庭荫树或绿篱栽植效果更佳。也可根据园林绿化布局需要修剪成球状或圆锥状等不同的造型,或用于基础栽植,与其他树种组成模纹图案。石楠木材坚密,可制作车轮及器具柄及雕版印刷之模板;种子榨油,供制油漆、肥皂或作润滑油用;叶和根供药用,为强壮剂、利尿剂,有祛风除湿、活血解毒、镇静解热等作用;根、叶磨粉的水浸液又可作土农药防治蚜虫,并对马铃薯病菌孢子发芽有抑制作用。石楠还可作枇杷的砧木,用石楠作砧木嫁接的枇杷寿命长,耐瘠薄,生长强壮。

3. 光叶石楠 *Photinia glabra*（Thunb.）Maxim.

形态特征:常绿乔木,高 3～5 m。老枝灰黑色,无毛,皮孔棕黑色,近圆形,散生。叶片革质,红色,椭圆形、长圆形或长圆倒卵形,先端渐尖,基部楔形,边缘疏生浅钝细锯齿,无毛。花多数,成顶生复伞房花序;花瓣白色,反卷,倒卵形,先端圆钝。果实卵形,红色,无毛。花期 4—5 月,果期 9—10 月。

分布与生境:分布于长江流域至华南、西南。日本及东南亚的缅甸、泰国也有分布。江苏南京、镇江、常州、无锡、苏州等地有分布。生于海拔 300～800 m 的山坡杂木林或常绿阔叶林中。

园林应用:光叶石楠树冠圆整,叶片光、绿,初春嫩叶紫红,初夏白花点点,秋日红果累累,极富观赏价值,是著名的庭院绿化树种,适宜栽培作篱垣及庭园树。其他用途同石楠。

(九)火棘属 *Pyracantha*

常绿灌木或小乔木,常具枝刺。单叶互生,具短叶柄,边缘有圆钝锯齿、细锯齿或全缘;托叶细小,早落。花白色,成复伞房花序;萼筒短,萼片 5;花瓣 5,近圆形,开展;雄蕊 20,花药黄色;心皮 5,腹面离生,每心皮具 2 胚珠,子房半下位。梨果小,球形,顶端萼片宿存,内含小核 5 粒。

本属有 10 种,分布于亚洲东部至欧洲南部;中国有 7 种,主要分布于西南地区。

1. 火棘 *Pyracantha crenulata*（D. Don）M. Roem.

形态特征:常绿灌木,高达 3 m。侧枝短,先端刺状,嫩枝外被锈色短柔毛,老枝暗褐色,无毛。芽小,外被短柔毛。叶片倒卵形或倒卵状长圆形,先端圆钝或微凹,有时具短尖头,基部楔形,下延连于叶柄,边缘有钝锯齿,齿尖向内弯,近基部全缘,两面皆无毛。花集成复伞房花序;花瓣白色,近圆形。果实近球形,橘红色或深红色。花期 3—5 月,果期 8—11 月。

分布与生境:秦岭以南,南至南岭,西至四川和西藏,东至沿海均有分布。在江苏全境有分布。生于海拔 300～2 800 m 的山地、丘陵阳坡灌丛、草地及河沟、路旁。火棘适应性强,耐修剪,易萌发。

　　园林应用：火棘树形优美,初夏有繁花,秋有红果,果实存留枝头甚久,可至翌年早春,是一种很好的观花观果植物。可以采取截枝、放枝及修剪整形的手法将火棘修整成球状,错落有致地栽植于草坪上,点缀于庭园深处,也可在庭院中植作绿篱,或丛植于草地边缘、假山石间、水边、桥头。火棘对二氧化硫有很强的吸收和抵抗能力,具有良好的滤尘效果,可植作绿墙,用于工厂及矿区。火棘果可鲜食,也可加工成各种饮料;根皮、茎皮、果实含丰富的单宁,可用来提取鞣料;果实、根、叶可入药,性平,味甘、酸,叶能清热解毒,外敷治疮疡肿毒。

　　2. 细圆齿火棘 *Pyracantha crenulata* (D. Don) M. Roem.

　　形态特征：俗称黄果火棘。常绿灌木或小乔木,高达 5 m。有时具短枝刺,暗褐色,无毛。叶片长圆形或倒披针形,先端通常急尖或钝,有时具短尖头,基部宽楔形或稍圆形,边缘有细圆锯齿,或具稀疏锯齿。复伞房花序生于主枝和侧枝顶端;花瓣圆形,有短爪。梨果几近球形,熟时橘黄色至橘红色。花期 3—5 月,果期 9—12 月。

　　分布与生境：分布于长江流域至华南、西南。印度、不丹、尼泊尔等地也有分布。生于海拔 600～2 500 m 山坡、路边、沟旁、丛林或草地。江苏全境有栽培。

　　园林应用：同火棘。

李亚科 Prunoideae

（十）桃属 *Amygdalus*

　　落叶乔木或灌木。腋芽常 3 个或 2～3 个并生,两侧为花芽,中间是叶芽。幼叶在芽中呈对折状,后于花开放,稀与花同时开放,叶柄或叶边常具腺体。花单生,稀 2 朵生于 1 芽内,粉红色,罕白色,几无梗或具短梗,稀有较长梗;雄蕊多数;雌蕊 1 枚,子房上位,1 室具 2 胚珠。果实为核果,外被毛,极稀无毛,成熟时果肉多汁不开裂,或干燥开裂,果实腹部有明显的缝合线,表面具深浅不同的纵、横沟纹和孔穴;种皮厚,种仁味苦或甜。

　　本属约有 40 种,分布于亚洲中部至地中海地区。中国有 12 种,主产于西部和西北部。

　　1. 桃 *Amygdalus persica*（L.）Batsch

　　形态特征：落叶小乔木,高 3～8 m。树冠宽广而平展;树皮暗红褐色,老时粗糙呈鳞片状;小枝细长,无毛,有光泽,绿色,具大量小皮孔。冬芽圆锥形,顶端钝,中间为叶芽,两侧为花芽。叶片长圆披针形、椭圆披针形或倒卵状披针形,先端渐尖,基部宽楔形,叶边具细锯齿或粗锯齿;叶柄粗壮,常具腺体。花单生,先于叶开放;花瓣长圆状椭圆形至宽倒卵形,粉红色。果实卵形、宽椭圆形或扁圆形,外面密被短柔毛,腹缝明显,果梗短而深入果洼。花期 3—4 月,果实成熟期因品种而异,通常为 8—9 月。

　　分布与生境：产于东北南部和内蒙古以南区域,现世界各地均有栽培。江苏全境有分布。阳性树,寿命短,约 60～80 年。不耐阴,耐高温,较耐干旱,极不耐涝。

　　园林应用：花淡红色,具有很高的观赏价值,是小区、公园、街道均可种植的美丽植物;果实甜美多汁,果肉有白色和黄色的,可以生食或制桃脯、罐头等,核仁也可以食用。桃有许多品种,其中油桃和蟠桃都作果树栽培,寿星桃和碧桃主要供观赏,寿星桃还可作桃的矮化砧木。果皮一般有毛,但油桃的果皮光滑,蟠桃果实呈扁盘状。碧桃是观赏花用桃树,有多种形式的花瓣。园林中以种植用于观赏的花桃为主,这类桃的花主要为重瓣,很少或者不结果。常见的观赏桃有：① 碧桃（*A. persica* 'Duplex'）,花重瓣,淡红色。② 绯桃（*A. persica* 'Magnifica'）,花重瓣,鲜红色。③ 红花碧桃（*A. persica* 'Rubro-plena'）,花半重瓣,红色。

桃适合植于山坡、水边、庭院、草坪、墙角、亭边。除此之外,桃的食用类群中已培育出很多优良品种,我国桃的品种可划分成 5 个品种群:北方桃品种群、南方桃品种群、黄肉桃品种群、蟠桃品种群、油桃品种群。桃树干上分泌的胶质俗称桃胶,为一种聚糖类物质,水解能生成小分子多糖,可作黏合剂等,可食用,也供药用,有破血、和血、益气之效。

(十一) 杏属 *Armeniaca*

落叶乔木,极稀灌木。叶芽和花芽并生,2～3 个簇生于叶腋。幼叶在芽中呈席卷状。花常单生,稀 2 朵,先于叶开放,近无梗或有短梗;萼 5 裂;花瓣 5;雄蕊 15～45;心皮 1;子房具毛,1 室,具 2 胚珠。果实为核果,两侧多少扁平,有明显纵沟,果肉肉质而有汁液;核两侧扁平,表面光滑、粗糙或呈网状;种仁味苦或甜;子叶扁平。

本属有 8 种,分布于东亚至中亚。中国有 7 种,主产于黄河流域。

1. 杏 *Armeniaca vulgaris* Lam.

形态特征: 落叶乔木,高 5～8 m。树冠圆形、扁圆形或长圆形;树皮灰褐色,纵裂;多年生枝浅褐色,皮孔大而横生,一年生枝浅红褐色,有光泽,无毛,具多数小皮孔。叶片宽卵形或圆卵形,先端急尖至短渐尖,基部圆形至近心形,叶边有圆钝锯齿,两面无毛或下面脉腋间具柔毛;叶柄基部常具腺体。花单生,先于叶开放;花瓣圆形至倒卵形,白色或带红色,具短爪。果实球形,稀倒卵形,白色、黄色至黄红色,常具红晕。花期 3—4 月,果期 6—7 月。

分布与生境: 分布于西北、东北、华北、西南、长江中下游地区,新疆伊犁一带有野生,多数为栽培,尤以华北、西北和华东地区种植较多。世界各地均有栽培。江苏全境有分布和栽培。从海拔 20 m 的平原开始,分布地海拔最高可达 3 000 m。喜光,耐寒,抗风,寿命可达百年以上,也耐高温;对土壤要求不严,耐轻度盐碱,极不耐涝。

园林应用: 杏在早春开花,先花后叶,具观赏性。可与苍松、翠柏配植于池旁、湖畔,但必须种植在涨水水位线以上;或植于山石崖边、庭院堂前。杏是常见水果之一,营养极为丰富,是重要经济果树树种。杏木质地坚硬,是制家具的好材料;杏树枝条可作燃料;杏叶可作饲料。杏以种子繁育为主,播种时种子需湿沙层积催芽;也可由砧木嫁接繁育。杏为阳性树种,适应性强,深根性,为低山丘陵地带的主要栽培果树,也可用于荒山绿化。常见栽培供观赏的杏的变型主要有以下两个:①垂枝杏(*A. vulgaris* f. *pendula*),枝下垂。②斑叶杏(*A. vulgaris* f. *variegata*),叶有斑彩。杏的种子(苦杏仁)可以入药,苦,微温,有小毒,为中医著名经方中"大青龙汤"组方之要药,具有降气止咳平喘、润肠通便之功效,可用于治疗咳嗽气喘、胸满痰多、血虚津枯、肠燥便秘。

2. 梅 *Armeniaca mume* Siebold

形态特征: 落叶小乔木,稀灌木,高 4～10 m。树皮浅灰色或带绿色,平滑;小枝绿色,光滑无毛。叶片卵形或椭圆形,先端尾尖,基部宽楔形至圆形,叶边常具小锐锯齿,灰绿色,幼嫩时两面被短柔毛,成长时逐渐脱落,或仅下面脉腋间具短柔毛;叶柄常有腺体。花单生或有时 2 朵同生于 1 芽内,香味浓,先于叶开放;花瓣倒卵形,白色至粉红色。果实近球形,黄色或绿白色,被柔毛。花期冬春季,果期 5—6 月。

分布与生境: 梅原产于中国南方,分布于四川西部、云南西部、淮河以南地区。日本和朝鲜也有。现中国各地均有栽培,但以长江流域以南各省居多,河南南部也有少数品种,某些品种已在华北引种成功。江苏全境有分布。梅是阳性树,喜温暖湿润的气候,大多数品种耐寒性较差,对土壤要求不严,最忌积水。梅的寿命可达千年。

园林应用:梅最宜植于庭院、草坪、低山丘陵,可孤植、丛植、群植,又可盆栽观赏,或加以修整做成各式桩景,或作切花瓶插,供室内装饰用。梅的枝干以苍劲嶙峋为美,形若游龙、遒劲倔强的枝干缀以数朵凌寒傲放的淡梅,兼覆一层薄雪,"古梅一树雪精神",构成一幅水墨大写意。梅被誉为"中国名花之首",与兰、竹、菊一起列为"四君子",与松、竹并称为"岁寒三友"。在中国传统文化中,梅被赋予高洁、坚强、谦虚的品格,激励人立志奋发。在严寒中,梅开百花之先,独天下而春,庭栽、盆景皆有观赏价值。梅有"四贵":贵稀不贵密,贵老不贵嫩,贵瘦不贵肥,贵含不贵开。梅与松、竹相配,散植于松林、竹丛之间,可形成"岁寒三友"之景,格外别致。梅的挥发性芳香油具有药用价值,故可用于园艺康养及疗愈。

梅已有3 000多年的栽培历史,无论作为花卉还是果树均有许多品种。一些品种不但可露地栽培供观赏,还可以栽为盆花、制作梅桩。依据用途,梅的品种分为果梅和花梅两大类。花梅主要供观赏,果梅的果实主要供加工和药用。

花梅由于长期栽培,变异较大,品种甚多。据陈俊愉先生的研究,从园林实用的角度,花梅的品系可分为4系(真梅系、杏梅系、樱李梅系、山桃梅系)、6大类(直枝梅类、垂枝梅类、龙游梅类、杏梅类、樱李梅类、山桃梅类,前3类构成真梅系)、19个类别(其中直脚梅类在园林应用中尤为常见,按其花型和花色可分为以下7类:江梅型、宫粉型、大红型、朱砂型、玉碟型、绿萼型、洒金型)。

果梅的果实主要供加工和药用,一般加工制成各种蜜饯和果酱;种子含苦杏仁苷;梅的青涩果实为提取枸橼酸的原料,青梅加工制成的乌梅供药用,为收敛剂,能治痢疾,有镇咳、祛痰、止泻、生津、止渴、解热、杀虫之效;花含挥发油,油中含苯甲醛、苯甲酸等,鲜花可提取香精;花、叶、根和种仁均可入药,花蕾能开胃散郁、生津化痰、活血解毒,根研成粉末治黄疸有效。梅对氟化氢污染敏感,可以用来监测大气氟化物污染。梅抗根线虫危害能力强,可作核果类果树的砧木。

3. 榆叶梅 *Amygdalus triloba* (Lindl.) Ricker

形态特征:落叶灌木,稀小乔木,高2～3 m。枝条开展,具多数短小枝;小枝灰色,一年生枝灰褐色。短枝上的叶常簇生,一年生枝上的叶互生;叶片宽椭圆形至倒卵形,先端短渐尖,基部宽楔形,下面被短柔毛,叶边具粗锯齿或重锯齿。花先于叶开放;花瓣近圆形或宽倒卵形,先端圆钝,有时微凹,粉红色。果实近球形,顶端具短小尖头,红色,外被短柔毛。花期3—5月,果期5—7月。

分布与生境:分布于东北、西北、华北、华中、华东、华南地区。中国各地广泛栽植。俄罗斯、中亚也有分布。江苏全境有分布。生于低至中海拔的坡地或沟旁,乔、灌木林下或林缘。喜光,稍耐阴,耐寒,根系发达,耐旱力强,不耐涝,对土壤要求不严,以在中性至微碱性而肥沃的土壤上生长为佳,抗病力强。

园林应用:榆叶梅叶似榆树叶,叶上部有三浅裂,其花酷似梅,所以得名"榆叶梅"。榆叶梅枝叶茂密,开花早,花繁色艳,在中国已有数百年栽培历史,是中国南方园林、街道、路边等处重要的绿化观花灌木树种。榆叶梅可以常绿树种为背景配置或配植于假山、景观建筑等处,相互映衬,景观甚美;也可与其他早春开花的树种搭配种植,使得春季花海在时间与空间上形成连续景观。与梅相比,榆叶梅是一种具有广谱适应性的春花梅类。因其有较强的抗盐碱能力,可用于废弃采矿迹地的植被修复与景观重建,也可用于沿海城市或废弃工业地绿化,适宜种植在公园的草地、路边或庭园中的角落、水池边等处,是不可多得的早春观花树种。常见栽培类型有重瓣榆叶梅。榆叶梅种子可入药,有润燥、滑肠、下气、利水的功效;枝条可治黄疸、小便不利等。

(十二)桂樱属 *Laurocerasus*

常绿乔木或灌木,稀落叶。叶互生,叶边全缘或具锯齿,下面近基部或在叶缘或在叶柄上常有2枚,稀数枚腺体。花常两性,有时雌蕊退化而形成雄花,排成总状花序;总状花序基部无叶,常单生,稀簇生;花瓣白色,雄蕊10~50,排成两轮,内轮稍短;心皮1;胚珠2。果实为核果,干燥;核骨质,内含1枚下垂种子。

本属约有80种,分布于热带、亚热带至温带。我国有13种,主产于南部,为我国常绿阔叶林组成树种。

1. 刺叶桂樱 *Laurocerasus spinulosa* (Siebold & Zucc.) C. K. Schneid.

形态特征:常绿乔木,高可达20 m。小枝紫褐色或黑褐色,具明显皮孔。叶片草质至薄革质,长圆形或倒卵状长圆形,先端渐尖至尾尖,基部宽楔形至近圆形,边缘不平而常呈波状,中部以上常具少数针状锐锯齿,两面无毛,近基部沿叶缘或在叶边常具基腺。总状花序单生于叶腋;花瓣圆形,白色,无毛。果实椭圆形,褐色至黑褐色,无毛。花期9—10月,果期11月至翌年3月。

分布与生境:分布于中南、华南、华东等地区。菲律宾、日本也有分布。江苏有栽培。生于海拔400~1 500 m的山坡阳处疏密杂木林中或山谷、沟边阴暗阔叶林下及林缘。

园林应用:刺叶桂樱作为观赏植物,在世界各地大规模栽种,在大多数地区生命力很强,可作行道树、庭院树、风景树等。

(十三)李属 *Prunus*

落叶小乔木或灌木。顶芽缺,腋芽单生。单叶互生,幼叶在芽中为席卷状或对折状;在叶片基部边缘或叶柄顶端常有2小腺体。花单生或2~3朵簇生,具短梗,先叶开放或与叶同放;雄蕊多数;雌蕊1,周位花,子房上位,1室具2个胚珠。核果,常被蜡粉;核两侧扁平,平滑,稀有沟或皱纹。

本属约有180余种,分布于北温带。我国有超过57种。多为果树和园林观赏树种。

1. 李 *Prunus salicina* Lindl.

形态特征:落叶乔木,高9~12 m。树冠广圆形,树皮灰褐色;老枝紫褐色或红褐色;小枝黄红色,无毛。冬芽卵圆形,红紫色。叶片长圆倒卵形、长椭圆形,先端渐尖、急尖或短尾尖,基部楔形,边缘有圆钝重锯齿,常混有单锯齿;托叶膜质,线形,先端渐尖,边缘有腺;叶柄顶端有腺体或无,有时在叶片基部边缘有腺体。花并生;花瓣白色,长圆倒卵形,基部楔形,有明显带紫色脉纹,具短爪。核果球形、卵球形或近圆锥形,黄色或红色,顶端微尖,基部有纵沟,外被蜡粉。花期4月,果期7—8月。

分布与生境:分布于陕西、甘肃、四川、云南、贵州、湖南、湖北、江苏、浙江、江西、福建、广东、广西和台湾,我国其他省区及世界各地均有栽培。江苏全境有分布。生于海拔400~2 600 m的山坡灌丛、山谷疏林中或水边、沟底、路旁等处。

园林应用:李在园林中习见栽培,具有很强的生态适应能力。李树枝广展,红褐色而光滑,花小,白或粉红色,是良好的观花、观叶、观果园林树木,可列植、丛植于道路,或植作背景林,也可盆栽观赏。李也是温带重要果树之一,其果味甘、酸,性平,归肝、肾经,具有清热、生津之功效,可用于虚劳骨蒸、消渴,具有缓泻作用,适用于便秘,可强化肝脏和肾脏功能并净血,能促进胃酸和消化酶分泌,促进肠胃蠕动,同时还有止咳祛痰的作用。

2. 樱桃李 *Prunus cerasifera* Ehrh.

形态特征:灌木或小乔木,高可达 8 m。多分枝,枝条细长,开展,暗灰色,有时有棘刺;小枝暗红色,无毛。冬芽卵圆形,先端急尖,紫红色。叶片椭圆形、卵形或倒卵形,先端急尖,基部楔形或近圆形,边缘有圆钝锯齿,有时混有重锯齿,无毛,无腺;托叶膜质,披针形,先端渐尖,边缘有带腺细锯齿。花单生;花瓣白色,长圆形,边缘波状,基部楔形。核果近球形或椭圆形,黄色、红色或黑色,微被蜡粉。花期 4 月,果期 8 月。

分布与生境:分布于新疆、天山等地。亚洲西南部、伊朗、小亚细亚、巴尔干半岛等地也有分布。生长于海拔 800～2 000 m 的山坡林中、多石砾的坡地及峡谷水边。其变型紫叶李(*Prunus cerasifera* f. *atropurpurea*)在中国华北及其以南地区广为栽培,江苏全境有栽培。

园林应用:野生樱桃李抗逆性强,可作桃、李、杏等栽培果树的砧木,也是一种良好的抗逆性育种材料。在亚热带地区园林中应用时应注意病虫害防治。由于长期栽培,品种、变型颇多,有垂枝、花叶、紫叶、红叶、黑叶等变型,其中紫叶李为常见观赏树木之一,也是著名观叶树种。紫叶李叶片常年紫红色,引人注目,可列植于园路旁、街道、花坛、草坪角隅、建筑物四周、公路两侧等,孤植、群植皆宜。

3. 樱桃 *Prunus pseudocerasus* (Lindl.) G. Don.

形态特征:落叶乔木,高 2～6 m。树皮灰白色。小枝灰褐色,嫩枝绿色,无毛或被疏柔毛。冬芽卵形,无毛。叶片卵形或长圆状卵形,先端渐尖或尾状渐尖,基部圆形,边有尖锐重锯齿,齿端有小腺体,上面暗绿色,近无毛,下面淡绿色;叶柄先端有大腺体;托叶早落,披针形,有羽裂腺齿。花序伞房状或近伞形,先叶开放;花瓣白色,卵圆形。核果近球形,红色。花期 3—4 月,果期 5—6 月。

分布与生境:主要分布于欧洲、东亚及北美等地。我国自辽宁南部、黄河流域至长江流域有分布。江苏全境有分布。生于海拔 300～600 m 的山坡阳处或沟边林中、林缘、灌丛中或草地,常栽培。喜光,稍耐阴,较耐寒,对土壤要求不严,喜沙质土壤。适宜的土壤 pH 为 6.5～7.5,在土层深厚、土质疏松、通气良好的沙壤土上生长较好。

园林应用:樱桃树形优美、花朵娇小、果实艳丽,是集观花、观果、观形于一体的园林观赏植物。在公园、庭院、小区等处可孤植,亦可与其他花卉、观赏草、小灌木等组合配置,营造出层次丰富、色彩鲜艳、活泼自然的园林景观。樱桃果具有艳红色泽、杏仁般的香气,除了鲜食外,也是制作菜肴较好的配料,还可以加工制成樱桃酱、樱桃汁、樱桃罐头和果脯,也可酿樱桃酒等。不仅如此,其果也为鸟兽喜食,可作为生物多样性培育工程的动物招引饲用资源。樱桃在中国久经栽培,品种颇多。枝、叶、根、花可供药用,味甘,性温,无毒,可补血益肾,主治脾虚泄泻、肾虚遗精、腰腿疼痛、四肢不仁、瘫痪等;木材坚固,有笔直、规则的直木纹纹理,而且有深红色的生长纹路,其纹理细腻、清晰,抛光性好,涂装效果好,机械加工性能好,干燥后尺寸稳定性很好,适合做高档家居用品。

4. 毛樱桃 *Prunus tomentosa*（Thunb.）Wall.

形态特征:灌木,通常高 0.3～1 m。小枝紫褐色或灰褐色。冬芽卵形。叶片卵状椭圆形或倒卵状椭圆形,先端急尖或渐尖,基部楔形,边缘有急尖或粗锐锯齿,上面暗绿色或深绿色,被疏柔毛,下面灰绿色,密被灰色绒毛或以后变稀疏;托叶线形,被长柔毛。花单生或 2朵簇生,花叶同开;花瓣白色或粉红色,倒卵形,先端圆钝。核果近球形,红色。花期 4—5月,果期 6—9月。

分布与生境:广布于东北、华北、西北、长江流域至华南和西南。江苏全境有分布。生于海拔 100～3 200 m 的山坡林中、林缘、灌丛中或草地。性喜光,也耐阴,耐寒,耐旱,耐高温。

园林应用:毛樱桃树形优美,花朵娇小,果实艳丽,花、叶、果、形均可观赏,适于在公园、庭院、居住小区等处孤植,亦可与其他花卉、观赏草、小灌木等组合配置,形成复层植物群落,营造出层次丰富、色彩鲜艳、活泼自然的园林景观。毛樱桃管理简便,抗逆性、抗病性强,所需的养护水平较低,可用于环境较恶劣、管理较粗放的场所如厂矿及郊野道路绿化,对建设节约型、环保型园林具有积极的意义。其他用途同樱桃。

5. 郁李 *Prunus japonica*（Thunb.）Loi.

形态特征:落叶灌木,高 1～1.5 m。小枝灰褐色,嫩枝绿色或绿褐色,无毛。冬芽卵形,无毛。叶片卵形或卵状披针形,先端渐尖,基部圆形,边有缺刻状尖锐重锯齿,上面深绿色,无毛,下面淡绿色;托叶线形,边有腺齿。花簇生,花叶同开或花先叶开放;花瓣白色或粉红色,倒卵状椭圆形。核果近球形,深红色。花期 5 月,果期 7—8 月。

分布与生境:分布广,自东北、华北至西南各地均产。日本和朝鲜也有分布。江苏全境有分布。生于海拔 100～200 m 的山坡林下、灌丛中。适应性强,喜光,耐寒,耐干旱贫瘠和轻度盐碱。

园林应用:郁李为低矮灌木,桃红色宝石般的花蕾、繁密如云的花朵、深红色的果实都非常美丽可爱,是园林中重要的观花观果树种。宜成片种植于草坪、山石边、路旁、溪畔、林缘、建筑物前等处形成整体景观,或点缀于庭院路边,或与其他花木配植,也可栽植作花篱。种仁入药,名郁李仁,郁李、郁李仁配剂有显著降压作用。

6. 山樱花 *Prunus serrulata*（Lindl.）G. Don ex Loudon

形态特征:乔木,高 3～8 m。树皮灰褐色或灰黑色;小枝灰白色或淡褐色,无毛。冬芽卵圆形,无毛。叶片卵状椭圆形或倒卵椭圆形,先端渐尖,基部圆形,边缘有渐尖单锯齿及重锯齿,齿尖有小腺体,上面深绿色,无毛,下面淡绿色,无毛;叶柄先端有圆形腺体;托叶线形,边缘有腺齿。花序伞房总状或近伞形;花瓣白色,稀粉红色,倒卵形,先端下凹。花期 4—5月,果期 6—7 月。

分布与生境:分布于东北、华北、华东、华中等地区。日本、朝鲜也有分布。江苏全境有栽培。生于海拔 500～1 500 m 的山谷林中。喜光,略耐阴,较耐寒,耐旱,不耐盐碱。

园林应用:山樱花植株优美,枝叶繁茂旺盛,叶片油亮,花朵鲜艳亮丽,盛开时节花繁艳丽,满树烂漫,如云似霞,极为壮观,是早春重要的观花树种。其绿化成景快,可大片栽植营造花海景观,可三五成丛点缀于绿地形成锦团,也可孤植,形成"万绿丛中一点红"之画意,可在各景区、公园、庭院、山坡、堤岸、建筑物前以及道路两旁广泛栽植,还可作绿篱或制作盆景。山樱花的移栽成活率极高,栽植后若保护得当,缓苗快,是其园林应用的优势。除此之外,山樱花还可以用于营造樱花专类园,颇受喜爱。

7. 东京樱花 *Prunus* × *yedoensis*(Mats.)Yü et Li

形态特征:乔木,高 4~16 m。树皮灰色;小枝淡紫褐色,嫩枝绿色。冬芽卵圆形。叶片椭圆卵形或倒卵形,先端渐尖或骤尾尖,基部圆形,边缘有尖锐重锯齿,齿端渐尖,有小腺体,上面深绿色,无毛,下面淡绿色;叶柄顶端有腺体或无;托叶披针形,有羽裂腺齿,被柔毛。花序伞形总状,先叶开放;花瓣白色或粉红色,椭圆卵形,先端下凹。核果近球形,黑色,核表面略具棱纹。花期 4 月,果期 5 月。

分布与生境:原产于日本。世界多地及中国北京、西安、青岛、南昌等城市庭园栽培。江苏全境有栽培。喜光,略耐阴,较耐寒,耐旱,不耐盐碱,对烟尘的抗性不强。

园林应用:东京樱花为著名的早春观赏树种。春天开花时着花繁密,花色粉红,满树灿烂,很美观,但花期短,花开故仅 10 日左右就凋谢。适宜栽植于山坡、庭园、建筑物前及路旁,或以常绿树为背景丛植,也可以列植或和其他花灌木合理配置于道路两旁,或成片植于专类园。该种在日本广泛栽培,也是中国引种最多的种类,园艺品种很多,供观赏用。

蔷薇亚科 Rosoideae

(十四)棣棠花属 *Kerria*

灌木。小枝细长,冬芽具数个鳞片。单叶互生,具重锯齿;托叶钻形,早落;花两性,大而单生于侧枝顶端;萼筒短、碟形;花瓣黄色,长圆形或近圆形,具短爪;雄蕊多数,花盘环状;雌蕊 5~8,由单心皮组成;每心皮有 1 胚珠,侧生于缝合线中部。瘦果侧扁,无毛。

本属有 1 种,产于我国,日本也产。

1. 棣棠花 *Kerria japonica*(L.)DC.

形态特征:落叶或半常绿灌木,高 1~2 m,稀达 3 m。小枝绿色,圆柱形,无毛,常拱垂,嫩枝有棱角。叶互生,三角状卵形或卵圆形,顶端长渐尖,基部圆形、截形或微心形,边缘有尖锐重锯齿,两面绿色;托叶膜质,带状披针形,有缘毛。单花着生在当年生侧枝顶端;花瓣黄色,宽椭圆形,顶端下凹。瘦果倒卵形至半球形,褐色或黑褐色,有皱褶。花期 4—6 月,果期 6—8 月。

分布与生境:原产于中国华北至华南,分布于安徽、浙江、江西、福建、河南、湖南、湖北、广东、甘肃、陕西、四川、云南、贵州、北京、天津等地。日本有分布。江苏全境有栽培。生于海拔 200~3 000 m 的山坡灌丛中,喜温暖湿润气候和半阴环境,耐寒性较差。

园林应用:棣棠花枝叶翠绿细柔,金花满树,俗称"青枝绿叶黄花",别具风姿,可栽在墙隅及街道旁,有遮蔽之效。作花篱、花境,群植于常绿树丛之前、古木之旁、山石缝隙中或于池畔、水边、溪流及湖沼沿岸成片栽种,均甚相宜;若配植于疏林草地或山坡林下,则尤为雅致、野趣盎然,也可盆栽观赏。棣棠花还有金边(*K. japonica* f. *aureo-variegata*)、银边(*K. japonica* f. *picta*)、重瓣(*K. japonica* f. *pleniflora*)等变型,庭园栽培。除供观赏外,棣棠花的花、叶可入药,有消肿、止痛、止久咳、助消化、去风湿痛、消热毒疮等作用。

(十五)蔷薇属 *Rosa*

直立、蔓延或攀缘灌木。多数被有皮刺、针刺或刺毛,稀无刺。叶互生,奇数羽状复叶,稀单叶;托叶贴生或着生于叶柄上,稀无托叶。花单生或呈伞房状,稀复伞房状或圆锥状花序;花瓣 5,稀 4,开展,覆瓦状排列,白色、黄色、粉红色至红色;花盘环绕萼筒口部;雄蕊多数,分为数轮,着生在花盘周围;雌蕊通常多数,包藏于壶状花托内。瘦果木质,着生在肉质萼筒内形成蔷薇果;种子下垂。

本属约有 150 种,主产于北半球温带及亚热带。中国约有 60 余种。

1. 木香花 *Rosa banksiae* W. T. Aiton

形态特征:攀缘小灌木,高可达 6 m。小枝圆柱形,无毛,有短小皮刺;老枝上的皮刺较大,坚硬。小叶片椭圆状卵形或长圆披针形,先端急尖或稍钝,基部近圆形或宽楔形,边缘有紧贴细锯齿,上面无毛,中脉突起,沿脉有柔毛;小叶柄和叶轴有散生小皮刺;托叶线状披针形,膜质,离生,早落。花小型,多朵形成伞形花序;花瓣重瓣至半重瓣,白色,倒卵形,先端圆,基部楔形。花期 4—5 月。

分布与生境:分布于四川、云南以及长江流域以南。全国各地均有栽培。江苏全境有分布。生于海拔 500~1 300 m 的溪边、路旁或山坡灌丛中。喜温暖且阳光充足的环境,幼树怕寒,喜沙质土壤,耐修剪。

园林应用:木香花可以吸收废气,阻挡灰尘,净化空气。其花密、色艳、香浓,秋果红艳,"占天少用地",是极好的垂直绿化材料,适用于布置花柱、花架、花廊和墙垣;也是作绿篱的良好材料,非常适合家庭种植;还可用于芳香植物园、康养园林及高密度城市环境中园艺康复疗愈等场所绿化。花含芳香油,可供配制香精、化妆品用;根和叶入药,有收敛、止痢、止血的作用。

木香观赏价值较高的变种和变型有单瓣黄木香(*R. banksiae* f. *lutescens*,花单瓣、黄色)、重瓣黄木香(*R. banksiae* f. *lutea*,花重瓣、黄色,香气极浓)、重瓣白木香(*R. banksiae* var. *banksiae*,花重瓣、白色,芳香)。用途同木香花。

2. 小果蔷薇 *Rosa cymosa* Tratt.

形态特征:攀缘灌木,高 2~5 m。小枝圆柱形,有钩状皮刺。小叶片卵状披针形或椭圆形,先端渐尖,基部近圆形,边缘有紧贴或尖锐细锯齿,两面均无毛,上面亮绿色,下面颜色较淡,中脉突起;托叶膜质,离生,线形。花多朵形成复伞房花序;花瓣白色,倒卵形,先端凹,基部楔形。果球形,红色至黑褐色。花期 5—6 月,果期 7—11 月。

分布与生境:分布于黄河流域及其以南地区。江苏全境有分布。多生于海拔 250~1 300 m 的向阳山坡、路旁、溪边或丘陵地。喜光,耐寒,耐水湿。

园林应用:小果蔷薇的枝条匍匐而生,具有较强的固沙、固土、保水能力,是良好的地被植物,适用于公园山坡及道路点缀和河堤绿化。嫩枝叶牛羊采食,可作饲料,具有较高的经济价值。果实红色亮丽,鸟兽喜食,可用于动物招引和生物多样性培育工程。花多且芳香,可提取芳香油。根、果入药:果实的中药名为"营实",为清热解毒的重要药材,治痈疽恶疮、热毒阴蚀;根能清热生肌、缩尿。

3. 软条七蔷薇 *Rosa henryi* Boulenger

形态特征:灌木,高 3~5 m。有长匍匐枝;小枝有短扁、弯曲皮刺或无刺。小叶通常 5,近花序小叶片常为 3,小叶片长圆形、卵形、椭圆形或椭圆状卵形,先端长渐尖或尾尖,基部近圆形或宽楔形,边缘有锐锯齿;小叶柄和叶轴有散生小皮刺;托叶大部贴生于叶柄,离生部分披针形,先端渐尖,全缘。伞形伞房状花序;花瓣白色,宽倒卵形,先端微凹,基部宽楔形。

果近球形,成熟后褐红色,有光泽。花期5—6月,果期7—9月。

分布与生境:分布于长江流域至华南、中南、西南,北达陕西。江苏有栽培。生于海拔600～2 000 m的山谷、林边、田边和灌丛中。喜阳光,亦耐半阴,较耐寒,适生于排水良好的肥沃润湿地。

园林应用:软条七蔷薇花粉红色且艳丽,是极好的垂直绿化材料,适用于布置花柱、花架、花廊和墙垣,也是作绿篱的良好材料,而且还非常适合于庭院角落种植。可种植于月季专类园或芳香植物园,也可用于康养园林,或作绿篱或绿墙,以吸收废气,阻挡灰尘,净化空气。其根、果实可入药,味辛、苦、涩,性温,能消肿止痛、祛风除湿、止血解毒、补脾固涩,用于治疗月经过多。

4. 金樱子 *Rosa laevigata* Michx.

形态特征:常绿攀缘灌木,高可达5 m。小枝粗壮,散生扁弯皮刺。小叶革质,通常3;小叶片椭圆状卵形、倒卵形或披针状卵形,先端急尖或圆钝,边缘有锐锯齿;小叶柄和叶轴有皮刺和腺毛;托叶离生或基部与叶柄合生,披针形,边缘有细齿,齿尖有腺体。花单生于叶腋;花瓣白色,宽倒卵形,先端微凹。果梨形、倒卵形,紫褐色,外面密被刺毛。花期4—6月,果期7—11月。

分布与生境:分布于长江流域至华南、西南,北达陕西。江苏全境有分布。喜生于海拔100～1 600 m向阳的山野、田边、溪畔灌木丛中。性喜光,喜温暖湿润的气候,对土壤要求低。

园林应用:金樱子四季常绿,花白色,大而美丽,果实金黄,十分别致,是花、果兼美的观赏藤本植物。枝干多刺,可以作绿篱,可孤植修剪成灌木状欣赏,也可攀缘于花架、墙垣、篱栅作垂直绿化材料。根皮含鞣质,可制栲胶;果实味甜酸,含大量维生素,可供食用,也可熬糖及酿酒;根、叶、果均可入药,具有固精缩尿、固崩止带、涩肠止泻之功效,常用于治疗遗精滑精、遗尿尿频、崩漏带下、久泻久痢。

5. 野蔷薇 *Rosa multiflora* Thunb.

形态特征:攀缘灌木。小枝圆柱形,通常无毛,有短、粗、稍弯曲皮束。小叶片倒卵形、长圆形或卵形,先端急尖或圆钝,基部近圆形或楔形,边缘有尖锐单锯齿,上面无毛,下面有柔毛;小叶柄和叶轴有柔毛或无毛,有散生腺毛;托叶篦齿状,大部贴生于叶柄。花多朵,排成圆锥状花序;花瓣白色,宽倒卵形,先端微凹,基部楔形。果近球形,红褐色或紫褐色,有光泽。

分布与生境:分布于黄河流域及其以南地区。朝鲜半岛、日本也有分布。江苏全境有分布。常生于路旁、田边或丘陵地的灌木丛中。性喜光,耐半阴,对土壤要求不严,忌积水。

园林应用:野蔷薇初夏开花,往往密集丛生,花繁叶茂,满枝灿烂。花形千姿百态,花色很多,有白色、浅红色、深桃红色、黄色等,芬芳清幽,可用于芳香植物园、城市疗愈场所。野蔷薇适应性极强,栽培范围较广,易繁殖,也是较好的春季观花树种。可植于溪畔、路旁及园边等处,或用于花柱、花架、长廊、门侧、篱垣、栅栏、墙面、河道边坡、假山石壁等垂直绿化。其花、果、根、茎都供药用。果实中药名为"营实";花药材名为"刺梨花",江苏药材名为"白残花",为晴天采收,晒干作药用。果实还可供食用,亦可酿酒。野蔷薇对有毒气体的抗性强,可用于高密度城市道路交通环境如立交桥、沿街阳台、窗台或工矿等场所绿化。

6. 香水月季 *Rosa odorata*（Andrews）Sweet

形态特征：常绿或半常绿攀缘灌木。有长匍匐枝，枝粗壮，无毛，有散生而粗短钩状皮刺。小叶片椭圆形、卵形或长圆卵形，先端急尖或渐尖，基部楔形或近圆形，边缘有紧贴的锐锯齿，两面无毛，革质；托叶大部贴生于叶柄，无毛，边缘或仅在基部有腺，顶端小叶片有长柄，总叶柄和小叶柄有稀疏小皮刺和腺毛。花单生或2~3朵；花瓣芳香，白色或带粉红色，倒卵形。果实呈压扁的球形，稀梨形。花期6—9月。

分布与生境：分布于西南、华南、华东地区。江苏有栽培。生于海拔1 500~2 000 m向阳山坡。喜生于红壤中，常生于云南油杉林、常绿栎林以及火棘和栒子混生的次生林下。

园林应用：香水月季以花大、色彩艳丽、气味幽香驰名，可应用于芳香植物园、医院、幼儿园、学校、敬老院、疗养院等城市疗愈场所。另外，香水月季具有防尘、耐干旱、抗污染、吸音作用，被广泛用于绿化装饰庭院的围墙或直接作篱墙，以美化高密度环境和多尘的街道。香水月季也是培育月季园艺新品种的种质材料。英、法等国就用它进行人工育种，培育出了各类绚丽多彩的香水月季。其药用价值参见野蔷薇。

绣线菊亚科 Spiraeoideae

（十六）白鹃梅属 *Exochorda*

落叶灌木。冬芽具有数枚覆瓦状排列鳞片。单叶互生，全缘或有锯齿，不具托叶或具早落性托叶。两性花，多大型，顶生总状花序；萼片5，短而宽；花瓣5，白色，宽倒卵形，有爪；雄蕊15~30，着生在花盘边缘；心皮5，合生，子房上位。蒴果具5脊，沿背腹两缝开裂，每室具种子1~2粒；种子扁平有翅。

本属约有5种，产于亚洲中部至东部，中国产3种。

1. 白鹃梅 *Exochorda racemosa*（Lindl.）Rehder

形态特征：灌木，高达3~5 m。枝条细弱开展；小枝圆柱形，微有棱角。冬芽三角卵形，先端钝，平滑无毛，暗紫红色。叶片椭圆形、长椭圆形至长圆倒卵形，先端圆钝或急尖，稀有突尖，基部楔形或宽楔形，全缘，稀中部以上有钝锯齿，上下两面均无毛；叶柄短或近于无；不具托叶。总状花序；花瓣倒卵形，先端钝，基部有短爪，白色。蒴果，倒圆锥形，无毛。花期5月，果期6—8月。

分布与生境：分布于河南、长江流域，在黄河流域可露地生长。江苏全境有分布。生于海拔100~500 m的山坡阴地。性喜光，耐半阴，也耐干旱贫瘠，耐寒性强。

园林应用：白鹃梅树姿秀美，春日开花，花大而多，洁白如雪，清丽动人，果形奇特，适应性强，是美化庭园的优良树种。适宜于草地、林缘、窗前、亭台附近、路边及假山岩石间丛植或混植，在常绿树丛边缘群植宛若层林点雪，在林间或建筑物附近散植也极适宜；也可以用于荒山绿化或废弃采矿迹地的植被修复与景观重建。老树古桩是制作树桩盆景的优良素材；花和嫩叶是优质食物原料，营养价值高，具有益肝明目、提高人体免疫力、抗氧化等多种保健功能；根皮、树皮可入药，用于治疗腰骨酸痛。

（十七）珍珠梅属 *Sorbaria*

落叶灌木。小枝圆筒形。冬芽卵形。奇数羽状复叶，互生，小叶有锯齿，具托叶。花小型，形成顶生圆锥花序；萼筒钟状，萼片5，反折；花瓣5，白色；雄蕊20~50；心皮5，合生，与萼片对生。蓇葖果沿腹缝线开裂，含种子数枚。

本属约有 7 种,原产于东亚。中国有 5 种;多数为林下灌木,少数种类已广泛栽培作观赏用。

1. 珍珠梅 *Sorbaria sorbifolia*（L.）A. Braun

形态特征:灌木,高达 2 m。枝条开展;小枝圆柱形。冬芽卵形,先端圆钝,紫褐色。羽状复叶;小叶对生,披针形至卵状披针形,先端渐尖,基部近圆形或宽楔形,边缘有尖锐重锯齿;小叶无柄;托叶叶质,卵状披针形至三角披针形,先端渐尖至急尖。顶生大型密集圆锥花序;花瓣长圆形或倒卵形,白色。蓇葖果长圆形,有顶生弯曲花柱。花期 7—8 月,果期 9 月。

分布与生境:分布于中国辽宁、吉林、黑龙江、内蒙古。俄罗斯、朝鲜、日本、蒙古亦有分布。江苏有栽培。生于海拔 250~1 500 m 的山坡疏林中。耐寒,耐半阴,耐修剪。在排水良好的沙质壤土中生长较好,生长快,易萌蘖,是良好的夏季观花植物。

园林应用:珍珠梅因其花色似珍珠而得名。珍珠梅树姿秀丽,花蕾白亮如珠,花形酷似梅花,叶清丽,花期很长又值夏季少花季节,在园林应用中十分受欢迎,可孤植、列植、丛植于草地角隅、窗前屋后或庭院阴处,效果甚佳,亦可作绿篱或切花瓶插。珍珠梅富有浓郁的香气,可以提取芳香的精油或食用油,还可以种植于芳香园林、园艺康养等疗愈环境中。珍珠梅的花、根、茎都可以入药,具有生津止渴、开胃散郁、解毒生肌、顺气止咳等功效,主治暑热头晕、呕吐、热病烦渴、气郁胃闷、咳嗽等。珍珠梅的含苞花蕾制成干品,可以用于预防风寒和感冒。

（十八）绣线菊属 *Spiraea*

落叶灌木。单叶互生,边缘有锯齿或缺刻,有时分裂,稀全缘;羽状叶脉,或基部有三至五出脉,通常具短叶柄,无托叶。花两性,稀杂性,组成伞形、伞形总状、伞房或圆锥花序;萼片 5;花瓣 5,常圆形,较萼片长;雄蕊 15~60,着生在花盘和萼片之间;心皮 5,离生。蓇葖果 5,常沿腹缝线开裂,内具数粒细小种子;种子线形至长圆形。

本属约有 100 种,广布于北温带,中国有 50 余种。多数种类具精美花叶,可用于庭院装饰。

1. 绣球绣线菊 *Spiraea blumei* G. Don

形态特征:落叶灌木,高 1~2 m。小枝细,开张,稍弯曲,深红褐色或暗灰褐色。冬芽小,卵形,先端急尖或圆钝,无毛,有数个外露鳞片。叶片菱状卵形至倒卵形,先端圆钝或微尖,基部楔形,边缘自近中部以上有少数圆钝缺刻状锯齿,两面无毛,下面浅蓝绿色。伞形花序有总梗,无毛;花瓣宽倒卵形,先端微凹,白色。蓇葖果较直立,无毛,花柱位于背部先端,倾斜开展。花期 4—6 月,果期 8—10 月。

分布与生境:产于东北、华北、西北、长江流域至华南。江苏全境有分布。生于海拔 500~2 000 m 的向阳山坡、半阴坡、半阳坡杂木林内、林缘或路旁的灌丛。

园林应用:绣球绣线菊树姿优美,枝叶繁密,花朵小巧而密集,布于枝头犹如串串珍珠,宛若积雪,美丽芳香,叶形秀丽,秋叶变黄,是园林绿化中优良的观花观叶树种。可孤植、丛植或群植于公园草坪边缘、街道、山坡、小路两旁、风景区秋叶景观林中,或列植成花篱、花境,也可种植于城市中园艺康养园林等疗愈场所。另外,其叶可代茶;根、果可供药用,能理气镇痛、去瘀生新、解毒,用于治疗跌打内伤、腹胀满、带下病。

2. 绣线菊 *Spiraea salicifolia* L.

形态特征：落叶直立灌木，高 1～2 m。枝条密集，小枝稍有棱角，黄褐色，嫩枝具短柔毛，老时脱落。冬芽卵形或长圆卵形，先端急尖，有数个褐色外露鳞片，外被稀疏细短柔毛。叶片长圆披针形至披针形，先端急尖或渐尖，基部楔形，边缘密生锐锯齿，两面无毛。花序为长圆形或金字塔形的圆锥花序，花朵密集；花瓣卵形，先端通常圆钝，粉红色。蓇葖果直立，花柱顶生，倾斜开展。花期 6—8 月，果期 8—9 月。

分布与生境：分布于黑龙江、吉林、辽宁、内蒙古、河北、山东、山西。蒙古、日本、朝鲜、西伯利亚以及欧洲东南部也有分布。生长于海拔 200～900 m 的河流沿岸、湿草原、空旷地和山沟中。喜光，也稍耐阴，耐寒，耐旱，喜温暖湿润的气候和深厚肥沃的土壤；萌蘖力和萌芽力均强，耐修剪。

园林应用：绣线菊夏季盛开粉红色鲜艳花朵，园林用途同绣球绣线菊。绣线菊也是蜜源植物，可用于昆虫招引及生物多样性培育工程。绣线菊的种子、叶、根均可入药，有祛风清热、明目退翳、通经活血、通便利水之功效，用于治疗关节痛、周身酸痛、咳嗽多痰、刀伤、闭经。

3. 中华绣线菊（柳叶绣线菊）*Spiraea chinensis* Maxim.

形态特征：落叶灌木，高 1.5～3 m。小枝呈拱形弯曲，红褐色，有时无毛。冬芽卵形，先端急尖，有数枚鳞片，外被柔毛。叶片菱状卵形至倒卵形，先端急尖或圆钝，基部宽楔形或圆形，边缘有缺刻状粗锯齿，上面暗绿色，脉纹深陷，下面密被黄色绒毛，脉纹突起。伞形花序具花 16～25 朵；花瓣近圆形，先端微凹或圆钝，白色；蓇葖果开张，全体被短柔毛，花柱顶生。花期 3—6 月，果期 6—10 月。

分布与生境：分布于东北、内蒙古、河北、河南、陕西、湖北、湖南、安徽、江西、浙江、贵州、四川、云南、福建、广东、广西等地。江苏南京、镇江、常州、无锡、苏州等地有分布。生于海拔500～2 040 m 的山坡灌木丛中、山谷溪边、田野路旁。喜光，耐旱，耐寒，对土壤要求不严。

园林应用：中华绣线菊枝条密集，夏季开花，叶片薄细，是优良的花灌木，最适于在大型公园和风景区内丛植或片植。可种植于草地、路旁、林缘、山坡、水滨等；也可用于荒山绿化、废弃采矿迹地植被修复、景观重建以及工厂等恶劣环境的绿化；亦可盆栽、作切花。其他用途同绣线菊。

4. 粉花绣线菊 *Spiraea japonica* L. f.

形态特征：落叶直立灌木，高达 1.5 m。枝条细长，开展，小枝近圆柱形。冬芽卵形，先端急尖，有数个鳞片。叶片卵形至卵状椭圆形，先端急尖至短渐尖，基部楔形，边缘有缺刻状重锯齿或单锯齿，上面暗绿色，下面或有白霜。复伞房花序生于当年生的直立新枝顶端，花朵密集，密被短柔毛；花瓣卵形至圆形，先端通常圆钝，粉红色。蓇葖果半开张，花柱顶生，稍倾斜开展。花期 6—7 月，果期 8—9 月。

分布与生境：原产于中国东部。日本、朝鲜也有分布。江苏全境有栽培。生于海拔800～2 000 m 的中山混交林缘。生态适应性强，性喜光，阳光充足则开花量大，略耐阴，耐寒、耐旱、耐贫瘠，抗病虫害，忌高温潮湿。喜四季分明的温带气候，在低海拔的四季交替的亚热带、热带地区生长不良；在湿润、肥沃富含有机质的土壤中生长茂盛，生长季节需水分较多，但不耐积水。

园林应用:粉花绣线菊花朵繁密,花色是绣线菊植物属中少见的粉红色,秋时黄褐色,又在少花的夏季开花,初夏观花,秋季观叶,广泛应用于各种绿地。本种抗逆性强,耐旱,耐寒,亦无病虫害,栽培管理方便,可作地被观花植物丛植观赏,适于在草地、路旁、林缘、山坡、水岸、湖旁、石边、草坪角隅或建筑物前后等地种植,也可以作为花境背景材料或基础花篱种植材料,还可以作切花、盆栽。

5. 李叶绣线菊(笑靥花)*Spiraea prunifolia* Siebold & Zucc.

形态特征:落叶灌木,高达 3 m。小枝细长,稍有棱角。冬芽小,卵形,无毛,有数枚鳞片。叶片卵形至长圆披针形,先端急尖,基部楔形,边缘有细锐单锯齿,上面幼时微被短柔毛,老时仅下面有短柔毛,具羽状脉;被短柔毛。伞形花序无总梗,基部着生数枚小型叶片;花重瓣,白色。花期 3—5 月。

分布与生境:分布于贵州、四川、湖南、浙江、长江流域及陕西、山东等地。朝鲜、日本也有分布。江苏全境有分布。本种为园林中应用最多的植物之一,各地庭园习见栽培供观赏。生于土层较薄、土质贫瘠的杂木丛、山坡及山谷中,长在山坡岩石或石砾间,甚至石头缝里亦可生长,喜光。稍耐阴,耐寒,耐旱,耐贫瘠,也耐湿。

园林应用:李叶绣线菊春天展花,色洁白,繁密似雪,花大多重瓣,如笑靥,为美丽的观赏花木。园林造景中,可丛植于池畔、山坡、路旁或树丛边缘,亦可成片群植于草坪及建筑物角隅。李叶诱线菊还可用于切花生产。其他用途同绣线菊。

6. 珍珠绣线菊 *Spiraea thunbergii* Siebold ex Blume

形态特征:落叶灌木,高达 1.5 m。枝条细长开展,呈弧形弯曲;小枝有棱角。冬芽甚小,卵形,无毛或微被毛,有数枚鳞片。叶片线状披针形,先端长渐尖。基部狭楔形,边缘自中部以上有尖锐锯齿,两面无毛,具羽状脉;叶柄极短或近无柄,有短柔毛。伞形花序无总梗;花瓣倒卵形或近圆形,先端微凹至圆钝,白色。蓇葖果开张,无毛,花柱近顶生,稍斜展。花期 4—5 月,果期 7 月。

分布与生境:分布于华东、黑龙江、辽宁、山东等地。日本也有分布。江苏全境有分布。喜光,也耐阴,耐寒,喜排水良好的土壤。

园林应用:珍珠绣线菊是观赏价值较高的耐阴花灌木,花期很早,花朵密集如积雪,叶片薄细如鸟羽,秋季转变为橘红色,在园林中可丛植、列植或作为地被材料等。可用于营造秋季彩叶林,亦可栽植于林缘、建筑物阴面或与其他花木混植,还可用于切花生产。其他用途同绣线菊。

7. 三裂绣线菊 *Spiraea trilobata* L.

形态特征:落叶灌木,高 1~2 m。小枝细瘦,开展,稍呈"之"字形弯曲,嫩时褐黄色,无毛,老时暗灰褐色。冬芽小,宽卵形,先端钝,外被数个鳞片。叶片近圆形,先端钝,基部圆形、楔形,边缘自中部以上有少数圆钝锯齿,基部具显著 3~5 脉。伞形花序具总梗;花瓣宽倒卵形,先端常微凹。蓇葖果开张,花柱顶生稍倾斜,具直立萼片。花期 5—6 月,果期 7—8 月。

分布与生境:分布于东北、西北、华北和华东等地区。西伯利亚也有分布。江苏有栽培。生于海拔 450~2 400 m 的多岩石向阳坡地或灌木丛中。耐干旱贫瘠,耐寒。

园林应用:三裂绣线菊树姿优美,枝叶繁密,花朵小巧而密集,布满枝头,形成一条条拱形的花带,宛如积雪,庭园习见栽培。宜在绿地中丛植或孤植,或栽于庭院、公园、街道、山坡、小路两旁、草坪边缘,也可作花篱,是园林绿化中优良的观花观叶树种。本种又为鞣料植物,根、茎含单宁。叶、果实可入药,活血祛瘀、消肿止痛。

观赏品种菱叶绣线菊(S. × vanhouttei)是麻叶绣线菊(S. cantoniensis)和三裂绣线菊的杂交种,花期5—6月,花白色。

二十七、豆科 Fabaceae

(一)云实属 Caesalpinia

乔木、灌木或藤本,常有刺。叶为二回羽状复叶。总状花序或圆锥花序顶生或腋生;萼片5,覆瓦状排列;花瓣5,黄色或橙黄色,稍不相等,常具瓣柄;雄蕊10,分离,2轮排列,花药背着。荚果扁平或肿胀,平滑或有刺。种子1至数颗,卵圆形或球形。

约有100种,分布于热带和亚热带地区。我国产17种,除少数种分布较广外,主要产地在南部和西南部。

1. 云实 Caesalpinia decapetala (Roth) Alston

形态特征:木质藤本,枝、叶轴和花序均被柔毛和钩刺。二回羽状复叶对生,小叶长圆形,两面均被短柔毛,老时渐无毛。花瓣黄色,盛开时反卷。荚果长圆状舌形,脆革质,栗褐色,种皮棕色。花果期4—10月。

分布与生境:原产于亚洲热带和亚热带,我国秦岭以南至华南广布。江苏省各地均有分布。生于山坡灌丛中及平原、丘陵、河旁等地。喜光,略耐阴,不耐寒,对土壤要求不严,耐干旱瘠薄,常生于山岩石缝。生长快,萌蘖性强。

园林应用:云实为依附性藤本,别有风姿,花金黄色,繁盛,花序宛垂,是优良的垂直绿化材料,既可用于棚架和矮墙绿化,又常栽培作为绿篱,也可修成刺篱作屏障,或修成灌木状孤植于山坡或草坪一角,在黄河以南各地园林中常见栽培。根、茎及果可入药,性温,味苦、涩,无毒,有发表散寒、活血通经、解毒杀虫之效,治筋骨疼痛、跌打损伤;果皮和树皮含单宁;种子含油,可制肥皂及作润滑油。

(二)肥皂荚属 Gymnocladus

落叶乔木,无刺。枝粗壮。二回偶数羽状复叶;托叶小,早落。总状花序或聚伞圆锥花序顶生;花淡白色,杂性或雌雄异株,辐射对称;花托盘状;花瓣4或5片,雄蕊10枚,分离。荚果无柄,肥厚,坚实,近圆柱形,2瓣裂;种子大,外种皮革质,胚根短,直立。

全世界约有3~4种。分布于亚洲中国、缅甸和美洲北部。我国产1种。

1. 肥皂荚 Gymnocladus chinensis Baill.

形态特征:落叶乔木,无刺,树皮灰褐色,具有明显的皮孔。二回偶数羽状复叶,叶轴具槽,被短柔毛;羽片对生、近对生或互生;小叶互生,几无柄,小叶片长圆形,两端圆钝,先端有时微凹。总状花序顶生,花白色或带紫色。荚果长圆形。花期4—5月,8月间结果。

分布与生境:分布于华东、华中至西南东部、华南北部。在江苏主要分布于南京、镇江、常州、无锡、苏州、宜兴、溧阳等。生于海拔150~1 500 m山坡、山腰杂木林、竹林中以及岩边、村旁、宅旁和路边等。适应性强,为深根性树种,对土壤要求不严,地下水位不可过高,喜光,不耐阴,耐干旱,耐酷暑,耐严寒,喜温暖气候,在肥沃的沙质壤土上生长快,在石灰岩山地及石灰质土壤上能正常生长,在轻盐碱地上也能长成大树,寿命和结实期都很长。

园林应用:肥皂荚树皮光滑,树冠广阔,羽叶庞大,是良好的庭荫树种,适宜植于草坪、河边、池畔、假山、路边等。果含有胰皂素,可洗涤丝绸;亦可入药,可除顽痰、涤垢腻,治咳嗽痰梗、痢疾、肠风、便毒、头疮、疥癣。种子油可作油漆等工业用油。其木材坚硬,油漆性能良好,耐腐、耐磨,是制造家具、车辆、工艺品等的好材料。

(三)紫荆属 *Cercis*

灌木或乔木,单生或丛生,无刺。叶互生,单叶,全缘或先端微凹,具掌状叶脉;托叶小,鳞片状或薄膜状,早落。花两侧对称,两性,紫红色或粉红色,具梗,排成总状花序单生于老枝上或聚生成花束簇生于老枝或主干上,通常先于叶开放。荚果扁狭长圆形,两端渐尖或钝,于腹缝线一侧常有狭翅,不开裂或开裂;种子2至多颗,小,近圆形,扁平,无胚乳,胚直立。

约有8种。其中2种分布于北美,1种分布于欧洲东部和南部,5种分布于我国。通常生于温带地区。

1. 紫荆 *Cercis chinensis* Bunge

形态特征:落叶丛生或单生灌木。树皮和小枝灰白色。叶纸质,近圆形或三角状圆形,先端急尖,基部浅至深心形,两面通常无毛。花紫红色或粉红色,簇生于老枝和主干上,先于叶开放,荚果。花期3—4月,果期8—10月。

分布与生境:分布于长江流域至西南各地,北至河北,南至广东、广西,西至云南、四川,西北至陕西,东至浙江、江苏和山东等省区,云南、浙江等地仍有野生种。江苏省全境有分布。喜光,有一定的耐寒性。对土壤要求不严,喜肥沃、排水良好的土壤,不耐淹,在盐碱土壤上亦能生长,萌芽力强,耐修剪。紫荆宜栽植于庭院、草坪、岩石及建筑物前,用于小区的园林绿化,具有较好的观赏效果。

园林应用:紫荆干直,丛生,早春先叶开花,花型似蝴蝶,全部着生于老茎上,盛花时枝条长着串串紫红的花,俗称"满条红",是常见早春花灌木。适于在庭院、建筑、草坪边缘、庭廊之侧丛植、孤植,以常绿植物或粉墙为背景效果更佳,若与白花紫荆混植则分外艳丽。紫荆与花期相近的棣棠、连翘等黄花树种配植也适宜。其木材纹理直,结构细,可供制家具、建筑等使用。皮、果、木、花皆可入药,有清热解毒、活血行气、消肿止痛之功效,可治产后血气痛、疗疮肿毒、喉痹;花可治风湿筋骨痛;果实用于治疗咳嗽及孕妇心痛。在古代中国,紫荆花常被人们用来比拟亲情,象征兄弟和睦、家业兴旺。

2. 白花紫荆 *Cercis chinensis* f. *alba* S. C. Hsu

形态特征:为紫荆的变型,花白色。

分布与生境:分布同紫荆,江苏为其产地之一,生境与紫荆相似。

园林应用:适于在庭院、建筑、草坪边缘、庭廊之侧丛植、孤植,与紫荆混植则分外艳丽。其他用途同紫荆。

(四)决明属 *Cassia*

乔木、灌木、亚灌木或草本。叶丛生,偶数羽状复叶;叶柄和叶轴上常有腺体;小叶对生,无柄或具短柄;托叶多样,无小托叶。花近辐射对称,通常黄色,组成腋生的总状花序或顶生的圆锥花序,或有时 1 至数朵簇生于叶腋。荚果形状多样,圆柱形或扁平,很少具 4 棱或有翅,木质、革质或膜质,2 瓣裂或不开裂,内面于种子之间有横隔;种子横生或纵生,有胚乳。

约有 600 种,分布于全世界热带和亚热带地区,少数分布至温带地区;我国原产 10 余种,包括引种栽培共 20 余种,广布于南北各省区。

1. 决明 *Cassia obtusifolia* L.

形态特征:一年生亚灌木状草本,直立,粗壮,高 1~2 m。羽状复叶,小叶 3 对,膜质,倒卵形或倒卵状椭圆形,小叶顶端圆钝而有小尖头,基部偏斜,叶面上下均被柔毛。花腋生,黄色。荚果近四棱形。花果期 8—11 月。

分布与生境:原产于美洲热带地区,现全世界热带、亚热带地区广泛分布,我国长江以南各省区普遍分布。江苏省各地均有分布。生于山坡、旷野及河滩沙地上。喜高温湿润气候,需充足光照,以盛夏高温多雨季节生长最快。

园林应用:本种花色金黄,且花期长,是优良的观花植物,也是水土保持的好材料,任何沟坡,只要有土壤均可生长。最宜片植或带植在绕城公路、高速公路、铁路边坡及河道两侧宽阔的绿化带中,形成粗犷明亮的夏、秋季景观效果,也宜在公园、庭园配植组景,或作绿篱、绿墙和剪成球形观赏。药用价值很高,药用部位是种子,称为决明子,有清肝明目、利水通便之功效,同时其还可用于提取蓝色染料;苗叶和嫩果可食。

2. 槐叶决明 *Cassia sophera* L.

形态特征:一年生或多年生亚灌木状草本,直立,粗壮,高 1~2 m。羽状复叶,小叶较小,椭圆状披针形,顶端急尖或短渐尖。花黄色,荚果,较短。花期 7—9 月,果期 10—12 月。

分布与生境:原产于亚洲热带地区,现广布于世界热带、亚热带地区。中国中部、东南部、南部及西南部各省区均有分布,北部部分省区有栽培。江苏省各地均有栽培。多生长于山坡和路旁,习性与决明相似。

园林应用:植株高大,黄色花朵十分醒目,本种的花期在亚热带甚长,能从 7 月到 12 月,盛花期在 7—10 月,适于在花境和空隙地丛植作背景,是优良的观花植物,高秆品种也可作切花材料。嫩叶和嫩荚可供食用,种子为解热药。种子烘焙具有咖啡的香味,用于制作草本咖啡有良好的发展前景。其他用途同决明。

(五)皂荚属 *Gleditsia*

落叶乔木或灌木。干和枝通常具分枝的粗刺。叶互生,常簇生,一回和二回偶数羽状复叶常并存于同一植株上;叶轴和羽轴具槽;小叶多数,近对生或互生,基部两侧稍不对称或近于对称,边缘具细锯齿或钝齿,稀全缘;托叶小,早落。花杂性或单性异株,淡绿色或绿白色,组成腋生或稀顶生的穗状花序或总状花序,稀为圆锥花序。荚果扁,劲直、弯曲或扭转,不裂或迟开裂;种子 1 至多颗,卵形或椭圆形,扁或近柱状。

全世界约有 16 种。分布于亚洲中部和东南部以及南、北美洲。我国产 6 种、2 变种,广布于南北各省区。本属植物木材多坚硬,常用于制作器具;荚果煎汁可代皂供洗涤用。

1. 山皂荚 *Gleditsia japonica* Miq.

形态特征:落叶乔木或小乔木。小枝微有棱,具分散的白色皮孔,光滑无毛。刺略扁,粗壮,常分枝。羽状复叶,小叶 3~10 对,纸质至厚纸质,卵状长圆形或卵状披针形至长圆形,先端圆钝,有时微凹,有锯齿。黄绿色穗状花序。荚果。花期 4—6 月,果期 6—11 月。

分布与生境：分布于辽宁、河北、山东、河南、湖南、山西至华东各地,贵州,云南。日本和朝鲜也有分布。各地常见栽培。在江苏主要分布于徐州、连云港、宿迁、淮安、扬州、泰州、盐城、南通。生于海拔 100~1 000 m 的向阳山坡或谷地、溪边路旁。

园林应用：山皂荚是优良的绿荫树,也可作植物刺篱。可种植于高速公路、仓库、加油站等重要场所代替铁丝网,起着铁丝网所不能发挥的作用。枝叶遭到动物或人为损伤可以再生长出来,进行自我修复,而不像常规铁丝网那样随着时间的推移要维护或更换,既发挥了防护功能又有景观及生态效益。但不可植于幼儿园、小学校园内,以免引发危险。山皂荚的荚果含皂素,可代肥皂并可作染料;种子可入药;嫩叶可食;木材坚实,心材带粉红色,色泽美丽,纹理粗,可作建筑、器具、支柱等用材。

2. 皂荚 *Gleditsia sinensis* Lam.

形态特征：落叶乔木或小乔木。枝灰色至深褐色;刺粗壮,圆柱形,常分枝。羽状复叶,小叶 2~9 对,纸质,卵状披针形至长圆形,先端急尖或渐尖,顶端圆钝,具小尖头,有锯齿。黄白色总状花序。荚果。花期 3—5 月,果期 5—12 月。

分布与生境：在我国广泛分布,自东北至西南、华南均产。江苏省各地均有分布。生于自平地至海拔 2 500 m 的山坡林中或谷地、路旁。喜光,稍耐阴,耐寒,对土壤酸碱度要求不高,深根性,生长速度慢,寿命长。

园林应用：皂荚树冠宽广,枝繁叶茂,耐热,耐寒,抗污染,可用于营造城乡景观林、道路绿化;其耐旱节水,根系发达,可用于营造防护林和水土保持林。民间常栽培于庭院或宅旁,是优良的绿荫树。枝刺发达,也是作大防护篱、刺篱的适宜材料,用皂荚营造草原防护林能有效防止牧畜破坏,是林牧结合的优选树种。皂荚具有固氮、适应性广、抗逆性强等综合价值,是废弃工业迹地及矿区生态修复与景观营造的首选树种。其果实含有皂素,可代皂用。皂荚的木材坚硬,耐腐、耐磨,有黄褐色或杂有红色条纹,可作车辆、工艺品、家具用材。嫩芽可以油盐调食,种子煮熟糖渍亦可食。荚果、种子、枝刺均可入药,可生产清热解毒的中药口服液,有祛痰通窍、镇咳利尿、消肿排脓、活血、通便秘、杀虫治癣之效。皂荚为多用型的生态经济好树种。

（六）合欢属 *Albizia*

乔木或灌木,稀为藤本,通常无刺,很少托叶变为刺状。二回羽状复叶,互生,通常落叶;羽片 1 至多对;总叶柄及叶轴上有腺体;小叶对生,1 至多对。花小,常两型,5 基数,两性,稀杂性,有梗或无梗,组成头状花序、聚伞花序或穗状花序,再排成腋生或顶生的圆锥花序。荚果带状,扁平,果皮薄,种子间无间隔,不开裂或迟裂;种子圆形或卵形,扁平,无假种皮,种皮厚,具马蹄形痕。

约有 150 种,产于亚洲、非洲、大洋洲及美洲的热带、亚热带地区。我国有 17 种,大部分产于西南部、南部及东南部各省区。本属花序中的花常有两种类型,位于中央的花常较边缘的为大,但不结实。本属的经济用途主要为利用木材、单宁以及作庭园绿化和紫胶虫寄主树用。

1. 合欢 *Albizia julibrissin* Durazz.

形态特征：落叶乔木。树冠开展,小枝有棱角,嫩枝、花序和叶轴被绒毛或短柔毛。二回羽状复叶,羽片一般 4~12 对,小叶线形至长圆形,先端有小尖头,中脉紧靠上缘。花粉红色。荚果带状。花期 6—7 月,果期 8—10 月。

分布与生境：分布于亚洲热带和亚热带地区，在我国分布北界可达辽东半岛。日本及朝鲜半岛也有分布。江苏省各地均有分布。喜光，喜温暖气候，也耐寒，生长迅速，耐干旱瘠薄及干燥气候，耐轻度盐碱，但不耐水涝。

园林应用：合欢夏日开花，粉红如绒簇，十分可爱，且树荫如伞，常植为城市行道树，是一种优良的观花树种，亦可作园景树、庭荫树和行道树，适于房前、草坪、路边、水畔（一定要种植于最高水位线之上）孤植和丛植，尤适合安静的休息区栽培。合欢对二氧化硫、氯化氢等有害气体有较强的抗性，可用于工业区及废弃矿区生态修复及景观重建工程。其木材红褐色，纹理直，结构细，干燥时易裂，可制家具、枕木等。树皮可提制栲胶；也可供药用，味甘，性平，归心、肝经，有解郁安神之功效。合欢花也可入药，有解郁安神、理气开胃、活络止痛之效，治郁结胸闷、忧郁失眠，还有较好的强身、镇静、美容的作用，且是治疗神经衰弱的佳品。为威海市市树。

2. 山槐 *Albizia kalkora* (Roxb.) Prain

形态特征：落叶小乔木或灌木。枝条暗褐色，被短柔毛，皮孔显著。二回羽状复叶，小叶先端圆钝，有细尖头，基部歪斜，中脉稍偏上侧。花初白色，后变黄。荚果带状，深棕色。花期5—6月，果期8—10月。

分布与生境：山槐分布很广，主要产于我国华北、西北、华东、华南至西南部各省区，越南、缅甸、印度亦有分布。江苏省各地均有分布。生于海拔100～2 500 m的山坡灌丛、疏林中。生长快，能耐干旱及瘠薄。

园林应用：山槐羽状复叶形态雅致，每片小叶酷似家用的菜刀；夏季开花，色泽艳丽，可作为风景树、庭荫树，是优良的观花树种。山槐特别耐干旱瘠薄，尤适植于山地风景区。山槐的丰产率很高，可作木材、薪炭燃料及饲料。山槐材质优良，软硬适中，纹理多花，易加工，极耐腐朽，是上等的家具和建筑装饰用材，产地山区人民多用它制作箱柜，其表面花纹装饰性堪与漆树花纹媲美。根及茎皮可入药，能补气活血、消肿止痛；花有催眠作用；嫩枝、幼叶可作为野菜食用。

（七）山蚂蝗属 *Desmodium*

草本、亚灌木或灌木。叶为羽状三出复叶或退化为单小叶；具托叶和小托叶，托叶通常干膜质，有条纹，小托叶钻形或丝状；小叶全缘或浅波状。花通常较小，组成腋生或顶生的总状花序或圆锥花序，少为单生或成对生于叶腋。荚果扁平，不开裂，背腹两缝线稍缢缩或腹缝线劲直；荚节数枚。子叶出土萌发。

约有350种，多分布于亚热带和热带地区。我国有27种、5变种，大多分布于西南经中南部至东南部，仅1种产于陕西、甘肃西南部。

1. 小槐花 *Desmodiun caudatnm* (Thumb.) DC.

形态特征：直立灌木或亚灌木，高1～2 m。树皮灰褐色，多分枝。羽状三出复叶，3小叶，叶柄较长，扁平，有深沟，两侧具极窄的翅，顶生小叶披针形或长圆形，侧生小叶较小，基部楔形，全缘。花绿白或黄白色。荚果线形。花期7—9月，果期9—11月。

分布与生境：产于长江以南各省，西至喜马拉雅山，东至台湾省。印度、斯里兰卡、不丹、缅甸、马来西亚、日本、朝鲜亦有分布。在江苏主要分布于南京、镇江、常州、无锡、苏州、宜兴、溧阳。生于海拔100～1 000 m的山坡、路旁草地、沟边、林缘或林下。

园林应用：该树种形态秀丽，可用于园林庭院中与假山相配，也可用于园艺康养、城市疗愈等环境中。全株药用价值在于治疗风湿关节疼痛、胃痛、肾炎、淋巴结炎、小儿疳积、毒蛇咬伤、痈疖疔疮。

（八）杭子梢属 *Campylotropis*

落叶灌木或半灌木。小枝有棱并有毛，稀无毛，老枝毛少或无毛。羽状复叶具 3 小叶；托叶 2，通常为狭三角形至钻形，宿存或有时脱落；叶柄通常有毛，无翅或稍有翅，叶轴比小叶柄长，在小叶柄基部常有 2 枚脱落性的小托叶；顶生小叶通常比侧生小叶稍大而形状相似。花序通常为总状。荚果压扁，两面凸，有时近扁平，不开裂，表面有毛或无毛；种子 1 颗。通常由于花柱基部宿存而形成荚果顶端的喙尖。

约有 45 种，分布于缅甸、老挝、泰国、越南、印度北部、尼泊尔、不丹，最南达印度尼西亚爪哇，西达克什米尔，北至中国华北北部。中国有 29 种、6 变种、6 变型，多数种集中于中国的西南部。本属植物较耐干旱，可作水土保持的重要树种。

1. 杭子梢 *Campylotropis macrocarpa*（Bunge）Rehder

形态特征：落叶灌木，高 1～2 m。小枝、嫩枝常具柔毛，老枝常无毛。羽状复叶具 3 小叶，叶柄较长，有柔毛，小叶椭圆形或宽卵圆形，有时过渡为长圆形，有小凸尖，上面脉明显，下面有柔毛。花紫红或近粉红色。荚果。花果期 6—10 月。

分布与生境：分布于华北、西北、华东、华南、西南等地。朝鲜也有分布。江苏省各地均有分布。生于海拔 150～1 900 m 的山坡、灌丛、林缘、山谷沟边及林中，稀达 2 000 m 以上。

园林应用：杭子梢株丛自然，生长繁茂，花粉红色、艳丽，盛夏开花，弥补了夏季花少的缺憾，在园林中，适于在疏林下、林缘、水边等处丛植；也是优良的水土保持植物，可作为营造防护林与混交林的树种用于废弃矿山生态修复与景观重建工程，可起到固氮、改良土壤的作用；枝条可供编织；叶及嫩枝可作绿肥、饲料，可用于动物园，既可丰富景观又可作为动物饲料；为蜜源植物，可用于动物招引，培育生物多样性；根可入药，可舒筋活血，主治肢体麻木、半身不遂。

（九）黄檀属 *Dalbergia*

乔木、灌木或木质藤本。奇数羽状复叶；托叶通常小且早落；小叶互生；无小托叶。花小，通常多数，组成顶生或腋生圆锥花序，分枝有时呈二歧聚伞状；花冠白色、淡绿色或紫色。荚果不开裂，长圆形或带状、翅果状，对种子部分多少加厚且常具网纹，其余部分扁平而薄，稀为近圆形或半月形而略厚，有 1 至数粒种子；种子肾形，扁平，胚根内弯。

约有 100 种，分布于亚洲、非洲和美洲的热带和亚热带地区。我国有 28 种、1 变种，产于西南部、南部至中部。本属的一些种类为优良的材用树种及紫胶虫寄主树，还有些种类可供药用和观赏。

1. 黄檀 *Dalbergia hupeana* Hance

形态特征：落叶乔木。树皮暗灰色，薄片状剥落，幼枝淡绿色，无毛。羽状复叶，小叶 3～5 对，椭圆形至长圆状椭圆形，先端钝，微凹，两面无毛，细脉隆起，正面有光泽。花白色或淡紫色。荚果长圆形或阔舌状。每年 4—5 月展叶，花期 6—7 月，果期 8—10 月。

分布与生境：分布于山东、华东、华中、华南及西南各地。江苏省各地均有分布。生于海拔 100～1 400 m 山地林中或灌丛中，山沟溪旁及有小树林的坡地常见，平原及山区均可生长。对生长环境要求不严。本种为该属分布最北的一种。

园林应用：黄檀又名"不知春"，具有强烈的热带属性，生长速度慢。树形自然优雅，花色淡雅芳香，荚果黄绿色，具有独特的观赏性，可作芳香园林及康养疗愈场所中的庭荫树、风景树、行道树。开花能吸引大量蜂蝶，也可放养紫胶虫，可用于饲用资源培育生物多样性。其荚果成熟不裂，有着翅果般的特性，故能"飞籽成林"，是荒山荒地绿化的先锋树种，并可作为石灰质土壤绿化树种。黄檀木材属于我国5大类红木中的第2大类。其木材结构细密，横断面生长轮不明显，心、边材区别也不明显，是制作负重力及抗拉力强的用具及器材的优质材料；木材黄白色或黄淡褐色，结构细密，质硬重，切面光滑，耐冲击，不易磨损，富有弹性，材色美观悦目，油漆胶黏性好，是运动器械、玩具、军工用材及雕刻、其他细木工优良用材。民间利用此材制作斧头柄、犁耙、农具等，属优质材用树种。根皮可药用，具有清热解毒、止血消肿之功效，民间用于治疗急慢性肝炎、肝硬化腹水。种子可以榨油。

（十）紫藤属 *Wisteria*

落叶大藤本。冬芽球形至卵形，芽鳞3～5枚。奇数羽状复叶互生；托叶早落；小叶全缘；具小托叶。总状花序顶生，下垂；花多数，散生于花序轴上。荚果线形，伸长，具颈，种子间缢缩，迟裂，瓣片革质，种子大，肾形，无种阜。

约有10种，分布于东亚、北美和大洋洲。我国有5种、1变型，其中引进栽培1种。

1. 紫藤 *Wisteria sinensis*（Sims）DC.

形态特征：落叶木质藤本。茎左旋，枝较粗壮，嫩枝被白色柔毛，后秃净。冬芽卵形。奇数羽状复叶，小叶3～6对，纸质，卵状椭圆形至卵状披针形，小叶柄短，被柔毛，小托叶刺毛状。花紫色，芳香。荚果倒披针形。花期4—5月，果期5—8月。

分布与生境：原产于我国，自东北南部、黄河流域至长江流域和华南均有栽培或分布。江苏省各地均有分布。对环境的适应性极强，喜光，耐阴，耐寒。可以生长在贫瘠潮湿的土壤中，但土层深厚、排水较好、向阳避风的地方更适合。紫藤根系发达，主根较深，侧根较浅，不耐移栽。生长较快，寿命较长，缠绕能力强，对其他植物有绞杀作用。

园林应用：本种自古以来在园林中作庭园棚架植物，先叶开花，紫穗满垂，缀以稀疏嫩叶，十分优美，是常见的庭院垂直绿化植物，也是著名的凉廊和棚架绿化材料，庇荫效果好，也可作盆景材料。紫藤花可食用，可以采新鲜紫藤花直接蒸，也可水焯拌凉菜，或是裹面煎炸，制作紫萝饼和紫萝糕等。花也可提炼芳香油，并有解毒、止吐止泻等功效。紫藤皮则有杀虫、止痛、祛风通络等作用。

2. 多花紫藤 *Wisteria floribunda*（Willd.）DC.

形态特征：落叶木质藤本。茎右旋，枝较细柔，分枝密，初时被褐色短柔毛，后秃净。奇数羽状复叶，小叶5～9对，薄纸质，卵状披针形，小叶柄短，被柔毛，小托叶刺毛状。花紫色至蓝紫色。荚果倒披针形。花期4—5月，果期5—7月。

分布与生境：原产于日本，中国东北、华东、华中、华南、西北和西南地区均有栽培，江苏省各地有栽培。喜阳光充足的环境，耐高温，耐干旱，不择土壤。它的园艺品种的花有许多变化，如白色、淡红色以及杂色斑纹和重瓣等。

园林应用：先叶开花，紫穗满垂，缀以稀疏嫩叶，十分优美，是优良的观花藤本植物，一般应用于园林棚架长廊。春季紫花烂漫，别有情趣，适栽于湖畔、池边、假山、石坊等处，具独特风格,也常作为盆景材料。其茎皮、花及种子可入药,可以解毒、止吐泻;也可提炼芳香油。其他用途同紫藤。

(十一)红豆属 *Ormosia*

乔木。裸芽,或为大托叶所包被。叶互生,稀近对生,奇数羽状复叶,稀单叶或为 3 小叶;小叶对生,通常革质或厚纸质;具托叶,或不甚显著,稀无托叶,通常无小托叶。圆锥花序或总状花序顶生或腋生。荚果木质或革质,2 瓣裂,稀不裂,果瓣内壁有横隔或无,缝线无翅;花萼宿存;种子 1 至数粒,种皮鲜红色、暗红色或黑褐色,种脐通常较短,偶超过种子长的二分之一;无胚乳,子叶肥厚,胚根、胚轴极短。

有 100 种,产于美洲热带、东南亚和澳大利亚西北部。我国有 35 种、2 变种、2 变型,大多分布于五岭以南,沿北纬 23°纬线,以广东、广西、云南为主要分布区。本属多数种类木材花纹美丽,淡红色至褐红色,质坚重,刨削后有光泽,宜作高级家具、器具、雕刻等用材。种子红色或亮褐色,可制作项链、耳饰、戒指等装饰品。少数种类的根、枝、叶和种子民间作药用。

1. 红豆树 *Ormosia hosiei* Hemsl. & E. H. Wilson

形态特征:常绿或落叶乔木,高可达 30 m,胸径可达 1 m。树皮灰绿色,平滑。小枝绿色。冬芽有黄褐色细毛。奇数羽状复叶,叶柄较长,小叶常为 2 对,薄革质,一般卵形或卵状椭圆形。花白色或淡紫色。荚果,近圆形,种子血红色。花期 4—5 月,果期 10—11 月。为国家二级保护植物。

分布与生境:分布于陕西南部、甘肃东南部、华东、华南和西南。在江苏主要分布于南京、镇江、常州、无锡、苏州、宜兴、溧阳。生于海拔 200～1 000 m 的河旁、山坡、山谷林内。本种在该属中是分布于纬度最高地区的种类,较耐寒。红豆树幼年喜湿耐阴,中龄以后喜光。它对土壤肥力要求中等,但对水分要求较高;在土壤肥沃、水分条件较好的山洼、山麓、水畔等空气湿度较高处生长快,干形也较好;在干燥山坡与丘陵顶部则生长不良。主根明显,根系发达,寿命较长,具萌芽力,天然更新能力较强。

园林应用:红豆树树姿优雅,树冠浓荫覆地,树体高大通直,端庄美观,枝繁叶茂,宜作庭荫树、行道树和风景树,为很好的园林景观树种。红豆树根系发达,具有良好的防风固土能力,可作生态公益林树种,也是优良的风景林和防火树种,在民间也常作为花榈木(O. henryi)的替代品,耐寒性较花榈木强,适于长江以南地区栽培。材坚硬细致,纹理美丽,有光泽,边材不耐腐,易受虫蛀,心材耐腐朽,为优良的木雕工艺及高级家具等用材。根与种子可入药,可理气、通经,主治疝气、腹痛、血滞、闭经、跌打损伤、风湿关节炎及无名肿毒。红豆树具有材用、药用、园林绿化价值,种子鲜红亮丽,收藏多年色彩如初,常用来赠送亲友,以寄怀念之情,自古以来人们都把红豆作为情爱相思的象征之物。

(十二)木蓝属 *Indigofera*

灌木或草本,稀小乔木。多数被白色或褐色平贴丁字毛,少数具二歧或距状开展毛及多节毛,有时被腺毛或腺体。奇数羽状复叶,偶为掌状复叶、三小叶或单叶;托叶脱落或留存,小托叶有或无;小叶通常对生,稀互生,全缘。总状花序腋生,少数呈头状、穗状或圆锥状;苞片常早落。荚果线形或圆柱形,稀长圆形或卵形或具 4 棱,被毛或无毛,偶具刺,内果皮通常具红色斑点;种子肾形、长圆形或近方形。

有 700 余种,广布于亚热带与热带地区,以非洲占多数。我国有 81 种、9 变种。本属植物可供观赏及作绿肥、饲料、染料或药用。有些种具毒性。

1. 河北木蓝 *Indigofera bungeana* Walp.

形态特征：落叶小灌木。多分枝,枝细长,幼枝灰褐色,明显有棱,被丁字毛。羽状复叶,叶柄被丁字毛,叶轴上面扁平,小叶 3(2)～5 对,对生,椭圆形、倒卵形,先端圆或微凹,有小尖头,两面有白色丁字毛。总状花序,花淡红或紫红色。荚果线状圆柱形。花期 5—8 月,果期 9—10 月。

分布与生境：分布于江苏、安徽、浙江、江西、福建、湖北、湖南、广西、四川、贵州、云南,日本也有分布。在江苏主要分布于南部的南京、镇江、常州、无锡、苏州、宜兴、溧阳。生于海拔 100～1 300 m 的山坡林缘及灌木丛中。具有抗旱、耐瘠薄、生命力强的特点,尤其在岩石山、风化石山等偏碱性土壤中生长良好。

园林应用：在园林中又称马棘木蓝,最常应用于边坡绿化。因其对土壤有自肥效应,常用于废弃采矿迹地植被修复,特别是石壁绿化中的"喷播"技术中,将其种子与其他树木种子及泥浆搅拌在一起,喷粘于石壁上。基于其发芽快、根系发达、耐旱等优点,很快就能在石壁上发芽并扎根在石缝中,快速绿化裸岩石壁。河北木蓝还是牛、羊等食草性动物及鸡、鸭等杂食性动物补充蛋白质、维生素、矿物质及微量元素的优质青饲料。

2. 花木蓝 *Indigofera kirilowii* Maxim. ex Palib.

形态特征：落叶小灌木,与河北木蓝相似,但植株较矮小,小叶阔卵形、卵状菱形,叶柄较长。花淡红,稀白色。荚果圆柱形。花期 5—7 月,果期 8 月。

分布与生境：分布于吉林、辽宁、河北、山东、江苏等地。江苏各地均有栽培。生于平原至低海拔的山坡灌丛及疏林内或岩缝中。适应性强,喜光,也较耐阴、耐寒,耐干旱瘠薄,抗病性较强,不耐涝,对土壤要求不严。

园林应用：花木蓝植株低矮,宜作花篱,供庭院观赏,可于林缘、路边、石间、边坡、庭院丛植,也适用于公路、铁路、护坡、路旁绿化,还是花坛、花境材料,是一种优美的花灌木。夏季开紫红色花,总状花序,花大而艳丽,花期长达 2 个月;花量大,是盛夏良好的观花植物和美化材料。花木蓝也是优良的蜜源植物。花可供药用,清热解毒,可治肺热咳嗽、黄疸,并能消肿止痛、通便;外用治痔疮肿痛、蛇虫咬伤。其他用途同河北木蓝。

(十三)紫穗槐属 *Amorpha*

落叶灌木或亚灌木,有腺点。叶互生,奇数羽状复叶,小叶多数,小,全缘,对生或近对生;托叶针形,早落;小托叶线形至刚毛状,脱落或宿存。花小,组成顶生、密集的穗状花序。荚果短,长圆形、镰状或新月形,不开裂,表面密布疣状腺点;种子 1～2 颗,长圆形或近肾形。

约有 25 种,主产于北美至墨西哥。我国引种 1 种。

1. 紫穗槐 *Amorpha fruticosa* L.

形态特征：落叶灌木,丛生。小枝灰褐色。叶互生,奇数羽状复叶,小叶 11～25 片,卵形或椭圆形,先端圆形,尖锐或微凹,有尖刺,叶背面有白柔毛,具黑色腺点。花紫色,穗状花序。荚果下垂,表面有凸起的疣状腺点。花果期 5—10 月。

分布与生境：原产北美,后引入我国,东北、华北、西北、长江流域、浙江、福建均有栽培。江苏省各地均有分布。有护堤防沙、防风固沙的作用。耐寒,耐水淹,对土壤要求不严,耐瘠薄,耐盐碱,又能固氮。

园林应用：紫穗槐生长迅速，枝繁叶茂，是优良的固沙、防风和改良土壤树种，可广泛用于荒山、荒地、盐碱地、河岸、河堤、沙地、山坡及铁路沿线两侧坡地绿化，园林中可植为自然式绿篱。耐瘠薄，耐水湿和轻度盐碱土，根部有根瘤可改良土壤，又能固氮。叶量大且营养丰富，含大量粗蛋白、维生素等，果实含芳香油，是营养丰富的饲料植物，又是蜜源植物。枝条还是编织筐、篓的好材料。紫穗槐系多年生优良绿肥植物，枝叶繁密，对烟尘有较强的吸附作用，又可用于水土保持、废弃矿山植被修复和工业区绿化，常作为营造防护林带的材料，是黄河和长江流域很好的水土保持植物。

（十四）崖豆藤属 *Millettia*

藤本、直立或攀缘灌木或乔木。奇数羽状复叶互生；托叶早落或宿存，小托叶有或无；小叶 2 至多对，通常对生；全缘。圆锥花序大，顶生或腋生，花单生分枝上或簇生于缩短的分枝上。荚果扁平或肿胀，线形或圆柱形，仅有单粒种子时呈卵形或球形，开裂，稀迟裂，有种子（1）2 至多数；种子凸镜形、球形或肾形，挤压时呈鼓形。

约有 200 种，分布于非洲、亚洲和大洋洲的热带和亚热带地区。我国有 35 种、11 变种。

1. 网络崖豆藤 *Millettia reticulata* Benth.

形态特征：木质藤本。小枝圆柱形，具细棱，老枝褐色。羽状复叶，叶柄较长，无毛，小叶 3～4 对，硬纸质，卵状长椭圆形或长圆形，先端钝，两面基本无毛，细脉网状，均明显隆起。圆锥花序，花紫红色。荚果线形。花期 5—11 月，果期 9—11 月。

分布与生境：分布于江苏、安徽、浙江、江西、福建、台湾、湖北、湖南、广东、海南、广西、四川、贵州、云南。越南北部也有分布。江苏省各地均有分布。生于海拔 1 000 m 以下山地灌丛及沟谷地带。世界各地常有栽培，可作园艺观赏用。

园林应用：枝叶繁茂，四季常青，夏日紫花串串直到秋日，可攀缘棚架；也可依附大树旁栽植，攀缘而上更增自然情趣；或可用于斜坡、岸边、棚架种植，枝蔓自如生长，宛如绿色地毯。植株可入药或作杀虫剂。

（十五）槐属 *Styphnolobium*

落叶或常绿乔木、灌木、亚灌木或多年生草本，稀攀缘状。奇数羽状复叶；小叶多数，全缘；托叶有或无，少数具小托叶。花序总状或圆锥状，顶生、腋生或与叶对生；花白色、黄色或紫色。荚果圆柱形或稍扁，串珠状，果皮肉质、革质或壳质，有时具翅，不裂或有不同的开裂方式；种子 1 至多数，卵形、椭圆形或近球形，种皮黑色、深褐色、赤褐色或鲜红色；子叶肥厚，偶具胶质内胚乳。

约有 70 余种，广泛分布于两半球的热带至温带地区。我国有 21 种、14 变种、2 变型，主要分布在西南、华南和华东地区，少数种分布到华北、西北和东北。本属一些种类木材坚硬，富有弹性，可作建筑和家具用材；有些种树姿优美，可作行道树或庭园绿化树种；又是优良的蜜源植物；种子含有胶质内胚乳，可供工业用。

1. 槐 *Styphnolobium japonicum*（L.）Schott

形态特征：落叶乔木，高达 25 m，树冠球形或阔倒卵形。小枝绿色，皮孔明显，小叶 7～17 枚，卵形至卵状披针形，先端尖，背面有白粉和柔毛。圆锥花序顶生，直立，花黄白色。荚果串珠状，肉质，不开裂，种子肾形或矩圆形，黑色。花期 6—9 月，果期 10—11 月。

分布与生境：分布于华北至长江流域，自东南部至华南广为栽培，华北和黄土高原地区尤为多见,日本、朝鲜、越南也有分布,欧洲、美洲均有引种栽培。江苏省各地均有分布。弱阳性,喜深厚肥沃而排水良好的沙质土壤,耐瘠薄能力不如刺槐,不耐水涝。萌芽力强,耐修剪。

园林应用:槐树冠宽广,枝叶茂密,绿荫如盖,花为淡黄色,花朵如璎珞,花期在夏末,缢缩的荚果如串串念珠,适作庭荫树,配植于公园、建筑四周、街坊住宅区及草坪上也极相宜,是著名的行道树,也是庭院常用的特色树种。槐对二氧化硫、氯气等有毒气体有较强的抗性,可用于废弃工业地的生态修复与景观重建绿化,又可防风固沙,是营造用材生态兼用林的树种,还是一种重要的蜜源植物。叶、枝、根、果均可入药,花可烹调食用,也可作中药或染料。花和荚果入药,未开槐花俗称"槐米",有清凉收敛、止血降压作用,未成熟的果实捣烂成糜可治疗痔疮;叶和根皮有清热解毒作用,可治疗疮毒;种仁含淀粉,可供酿酒或作糊料、饲料;皮、枝叶、花蕾可作染料;种子榨油供工业用;槐角的外果皮可提馅糖等;木材富弹性,耐水湿,可供建筑、船舶、枕木、车辆及雕刻等用。槐树还具有古代迁民怀祖的寄托、吉祥的象征等文化意义。因其具备重要的经济价值和药用价值,已被多个城市选为市花市树。

(十六)刺槐属 *Robinia*

乔木或灌木。有时植株各部(花冠除外)具腺刚毛。无顶芽,腋芽为叶柄下芽。奇数羽状复叶;托叶刚毛状或刺状;小叶全缘;具小叶柄及小托叶。总状花序腋生,下垂;苞片膜质,早落。荚果扁平,沿腹缝浅具狭翅,果瓣薄,有时外面密被刚毛;种子长圆形或偏斜肾形,无种阜。

约有 20 种,分布于北美洲至中美洲。我国栽培 2 种、2 变种。

1. 刺槐 *Robinia pseudoacacia* L.

形态特征:落叶乔木,高 10～25 m。树皮灰褐色至黑褐色,一般浅裂至深纵裂。小枝灰褐色,具托叶刺。羽状复叶,小叶 2～12 对,常对生,椭圆形、长椭圆形或卵形,先端圆,微凹,具芒刺,全缘。花白色。荚果线状长圆形。花期 4～6 月,果期 8～9 月。

分布与生境:原产于北美亚热带至温带,现被广泛引种到亚洲、欧洲等地,是世界上重要的速生树种,我国各地有栽培。江苏省各地均有分布。强阳性,幼苗也不耐庇荫,喜干旱而凉爽环境,适应性强,对土壤要求不严,耐干旱瘠薄,根系浅而发达,易风倒,在中性、石灰性、酸性以及轻度碱性土壤中均能够生长;不耐水涝,萌芽力、萌蘖力强,生长快。

园林应用:刺槐树冠较浓密,长长的穗状花序为白色且芳香,可用于芳香植物园或园林康养疗愈场,也可作为行道树。华北平原的黄淮流域有较多的成片刺槐造林,在苏北沿海大堤上也种植了刺槐防护林,为优良固沙保土树种,其他地区多用于"四旁"绿化和零星栽植。因其荚果成熟后不裂,有翅果效应,故能飞籽自播成林,可用于荒山造林、废弃采矿迹地、工业废弃地等生态修复。刺槐木材材质硬重,抗腐耐磨,宜作枕木、车辆、建筑、矿柱等多种用材;生长快,萌芽力强,燃烧缓慢,热值高,是速生薪炭林树种;刺槐花产的蜂蜜很甜,蜂蜜产量也高,又是优良的蜜源植物。栽培变种有泓森槐、红花刺槐、金叶刺槐等。

2. 毛洋槐 *Robinia hispida* Michx.

形态特征:落叶灌木,高 1～3 m。幼枝绿色,密被紫红色硬腺毛及白色曲柔毛,二年生枝密被褐色刚毛。羽状复叶,小叶 5～7 对,椭圆形至近圆形,两端圆,先端具芒尖,叶背灰绿色,中脉被疏柔毛。总状花序腋生,花红色至玫瑰红色。荚果线形。花期5—6月,果期7—10月。

分布与生境:原产北美洲,广泛引种于中国东北南部等地区。在江苏主要分布于南京。花大美丽,供观赏。毛洋槐喜光,在过阴处多生长不良,耐寒性较强,不耐水湿,喜排水良好的沙质壤土,有一定的耐盐碱力。

园林应用:毛洋槐树冠浓密,花大色美艳丽,散发芳香,孤植、列植、丛植供观赏均佳,是小游园、公园不可多得的观赏树种。其枝条耐修剪,可用于绿篱、花篱、绿墙等。由于具备花开绵延不绝的特性,园林应用中毛刺槐既可与不同季节开花的植物分别组景,构成稳定的底色或壮观的背景;又可当作园林中"花开三季"植物景观的主线,作为承前启后的纽带。还可大面积片植于高速公路或城市主干道两侧,形成均一壮观的花海;或列植于园林道路两侧,构成半围合状态的私密空间,给漫步其中的游人提供阵阵花香,营造浪漫与幻想的气氛。毛洋槐嫁接繁殖苗抗风能力不强,在沿海台风常出没的地方、风口或开阔处不宜栽植,否则易出现"断头"现象。对氟化氢等有毒有害气体有较强抗性,可栽植于工矿厂区、加油站等环境恶劣的场所。

(十七)马鞍树属 *Maackia*

落叶乔木或灌木。芽单生叶腋,芽鳞数枚,覆瓦状排列。奇数羽状复叶,互生;小叶对生或近对生,全缘;小叶柄短;无小托叶。总状花序单一或在基部分枝;花两性,多数,密集;每花有1枚早落苞片。荚果扁平,长椭圆形至线形,无翅或沿腹缝延伸成狭翅;有种子1~5粒,长椭圆形,压扁,种皮薄,褐色或褐黄色,平滑。

约有10种,产于东亚。我国有8种。

1. 光叶马鞍树 *Maackia tenuifolia*(Hemsl.)Hand.-Mazz.

形态特征:落叶灌木或小乔木。树皮灰色。小枝幼时绿色,有紫褐色斑点,被淡褐色柔毛,在芽和叶柄基部的膨大部分最密,后变为棕紫色,无毛或有疏毛。奇数羽状复叶,小叶2~3对,顶生小叶倒卵形、菱形或椭圆形,侧小叶对生,椭圆形或长椭圆状卵形。总状花序顶生,花绿白色。荚果线形。花期4—5月,果期8—9月。

分布与生境:分布于陕西、江苏、浙江、江西、河南、湖北。江苏南部有分布。生于海拔150~800 m的山坡、溪边、谷地林内。

园林应用:光叶马鞍树俗称"香槐",树形秀美,幼叶银白色,夏日满树白花,可作良好的行道树种,也可栽植于池边、溪畔、山坡作为景观配置树种。根、叶可入药,性甘、热,入心、肾二经,回阳救逆,可治疗手脚冰凉、口吐白沫。

(十八)锦鸡儿属 *Caragana*

落叶灌木,稀为小乔木。偶数羽状复叶或假掌状复叶,有2~10对小叶;叶轴顶端常硬化成针刺,刺宿存或脱落;托叶宿存并硬化成针刺,稀脱落;小叶全缘,先端常具针尖状小尖头。花梗单生、并生或簇生叶腋,具关节。荚果筒状或稍扁。

有100余种,主要分布于亚洲和欧洲的干旱和半干旱地区,北起远东地区、西伯利亚,东达中国,南达中亚、高加索地区、巴基斯坦、尼泊尔、印度,西至欧洲。我国产62种、9变种、12变型。主产于我国东北、华北、西北、西南各省区。本属有根瘤,能提高土壤肥力;大多数种可绿化荒山,保持水土,有些种可作固沙植物或用于绿化庭院作绿篱;有些种枝叶可压绿肥;有些种为良好蜜源植物。

1. 锦鸡儿 Caragana sinica (Buc'hoz) Rehder

形态特征：落叶灌木,高 1～2 m。树皮深褐色。小枝有棱,无毛。托叶三角形,硬化成针刺;小叶 2 对,偶数羽状复叶,有时假掌状,上部一对常较下部一对大,厚革质或硬纸质,倒卵形或长圆状倒卵形,小叶先端圆或微凹。花黄色,常带红色。荚果圆筒状。花期 4—5 月,果期 7 月。

分布与生境：分布于西北、华北、华东、华中至西南地区。江苏省各地均有分布。生于低海拔山坡和灌丛的沙砾土壤中。喜光,耐寒性强,耐干旱瘠薄,不耐湿涝。

园林应用：锦鸡儿叶色鲜绿,花朵红黄而悬于细梗上,其两翼瓣势如飞雀,色金黄,故又名"金雀花"。在园林中作观花刺篱,也可植于假山、岩石、小路边,亦可作盆景材料。其托叶和叶轴先端均呈刺状,有防护作用,一般可用将锦鸡儿种在林缘、路边或建筑物旁。锦鸡儿还可以用作盆景材料,或用于岩石园。其有着悠久的历史,造型多变,模样雅致,观赏价值极高。锦鸡儿能生长在沙漠中,它抗逆性强,能耐低温及酷热,还具有耐风蚀、不怕沙埋的特点,故可用于水土保持和沙漠化防治。其花、根可入药,能滋补强壮、活血调经、祛风利湿,可以治疗高血压病、头昏头晕、耳鸣眼花、体弱乏力、月经不调、白带、乳汁不足、风湿关节痛、跌打损伤等;枝叶可以做饮料,亦可供牲畜食用。

（十九）胡枝子属 Lespedeza

多年生草本、半灌木或灌木。羽状复叶具 3 小叶;托叶小,钻形或线形,宿存或早落,无小托叶;小叶全缘,先端有小刺尖,网状脉。荚果卵形、倒卵形或椭圆形,稀稍呈球形,双凸镜状,常有网纹;种子 1 颗,不开裂。

有 60 余种,分布于东亚至澳大利亚东北部及北美。我国产 26 种,除新疆外,广布于全国各省区。本属植物多数能耐干旱,为良好的水土保持植物及固沙植物。

1. 胡枝子 Lespedeza bicolor Turcz.

形态特征：直立落叶灌木,高 1～3 m。多分枝,小枝黄色或暗褐色,具棱,被疏短毛。芽卵形,具数枚黄褐色鳞片。羽状复叶具 3 小叶,托叶 2 枚,线状披针形,叶柄 2～7 cm,小叶质薄,卵形或倒卵形,先端钝圆或微凹。花红紫色。荚果。花期 7—9 月,果期 9—10 月。

分布与生境：产于东北、华北、西北至华中等地。江苏省各地均有分布。生于海拔150～1 000 m 的山坡、林缘、路旁、灌丛及杂木林间。性耐旱,耐瘠薄,耐寒也耐水湿。

园林应用：胡枝子株丛茂盛,叶色鲜绿,枝条略披垂,花朵紫红至粉红而繁密,花期正值夏秋少花季节,可在道路两旁成排栽种,形成雅致优美的林荫小道。其根系发达,可有效地保持水土,减少地表径流和改善土壤结构,是优良的防护林下层树种和水土保持植物。胡枝子是含有丰富营养的粮食资源植物,其种子可制作粥供人们食用,还可以其代替大豆制成豆腐等食品;其嫩叶可制茶叶饮用。胡枝子具有很高的药用价值,全株可入药,性平、温,有清热解毒、通经活血、益肝明目、清热利尿之效,治疮疖、止血、蛇伤等,亦可防治便秘、痔疮,增强肠道功能,也是家畜良好的医治药物;还可作绿肥、饲料及燃料。

2. 美丽胡枝子 Lespedeza thunbergii subsp. formosa (Vogel) H. Ohashi

形态特征：直立落叶灌木,高 1～2 m。多分枝,枝伸展,被疏柔毛。托叶披针形至线状披针形,叶柄 1～5 cm,被柔毛,小叶一般椭圆形,两面均有柔毛。花红紫色。荚果。花期

7—9月,果期9—10月。

分布与生境:分布于华北、西北、华东、华中、华南及西南各省区。朝鲜、日本和东南亚等地也有分布。江苏省各地均有分布。生于海拔2 800 m以下的山坡、路旁及林缘灌丛中,具有耐干旱、耐瘠薄、耐热、耐刈割等优良特性,适应性强,生长快。

园林应用:美丽胡枝子花色艳丽,很适宜作观花灌木或作为护坡地被的点缀,也可作蜜源植物,用于动物招引与生物多样性培育工程。美丽胡枝子与其他落叶丛生灌木和常绿藤本植物互相搭配,使长距离的高速公路之类护坡上植物的搭配不单调而又有特色。美丽胡枝子是很好的固土、持水及改良土壤树种,也是荒山裸地造林的先锋灌木,适用于废弃采矿迹地裸岩及石壁边坡这类特殊困难立地条件下的植被恢复,同时对矿渣废弃地植被的快速恢复也能起到良好的作用。其木材坚韧,纹理细致,可作建筑及家具用材;其种子含油量高,富含多种氨基酸、维生素和矿物质,是营养丰富的粮食和食用油资源;它还是极好的薪炭材料,也可作为菇材、药材加以利用。美丽胡枝子枝叶鲜嫩时,山羊、绵羊、牛均采食,因此它也是一种中等叶类饲料。

(二十)葛属 *Pueraria*

缠绕藤本,茎草质或基部木质。叶为具3小叶的羽状复叶;托叶基部着生或盾状着生,有小托叶;小叶大,卵形或菱形,全裂或具波状三裂片。总状花序或圆锥花序腋生而具延长的总花梗或数个总状花序簇生于枝顶。荚果线形,稍扁或圆柱形,2瓣裂;果瓣薄革质;种子间有或无隔膜,或充满软组织;种子扁,近圆形或长圆形。

约有35种,分布于印度至日本,南至马来西亚。我国产8种及2变种,主要分布于西南部、中南部至东南部,长江以北少见。

1. **葛** *Pueraria montana* var. *lobata* (Loureiro) Mer.

形态特征:又名葛藤,落叶粗壮木质藤本,长可达8 m,全体被黄色长硬毛。茎基部木质,有粗厚的块状根。羽状复叶具3小叶,托叶背着,卵状长圆形,具线条,小叶三裂,偶尔全缘,小叶柄被黄褐色绒毛。花紫色。荚果长椭圆形。花期8—10月,果期11—12月。

分布与生境:分布极广,除西藏、新疆外几遍全国。欧美及大洋洲国家均有引种。江苏省各地均有分布。生于海拔约50～1 500 m丘陵地区的坡地上或疏林中,在水热条件较好的情况下生长极快,是一种良好的水土保持植物。

园林应用:葛为大型藤本,枝叶茂密、盛夏开花,花朵紫红、红色或白色,呈蝶形,优美的缠绕茎可攀附花架、绿廊、绿门、绿亭等,也可用于荒山荒坡、土壤侵蚀地、高速公路边坡、石砾、悬崖峭壁、复垦矿山等废弃地的绿化。因其全株密毛,滞尘能力强,抗污染,也是优良的山地水土保持树种。葛根可入药,有解肌退热、生津消渴、除烦透疹、升阳止泻等功效,可用于治疗外感发热头痛、项背强痛、热病口渴等。在园林中配置葛时应注意及时修剪控制其长势,以免过度蔓延生长覆盖其他景观树,甚至绞杀其他树种。

(二十一)苦参属 *Sophora*

落叶或常绿乔木、灌木、亚灌木或多年生草本,稀攀缘状。奇数羽状复叶;小叶多数,全缘;托叶有或无,少数具小托叶。花序总状或圆锥状,顶生、腋生或与叶对生;花白色、黄色或紫色,苞片小,线形,或缺如,常无小苞片;花萼钟状或杯状,萼齿5,等大,或上方2齿近合生而成为近二唇形;旗瓣形状、大小多变,圆形、长圆形、椭圆形、倒卵状长圆形或倒卵状披针形,翼瓣单侧生或双侧生,具皱褶或无,形状与大小多变,龙骨瓣与翼瓣相似,无皱褶;雄蕊10,分离或基部有不同程度连合,花药卵形或椭圆形,"丁"字着生;子房具柄或无,胚珠多数,花柱直或内弯,无毛,柱头棒状或点状,稀被长柔毛,呈画笔状。荚果圆柱形或稍扁,串珠状,果皮肉质、革质或壳质,有时具翅,不裂或有不同的开裂方式;种子1至多数,卵形、椭圆形或近球形,种皮黑色、深褐色、赤褐色或鲜红色;子叶肥厚,偶具胶质内胚乳。

有70余种,广泛分布于两半球的热带至温带地区。我国有21种、14变种、2变型,主要分布在西南、华南和华东地区,少数种分布到华北、西北和东北。

1. 白刺花 Sophora davidii (Franch.) Skeels

形态特征:灌木或小乔木,高1~3 m,枝多开展。羽状复叶,具托叶,小叶5~9对,形态多变,一般为椭圆状卵形或倒卵状长圆形,具芒尖,背面中脉隆起。总状花序着生小枝顶端,花白色或淡黄色。荚果稍扁平。花期3—8月,果期6—10月。

分布与生境:分布于西北、华北、华中至西南。江苏省各地均有分布。生于海拔2 500 m以下的河谷沙丘和山坡路边的灌木丛中。属阳性树种,喜光,耐贫瘠,耐旱,对土壤要求不严,土石山地的阳坡半阳坡均可成林,是水土保持树种之一。

园林应用:白刺花花色优美,开花繁密,可在山地风景区内丛植或群植,或用于林缘作自然式配置。白刺花具有突出的耐干旱、耐火烧、耐践踏、耐刈割、耐修剪等特性,也是优良的刺篱和花篱材料;其根系深而强大,萌蘖能力强,可以作为水土保持植物用于工矿等废弃地生态修复与景观营造,也可用于盐碱地区的绿化;亦为良好的蜜源植物。花、叶可作饲料。根、叶、花、果均可入药。根具有清热解毒、利湿消肿、凉血止血之功效,常用于痢疾、膀胱炎、血尿、水肿、喉炎、衄血;果具有理气消积、抗癌之功效,常用于消化不良、胃痛、腹痛、鳞状细胞癌和白血病;花、叶具有热解毒、凉血消肿、杀虫之功效,常用于治疗衄血、便血、痈肿疮毒、烫伤、阴道滴虫。

二十八、芸香科 Rutaceae

(一)枳属 Poncirus

落叶或常绿小乔木或通常灌木状。分枝多,刺多且长,枝常曲折。指状三出叶,偶有单叶或2小叶,幼苗期的叶常为单叶及单小叶。花单生或2~3朵簇生于节上,花芽于上一年生的枝条上形成,花两性。浆果具瓢囊和有柄的汁胞,又称柑果,柑果通常圆球形,淡黄色,密被短柔毛,很少几无毛,油点多;种子多饱满,大,种皮平滑,子叶及胚均乳白色,单及多胚,种子发芽时子叶不出土。

有2种,自然分布于长江中游两岸各省及淮河流域一带,东北至山东省南部约北纬35°处,西南至云南富宁县,南部止于五岭山麓。

1. 枳 Poncirus trifoliata (L.) Raf.

形态特征:小乔木,高1~5 m,树冠伞形或圆头形。枝绿色,嫩枝扁平,有纵棱,刺长达4 cm,红褐色,基部扁平。叶柄有狭长的翼叶,通常指状三出叶,叶缘有细钝锯齿或全缘。花单朵或成对腋生,花白色,果近球形或梨形。花期5—6月,果期10—11月。

分布与生境:分布于中国山东、河南、山西、陕西、甘肃、安徽、江苏、浙江、湖北、湖南、江西、广东、广西、贵州和云南等省区,多地普遍栽培。江苏省各地均有分布与栽培。枳喜光,稍耐阴,喜温暖湿润气候,怕积水,较耐寒,但幼苗需采取防寒措施,在北京可露地过冬,喜微酸性土壤,不耐碱,在中性土壤上也可生长良好,耐修剪,根系发达,抗风。

园林应用:枳枝叶密生,枝条绿色而多棘刺,可植于大型山石旁。春季先叶开白花,秋季黄果累累十分美丽。园林中多用于各种各样的篱笆或作屏障树,不仅可整形为各式篱垣及绿门,而且既有防侵入的区隔园地范围功能又有观花观果的景观效果。花、果含挥发性芳香油,可用于芳香园林或康养疗愈场所。果实可供药用,性温,味苦、辛,无毒,能够舒肝止痛、破气散结、消食化滞、除痰镇咳,中医用以治肝、胃气、疝气等多种痛症。静脉注射枳壳制剂对感染性中毒、过敏性及药物中毒引致的休克都有一定疗效。

(二)臭常山属 *Orixa*

落叶灌木或小乔木。有顶芽。单叶互生,有油点。花单性,雌雄异株,着生于二年生枝上,雄花多朵排成下垂的总状花序,但花梗极短,整个花序脱落,有明显的膜质苞片;花细小,淡黄绿色。成熟果(蓇葖)开裂为 4 个分果瓣,外果皮厚,硬壳质,有横向肋纹;内果皮软,骨质,蜡黄色,光滑;有近圆球形褐黑色种子 1 粒,种子有肉质胚乳。

仅有 1 种,产于我国、朝鲜、日本。

1. 臭常山 *Orixa japonica* Thunb.

形态特征:落叶灌木或小乔木。树皮灰或淡褐灰色。枝、叶有腥臭气味,嫩枝暗紫红色或灰绿色,髓部大,常中空。叶薄纸质,全缘或有锯齿,大小差异很大,倒卵形或椭圆形,中部或中部以上最宽,两端急尖或基部渐狭尖。花黄绿色。分果。花期 4—5 月,果期 9—10 月。

分布与生境:分布于河南、安徽、江苏、浙江、江西、湖北、贵州、四川、云南。日本也有。在江苏省主要分布于淮安、扬州、泰州、盐城、南通、南京、镇江、常州、无锡、苏州、宜兴、溧阳。常见于海拔 100~1 300 m 山地密林或疏林向阳坡地,喜温暖湿润的气候,在高寒山区生长不好,以在肥沃的夹沙土上生长较好。

园林应用:臭常山在民间有零星栽培,也可种植于药用植物园的林中、树丛外围等处,以丰富绿化层次。其果、根、茎可入药,含有大量的喹啉类生物碱,在历史上曾为军队野外治疟疾要药,因为疟疾是积湿而成的,而臭常山苗能透达以吐之救急。故本种可以用于诸如医院、疫情隔离点、幼儿园、疗养院等场所,或用于高密度城市环境中的园艺疗愈或康养场所中。臭常山是民间常用草药,其味辛,性寒,清热利湿、调气镇咳、镇痛、催吐。主治胃气痛、风湿关节痛等。鲜叶搓汁可杀牛马身上虱虫。

(三)四数花属 *Tetradium*

灌木或乔木,常绿或落叶。羽状复叶,叶对生;花序顶生或腋生。蓇葖果 1~5 枚,基部合生,外果皮和中果皮外部干燥或多少肉质,内果皮软骨质。种子附存于开裂的果中。

约有 9 种,分布于亚洲东部、南部及东南部。我国有 7 种,其中 1 种为我国特有。

本属与花椒属植物的主要区别是:叶对生;中国产的种类茎枝无刺;雄花的花丝被毛;枝、叶及果皮含柑橘叶的香气成分,或含特殊的腥臭气味或无特殊气味;一些种的分果瓣有种子 2 粒。分果瓣顶部有喙状芒尖的喙果组种类,在仅有雄花株的标本时与黄檗属植物难以区分。本属植物的叶、花、果皮均含多种挥发油。

1. 吴茱萸 *Tetradium ruticarpum* (A. Juss.) T. G. Hartley

形态特征:落叶小乔木或灌木。嫩枝暗紫红色,与嫩芽同被灰黄或红锈色绒毛,或疏短毛。叶有小叶 5～11 片,小叶薄至厚纸质,卵形,椭圆形或披针形,边全缘或浅波浪状,小叶两面及叶轴被长柔毛。花黄绿色。分果。花期 4—6 月,果期 8—11 月。

分布与生境:分布于长江流域及南部地区。江苏省南部有分布。生于平地至海拔1 500 m 山地疏林、林缘旷地或路旁灌木丛中,也常栽培,多见于向阳坡地。对土壤要求不严,在中性、微碱性或微酸性的土壤上都能生长,但作苗床时尤以土层深厚、较肥沃、排水良好的壤土或沙壤土为佳,不耐积水。

园林应用:吴茱萸复叶秀丽,初夏花黄绿色且芳香,秋叶黄色,秋天果实红色,集生枝头,甚为美观。适用于城市园艺康养疗愈环境中,可栽植于庭院中、小径旁边、墙隅、花坛中心,或与假山配植。嫩果经炮制晾干后即是传统的中药吴茱萸,简称吴萸。其性热,味苦、辛,有散寒止痛、降逆止呕之功,用于治疗肝胃虚寒、阴浊上逆所致的头痛或胃脘疼痛等证,是苦味健胃剂和镇痛剂,又可作驱蛔虫药,故可用于诸如医院、疫情隔离点、幼儿园、疗养院等场所。种子可榨油,叶可提取芳香油或作黄色染料。

(四)花椒属 *Zanthoxylum*

乔木或灌木,或木质藤本,常绿或落叶。茎枝多有皮刺。叶互生,奇数羽状复叶,稀单或3 小叶,小叶互生或对生,全缘或通常叶缘有小裂齿,齿缝处常有较大的油点。圆锥花序或伞房状聚伞花序,顶生或腋生;花单性。蓇葖果,外果皮红色,有油点,内果皮干后软骨质,成熟时内外果皮彼此分离,每分果瓣有种子 1 粒,极少 2 粒。

约有 250 种,广布于亚洲、非洲、大洋洲、北美洲的热带和亚热带地区,温带较少,是本科分布最广的一属。我国有 39 种、14 变种,自辽东半岛至海南岛、自台湾至西藏东南部均有分布。

1. 花椒 *Zanthoxylum bungeanum* Maxim.

形态特征:落叶小乔木。茎干上的刺常早落,枝有短刺,小枝上的刺基部呈宽而扁且劲直的长三角形,当年生枝被短柔毛。叶有小叶 5～13 片,叶轴常有甚狭窄的叶翼,小叶对生,无柄,卵形、椭圆形或披针形,位于叶轴顶部的较大。花黄绿色。分果。花期 4—5 月,果期8—9 月。

分布与生境:广布,除东北、新疆外几遍布全国。江苏省各地均有分布。常见于平原至海拔较高(约 2 500 m)的坡地、山地。耐旱,不耐严寒,喜阳光,对土壤要求不高,耐干旱瘠薄,不耐涝。

园林应用:花椒枝叶密生,全株有香气,入秋果为红色,叶也变红,可植于秋叶景观林中,亦可孤植、丛植于庭院、山石之侧观果。树皮带有皮刺,是优良的绿篱材料,也可用于芳香园林或高密度城市环境中的园艺疗愈或康养场所中,以及诸如医院、疫情隔离点、疗养院、学校等防疫重点场所。花椒作中药有温中行气、逐寒、止痛、杀虫等功效,可治胃腹冷痛、呕吐、泄泻,杀血吸虫、蛔虫等;又可作表皮麻醉剂。其果实可作调味料和香料;其木材为典型的淡黄色,暴露于空气中颜色稍变深黄,心、边材区别不明显,木质部结构致密、均匀,纵切面有绢质光泽,具有工艺美术价值。

2. 竹叶花椒 *Zanthoxylum armatum* DC.

形态特征:落叶小乔木。茎枝多锐刺,刺基部宽而扁,红褐色,小枝上的刺劲直,水平抽出。叶有小叶 3～9 片,翼叶明显,小叶对生,小叶背面中脉上常有小刺,仅叶背基部中脉两侧有丛状柔毛。花黄绿色。分果。花期 4—5 月,果期 8—10 月。

分布与生境:主要分布于西南、华东、华中及华北。在江苏省主要分布于淮安、扬州、泰州、盐城、南通、南京、镇江、常州、无锡、苏州、宜兴、溧阳。常见于低丘陵坡地至海拔 2 200 m 山地的多类生境,石灰岩山地亦常见。

园林应用:树姿优美,叶色青翠,新生嫩枝红色,宜配置于岩石园、山间石涧。植株多刺,也可作刺篱。果可入药,亦可用作食物调味料及防腐剂;根、茎、叶及种子均可作草药。

二十九、苦木科 Simaroubaceae

(一)臭椿属 *Ailanthus*

落叶或常绿乔木或小乔木。小枝被柔毛,有髓。叶互生,奇数或偶数羽状复叶;小叶 13～41,纸质或薄革质,对生或近于对生,基部偏斜,先端渐尖,全缘或有锯齿,有的基部两侧各有 1～2 大锯齿,锯齿尖端的背面有腺体。花小,杂性或单性异株,圆锥花序生于枝顶的叶腋。翅果长椭圆形,种子 1 颗生于翅的中央,扁平,圆形、倒卵形或稍带三角形,稍带胚乳或无胚乳,外种皮薄,子叶 2,扁平。

约有 10 种,分布于亚洲至大洋洲北部。我国有 5 种、2 变种,主产于西南部、南部、东南部、中部和北部各省区。

1. 臭椿 *Ailanthus altissima*(Mill.)Swingle

形态特征:落叶乔木。树皮平滑而有直纹。嫩枝有髓,幼时被黄色或黄褐色柔毛,后脱落。奇数羽状复叶,叶柄长 7～13 cm,小叶对生或近对生,纸质,卵状披针形,两侧各具 1 或 2 个粗锯齿。圆锥花序,花黄绿色。翅果。花期 4—5 月,果期 8—10 月。

分布与生境:分布于中国北部、东部及西南部,东南至台湾省,以黄河流域为分布中心。江苏省各地均有分布。阳性树,适应性强,喜温暖,较耐寒,很耐干旱、瘠薄,但不耐水涝,对土壤要求不严,根系发达,萌蘖力强,在石灰岩地区生长良好,抗污染。生长迅速但寿命较短,一般寿命 30～40 年。

园林应用:臭椿树干通直高大,枝叶繁茂,树形优美,枝干整齐,春季嫩叶紫红色,秋季红果满树,颇为美观,可作园林风景树和行道树,也可作石灰岩地区的造林树种,尤适于盐碱地区、工矿地区应用,可孤植于草坪、丛植或与其他树种混栽于水边。南京有部分街区以臭椿作为行道树。印度、英国、法国、德国、意大利、美国等也常常将其作为行道树,因其颇受当地居民赞赏而又被称为"天堂树"。木材黄白色,可制作农具、车辆等;叶可饲椿蚕(天蚕);树皮、根皮、果实均可入药,有清热利湿、收敛止痢等功效;种子含油。

(二)苦树属 *Picrasma*

乔木,全株有苦味。枝条有髓部,无毛。叶为奇数羽状复叶,小叶柄基部和叶柄基部常膨大成节,干后多少萎缩;小叶对生或近对生,全缘或有锯齿,托叶早落或宿存。花序腋生,由聚伞花序再组成圆锥花序;花单性或杂性,4～5 基数。果为核果,外果皮薄,肉质,干后具皱纹,内果皮骨质;种子有宽的种脐,膜质种皮稍厚而硬,无胚乳。

约有 9 种,多分布于美洲和亚洲的热带和亚热带地区。我国产 2 种、1 变种,分布于南部、西南部、中部和北部各省区。

1. 苦树 *Picrasma quassioides* (D. Don) Benn.

形态特征：又称苦木,落叶乔木。树皮紫褐色,平滑,有灰色斑纹。全株有苦味。叶互生,奇数羽状复叶,小叶 9～15 片,卵状披针形或广卵形,边缘具不整齐的粗锯齿,先端渐尖,基部楔形,叶面无毛,叶痕明显。花黄绿色。核果。花期 4—5 月,果期 6—9 月。

分布与生境：分布于辽宁、河北、山东、河南、陕西、江苏、江西、湖南、湖北、四川等地。印度北部、不丹、尼泊尔、朝鲜和日本也有分布。江苏省有分布。生于海拔 400～2 000 m 的山地杂木林中。喜光,虽喜深厚、肥沃、湿润土壤,但在荒山瘠薄地区也可以生长。

园林应用：苦树树皮光滑,秋叶变红或橙黄,可栽培供观赏,或作庭荫树。木材稍硬,心材黄色,边材黄白色,刨削后具光泽,可供制器材。树皮及根皮极苦,含苦木素(quassin)与异苦木素(picrasmin),为苦树中的苦味物质,有毒,入药能泻湿热、杀虫治疥;亦为园艺中的生物农药,多用于驱除蔬菜害虫。

三十、楝科 Meliaceae

(一) 香椿属 *Toona*

乔木。树干上树皮粗糙,鳞块状脱落。芽有鳞片。叶互生,羽状复叶;小叶全缘,很少有稀疏的小锯齿,常有各式透明的小斑点。花小,两性,组成聚伞花序,再排列成顶生或腋生的大圆锥花序。果为蒴果,革质或木质,5 室,室轴开裂为 5 果瓣;种子每室多数,上举,侧向压扁,有长翅,胚乳薄,子叶叶状,胚根短,向上。

约有 15 种,分布于亚洲至大洋洲。我国产 4 种、6 变种,分布于南部、西南部和华北各地。

1. 香椿 *Toona sinensis* (A. Juss.) M. Roem.

形态特征：落叶乔木。树皮粗糙,深褐色,片状脱落。叶柄长,偶数羽状复叶,小叶 16～20 片,对生或互生,纸质,卵状披针形或卵状长椭圆形,先端尾尖,基部一侧圆、一侧楔形,不对称,两面无毛,无斑点。花白色。蒴果。花期 6—8 月,果期 10—12 月。

分布与生境：分布于我国中部、东北南部以南,陕西秦岭和甘肃小陇山有天然分布。现常见栽培。江苏省各地均有分布和栽培。生于山地杂木林或疏林中,栽培广泛。喜光,耐寒,对土壤要求不高,也耐轻度盐碱,较耐水湿,深根性,萌芽力和萌蘖力均强,生长速度快,对有毒气体有较强的抗性。

园林应用：树形挺拔高大,春芽及嫩叶紫红色,非常美观。常栽培在庭院、小区供观赏,是良好的庭荫树和行道树,适于在庭前、草坪、路旁、水畔种植。古代中国称香椿为椿,称臭椿为樗。中国人食用香椿久已成习。香椿自汉代就遍布大江南北,是传统民间非常好的木本蔬菜,常作为蔬菜栽植。其木材为家具、室内装饰品及造船的优良木材,素有"中国桃花心木"之美誉;树皮可造纸;果和皮可入药;椿芽营养丰富,并具有食疗作用,主治外感风寒、风湿痹痛、胃痛、痢疾等。

(二) 楝属 *Melia*

落叶乔木或灌木。幼嫩部分常被星状粉状毛。小枝有明显的叶痕和皮孔。叶互生,一至三回羽状复叶;小叶具柄,通常有锯齿或全缘。圆锥花序腋生,多分枝,由多个二歧聚伞花序组成;花两性;子房近球形,3～6 室,每室有叠生的胚珠 2 颗,花柱细长,柱头头状,3～6

裂。果为核果,近肉质,核骨质,每室有种子 1 颗;种子下垂,外种皮硬壳质,胚乳肉质,薄,或无胚乳,子叶叶状,薄,胚根圆柱形。

约有 3 种,产于东半球热带和亚热带地区。我国产 2 种,黄河以南各省区普遍分布。

1. 楝 Melia azedarach L.

形态特征:俗称楝树,落叶乔木。树皮灰褐色,纵裂。分枝广展,小枝有叶痕。叶为 2~3 回奇数羽状复叶,小叶对生,卵形、椭圆形至披针形,顶生一片通常略大,基部楔形或宽楔形,边缘有钝锯齿。圆锥花序,花淡紫色。核果。花期 4—5 月,果期 10—12 月。

分布与生境:分布于陕西、甘肃、华北南部至华南、华东。江苏省各地均有分布。生于低海拔旷野、路旁或疏林中,栽培广泛。喜光,喜温暖湿润气候,喜肥,但对土壤要求不高,耐盐碱,稍耐干旱瘠薄,较耐水湿。

园林应用:楝树形优美,初夏开蓝紫色的花,蔚然一片紫色云雾般的景观。秋天金黄的果实挂满枝头,经冬不落。在园林景观中使用较多,亦是良好的行道树,在草坪中孤植、丛植或配植于建筑物旁都很合适,亦常栽植于公路两旁、公园和小区内等。在庭院中,楝适于在草坪孤植、丛植,或配植在池边、路旁、坡地、墙角。楝耐烟尘,抗二氧化硫能力强,并能杀菌。由于其抗污染性强,极适合用于工厂、矿区绿化和沿海地区造林。其木材淡红褐色,纹理细腻美丽,有光泽,坚软适中,白度高,抗虫蛀,易加工,是制造高级家具、木雕、乐器、农具等的优良用材;花、叶、果实、根皮均可入药,味苦,性寒,有毒,能舒肝行气止痛、驱虫疗癣,常用于治疗蛔虫病、虫积腹痛、疥癣瘙痒;果核仁油可制润滑油和肥皂等;从楝叶、枝、皮和果皮果肉中分离、提炼出的川楝素(toosendanin)可用于生产牙膏、肥皂、洗面奶、沐浴露等产品;楝的树皮、叶中含鞣质,可提取栲胶;树皮纤维可用于制人造棉及造纸;楝花可提取芳香油;果核、种子可榨油,也可炼制油漆;果肉含岩藻糖,可用于酿酒。楝与其他树种(如海棠、樱花等)混栽,能起到防治树木虫害的作用。

三十一、大戟科 Euphorbiaceae

(一)山麻杆属 Alchornea

乔木或灌木。嫩枝无毛或被柔毛。叶互生,纸质或膜质,边缘具腺齿,基部具斑状腺体,具 2 枚小托叶或无;羽状脉或掌状脉;托叶 2 枚。花雌雄同株或异株,花序穗状、总状或圆锥状,雄花多朵簇生于苞腋,雌花 1 朵生于苞腋,花无花瓣。蒴果,果皮平滑或具小疣或小瘤;种子无种阜,种皮壳质,胚乳肉质,子叶阔,扁平。

约有 70 种,分布于全世界热带、亚热带地区。我国产 7 种、2 变种,分布于西南部和秦岭以南热带和暖温带地区。

1. 山麻杆 Alchornea davidii Franch.

形态特征:落叶灌木。嫩枝被灰白色短绒毛。叶薄纸质,阔卵形或近圆形,顶端渐尖,基部心形、浅心形或近截平,边缘具粗锯齿或具细齿,齿端具腺体,叶正面沿叶脉具短柔毛,叶背被短柔毛。花雌雄异株,黄绿色,花苞紫红色。蒴果。花期 3—5 月,果期 6—7 月。

分布与生境:分布于黄河流域以南至长江流域和西南地区。江苏省各地均有分布。生于海拔 300~1 000 m 沟谷或溪畔、河边的坡地灌丛中。喜光,也耐半阴,喜温暖气候,不耐严寒,对土壤要求不严,耐寒,忌水涝,萌蘖力强,容易更新。

园林应用：山麻杆植株丛生，株形秀丽而密集，黄绿色花瓣映衬紫红色的花苞，嫩叶紫红或胭脂红，长大后为紫绿色，秋叶为红色或橙黄色，茎干直立通达，幼枝细，密被茸毛，老时变为光滑而具古铜色，叶色、叶形、色彩变化丰富，是一种美丽而生长迅速的观叶、观茎干、观花又赏果的园林、庭院树种。在亚热带地区的园林中适于在庭院门侧、路旁、山麓、坡地、假山、石间等处丛植、群植，又适于在窗前孤植，还可在路边、水畔列植，亦可盆栽置于阳台观赏，或与常绿树一同配植于公园、小区等。茎皮含纤维 43%，可做絮棉，也可作为造纸原料；叶可作饲料。

（二）野桐属 *Mallotus*

灌木或乔木。通常被星状毛。叶互生或对生，全缘或有锯齿，有时具裂片，下面常有颗粒状腺体，近基部具 2 至数个斑状腺体，有时盾状着生；掌状脉或羽状脉。花雌雄异株或稀同株，无花瓣；花序顶生或腋生，总状花序、穗状花序或圆锥花序。蒴果常具软刺或颗粒状腺体；种子卵形或近球形，种皮脆壳质，胚乳肉质，子叶宽扁。

约有 140 种，主要分布于亚洲热带和亚热带地区。我国有 25 种、11 变种，主产于南部各省区。本属一些种类的茎皮可作编绳原料，种子的油可制肥皂或润滑油等。

1. 石岩枫 *Mallotus repandus* (Rottler) Müll. Arg.

形态特征：攀缘状木质藤本。嫩枝、叶柄、花絮和花梗均密生黄色星状柔毛，老枝无毛，常有皮孔。叶互生，纸质或膜质，卵形或椭圆状卵形，全缘或波状，嫩叶两面均被星状柔毛，具离基三出脉，叶柄较长。花雌雄异株，黄绿色。蒴果。花期 3—5 月，果期 8—9 月。

分布与生境：分布于陕西、甘肃、四川、贵州、湖北、湖南、安徽、广西、广东南部、海南、福建和台湾。江苏省各地均有分布。生于海拔 100～300 m 山地疏林中或林缘。

园林应用：本种适应性强，可用于岩石园、盆景、公路边坡、藤蔓花卉园、废弃采矿区裸岩的绿化等。全株有毒，根和茎叶可入药，能祛风，治毒蛇咬伤、风湿痹痛、慢性溃疡。

（三）油桐属 *Vernicia*

落叶乔木。嫩枝被短柔毛。叶互生，全缘或 1～4 裂；叶柄顶端有 2 枚腺体。花雌雄同株或异株，聚伞花序再组成伞房状圆锥花序。果大，核果状，近球形，顶端有喙尖，不开裂或基部具裂缝，果皮壳质，有种子 3～8 颗；种子无种阜，种皮木质。

有 3 种，分布于亚洲东部地区。我国有 2 种；分布于秦岭以南各省区。本属植物均为经济植物，其种子的油称桐油，为干性油，可作为木器、竹器、舟楫等的涂料，也可作为制作油漆等的原料。

1. 油桐 *Vernicia fordii* Hemsl.

形态特征：落叶乔木。树皮灰色。枝光滑，枝条粗壮，无毛，具明显皮孔。叶卵圆形，顶端短尖，基部截平至浅心形，全缘，稀 1～3 浅裂，成长叶上面深绿色，下面灰绿色，被贴伏微柔毛。花雌雄异株，白色，有红色脉纹。蒴果。花期 3—4 月，果期 8—9 月。

分布与生境：分布于陕西、河南、淮河流域以南，越南也有分布。江苏省各地均有分布。通常栽培于海拔 1 000 m 以下丘陵山地。喜光，喜温暖湿润气候，不耐寒，不耐水湿及干燥瘠薄。在背风向阳的缓坡地带，深厚、肥沃、排水良好的酸性、中性或微石灰质土壤上生长良好。

园林应用：油桐是我国特有的珍贵经济林树种，是重要的木本油料植物。油桐树冠圆整,叶大荫浓,先叶开花,花开之时白里透着橘红色条纹,极为壮观,多作为行道树和庭荫树,或大片群植。油桐是中国著名的木本油料树种,桐油是一种优良的干性油,具有干燥快、有光泽、耐碱、防水、防腐、防锈、不导电等特性,是重要的工业用油,因此油桐也是园林结合生产的重要树种之一。此外,其果皮可制活性炭或提取碳酸钾。种子可入药,味甘、微辛,性寒,大毒,可治疗吐风痰、消肿毒、利二便,主治风痰喉痹、痰火瘰疬、食积腹胀、大小便不通、丹毒、疥癣、烫伤、急性软组织炎症、寻常疣。

(四) 乌桕属 *Triadica*

乔木或灌木。叶互生,罕有近对生,全缘或有锯齿,具羽状脉;叶柄顶端有 2 腺体或罕有不存在;托叶小。花单性,雌雄同株或有时异株,若为雌雄同株则雌花生于花序轴下部,雄花生于花序轴上部,密集成顶生的穗状花序、穗状圆锥花序或总状花序,稀生于上部叶腋内,无花瓣和花盘。蒴果球形、梨形,稀浆果状,通常 3 室;种子近球形,常附于三角柱状、宿存的中轴上,迟落,外面被蜡质的假种皮或无假种皮,外种皮坚硬;胚乳肉质,子叶宽而平坦。

有 3 种,分布于亚洲东部和西部。我国有 3 种,多分布于东南至西南部丘陵地区。

1. 乌桕 *Triadica sebifera*(L.)Small

形态特征:落叶乔木。各部均无毛而具乳状汁液。树皮暗灰色,有纵裂纹。枝广展,具皮孔。叶互生,纸质,叶片菱形或菱状卵形,基部阔楔形或钝,全缘,中脉两面微凸起,网状脉明显,叶柄纤细。花单性,雌雄同株,黄绿色。蒴果。花期 4—8 月,果期 10—11 月。为中国特有的经济树种,已有 1 400 多年的栽培历史。

分布与生境:主要分布于中国黄河以南各省区,北达陕西、甘肃,日本、越南、印度也有分布,此外欧洲、美洲和非洲亦有栽培。江苏省各地均有分布。生于海拔 900 m 以下的旷野、塘边或疏林中。喜光,不耐阴,喜温暖环境,不甚耐寒。乌桕对土壤的适应性较强,适生于深厚肥沃、含水丰富的土壤,对酸性、钙质土、盐碱土均能适应。其主根发达,抗风力强,耐水湿,也较耐干旱瘠薄,是适应水陆的两栖树种且寿命较长。

园林应用:乌桕是一种良好的色叶树种,春秋季叶色红艳夺目,不下丹枫,园林中大量使用,常见于公园。园林造景中,适于丛植、群植,也可孤植于湖泊湿地水岸、草坪、庭院,或混植于常绿林中点缀秋色。乌桕是抗盐性强的乔木树种之一,对有毒的氟化氢气体也有较强的抗性,可用于营造沿海滩涂防护林或景观林,或用于工业废弃地、废弃采矿迹地的植被修复与景观营造。其根皮、树皮、叶可入药。种子外被之蜡质称为"桕蜡",可提制"皮油",供制高级香皂、蜡纸、蜡烛等;种仁榨取的油称"桕油"或"青油",供油漆、油墨等用;假种皮为制蜡烛和肥皂的原料,经济价值极高。其树干也是优良木材。

(五) 算盘子属 *Glochidion*

乔木或灌木。单叶互生,二列,叶片全缘,羽状脉,具短柄。花单性,雌雄同株,稀异株,组成短小的聚伞花序或簇生成花束;雌花束常位于雄花束上部或雌雄花束分生于不同的小枝叶腋内;无花瓣。蒴果圆球形或扁球形,外果皮革质或纸质,内果皮硬壳质,花柱常宿存;种子无种阜,胚乳肉质,子叶扁平。

我国产 28 种、2 变种,主要分布于我国西南部至台湾。

1. 算盘子 *Glochidion puberum* Hutch.

形态特征：落叶直立灌木。多分枝，小枝灰褐色，小枝与叶下面、萼片下面、子房和果实均密被短柔毛。叶片纸质或近革质，长圆形、长卵形或倒卵状长圆形，稀披针形，基部楔形近钝。花小，雌雄同株或异株，黄绿色。蒴果扁球形。花期4—8月，果期7—11月。

分布与生境：分布于陕西、甘肃、江苏、安徽、浙江、江西、福建、台湾、河南、湖北、湖南、广东、海南、广西、四川、贵州、云南和西藏等省区。江苏省各地均有分布。生于海拔300~2 200 m山坡、溪旁灌木丛中或林缘。模式标本采自中国南部。本种在华南荒山灌丛极为常见，为酸性土壤的指示植物。

园林应用：算盘子植株茂密，果实奇特，如算盘珠，红色至紫红色，果期较长，从夏至秋皆可观赏。园林中适于丛植于林缘、草地、山坡，也可以用于南方酸性土壤的矿山坡面植被修复和景观营造。种子可榨油，供制肥皂或作润滑油。根、茎、叶和果实均可入药，有活血散瘀、消肿解毒之效，治痢疾、腹泻、感冒发热、咳嗽、食滞腹痛、湿热腰痛、跌打损伤、疝气等；也可作农药。全株可提制栲胶。叶可作绿肥，置于粪池可杀蛆。

（六）白饭树属 *Flueggea*

直立灌木或小乔木，通常无刺。单叶互生，常排成2列，全缘或有细钝齿；羽状脉；叶柄短；具有托叶。花小，雌雄异株，稀同株，单生、簇生或组成密集聚伞花序；无花瓣。蒴果圆球形或三棱形，果皮革质或肉质；种子通常三棱形，种皮脆壳质，平滑或有疣状凸起；胚乳丰富，胚直或弯曲。

约有12种，分布于亚洲、美洲、欧洲及非洲的热带至温带地区。我国产4种，除西北外，全国各省区均有分布。

1. 一叶萩 *Flueggea suffruticosa* (Pall.) Baill.

形态特征：落叶灌木。多分枝，小枝浅绿色，近圆柱形，有棱槽，具不明显的皮孔。全株无毛。叶片纸质，椭圆形或长椭圆形，稀倒卵形，基部钝至楔形，全缘或有不整齐的锯齿，侧脉两面凸起。花小，雌雄异株，黄绿色。蒴果。花期3—8月，果期6—11月。

分布与生境：广布于东北、华北、华东及陕西和四川等地，蒙古、俄罗斯、日本、朝鲜等地也有分布。江苏省各地均有分布。生于海拔50~2 500 m的山坡灌丛中或山沟、路边。

园林应用：一叶萩株形不甚整齐，开展而自然，花果均小而繁密，皆黄绿色，秋叶黄色，具有观赏价值，可丛植于林缘、山坡、庭院观赏，也可作疏林下木用于群落营造，又是荒山、废弃工矿地植被修复和园林景观营造的优良树种之一。一叶萩也是珍贵药用植物，其幼嫩茎叶可以食用，营养价值高、口感好，是一种集药用和食用价值于一身的新型木本野生蔬菜。枝条可编制用具；茎皮纤维坚韧，可作纺织原料；根含鞣质，根皮煮水外洗可防牛、马虱子；花和叶可供药用，对中枢神经系统有兴奋作用，可治面部神经麻痹、脊髓灰质炎后遗症、神经衰弱、嗜睡症等。

（七）秋枫属 *Bischofia*

大乔木。有乳管组织，汁液呈红色或淡红色。叶互生，三出复叶，稀5小叶，具长柄，小叶片边缘具有细锯齿；托叶小，早落。花单性，雌雄异株，稀同株，组成腋生圆锥花序或总状花序；花序通常下垂；无花瓣及花盘。果实小，浆果状，圆球形，不分裂，外果皮肉质，内果皮坚纸质；种子3~6个，长圆形，无种阜，外种皮脆壳质；胚乳肉质，胚直立，子叶宽而扁平。

有 2 种,分布于亚洲南部及东南部至澳大利亚和波利尼西亚。我国均产,分布于西南、华中、华东和华南等省区。

1. 秋枫 *Bischofia javanica* Blume

形态特征:常绿或半常绿大乔木。树干圆满通直,但分枝低,主干较短。树皮灰褐色至棕褐色,近光滑,老树皮粗糙,砍伤树皮流出红色汁液。三出复叶,稀 5 小叶,叶柄很长,小叶纸质,卵形、椭圆形、倒卵形或椭圆状卵形。花小,雌雄异株,黄绿色。蒴果。花期 4—5 月,果期 8—10 月。

分布与生境:分布于华南、西南至华东,北达陕西、河南。大洋洲、东南亚、日本、印度等地也有分布。江苏省各地均有分布。常生于海拔 800 m 以下山地潮湿沟谷林中,或于平原栽培,喜水湿,尤以河边堤岸或道路旁为多。幼树稍耐阴,喜水湿,在土层深厚、湿润肥沃的沙质壤土上生长良好,为热带和亚热带常绿季雨林中的主要树种。

园林应用:秋枫树形优美,树冠宽阔,树叶繁茂,树姿壮观,是良好的植物造景材料,可配植于湿地滨水、草坪、溪边、河边堤岸或道路旁,也可作庭院树。其他是优质用材树种,坚硬耐用,呈深红褐色,可供造建筑、桥梁、车辆、船只、矿柱、枕木等用。其果肉可酿酒;种子含油,可食用,也可作润滑油;树皮可提取红色染料;叶可作绿肥;根、叶可入药,叶可治无名肿毒,根则有祛风消肿作用,主治风湿骨痛、痢疾等。

(八)叶下珠属 *Phyllanthus*

灌木或草本,少数为乔木,无乳汁。单叶互生,通常在侧枝上排成 2 列,呈羽状复叶状,全缘;羽状脉;具短柄;托叶 2,小,着生于叶柄基部两侧,常早落。花通常小、单性,雌雄同株或异株,单生、簇生或组成聚伞、团伞、总状或圆锥花序;花梗纤细;无花瓣。蒴果,通常基顶压扁呈扁球形,中轴通常宿存;种子三棱形,种皮平滑或有网纹,无假种皮和种阜。

约有 600 种,主要分布于世界热带及亚热带地区,少数分布于北温带地区。我国产 33 种、4 变种,主要分布于长江以南各省区。

1. 青灰叶下珠 *Phyllanthus glaucus* Wall. ex Müll. Arg.

形态特征:落叶灌木。枝条圆柱形,小枝细柔。全株无毛。叶片膜质,椭圆形或长圆形,顶端急尖,有小尖头,基部钝至圆,下面苍白色,叶柄短,托叶卵状披针形,膜质。花簇生叶腋,黄绿色。蒴果。花期 4—7 月,果期 7—10 月。

分布与生境:分布于长江流域至华南、西南各地。江苏南部有分布。生于海拔 200～1 000 m 的山地灌木丛中或稀疏林下。

园林应用:青灰叶下珠枝叶繁茂,花果密集,花色黄绿,果梗细长,果在叶下排成二列状。叶入秋变红,果实由绿变黄最后变红,极为美观,在园林中配植于假山旁、草坪、河畔、路边具有良好的观赏价值。根可供药用,味辛、甘、性温,归肝、脾经,具有祛风除湿、健脾消积的作用,主治风湿痹痛、小儿疳积等。

(九)雀舌木属 *Leptopus*

落叶灌木,稀多年生草本。茎直立,有时茎和枝具棱。单叶互生,全缘,羽状脉;叶柄通常较短;托叶 2,小,通常膜质,着生于叶柄基部的两侧。花雌雄同株,稀异株,单生或簇生于叶腋;花梗纤细,稍长;花瓣通常比萼片短小,并与之互生,多数膜质;萼片、花瓣、雄蕊和花盘腺体均为 5,稀 6。蒴果,成熟时开裂为 3 个 2 裂的分果片;种子无种阜,表面光滑或有斑点;

胚乳肉质,胚弯曲,子叶扁而宽。

约有 21 种,分布自喜马拉雅山北部至亚洲东南部,经马来西亚至澳大利亚。我国产 9 种、3 变种,除新疆、内蒙古、福建和台湾外,全国各省区均有分布。

1. 雀儿舌头 *Leptopus chinensis* (Bunge) Pojark.

形态特征:落叶直立灌木。茎上部和小枝条具棱,除枝条、叶片、叶柄和萼片在幼时被疏短柔毛外,其余无毛。叶片膜质至薄纸质,卵形、椭圆形或披针形,顶端钝或急尖,基部圆或宽楔形,叶正面深绿色,背面浅绿色。花小,雌雄异株,黄绿色。蒴果。花期 2—8 月,果期 6—10 月。

分布与生境:除黑龙江、新疆、福建、海南和广东外,全国各省均有分布。江苏省北部有分布。一般生于海拔 100~1 000 m 的山地灌丛、林缘、路旁、岩崖或石缝中。喜光,耐干旱,在土层瘠薄环境及水分少的石灰岩山地亦能生长。

园林应用:雀儿舌头适应性强,植株低矮,野生状态下形成茂密灌丛,为优良的水土保持植物,也可作绿化灌木。园林中可引种栽培,用于地被、假山、风景林缘、护坡绿化,或作群落下层灌木,也可用于山地水土保持、废弃采矿迹地植被恢复、工业遗弃地生态修复。其老桩可制作盆景;花、叶有毒,可作杀虫农药;嫩枝叶有毒,羊多吃致死。

三十二、黄杨科 Buxaceae

(一)黄杨属 *Buxus*

常绿灌木或小乔木。小枝四棱形。叶对生,革质或薄革质,全缘,羽状脉,常有光泽,具短叶柄。花单性,雌雄同株,花序腋生或顶生,总状、穗状或密集头状。果实为蒴果,球形或卵形,通常无毛,稀被毛,熟时沿室背裂为 3 片,外果皮和内果皮脱离;种子长圆形,有 3 侧面,种皮黑色,有光泽;胚乳肉质,子叶长圆形。

本属约有 70 余种。分布于亚洲、欧洲、热带非洲以及古巴、牙买加等处。我国已知约 17 种及几个亚种和变种,西至西藏,东至台湾,南至海南岛,西北至甘肃南部均产,但主要分布于我国西部和西南部。

1. 黄杨 *Buxus sinica* (Rehder & E. H. Wilson) M. Cheng

形态特征:常绿灌木或小乔木。枝圆柱形,有纵棱,灰白色,小枝四棱形。叶革质,阔椭圆形、阔倒卵形、卵状椭圆形或长圆形,先端圆或钝,常有小凹口,叶面光亮,中脉凸出,侧脉明显,叶背侧脉不明显。花黄绿色。蒴果。花期 3 月,果期 5—6 月。

分布与生境:分布于华东、华中及华北南部,现广为栽培。多生于海拔 50~2 600 m 的山谷、溪边、林下。江苏省各地均有分布。喜半阴,喜温暖气候和肥沃湿润的中性至微酸性土壤。生长缓慢,耐修剪。抗灰尘,对多种有害气体抗性强。

园林应用:黄杨枝叶稀疏,叶子外观十分漂亮,终年常绿,耐修剪也耐阴,萌发力强,并且可以修剪成不同的形状,适于作绿篱和基础种植材料,或与其他色叶树种配植,在草坪中组建模纹图案绿地,也可于路旁列植或作花坛镶边。枝干是一种上好的木材,细腻,不易断裂,色泽洁白并且很坚硬,是做筷子、棋子等的上好材料。因为生长缓慢,黄杨的木质极其细腻,木材坚硬细密,也是雕刻工艺的上等材料。但也因为黄杨生长缓慢,难有大料,难以做成大件家具,多用来与高档红木搭配镶嵌或加工成极其精细的雕刻作品。黄杨木的香气很清淡,雅致而不俗艳,并且可以驱蚊,还有杀菌和消炎止血的功效。其根、叶可入药,黄杨叶可用作止血药。黄杨老桩可加工成自然树形盆景,也可用黄杨盆景点缀秀石。

2. 大叶黄杨 *Buxus megistophylla* H. Lév.

形态特征:灌木或小乔木。小枝四棱形,光滑无毛。叶革质或薄革质,卵形、椭圆形或长圆状披针形至披针形,先端渐尖,基部楔形或急尖,边缘下曲,叶面光亮,中脉在两面均凸出,侧脉多条,叶柄短。花黄绿色。蒴果。花期3—4月,果期6—7月。

分布与生境:分布于长江流域及其以南,各地多有栽培。生于海拔100～1 400 m的山地、山谷、河岸或山坡林下。江苏省各地均有分布。园林中栽培应用较多,常见于公园、小区等。为阳性树种,喜光,耐阴,需要温暖湿润的气候和肥沃的土壤,但对酸性土、中性土或微碱性土均能适应。萌生性强,适应性强,较耐寒,耐干旱瘠薄。极耐修剪整形。

园林应用:大叶黄杨春季嫩叶初发,枝叶密集而常青,生性强健,满树嫩绿,十分悦目;其叶色光泽洁净,新叶尤为嫩绿可爱,是培植盆景的优良材料。本种耐整形扎剪,园林中多作为绿篱背景种植材料和整型植株材料,整成低矮的各类造型,做成植物雕塑植于门旁、草地,或植作大型花坛中心,尤其适合规则式对称配置。其他用途同黄杨。

3. 雀舌黄杨 *Buxus bodinieri* H. Lév.

形态特征:灌木。枝圆柱形,小枝四棱形,被短柔毛,后变无毛。叶薄革质,通常匙形,亦有狭卵形或倒卵形,大多数中部以上最宽,先端圆或钝,有浅凹头或小尖凹头,基部狭长楔形,有时急尖,叶面光亮。花黄绿色。蒴果。花期2月,果期5—8月。

分布与生境:分布于长江流域至华南、西南,北达河南、甘肃和陕西南部。在江苏省主要分布于淮安、扬州、泰州、盐城、南通、南京、镇江、常州、无锡、苏州、宜兴、溧阳。生于平地或海拔100～2 700 m的山坡林下。喜温暖湿润、阳光充足的环境,耐干旱和半阴,要求疏松、肥沃和排水良好的沙壤土。抗污染,耐修剪。

园林应用:雀舌黄杨枝叶繁茂,叶形别致,四季常绿,适于作绿篱或修剪成几何形体,用于点缀小庭院和草地、园林入口,或制作盆景。由于其生长缓慢,一年四季葱郁青翠、茂盛结实,在众多的盆景树种中,备受广大盆景爱好者青睐,被奉为盆景树种中的上品。鲜叶、茎、根(黄杨木)可入药,味苦、甘,性凉,能清热解毒、化痰止咳、祛风、止血。

三十三、漆树科 Anacardiaceae

(一)南酸枣属 *Choerospondias*

落叶乔木或大乔木。奇数羽状复叶互生,常集生于小枝顶端;小叶对生,具柄。花单性或杂性异株,雄花和假两性花排列成聚伞圆锥花序,雌花通常单生于上部叶腋;花瓣5。核果卵圆形或椭圆形,中果皮肉质浆状,内果皮骨质,顶端有5个小孔,具膜质盖;种子无胚乳,子叶厚,胚根短,向上。

为单种属,分布于印度东北部、中南半岛、我国至日本。

1. 南酸枣 *Choerospondias axillaris* (Roxb.) B. L. Burtt & A. W. Hill

形态特征:落叶大乔木,高10～20 m。树皮灰褐色。奇数羽状复叶互生,小叶7～15,对生,长椭圆形,先端长渐尖,基部偏斜,侧脉8～10对,两面突起。花紫红色,排成聚伞状圆锥花序;雌花单生于上部叶腋。核果椭圆形,熟时黄色,中果皮肉质浆状,内果皮骨质。花期4—5月,果期8—10月。

分布与生境:分布于华中、华南、华东、西南地区。江苏境内栽培于南京、常州、无锡、苏州、镇江等地。生于海拔300~1 000 m的山坡、丘陵或沟谷林中。喜光,速生,适应性强,在中等肥沃湿润土壤上生长良好,常混生于锥属常绿阔叶林中。

园林应用:南酸枣在园林中常作为庭荫树、行道树,孤植于草坪、坡地,或与其他树种混植;亦为观赏树种,冠大荫浓,春季米粒般的紫色小花组成圆锥花序,秋天金黄色果实布满整株,蔚为壮观。南酸枣是我国南方优良速生材用树种,其木材结构略粗,心材宽,淡红褐色,边材狭,白色至浅红褐色,花纹美观,刨面光滑,材质柔韧,收缩率小,可加工成工艺品。其树皮和叶可提栲胶;果甜酸,可生食、酿酒或加工为酸枣糕;果核可作活性炭原料;树叶可做绿肥;茎皮纤维可制作绳索;树皮和果可入药,有消炎解毒、止血止痛之效,外用治大面积水火烧烫伤。

(二)黄连木属 *Pistacia*

乔木或灌木,落叶或常绿。具树脂。叶互生,无托叶,奇数或偶数羽状复叶,稀单叶或3小叶;小叶全缘。总状花序或圆锥花序腋生;花小,雌雄异株。核果近球形,无毛,外果皮薄,内果皮骨质;种子压扁,种皮膜质;无胚乳,子叶厚,略凸起。

约有10种,分布于地中海沿岸,阿富汗,亚洲中部、东部和东南部,菲律宾至中美墨西哥和南美危地马拉。我国有3种,除东北和内蒙古外各地均有分布。

1. 黄连木 *Pistacia chinensis* Bunge

形态特征:落叶乔木,高可达30 m。奇数羽状复叶互生;小叶10~14,纸质,对生或近对生,卵状披针形,先端渐尖,基部斜楔形,全缘,侧脉和细脉两面突起。花单性异株,先花后叶;花小,雄花萼片2~4,披针形。核果倒卵形至扁球形,红色者为空粒;绿色者含成熟种子。花期3—4月,果期9—10月。

分布与生境:分布于黄河流域至华南、西南地区,在温带、亚热带和热带地区均能正常生长。江苏全境都有分布。生于海拔100~3 550 m的石山林中。喜光,萌芽性强,较耐干旱瘠薄,但在土层肥厚的立地生长良好,常生于石灰岩山地。适应性强,对二氧化硫和烟的抗性较强。深根性,抗风力强。生长较慢,寿命长。

园林应用:黄连木树冠浑圆,枝密叶繁,先叶开花,早春嫩叶红色,秋叶变为橙黄或鲜红色;雌花序紫红色,能一直保持到深秋,甚美观,是城市及风景区的优良绿化树种。在园林中植于草坪、坡地、山谷,或于山石、亭阁之旁配植,无不相宜;也适合作行道树、庭荫树;用于山地自然风景林营造秋色红叶林,尤与槭属植物、枫香等混植,景观效果绝佳。高密度城市环境中也可带状栽植于道路景观带,或成片栽植形成小绿岛,不仅能产生较好的造景效果,亦能发挥卫生防护林(保健树种)在园林中的康养与疗愈作用。其对二氧化硫和烟尘抗性强,是"四旁"及低山区、工厂矿区绿化造林树种之一。其木材坚硬致密,呈鲜黄色,可提黄色染料,也可作为家具和细工雕刻用材;种子榨油可作润滑油或制皂;幼叶可充蔬菜,并可代茶。

(三)盐肤木属 *Rhus*

落叶灌木或乔木。叶互生,奇数羽状复叶、3小叶或单叶,叶轴具翅或无翅;小叶具柄或无柄,边缘具齿或全缘。花小,杂性或单性异株,多花排列成顶生聚伞圆锥花序或复穗状花序,苞片宿存或脱落;花瓣 5,覆瓦状排列。核果球形,略压扁,被腺毛和具节毛或单毛,成熟时红色,外果皮与中果皮连合。

约有 250 种,分布于亚热带和暖温带。我国有 6 种,除东北、内蒙古、青海和新疆外各地均有分布。

1. 盐肤木 Rhus chinensis Mill.

形态特征:落叶小乔木或灌木,高 4~7 m。小枝、叶柄及花序密生褐色柔毛。奇数羽状复叶,叶轴同顶生小叶柄具宽大叶状翅;小叶 7~11,宽椭圆形至长圆形,先端渐尖,基部宽楔形,常偏斜,近无柄,边缘具粗锯齿或圆齿,下面密被褐色柔毛。大型圆锥花序顶生。核果近圆形,微扁,成熟时暗紫红色,外被灰色或褐色短柔毛。花期 8—9 月,果期 10 月。

分布与生境:中国除东北、内蒙古和新疆外,其余省区均产,印度、中南半岛、马来西亚、印度尼西亚、日本和朝鲜亦有分布。江苏全境都有分布。生于海拔 100~2 700 m 的向阳山坡、沟谷、溪边的疏林或灌丛中。喜光,耐干旱瘠薄,适应性强,凡荒山、灌丛、火烧迹地及疏林地几无处不生。

园林应用:盐肤木秋叶黄色或红色,果实红色,可作为观叶、观果的树种,常丛植、林植于自然野趣地(如高速公路旁),亦可用于荒山或废弃工矿地植被修复与景观重建。盐肤木是中国主要经济树种,可作为药品和工业染料的制作原料。花开于 8—9 月,蜜、粉都很丰富,是初秋的良好的蜜源植物。根、叶、花及果均可入药,有清热解毒、舒筋活络、散瘀止血、涩肠止泻之效。该种为五倍子蚜虫寄主植物,在幼枝和叶上形成虫瘿,即五倍子,可供鞣革、医药、塑料和墨水等工业使用。幼枝和叶可作土农药;果泡水代醋用,生食酸咸止渴;皮部、种子还可榨油;盐肤木的嫩茎叶可作为野生蔬菜食用,还可作猪饲料。

(四)漆属 Toxicodendron

落叶乔木或灌木,稀为木质藤本。具白色乳汁,干后变黑,有臭气。叶互生,奇数羽状复叶或掌状 3 小叶;小叶对生,叶轴通常无翅。花序腋生,聚伞圆锥状或聚伞总状;花小,单性异株;花瓣 5,覆瓦状排列。核果近球形或侧向压扁,无毛或被微柔毛或刺毛,果核坚硬,骨质,通常有少数纵向条纹;种子具胚乳,胚大,通常横生。

约有 20 余种,分布于亚洲东部和北美至中美。我国有 15 种,主要分布于长江以南各省区。

1. 漆树 Toxicodendron vernicifluum (Stokes) F. A. Barkley

形态特征:落叶乔木,高达 20 m。树皮灰白,粗糙。小枝具皮孔和圆形或近心形的大叶痕。芽被褐色毛。奇数羽状复叶互生,小叶 9~15,卵形、卵状椭圆形或长圆形,全缘,两面脉上均被微柔毛,侧脉 10~15 对。圆锥花序,花黄绿色。果序下垂,核果椭圆形或肾形,外果皮黄色,无毛,具光泽。花期 3~4 月,果期 9—10 月。

分布与生境:除黑龙江、吉林、内蒙古和新疆外,其余省区均产。印度、朝鲜和日本也有分布。江苏全境都有分布。生于海拔 150~2 500 m 的向阳山坡林内,喜光,不耐庇荫,喜温暖湿润气候与深厚肥沃而排水良好的土壤,不耐干风和严寒,以在向阳、避风的山坡、山谷处生长为好。不耐水湿,土壤过于黏重特别是土内有不透水层时容易烂根,在微酸性及石灰质土壤上均生长良好。

园林应用:在园林中漆树常作为秋色叶树种或防护树。其秋叶片经霜红艳可爱,果实黄色,不易生虫,最适于山地风景区营造秋色景观林,也可用于庭园栽培或作行道树。漆树是我国著名的特用经济树种,也最古老的经济树种之一,为天然涂料、油料和木材兼用树种。漆液是天然树脂涂料,素有"涂料之王"的美誉。树干韧皮部可割取生漆,生漆是一种优良的防腐、防锈的涂料,有不易氧化、耐酸、耐醇和耐高温的性能,用于涂饰建筑物、家具,生产电线、广播器材等;干漆为其经加工后的干燥品,在中药上有通经、驱虫、镇咳的功效。种子可榨油,制油墨、肥皂;漆树果皮可取蜡,制作蜡烛、蜡纸;叶可提栲胶;叶、根可作土农药;木材供建筑用。

2. 木蜡树 *Toxicodendron sylvestre* (Siebold & Zucc.) Kuntze

形态特征:落叶乔木或小乔木,高达 10 m。奇数羽状复叶互生,有小叶 3～6 对,稀 7 对,密被黄褐色绒毛,侧脉 20～25 对,两面突起。圆锥花序密被锈色绒毛,花黄色。核果极偏斜,压扁,先端偏于一侧,外果皮薄,具光泽,无毛,成熟时不裂,中果皮蜡质,果核坚硬。花期 5—6 月,果期 10 月。

分布与生境:分布于河北、河南、西南、长江以南各省区及华南、华东等地,朝鲜和日本亦有分布。江苏多地都有分布。习见于海拔 140～2 300 m 荒坡阳光充足的林中。

园林应用:木蜡树秋叶血红色,树冠圆满,树姿挺拔,其分布范围较广,适应性强,耐干旱瘠薄等恶劣环境,且速生,萌芽力强,可作防护树种。其为中国特有的经济树种,已有 1 000 多年的栽培历史。其他用途同漆树。

3. 野漆 *Toxicodendron succedaneum* (L.) Kuntze

形态特征:落叶乔木或小乔木,高达 10 m。小枝粗壮,无毛,顶芽大,紫褐色,外面近无毛。奇数羽状复叶互生,常集生小枝顶端,无毛;小叶对生或近对生,基部多少偏斜,圆形或阔楔形,全缘,两面无毛,叶背常具白粉。圆锥花序,花黄绿色。核果大,偏斜,果核坚硬,压扁。花期 3—4 月,果期 9—10 月。

分布与生境:分布于华北至长江以南各省区,印度、中南半岛、朝鲜和日本也有分布。江苏全境都有分布。常生于海拔 150～1 500 m 的次生林中。

园林应用:野漆树形高大,干直荫浓,秋叶红色,可作庭荫树、行道树,营造背景林。其分布范围较广,适应性强,耐干旱瘠薄等恶劣环境,且速生,萌芽力强,可营造防护林,亦可营造秋景红叶风景林。其根、叶及果可入药;种子油可制皂或掺和干性油作油漆;果皮之漆蜡可制蜡烛、膏药和发蜡等;树皮可提栲胶;树干乳液可代生漆用;木材坚硬致密,可作细木工用材。

三十四、冬青科 Aquifoliaceae

(一)冬青属 *Ilex*

常绿或落叶乔木或灌木。单叶互生,稀对生;叶片革质、纸质或膜质,长圆形、椭圆形、卵形或披针形,全缘、具锯齿或具刺,具柄或近无柄;托叶小,胼胝质,通常宿存。花序为聚伞花序或伞形花序,单生于当年生枝条的叶腋内或簇生二年生枝条的叶腋内;花小,白色、粉红色或红色,辐射对称,异基数,常由于败育而呈单性,雌雄异株。果为浆果状核果,通常球形,成熟时红色,稀黑色。

有 400 种以上,分布于两半球的热带、亚热带至温带地区,主产于中、南美洲和亚洲热带。我国约有 200 余种,分布于秦岭南坡、长江流域及其以南广大地区,而以西南和华南最多。本属植物多为常绿树种,树冠优美,果实通常红色光亮、长期宿存,为良好的庭园观赏和城市绿化植物。

1. 冬青 *Ilex chinensis* Sims

形态特征: 常绿大乔木,高 15 m。叶薄革质至革质,椭圆形至长椭圆形,先端渐尖,边缘具钝齿,侧脉 6～9 对;叶柄淡紫色。聚伞花序生于当年生枝叶腋;雌雄异株;花紫红色,4～5基数。聚伞果序具 3～4 果,果椭圆形,红色;分核 4～5,背面具 1 深沟。花期 4—6 月,果期10—11 月。

分布与生境: 广泛分布于长江流域以南的华东、华南、台湾地区,亚洲、欧洲、非洲北部、北美洲与南美洲均有分布。江苏南部有分布,溧阳、苏州、宜兴、南京、无锡分布较广。生于海拔 100～1 000 m 的山坡常绿阔叶林中和林缘。稍耐阴,喜肥沃湿润土壤,生长中速。为我国重点保护植物。

园林应用: 冬青树体高大,干直荫浓,四季常青,秋果红艳,可栽为行道树观赏;亦可作为园景树,植于绿篱、群落中层或建筑物阴面。因其树皮含大量挥发油等药用成分,故可植于高密度城市中的园艺康养与疗愈场所。冬青对二氧化硫、臭氧和氯气的抗性强,有吸收和净化汞的能力,可大量引入工厂或工矿废弃地进行绿化和生态修复。其种子及树皮可供药用,为强壮剂;叶有清热解毒作用,可治气管炎和烧烫伤;树皮可提取栲胶,也含鞣质,含儿茶酸、挥发油等;木材坚硬,可作细木工材料。

2. 枸骨 *Ilex cornuta* Lindl. & Paxton

形态特征: 常绿灌木或小乔木,通常高 1～3 m。叶硬革质,四方状长圆形或卵形,先端具 3 个硬刺,两侧有 1～2 对锐刺,大树之叶有时近全缘,上面亮绿色,下面淡绿色,侧脉 5～6 对,近叶缘处弯弓。花序簇生于二年生枝叶腋;花淡黄绿色,4 基数。果球形,鲜红色,分核4。花期 4～5 月,果期 10—12 月。

分布与生境: 分布于华东、华南地区。江苏全境都有分布。生于海拔 100～1 900 m 的山坡、丘陵等的灌丛中、疏林中以及路边、溪旁和村舍附近。喜光,喜酸性土壤,根系发达,萌芽力强,耐干旱瘠薄,在荒裸之地生长良好。

园林应用: 枸骨枝叶稠密,叶形奇特,碧绿光亮,四季常青,入秋后果实红艳满枝,经冬不凋,艳丽可爱,是优良的观叶、观果树种,可于前庭、公园、道路绿地等处孤植、对植或丛植,或作为“生物铁丝网”用于防护围栏(兼有果篱、刺篱的功能);宜作基础种植及作岩石园、绿篱及盆栽材料,其老桩制作盆景亦饶有情趣;果枝可作瓶插切花材料,经久不凋。种子及根可供药用,种子味苦、涩,性微温,补肝肾、止泻;根味苦,性凉,祛风、止痛、解毒。种子含油,可作肥皂原料;树皮可作染料和提取栲胶。

3. 大果冬青 *Ilex macrocarpa* Oliv.

形态特征: 落叶大乔木,高 15 m;具长枝和短枝。叶在长枝上互生,在短枝上 1～4 片簇生,叶纸质,卵形或卵状椭圆形,先端短尖,基部钝圆,边缘具细齿,侧脉 8～10 对,在叶缘处网结。花白色。果球形,熟时黑色;具分核 7～9,分核背面具 3 棱 2 沟。花期 4～5 月,果期10—11 月。

分布与生境: 分布于华中陕西南部、华东、华南、西南地区。江苏境内分布于扬州、泰州、淮安、南通、盐城、南京、常州、无锡、苏州、镇江。生于海拔 200～1 200 m 的山地林中。喜光，宜生长于肥沃湿润石灰土或微酸性土壤，多见于石灰岩山地阔叶林中，与樟叶槭、黑壳楠、麻栎、黄连木等混生。

园林应用：大果冬青有光滑的叶子，坚挺而有光泽，可作低丘石灰岩山造林树种，或植为庭院树及行道树；其花白色、芳香，属芳香花树种，可以引入芳香植物园成为一道亮丽的风景线，或可用于高密度城市环境下园艺康养疗愈的场所，如疗养院、医院、养老院以及幼儿园、学校等。根可供药用，味苦，性寒，可清热解毒、润肺止咳，用于治疗肺热咳嗽、咽喉肿痛、咯血、眼翳等。

4. 铁冬青 *Ilex rotunda* Thunb.

形态特征：常绿灌木或乔木，高可达 20 m。叶薄革质或纸质，卵圆形或椭圆形，先端短尖，基部圆形或宽楔形，全缘，两面无毛。伞形花序单生于叶腋内，具总花梗；雄花序具花 10 余朵，雌花序具花 3～7 朵。果近球形，成熟时红色；分核 5～7，背面具 3 纵棱 2 浅沟。花期 4 月，果期 10—11 月。

分布与生境：分布于华东、华南、台湾地区。朝鲜、日本等地也有分布。江苏境内主要分布于南京、常州、无锡、苏州、镇江、宜兴。生于海拔 150～1 100 m 的山坡常绿阔叶林中和林缘、山坡、山谷或溪谷两旁阴湿林中。喜湿润、肥沃、排水良好的酸性土壤，耐阴，耐瘠薄，耐旱，耐霜冻。

园林应用：本种树体较高大、粗壮，树形古朴美观，叶浓绿，厚而密，花芳香，结出的果实由黄转红，秋果红艳如豆粒，经冬不落，适应性、抗大气污染能力强。宜孤植或列植于公园草坪、土丘、山坡、庭园、校园及居住区等处，作为行道树、园景树、庭荫树、滨水堤岸植物；亦可种植于郊区山地、水库周围、湖边或开阔地，营造大面积的观果观叶风景林，产生多层次丰富景色的效果，是理想的园林观赏树种。在园林竖向设计中，以本种为上木，配常绿花木于其林下，效果更佳。若混交配置在秋色叶景观林中，在秋季能增添独特的季相变化。因其花开时芬芳，可种植于芳香园林或城市园艺疗愈康养场所。民间习惯称其为"万紫千红树"，其花语为"多子多孙，兴旺发达"。其枝、叶可作造纸糊料原料；树皮可提制染料和栲胶，也可入药，能清热解毒、消肿止痛，用于感冒、扁桃体炎、咽喉肿痛、急性胃肠炎、风湿骨痛，外用可治跌打损伤、痈疖疮疡、外伤出血、烧烫伤等；木材可作细木工用材。

三十五、卫矛科 Celastraceae

(一) 南蛇藤属 *Celastrus*

落叶或常绿藤状灌木。小枝圆柱状，稀具纵棱，通常光滑无毛，具灰白色皮孔。单叶互生，边缘具各种锯齿，叶脉为羽状网脉；托叶小，线形，常早落。花通常功能性单性，异株或杂性，聚伞花序成圆锥状或总状；花黄绿色或黄白色。蒴果类球状，通常黄色，顶端常具宿存花柱，基部有宿存花萼，熟时室背开裂；果轴宿存；种子 1～6 个，椭圆状或新月形到半圆形，假种皮肉质，红色，全包种子。

本属有 30 余种，分布于亚洲、大洋洲、南北美洲及马达加斯加的热带及亚热带地区。我国约有 24 种和 2 变种，除青海、新疆尚未见记载外，各省区均有分布，而以长江以南最多。

1. 苦皮藤 *Celastrus angulatus* Thunb.

形态特征：落叶藤状灌木。小枝常具 4～6 纵棱，皮孔密生。叶大，近革质，长方阔椭圆形、阔卵形或圆形，先端圆阔，中央具尖头；托叶丝状，早落。聚伞圆锥花序顶生。蒴果近球状；种子椭球状。花期 5 月。

分布与生境：分布于甘肃、华北、华东、华中、华南、西南地区。江苏境内有分布。生长于海拔 100～2 500 m 山地丛林及山坡灌丛中。耐旱，耐寒，耐半阴。

园林应用：苦皮藤叶片大型，生长茂盛，入秋后叶色变红，果黄色球形，开裂后露出红色假种皮，红黄相映生辉，具有较高观赏价值；攀缘能力强，管理粗放，可作垂直绿化材料，亦可作地被植物，用于棚架、假山石、废弃矿山裸岩坡面绿化。树皮纤维可作造纸及人造棉原料；果皮及种子含油脂，可供工业用；根皮及茎皮可作杀虫剂和灭菌剂原料。

2. 南蛇藤 *Celastrus orbiculatus*

形态特征：落叶藤本，小枝光滑无毛，灰棕色或棕褐色，具稀而不明显的皮孔。腋芽小，卵状到卵圆状。叶通常阔倒卵形、近圆形或长方椭圆形，先端圆阔，具有小尖头或短渐尖，基部阔楔形到近钝圆形，边缘具锯齿。聚伞花序腋生，间有顶生。蒴果近球状；种子椭球状，稍扁，赤褐色。花期 5—6 月，果期 7—10 月。

分布与生境：分布于陕西、甘肃、黑龙江、吉林、辽宁、内蒙古、华北、华东、华中、华南、西南地区，为我国分布最广泛的种之一。俄罗斯、朝鲜、日本也有分布。江苏各地均有分布。生长于海拔 350～2 200 m 山坡灌丛。喜光，耐阴，抗寒，耐旱，对土壤要求不严。

园林应用：南蛇藤植株姿态优美，茎、蔓、叶、果都具有较高的观赏价值，特别是南蛇藤秋季叶片经霜变红或变黄时，美丽壮观；成熟的累累硕果竞相开裂露出鲜红色的假种皮，宛如颗颗宝石，是城市优良的垂直绿化材料，适合栽植于棚架、墙垣、坡地、假山、石隙、岩壁等处；亦可作地被植物，在堤岸、塘边、溪旁、水边、湖畔、坡地等裸露地块作覆盖之用。其成熟果枝可作为鲜切花材料瓶插，装点居室，满室生辉。南蛇藤经济价值高，树皮可制优质纤维，抗拉力强，亦可作纺织和制造高级纸张的原料；种子含油，是适合发展的潜在生物质燃料油树种之一。南蛇藤根、藤、叶及果可入药，能够祛风除湿、通经止痛、活血解毒，可治小儿惊风、跌打扭伤、蛇虫咬伤等。

（二）卫矛属 *Euonymus*

常绿、半常绿或落叶灌木或小乔木，或倾斜、披散以至为藤本。叶对生，极少为互生或 3 叶轮生。花为三出至多次分枝的聚伞圆锥花序；花两性，较小；花部 4～5 数，花萼绿色，花瓣多为白绿色或黄绿色，偶为紫红色。蒴果近球状、倒锥状，不分裂，果皮平滑或被刺突或瘤突，心皮背部有时延长外伸呈扁翅状，成熟时胞间开裂，果皮完全裂开，或内层果皮不裂而与外层分离，在果内突起呈假轴状；种子每室多 1～2 个成熟，种子外被红色或黄色肉质假种皮；假种皮包围种子的全部，或仅包围一部分而呈杯状、舟状或盔状。

本属约有 220 种，分布于东西两半球的亚热带和温带地区，仅少数种类北伸至寒温带。我国有 111 种、10 变种、4 变型。

1. 卫矛 *Euonymus alatus*（Thunb.）Siebold

形态特征：落叶灌木，高 1～3 m；小枝具 2～4 列宽阔木栓翅。叶对生，薄革质，卵状椭圆形至倒卵形，先端短渐尖，边缘具细锯齿。聚伞花序具 1～3 花。花白绿色，4 基数。果深裂至近基部;假种皮橙红色,全包种子。花期5—6月,果期7—10月。

分布与生境:除东北、新疆、青海、西藏、广东及海南以外,全国各省区均有分布。日本、朝鲜也有分布。江苏全境都有分布。生于海拔100～1 500 m 的山坡、沟地边缘。

园林应用:卫矛以其春天与秋天火红的叶色和奇特的木栓翅而闻名,果实深裂后露出红色的假种皮,冬季也颇为美观,堪称观赏佳木。常被用于营造灌木花境,丛植、群植、基础种植皆宜;植株娇小雅致,亦可点缀庭园。卫矛抗性强,能净化空气,被广泛应用于城市园林、道路、公路绿化的绿篱带、色带拼图和造型,适应范围广,较其他树种栽植成本低。根及带栓翅枝条可入药,《神农本草经》中称之为鬼箭羽、鬼箭、神箭,味苦,性寒,为调经止痛要药,行血通经、散瘀止痛,治女子崩中、产后腹绞痛、经闭、症瘕、产后瘀滞腹痛、虫积腹痛、漆疮。

2. 肉花卫矛 *Euonymus carnosus* Hemsl.

形态特征:灌木或小乔木,半常绿,高达8 m。叶近革质,较大,长方椭圆形、阔椭圆形、窄长方形或长方倒卵形,先端突成短渐尖,基部圆阔。疏松聚伞花序。蒴果近球状,常具窄翅棱;种子长圆形,假种皮红色,盔状,覆盖种子的上半部。花期6—7月,果期9—10月。

分布与生境:分布于华南、华东、华中及台湾地区。日本也有分布。江苏南部有分布。肉花卫矛生性强健,为中性偏阳树种,深根性,适应性强,具较强的耐盐能力,栽培管理简便;喜温暖湿润气候、排水良好的酸性土及石灰性土壤。

园林应用:本种树姿形态优美,秋季霜后叶色渐变成深红并伴以下垂的果实,为华东地区原产彩叶佳木,可孤植、群植于草坪、庭院、林缘,也可作绿篱栽培。在海岛、海滨海岸带也有自然分布,是极好的盐碱地造林树种。其他用途同卫矛。

3. 扶芳藤 *Euonymus fortunei*（Turcz.）Hand.-Mazz.

形态特征:常绿藤本灌木。各部无毛。茎枝具气生根。叶对生,薄革质,椭圆形、长方椭圆形或长倒卵形,宽度变异大,先端钝或急尖,边缘齿浅不明显。聚伞花序3～6次分枝,花白绿色,4基数。蒴果近球形,粉红色;假种皮鲜红色,全包种子。花期6月,果期10月。

分布与生境:扶芳藤在我国分布较广,主要分布于黄河流域以南的华东、华中、华南地区。江苏境内有分布。生长于山坡丛林中,多蔓附于林中岩壁或树上。耐阴,耐干旱瘠薄。

园林应用:本种生长旺盛,终年常绿,是庭院中常见地面覆盖或攀缘植物,可作墙面、林缘、绿篱、岩石、假山、树干攀缘或护坡地被植物,为水土保持树种和园林造景材料;亦可作分车带绿化植物。扶芳藤能抗二氧化硫、三氧化硫、氧化氢、氯气、氟化氢、二氧化氮等有害气体,可作为空气污染严重的工矿区环境中的岩壁绿化树种;也可对植株加以整形,使之成为悬崖式盆景,置于书桌、几架上,给居室增加绿意。

4. 冬青卫矛 *Euonymus japonicus* Thunb.

形态特征:常绿灌木,高2～3 m。小枝具四棱。叶对生,革质,倒卵形或椭圆形,先端钝圆,边缘具浅细锯齿。聚伞花序,2～3次分枝,具5～12花;花白绿色。蒴果近球形;每室1种子,假种皮橘红色,全包种子。花期6—7月,果期9—10月。

分布与生境:原产于日本南部。我国南北各省区均有栽培,海拔1 300 m 以下山地有野生。江苏全境都有分布。本种为阳性树种,喜光,耐阴,对气候、土壤等适应性强,对酸性土、中性土或微碱性土均能适应。耐干旱和瘠薄,较耐寒,耐湿,喜温暖湿润的气候和肥沃的土壤;耐海潮,萌生性强,极耐修剪,易整形,易繁殖,绿化效果佳,大量栽培于园林及公路等处。

园林应用：冬青卫矛春季嫩叶初发，枝叶密集而常青，满树嫩绿，颇为秀美，且生性强健，可于庭园、公园和居住区等地列植作绿篱；抗污染，抗盐碱，是重要的海岸绿篱树种；亦可用于造型植物雕塑、培养盆景、工厂绿化。由于长期栽培，叶形、大小及叶面斑纹等产生多种变异，形成多数园艺变型，其变型叶色斑斓，可盆栽观赏，如金边黄杨、银边黄杨、金心黄杨等。

5. 白杜 *Euonymus maackii* Rupr.

形态特征：又名丝棉木，落叶小乔木，高 2～8 m。小枝细长。叶纸质，对生，椭圆状卵形至卵圆形，先端长渐尖，基部近圆形，边缘具细锯齿。聚伞花序具 3 至多花；花黄绿色，4 基数。蒴果具 4 棱，倒圆心状，4 浅裂；假种皮橙红色，全包种子。花期 6 月，果期 9—11 月。

分布与生境：北起黑龙江包括华北、内蒙古各省区，南到长江南岸各省区，西至甘肃，除陕西、西南和两广未见野生外，其他各省区均有分布。西伯利亚南部和朝鲜半岛也有分布。江苏全境都有分布。多见于低海拔山地及林缘，种子主要为鸟类传播。白杜为温带树种，喜光，耐寒，耐旱，稍耐阴，也耐水湿，为优良的两栖树种；其也是深根性植物，根萌蘖力强，生长较慢，具较强的适应能力，对土壤要求不严，对中性土和微酸性土均能适应，最适宜栽植在肥沃、湿润的土壤中。

园林应用：白杜树冠卵形或卵圆形，枝叶秀丽，略下垂，入秋后叶色鲜红、蒴果粉红，果实有突出的四棱角，开裂后露出橘红色假种皮，在树上悬挂 2 个月之久，引来鸟雀成群，可用于生物多样性培育工程中动物招引，是园林中的优美观果树种，亦可盆栽作为盆景。园林中无论孤植还是栽于道旁皆有风韵。因其耐干旱、耐水湿性强，常应用于湿地公园水体岸边、水岸交错的滨水景观带，用于美化湖畔、河岸，创建水岸立面景观，丰富水体空间。它对二氧化硫和氯气等有害气体抗性较强，宜植于林缘、草坪、路旁、湖边及溪畔，营造防护林或作工厂绿化树种。白杜枝、叶、果俱美，抗性强、适应性强，在城市园林、庭院绿化中越来越受到重视。将其嫁接在胶东卫矛、扶芳藤或大叶黄杨上形成"阴阳树"，适植于城市楼宇光照不均的环境中，能够有效提高观赏及功能景观效果。其叶可代茶；树皮含硬橡胶；种子含油量高，可制作肥料和工业用油；也是重要的燃料林树种。花、果与根均可入药，根及根皮入药有活血通络、祛风湿、补肾之功效；其木材白色、细致，是雕刻及制作小工艺品、桅杆、滑车等细木工的上好用材；另外，白杜枝条柔韧，是很好的编织原料，可编制各种驮筐、背斗、果筐；其嫩枝叶含粗蛋白、粗脂肪、粗纤维、灰分等，营养价值高且适口性好，是牲畜的好饲料，大力发展白杜林有利于畜牧业生产。

6. 大果卫矛 *Euonymus myrianthus* Hemsl.

形态特征：常绿灌木，高可达 6 m。叶对生，革质，倒卵形、窄倒卵形或窄椭圆形，先端渐尖，基部楔形，边缘波状或具钝圆锯齿。聚伞花序 2～4 次分枝；花黄色，4 基数。蒴果大，具4 棱，倒卵形，4 浅裂；假种皮橘黄色。为中国特有。

分布与生境：分布于长江流域以南各省区，分布区广阔。江苏南部有引种栽培。生长于海拔 1 000 m 左右的山坡溪边、沟谷较湿润处，生境多潮湿。

园林应用：本种叶常青浓绿，果大，成熟后粉红色，开裂后露出橘红色假种皮，经久不落。可用于城市园林、道路、公路绿化的绿篱带、色带拼图和造型。也可用于动物招引。其他用途同卫矛。

三十六、槭树科 Aceraceae

（一）槭属 Acer

乔木或灌木，落叶或常绿。冬芽具多数覆瓦状排列的鳞片，或仅具 2 或 4 枚对生的鳞片。叶对生，单叶或复叶，不裂或分裂。花序由着叶小枝的顶芽生出，下部具叶，或由小枝旁边的侧芽生出，下部无叶；花小，整齐，雄花与两性花同株或异株，稀单性，雌雄异株。果实系 2 枚相连的小坚果，凸起或扁平，侧面有长翅，张开成各种大小不同的角度。

有 200 余种，分布于亚洲、欧洲及美洲。中国有 140 余种。

1. 三角槭 Acer buergerianum Miq.

形态特征： 落叶大乔木，高可达 20 m。树皮长条状薄片剥落。小枝细。叶近革质，椭圆形或倒卵形，基部近圆形或楔形，先端 3 浅裂，裂片前伸，近等大，全缘，稀不裂或深裂，下面被白粉或细毛，沿脉较密；三出脉。伞房花序顶生，被柔毛。翅果之小坚果显著凸起。花期 4 月，果期 8—9 月。

分布与生境： 分布于山东、河南以及长江中下游地区、华南地区、贵州，我国黄河流域有栽培。日本也有分布。江苏全境都有分布。生于海拔 100～1 000 m 的阔叶林中。喜肥沃湿润土壤，喜光，耐半阴，喜温暖湿润气候，稍耐寒，耐干旱，亦耐水湿，属两栖树种，耐修剪。

园林应用： 三角槭枝叶浓密，树姿优美，夏季浓荫覆地，叶端 3 浅裂，宛如鸭蹼，入秋叶色变成暗红或橙色，颇耐观赏。为常见的庭园绿化树种，密植为绿墙、绿篱、孤植、丛植作庭荫树、行道树及护岸树，在湖岸、溪边、谷地、草坪配植，或点缀于亭廊、山石间都很合适。其老桩常制成盆景，主干扭曲隆起，颇为奇特。本种抗有害气体能力较强，可用于工业废弃地的生态修复与景观营造，还可用于湿地生态修复中的水岸交错带的景观林带营造。根可入药，治风湿关节痛；根皮、茎皮清热解毒，可用于消暑。

2. 青榨槭 Acer davidii Franch.

形态特征： 落叶乔木，高 8～12 m。嫩枝紫绿色或绿褐色。冬芽具柄，长卵圆形，绿褐色，芽鳞 2。叶纸质，长圆状卵形或近于长圆形，先端锐尖，基部近心形或圆形，边缘具不整齐钝圆齿，长成后无毛，侧脉 11～12 对。总状花序下垂，花杂性，黄绿色。翅果熟时黄褐色，展开成钝角或近水平。小坚果卵圆形。花期 4—5 月，果期 9 月。

分布与生境： 分布于华北、华东、中南、西南各省区。江苏南部有分布。生于海拔 200～2 000 m 疏林中，喜湿润的阴坡及山谷。

园林应用： 青榨槭生长迅速，树干端正，树形自然开张，树态苍劲挺拔，树冠整齐，叶片深绿阔大，叶多繁茂；其 1～2 年生枝条银白色，成树树皮绿色似青蛙皮，并配有纵向墨绿色条纹，似竹而胜于竹。青榨槭优美的树形、绿色的树皮、银白色枝条与繁茂的叶片形成巧妙而完美的组合；串串果实夏季呈碧绿色，入秋呈黄褐色，具有很高的观赏价值，是城市园林、风景区等各种园林绿地的优美绿化树种，可作行道树、庭荫树或营造背景林。青榨槭用于园林绿化可培育成主干型或丛株型，多株墩状绿化效果极佳。本种树皮纤维较长，又含单宁，可作工业原料。根、枝、叶可入药，根可用于风湿腰痛；枝、叶清热解毒、行气止痛，用于治疗背痈、腹痛、风湿关节痛。

3. 元宝槭 *Acer truncatum* Bunge

形态特征：落叶乔木，高 8～10 m。因翅果形状像中国古代的金锭元宝而得名，是我国的特有树种。树皮灰褐色或深褐色，深纵裂。小枝无毛，具圆形皮孔。冬芽小，卵圆形。叶纸质，常 5 裂，稀 7 裂，基部截形，稀近于心脏形；裂片三角状卵形或披针形。花黄绿色，杂性，雄花与两性花同株，常成无毛的伞房花序。翅果熟时淡黄色或淡褐色；小坚果压扁状；翅长圆形，两侧平行。花期 4—5 月，果期 8 月。

分布与生境：分布于华北、华南、华中地区。江苏北部有分布，徐州以北地区尤多。生于海拔 300～1 000 m 的疏林中。元宝槭为温带阳性树种，喜阳光充足的环境，但怕高温暴晒，又怕下午西晒。其根系发达，抗风力较强，能耐低温，耐旱，忌水涝，生长较慢，不择土壤且较耐移植，喜深厚肥沃土壤，在酸性、中性、钙质土上均能生长。幼苗、幼树耐阴性较强；大树耐侧方遮阴，在混交林中常为下层林木。

园林应用：本种树形优美，枝叶浓密，嫩叶红色，秋叶变色早，且持续时间长，多变为黄色、橙色或红色，红绿相映，甚为美观，是优良的秋色叶树种；不仅引种移栽容易，而且树冠很大，具备良好庇荫条件，可用于风景区绿化，作庭园树和行道树。在园林中适于片栽或于山地丛植，或配植于建筑物附近、庭院及绿地内；在郊野公园利用坡地片植，其景也蔚为壮观。元宝槭叶色富于变化，春叶红艳，秋叶金黄，还可数次摘叶，摘叶后新叶小而红，是很有特色的桩景材料。其适应性强，管理较粗放，可制作树桩盆景。元宝槭耐阴，喜温凉湿润气候，耐寒性强，对土壤要求不严，对二氧化硫、氟化氢的抗性较强，吸附粉尘的能力也较强，可营造防护林、材用林或用于工矿区或废弃采矿迹地生态修复与景观重建。元宝槭是集食用油、鞣料、蛋白、药用、化工、水土保持、特用材及园林绿化观赏多效益于一体的优良经济树种。元宝槭叶中含有许多与人体健康和治疗疾病有关的活性成分，其嫩叶可食，亦可代茶；种子可榨油，供食用及工业用。热榨的元宝槭油还可作为口服保健油，口感优于沙棘油，无异味。元宝槭油中脂溶性维生素含量丰富，尤其维生素 E 含量很高，抗氧化性能好，比沙棘油、核桃油耐贮藏。元宝槭种仁油还富含多种人体必需脂肪酸，其中不饱和脂肪酸含量高达92％，尤其是神经酸的含量为 5.52％，具有极高的保健作用。元宝槭木材坚韧细致，可制造车辆、器具及供建筑用等。树皮纤维可用于造纸及代用棉。

4. 鸡爪槭 *Acer palmatum* Thunb.

形态特征：落叶小乔木，高 5～6 m。小枝灰紫色，无毛。叶纸质，近圆形，掌状分裂 7，基部心形，裂片长圆状卵形或披针形，先端锐尖，裂片深达叶片 1/2 或 1/3，下面仅脉腋被白色丛毛，边缘有齿。花紫色，伞房花序。翅果张开成钝角，上下等宽；小坚果显著凸起，球形。花期 5—6 月，果期 8 月。

分布与生境：分布于华东、华南至西南等地区。朝鲜和日本也有分布，现各国都有引种栽培。江苏全境都有分布。生于低海拔 50～1 200 m 的林缘或疏林中。喜光，但忌西晒，否则会焦叶，喜温暖，不耐干旱，喜湿润肥沃土壤，较耐阴，在高大树木庇荫下长势良好。其对二氧化硫和烟尘抗性较强。

园林应用：本种是世界著名的庭园观赏树，其叶形美观，入秋后转为鲜红色，色艳如花，灿烂如霞，为优良的观叶树种；可孤植、对植、片植或群植，适宜植于草坪、土丘、山麓、溪边、池畔或点缀墙隅、亭廊，配以山石则具古雅之趣，更显其潇洒、婆娑的绰约风姿，是较好的多季节观赏绿化树种。若以常绿树或白粉墙作背景,植于花坛中作主景树,或植于园门两侧,则更添几分姿色;亦可制作盆景或盆栽于室内。其栽培品种多为园林著名树种,如羽毛槭(*A. palmatum* 'Dissectum')、蓑衣槭(*A. palmatum* 'Linearilobum')等;园林中常将不同品种配植在一起,形成色彩斑斓的槭树专类园。其对二氧化硫和烟尘抗性较强,可用于工矿厂区及城市中心街道绿化。其枝、叶可供药用,味辛、微苦,性平,能行气止痛、解毒消痈、可用于治疗气滞腹痛、痈肿发背。

三十七、七叶树科 Hippocastanaceae

(一)七叶树属 *Aesculus*

落叶乔木,稀灌木。冬芽大型,顶生或腋生,外部有几对鳞片。叶系3~9枚小叶组成的掌状复叶,对生,有长叶柄,无托叶;小叶长圆形、倒卵形或披针形,边缘有锯齿。聚伞圆锥花序顶生,直立,侧生小花序系蝎尾状聚伞花序。花杂性,雄花与两性花同株;花瓣4~5,倒卵形、倒披针形或匙形。蒴果平滑,稀有刺,室背开裂;种子近于球形或梨形,无胚乳,种脐常较宽大。

本属约有30余种,广布于亚、欧、美三洲。我国产10余种,以西南部的亚热带地区为分布中心,北达黄河流域,东达江苏和浙江,南达广东北部。常生于海拔100~1 500 m的湿润阔叶林中。

1. 七叶树 *Aesculus chinensis* Bunge

形态特征:落叶乔木,高达25 m。树皮深褐色或灰褐色。小枝圆柱形,黄褐色或灰褐色,有皮孔。冬芽大型,有树脂。掌状复叶由5~7小组成;小叶纸质,长圆披针形至长圆倒披针形,边缘有钝尖形的细锯齿。花序圆筒形,花序总轴有微柔毛,小花序常由5~10朵花组成。果实球形或倒卵圆形,黄褐色,无刺,具很密的斑点,种子近于球形。花期4—5月,果期10月。

分布与生境:自然分布于秦岭一带海拔700 m以下山地,在黄河流域及东部各省均有栽培。江苏境内分布于扬州、泰州、淮安、南通、盐城、南京、常州、无锡、苏州、镇江等地。喜光,稍耐阴,喜温暖至凉爽气候,耐寒,畏干热,在肥沃、湿润的土壤中生长良好。

园林应用:七叶树树形优美、冠大荫浓,树干耸直,花大秀丽,果形奇特,是不可多得的观叶、观花、观果树种,为世界著名四大行道树之一,适宜用于庭园和道路旁、人行步道边、公园、广场绿化,既可孤植也可群植,或与常绿树和阔叶树混合栽植,也可作荒山造林及水土保持林树种。其叶片浓绿肥大,树冠华丽如盖,初夏繁花满树,硕大的白色花序又似一盏盏华丽的烛台,蔚然可观,具有较强的滞尘、隔音、吸收有害气体的能力,可成群成片地种植在工矿厂区。在园林中常将七叶树孤植或栽于建筑物前及疏林之间作背景、伴景用,亦可构成风景林。北美洲将红花或粉花及重瓣七叶树园艺变种种在道路两旁,花开之时风景十分美丽;美国密苏里植物园里还将其作灌木栽培作地被,花开时成为一片花之海洋,非常壮观,其美化、彩化效果远远好于单纯的绿色风景林;我国北方用七叶树作"佛掌树"代替南方的娑罗树,多栽植在寺庙主要殿堂的庭宇中,构成寺庙园林的基调树种。七叶树木材细密,可用于制造各种器具、雕刻、制作家具和工艺品及造纸等。种子可食,但直接吃味道苦涩,需用碱水煮后方可食用,味如板栗,也可提取淀粉;种子(娑罗子)还可作药用,有安神、理气、杀虫等作用;用以榨油可制造肥皂。叶、花可作染料,叶芽可制茶叶。

三十八、无患子科 Sapindaceae

(一) 栾树属 *Koelreuteria*

落叶乔木或灌木。叶互生,一回或二回奇数羽状复叶,无托叶;小叶互生或对生,通常有锯齿或分裂,很少全缘。聚伞圆锥花序大型,顶生,很少腋生;分枝多,广展;花中等大,杂性同株或异株,两侧对称。蒴果膨胀,卵形、长圆形或近球形,具 3 棱,室背开裂为 3 果瓣,果瓣膜质,有网状脉纹;种子每室 1 颗,球形,无假种皮,种皮脆壳质,黑色。

有 4 种,我国产 3 种及 1 变种。

1. 复羽叶栾树 *Koelreuteria bipinnata* Franch.

形态特征:乔木,高 15～20 m。二回羽状复叶,羽片 5～10 对,小叶 9～17 片,斜卵形,边缘有小齿缺,下面中脉及脉腋具毛。圆锥花序与花梗同被短柔毛;花黄色。蒴果椭圆状卵形,具 3 棱,形如灯笼,顶端浑圆而有小凸尖,成熟时紫红色;种子球形,黑褐色。花期 7—9 月,果期 9—10 月。

分布与生境:分布于云南、贵州、四川、湖北、湖南、广西、广东等省区。江苏全境都有栽培。生于海拔 400～2 500 m 山地疏林中。喜光,耐寒,耐干旱,常生于石灰岩山地,对土壤要求不严苛,抗风,抗大气污染。自播能力强,天然林中自然更新容易。

园林应用:该种树冠圆球形,树形端正,枝叶茂密而秀丽,春季嫩叶紫红,夏季黄花满树,秋天叶色金黄、果实紫红似灯笼,十分美丽,是很好的园林绿化和观赏树种。因其适生性强,栽培养护管理粗放,宜作庭荫树、行道树及营造风景林,也可营造防护林或用于废弃采矿迹地植被恢复与生态景观营造。其对二氧化硫及烟尘污染有较强的抗性,适于丛植或列植作加油站、高密度城市道路、厂矿绿化美化园景树、行道树等。其木材可制家具;种子含油,可供制肥皂及润滑油等工业用;叶含大量的单宁,可提取栲胶;根可入药,有消肿、止痛、活血、驱蛔之功,亦可治风热咳嗽;花金黄色,入药能清肝明目、清热止咳,又为黄色染料。

2. 栾树 *Koelreuteria paniculata* Laxm.

形态特征:落叶乔木或灌木,高 15 m。小枝被柔毛,具疣点。一回羽状复叶有不规则分裂的小叶,或为不完全的二回羽状复叶,小叶 7～18 片,纸质,卵形至卵状披针形,有明显的锯齿或疏锯齿或分裂。圆锥花序大,被微柔毛;花淡黄色;花瓣 4,橙红色。蒴果三角状长卵形,先端渐尖,有网状脉纹,果瓣卵形。花期 6—8 月,果期 9—10 月。

分布与生境:分布于我国东北自辽宁起,经中部至西南部云南的大部分省区。江苏全境都有分布。常见于海拔 1 500 m 以下的石灰岩山地钙基土壤的山谷及平原,不能生长在硅基酸性的红土地区,最高可达海拔 2 600 m。喜光,稍耐半阴,耐干旱瘠薄,耐寒,耐盐渍及短期水涝,深根性,萌蘖力强,抗风能力较强,在石灰岩山地常与青檀、黄连木、朴树等混生成林。栾树春季发芽较晚,秋季落叶早,幼苗生长较慢,后期生长快,有较强抗烟尘能力。

园林应用:栾树季相变化明显,春季嫩叶多为红色,夏季黄花满树,入秋叶色变黄,果实紫红,形似灯笼,十分美丽,是理想的春季观叶、夏季观花、秋冬观果的绿化树种,常作为行道树和庭园观赏树栽植于溪边、池畔、园路旁或草坪边缘。栾树适应性强,对风、粉尘污染、二氧化硫、臭氧均有较强的抗性,是工业污染区配植和工业废弃地生态修复的好树种,适于种植在居民区、工厂矿区等地区作为污染防护林;亦为良好的水土保持植物。本种可提制栲胶;种子可榨工业用油;木材黄白色,易加工,可制家具;叶可作蓝色染料;花可供药用,亦可作黄色染料。其他用途同复羽叶栾树。

(二)无患子属 *Sapindus*

乔木或灌木。偶数羽状复叶,很少单叶。互生,无托叶;小叶全缘,对生或互生。聚伞圆锥花序大型,多分枝,顶生或在小枝顶部丛生;花单性,雌雄同株或有时异株,辐射对称或两侧对称。果皮肉质,富含皂素,内面在种子着生处有绢质长毛;种子无假种皮,种脐线形。

约有 13 种,分布于美洲、亚洲和大洋洲较温暖的地区。我国有 4 种和 1 变种,产于长江流域及其以南各省区。

1. 无患子 *Sapindus saponaria* L.

形态特征:落叶乔木,高 15~20 m。树皮灰褐色或黑褐色。羽状复叶,小叶 5~8 对,互生或近对生;小叶长椭圆状披针形,基部偏楔形,两面无毛,网脉清晰。圆锥花序顶生。肉质核果橙黄色,干时变黑;种子近球形,光滑。花期 5—6 月,果期 10—11 月。

分布与生境:分布于我国东部、南部至西南部。日本、朝鲜、中南半岛和印度等地也有引种栽培。江苏各地都有分布。多见于低山丘陵、石灰岩山地,各地寺庙、庭园和村边常见栽培。喜光,稍耐阴,喜温暖气候,耐寒能力较强,生长较快,对土壤要求不严,在酸性土、钙质土上均能生长,耐干旱,不耐水湿。深根性,抗风力强。萌芽力弱,不耐修剪。寿命长(可达200 年以上)。

园林应用:无患子树干通直,展开的扇状树冠绿荫稠密,遮阳效果极佳;秋季满树叶色金黄,是很好的秋色叶树种之一;秋冬果实累累,橙黄而美观,也是园林景观中的观果树种,多作为行道树及风景树。其对二氧化硫抗性较强,可作为道路及高密度工业城市中厂矿企业绿化树种或废弃采矿迹地生态修复的优良树种。无患子属学名的意思是"印度的肥皂",因无患子厚肉质状的果皮含有皂素,只要用水搓揉便会产生泡沫,可用于清洗,是古代的主要清洁剂之一,因而它自古以来就是中华民族传统的天然洗护珍果,可代肥皂。明代李时珍《本草纲目》中记载了无患子洗发可去头风(头皮屑)、明目,洗面可增白祛斑。其木材可制作箱板和木梳等;其根、树皮、嫩枝叶、种子可入药,味苦、微甘、性平,有小毒,有清热、祛痰、消积、杀虫之功效,治喉痹肿痛、咳喘、食滞、白带、疳积、疮癣、肿毒,用于白喉症、精囊病、淋浊尿频等。

三十九、鼠李科 Rhamnaceae

(一)枳椇属 *Hovenia*

落叶乔木,稀灌木,高可达 25 m;幼枝常被短柔毛或茸毛。叶互生,基部有时偏斜,边缘有锯齿,基生三出脉。花小,白色或黄绿色,两性,5 基数,密集成顶生或兼有腋生聚伞圆锥花序。浆果状核果近球形,种子 3 粒,扁圆球形,褐色或紫黑色。

本属有 3 种、2 变种,分布于中国、朝鲜、日本和印度。我国除东北、内蒙古、新疆、宁夏、青海和台湾外,各省区均有分布。在世界各国也常有栽培。

1. 枳椇 *Hovenia acerba* Lindl.

形态特征:落叶乔木,高可达 25 m。小枝有白色皮孔。叶大,宽卵形或椭圆状卵形,顶端渐尖,基部截形或心形,边缘具整齐的浅钝细锯齿,两面无毛;叶柄无毛。花排成对称的二歧式聚伞圆锥花序,顶生和腋生,被棕色短柔毛。果球形,成熟时黄褐色或棕褐色;种子小,自播能力强,天然更新容易。花期5—7月,果期8—10月。

分布与生境:分布于甘肃、陕西、河南、华中、华东、华南、西南地区。印度、尼泊尔、不丹和缅甸北部也有分布。江苏全境都有分布。生于海拔2 000 m以下的旷地、山坡林缘或疏林中,庭院宅旁常有栽培。喜光,稍耐旱,不耐渍,对土壤要求不严。

园林应用:枳椇树姿优美,树冠宽展,为良好的庭园绿化和行道树。适生性强,可用于废弃采矿迹地植被恢复与生态景观营造。枳椇木材紫红色,硬度适中,纹理细致美观,容易加工,既是优质建筑和室内装饰用材,又是制作精细家具、美术工艺品、车船、枪柄等的上好材料;果序轴肥厚,含丰富的糖,可生食、酿酒、熬糖,民间常用以浸制"拐枣酒";种子可入药,味甘,性平,入脾、胃经,有解酒止渴之功,历代医家一直将其作为解酒止渴、清凉利尿要药,适用于饮酒过量、酒醉不醒、口干烦渴,以及发热消渴、呕吐等。

2. 北枳椇 *Hovenia dulcis* Thunb.

形态特征:高大乔木,高可达15 m以上。小枝褐色或黑紫色,无毛,有不明显的皮孔。叶纸质或厚膜质,卵圆形、宽矩圆形或椭圆状卵形,顶端短渐尖或渐尖,基部截形,边缘有不整齐的锯齿或粗锯齿,无毛。花黄绿色,排成不对称的顶生、稀兼有腋生的聚伞圆锥花序。浆果状核果近球形,成熟时黑色;种子深栗色或黑紫色。花期5—7月,果期8—10月。

分布与生境:分布于中国河北、山东、山西、河南、陕西、甘肃、四川北部、湖北西部、安徽、江苏、江西。日本、朝鲜也有分布。江苏各地有分布或庭园栽培。生于海拔100～1 400 m的次生林中。

园林应用:北枳椇树干端直,树皮洁净,冠大荫浓,白花满枝,清香四溢,发枝力强,耐修剪,适于用庭院、芳香植物园、药材产业专类园绿化,作行道树,山地造林或营造防护林等;因其生长迅速、病虫害少、适应性强,可用于高密度城市中园艺康养疗愈场所,如作幼儿园、医院、疗养院、敬老院等环境中的庭荫树、行道树、背景林。北枳椇木材硬度适中、纹理美观、易于加工,是良好的建筑用材;果序轴肥大且含丰富的糖,可生食、酿酒、制醋和熬糖。其他用途同枳椇。

(二)马甲子属 *Paliurus*

落叶乔木或灌木。单叶互生,有锯齿或近全缘,具基生三出脉,托叶常变成刺。花两性,5基数,排成腋生或顶生聚伞花序或聚伞圆锥花序;花瓣匙形或扇形,两侧常内卷。核果杯状或草帽状,周围具木栓质或革质的翅,基部有宿存的萼筒,3室,每室有1种子。

有6种,分布于欧洲南部和亚洲东部及南部。我国产5种,另有1种引种栽培,分布于西南、中南、华东等省区。

1. 铜钱树 *Paliurus hemsleyanus* Rehder ex Schir. & Olabi

形态特征:落叶乔木,高达13 m。叶互生,纸质,宽椭圆形、卵状椭圆形或近圆形,顶端长渐尖或渐尖,基部偏斜,边缘具圆锯齿或钝细锯齿,两面无毛,基生三出脉;无托叶刺,但幼树叶柄基部有2个斜向直立的针刺。聚伞花序或聚伞圆锥花序,顶生或兼有腋生,无毛。核果草帽状,周围具革质宽翅,红褐色或紫红色,无毛。花期4—6月,果期7—9月。

分布与生境:分布于甘肃、陕西、河南、华中、华东、华南、西南地区。江苏境内分布于扬州、泰州、淮安、南通、盐城、南京、常州、无锡、苏州、镇江。生于海拔 100～1 600 m 的石灰岩山地的次生林中。

园林应用:铜钱树果实奇特,翅果形状特别,果初碧绿,入秋成熟时呈古铜色,远远望去树上仿佛挂着一串串铜钱,十分别致而又寓意良好,可作观果树种,是优良的观赏树种,在庭园中常有栽培。因其枝叶有刺,可作围挡篱用树种。树皮含有鞣质,可提炼栲胶。幼苗可作为砧木嫁接枣树。具有较高的经济价值、生态价值和科研价值。

2. 马甲子 _Paliurus ramosissimus_(Lour.)Poir.

形态特征:落叶灌木,高可达 6 m。叶宽卵形至圆形,边缘具钝细锯齿,被毛;叶柄基部两侧具 1 对紫红色斜向直伸的托叶刺。核果杯状,被褐色绒毛,周围具木栓质 3 浅裂的翅。花期 5—8 月,果期 9—11 月。

分布与生境:分布于华东、华南、西南及台湾地区。朝鲜、日本和越南也有分布。江苏全境都有分布。生于海拔 2 000 m 以下石灰岩山区和平原的次生林缘、阴坡或溪谷畔。喜光,也能耐半阴,耐干旱瘠薄,对土壤要求不严,喜生于排水良好的钙质土上。

园林应用:马甲子分枝密集且具针刺,枝叶平展,叶色翠绿,是优良的绿篱树种,具有较好的防护作用,华南及西南地区常栽培于园地周围,或作养殖护栏。在城市景观中宜栽培作高速公路两侧防护绿篱,可取代铁丝网;也可以用于废弃石灰岩采石场的植被恢复与景观重建。其木材坚硬,可制作农具柄;根、枝、叶、花、果均可供药用,有解毒消肿、止痛活血之效,治痈肿溃脓等症,根还可治喉痛;种子榨油可制蜡烛。

(三)猫乳属 _Rhamnella_

落叶灌木或小乔木。叶互生,具短柄,纸质或近膜质,边缘具细锯齿,羽状脉;托叶三角形或披针状条形,常宿存与茎离生。腋生聚伞花序具短总花梗,或数花簇生于叶腋;花小,黄绿色,两性,5 基数,具梗。核果圆柱状椭圆形,橘红色或红色,成熟后变黑色或紫黑色,1～2室,具 1 或 2 种子。

本属共有 7 种,分布于中国、朝鲜和日本。我国均产。

1. 猫乳 _Rhamnella franguloides_(Maxim.)Weberb.

形态特征:落叶灌木或小乔木,高 2～9 m。幼枝绿色,被短柔毛或密柔毛。叶倒卵状矩圆形、倒卵状椭圆形,顶端尾状渐尖、渐尖或骤然收缩成短渐尖,基部圆形,稍偏料,边缘具细锯齿;托叶披针形,基部与茎离生,宿存。花黄绿色,两性,腋生聚伞花序。核果圆柱形,成熟时红色或橘红色,干后变黑色或紫黑色。花期 5—7 月,果期 7—10 月。

分布与生境:分布于华北陕西南部、山西南部、河北、山东、华中湖南、湖北西部、华东、华南地区。日本、朝鲜也有分布。江苏全境都有分布。生于海拔 1 100 m 以下的山坡、路旁或林中。喜光,也能耐半阴,耐干旱瘠薄,喜疏松排水良好的土壤和温暖湿润环境。常与松柏等裸子植物,青冈栎、石栎、石楠等常绿树混植或片植于林缘或水边疏林中。

园林应用:猫乳冠大荫浓,叶色碧绿,入秋则果实鲜红,可作庭荫树种植在疗养院、幼儿园、医院、学校等对环境要求较高的场所;又因其适应性强,秋叶金黄,适合用作山地、庭院及风景林区绿化树种;其耐阴性好,可植于光照不足的楼宇或立交桥等建筑物北侧;其果实鸟兽喜食,是招引动物营造植物群落多样性的优良树种。其根、果实可供药用,味苦,性平,补脾益肾,用于体质虚弱、劳伤乏力、疥疮;皮可榨取绿色染料。

（四）鼠李属 *Rhamnus*

灌木或乔木。无刺或小枝顶端常变成针刺。芽裸露或有鳞片。叶互生或近对生，稀对生，具羽状脉，边缘有锯齿或稀全缘；托叶小，早落，稀宿存。花小，两性，或单性、雌雄异株，稀杂性，单生或数个簇生，或排成腋生聚伞花序、聚伞总状或聚伞圆锥花序，黄绿色。浆果状核果倒卵状球形或圆球形；种子倒卵形或长圆状倒卵形，背面或背侧具纵沟，或稀无沟。

本属约有 200 种，分布于温带至热带，主要集中于亚洲东部和北美洲的西南部，少数分布于欧洲和非洲。我国有 57 种和 14 变种，分布于全国各省区，其中以西南和华南种类最多。

1. 长叶冻绿 *Rhamnus crenata* Siebold & Zucc.

形态特征：落叶灌木或小乔木，高达 7 m。无刺，顶芽裸露。叶倒卵状椭圆形或椭圆形，顶端渐尖，基部楔形，边缘具细锯齿，上面无毛，下面被柔毛，侧脉整齐明显；叶柄密被柔毛。聚伞花序腋生，花 5 基数。核果近球形，熟时黑色，具 3 分核。花期 5—8 月，果期 8—10 月。

分布与生境：分布于华中陕西、华北河南、华东、华南及西南。朝鲜、日本、越南、老挝、柬埔寨也有分布。江苏境内分布于南京、常州、无锡、苏州、镇江。常生于海拔 2 000 m 以下的山地林下或灌丛中。

园林应用：长叶冻绿是一种观叶、观花、观果的优良园林景观树种。入秋黄叶繁茂、黑果累累，可供观赏。亚热带的其他地区可作盆景置于室内外观赏。根有毒。民间常用根、皮煎水或醋浸洗治顽癣或疥疮。根和果实含黄色染料。其他园林用途同猫乳。

2. 圆叶鼠李 *Rhamnus globosa* Bunge

形态特征：落叶灌木，高 2～4 m。小枝对生或近对生，顶端具针刺。叶纸质，对生或近对生，近圆形、倒卵状圆形或卵圆形，顶端突尖或短渐尖，基部宽楔形或近圆形，边缘具圆齿状锯齿；托叶线状披针形，宿存，有微毛。花单性，雌雄异株。核果球形或倒卵状球形，成熟时黑色；种子黑褐色，有光泽，背面有纵沟。花期 4—5 月，果期 6—10 月。

分布与生境：分布于甘肃及陕西南部、华中、华北、华东地区。江苏全境都有分布。生于海拔 1 600 m 以下的山坡林下或灌丛中。

园林应用：常作为固坡及庭院绿化树种；亦可植为刺篱及盆景。种子榨油可作润滑油用；茎皮、果实及根可作绿色染料；果实烘干，捣碎和红糖水煎水服，可治肿毒；其根皮、茎、叶（冻绿刺）可用于治疗瘰疬、哮喘、寸白虫病。其他用途同猫乳。

3. 冻绿 *Rhamnus utilis* Decne.

形态特征：落叶灌木或小乔木，高达 4 m。幼枝无毛，小枝褐色或紫红色，枝端常具针刺。叶纸质，对生或近对生，椭圆形、矩圆形或倒卵状椭圆形，顶端突尖或锐尖，基部楔形或稀圆形，边缘具锯齿；托叶披针形，宿存。花单性，雌雄异株，4 基数，具花瓣。核果圆球形或近球形，成熟时黑色，具 2 分核；种子背侧基部有短沟。花期 4—6 月，果期 5—8 月。

分布与生境：分布于甘肃、陕西、华北、华中、华东、华南、西南地区。朝鲜、日本也有分布。江苏境内常有分布。常生于海拔 1 500 m 以下的山地、丘陵、山坡草丛、灌丛或疏林下。

园林应用：冻绿枝叶繁茂，花朵黄绿色，果实黑色，花果繁密，富野趣，园林中可栽培观赏，或植于自然式树丛的外围以丰富绿化层次。种子油可作润滑油；果实、树皮及叶含绿色素，可作绿色染料，是我国古代为数不多的天然绿色染料之一，明清时期，中国所产的冻绿已闻名国外,被称为"中国绿";果肉可入药,能解热、治泻及消瘰疬等;茎皮和叶可提取栲胶。

(五)雀梅藤属 *Sageretia*

藤状或直立灌木,稀小乔木。无刺或具枝刺,小枝互生或近对生。叶纸质至革质,互生或近对生,边缘具锯齿,稀近全缘,叶脉羽状,平行;托叶小,脱落。花两性,5基数,通常无梗或近无梗,稀有梗,排成穗状或穗状圆锥花序,稀总状花序。浆果状核果倒卵状球形或圆球形;种子扁平,稍不对称,两端凹陷。

本属约有39种,主要分布于亚洲南部和东部,少数种在美洲和非洲也有分布。我国有16种及3变种。

1. 雀梅藤 *Sageretia thea* (Osbeck) M. C. Johnst.

形态特征:藤状或直立灌木。小枝具刺,互生或近对生,褐色,被短柔毛。叶纸质,近对生或互生,通常椭圆形、矩圆形或卵状椭圆形,顶端锐尖、钝或圆形,基部圆形或近心形,边缘具细锯齿。花无梗,黄色,芳香,通常2至数个簇生排成顶生或腋生疏散穗状或圆锥状穗状花序。核果近圆球形,成熟时黑色或紫黑色,具1~3分核,味酸;种子扁平,二端微凹。花期7—11月,果期翌年3—5月。

分布与生境:分布于华东、华中、华南及西南。印度、越南、朝鲜、日本也有分布。江苏境内常有分布。常生于海拔2100 m以下的丘陵、山地林下或灌丛中。性喜温暖湿润的空气环境,在半阴半湿的地方生长最好。适应性强,耐贫瘠干燥,对土壤要求不严,对疏松肥沃的酸性、中性土壤都能适应。

园林应用:雀梅藤茎枝节间长,梢蔓斜出横展,叶秀花繁;晚秋时节,淡黄色小花发出幽幽的清香,藤蔓依石攀岩,高低分层,错落有致,宜用于庭院假山、山坡岩石绿化、美化,还适合于园林建筑角隅、陡坎峭壁、石矶的阴面攀缘,作立体绿化配置。其枝条密集具刺,形态苍古奇特,耐修剪,易蟠扎,是制作树桩盆景的极好材料,素有"树桩盆景七贤"之一的美称。雀梅藤盆景作为馈赠外国贵宾的礼物,在国际礼仪中发挥了重要的作用。其在南方常栽培作防护绿篱,用于牧区、高速公路两侧防护等;叶可代茶,亦可药用,治疮疡肿毒;果味酸,可食;根可治咳嗽,降气化痰。

(六)枣属 *Ziziphus*

落叶或常绿乔木,或藤状灌木。枝常具皮刺。叶互生,具柄,边缘具齿,或稀全缘,具基生三出、稀五出脉;托叶通常变成针刺。花小,黄绿色,两性,5基数,常排成腋生具总花梗的聚伞花序;花瓣具爪,倒卵圆形或匙形。核果圆球形或矩圆形,不开裂,顶端有小尖头,1~2室,稀3~4室,每室具1种子。

本属约有100种,主要分布于亚洲和美洲的热带和亚热带地区,少数种在非洲和两半球温带也有分布。我国有12种、3变种,除枣树和无刺枣在全国各地栽培外,主要产于西南和华南。

1. 枣树 *Ziziphus jujuba* Mill.

形态特征:落叶小乔木,高可达10 m以上,树皮灰褐色,条块状开裂。长枝呈"之"字形曲折,具托叶刺,刺双生或单生,双刺之一呈弯钩状,单刺直伸;短枝粗短;脱落性果枝常3~7枝簇生在短枝上。叶长圆状卵形至卵状披针形,先端钝,边缘具波状钝齿,基生三出脉。花黄绿色,单生或密集成聚伞花序,生于脱落性果枝叶腋。果椭球形。花期5—7月,果期8—10月。

分布与生境：分布于华北、华中、华东、华南地区。亚洲其他地方、欧洲和美洲均有栽培。江苏全境都有分布。生长于海拔 1 700 m 以下的山区、丘陵或平原。寿命长，树龄可达 200～300 年。喜光，耐热，耐寒，耐旱，耐轻碱土。

园林应用：枣树枝梗劲拔，翠叶垂荫，朱实累累。枣树作为形色兼美的景观树种，在庭园、路旁、公园绿地中有孤植、丛植、群植、片植等多种栽植方式，一切以自然为宜；落叶后枝干入画；秋季果可赏可食，亦是结合生产的好树种。枣树树姿优美，枝干苍劲，果形奇特，艳丽美观，其老根古干亦为优良的树桩盆景材料。枣林有防风、固沙、降低风速、保持水土、调节气温、防止和减轻干热风危害的作用，也适宜在城市郊区发展种植，对间作植物生长影响颇大。果含有丰富的维生素 C、芸香苷，除供鲜食外，常制成蜜枣、红枣、熏枣、黑枣、酒枣及牙枣等蜜饯和果脯，还可以制成枣泥、枣面、枣酒、枣醋等，为食品工业原料。木材可供雕刻、造车、造船、制作乐器。枣亦可供药用，味甘，性温，具有补脾胃、益气血、安心神、调营卫、和药性的功效。枣树叶、花、果、皮、根、刺及木材均可入药。枣仁可以安神，有养胃、健脾、益血、滋补、强身之效，为重要药品之一；还具有"天然维生素丸"之称，医药价值在中国研究最早、应用最广。

四十、葡萄科 Vitaceae

（一）蛇葡萄属 *Ampelopsis*

木质藤本。卷须 2～3 分枝。叶为单叶、羽状复叶或掌状复叶，互生。花 5 基数，两性或杂性同株，组成伞房状多歧聚伞花序或复二歧聚伞花序；花瓣 5。种子倒卵圆形，种脐在种子背面中部呈椭圆形或带形，两侧洼穴呈倒卵形或狭窄，从基部向上达种子近中部。

本属约有 30 余种，分布于亚洲、北美洲和中美洲。我国有 17 种，南北均产。

1. 白蔹 *Ampelopsis japonica* （Thunb.）Makino

形态特征：落叶木质藤本。小枝圆柱形，有纵棱纹，无毛。卷须不分枝或卷须顶端有短的分叉，相隔 3 节以上间断与叶对生。掌状 3～5 小叶，小叶片羽状深裂或小叶边缘有深锯齿而不分裂，顶端渐尖或急尖；托叶早落。聚伞花序通常集生于花序梗顶端，通常与叶对生。果实球形，成熟后带白色；种子倒卵形，顶端圆形。花期 5～6 月，果期 7～9 月。

分布与生境：分布于陕西、华北、东北、华东、华南、四川地区。日本也有分布。江苏境内有分布。生长于海拔 100～900 m 的山坡地边、灌丛或草地。喜凉爽湿润气候，适应性强，耐寒。

园林应用：白蔹是良好的攀缘植物，叶色从早春翠绿变化到夏季墨绿，常作为园林中垂直绿化材料，或用于地栽，也是秀丽轻巧的棚荫植物材料，适合配植在假山之侧。其枝蔓亦可作为鲜切花材料。全株可入药，苦、平，无毒，有清热解毒、消肿止痛、散结气、除热之功效，主治痈肿疔疮，目中赤脉，小儿惊痫温疟，女子阴中肿痛、带下赤白等。块根富含淀粉，可供酿酒。

（二）葡萄属 *Vitis*

木质藤本，有卷须。叶为单叶、掌状或羽状复叶；有托叶，通常早落。花 5 数，通常杂性异株，稀两性，排成聚伞圆锥花序；花瓣凋谢时呈帽状一起脱落。肉质浆果，有种子 2～4 颗。

葡萄属有 60 余种，分布于世界温带或亚热带，我国约有 38 种。世界各地栽培历史悠久。野生的葡萄集中分布在 3 个中心：东亚分布中心、北美—中美分布中心和欧洲—中亚分布中心。

1. 毛葡萄 *Vitis heyneana* Roem. & Schult.

形态特征：落叶木质藤本。小枝圆柱形，有纵棱纹，被灰色或褐色蛛丝状绒毛。卷须二叉分枝，密被绒毛，每隔 2 节间断与叶对生。叶卵圆形、长卵椭圆形或卵状五角形；托叶膜质，褐色，卵状披针形，无毛。花杂性异株；圆锥花序疏散，与叶对生。果实圆球形，成熟时紫黑色；种子倒卵形，顶端圆形。花期 4—6 月，果期 6—10 月。

分布与生境：分布于陕西、甘肃、华中、华东、华南地区。尼泊尔、印度、不丹也有分布。江苏境内有分布。生于海拔 100～3 200 m 的山坡、沟谷灌丛、林缘或林中，对土壤要求不严。

园林应用：毛葡萄攀附能力强，生命力强，是良好的攀缘植物，在园林中可作为棚架果树和庭院绿化树种。其密被绒毛而可滞尘，故可用于废弃工业地或矿坑裸岩的植被恢复与景观重建。毛葡萄的果实营养丰富，可用于酿造品质上佳的毛葡萄酒。

2. 葡萄 *Vitis vinifera* L.

形态特征：落叶大藤本，茎可长达 20 m。叶肾形或近圆形，顶端渐尖，基部心形，3～5 裂，裂片具不规则粗锯齿或缺刻，五出脉。花杂性异株，两性花的花萼盘状，具波状 5 齿；花瓣淡黄绿色。浆果椭圆形或近圆球形。花期 4—5 月，果期 8—9 月。

分布与生境：葡萄原产于亚洲西部，现世界各地均有栽培，集中分布在北半球，我国各地有栽培。江苏全境有分布。喜光，适生于夏热冬寒、日温差大、降雨适中的气候；深根性，寿命长达数百年，对土壤要求不严，但不耐涝渍。

园林应用：葡萄具有极高的观赏性，其藤蔓缠绕，果玲珑剔透，芳香四溢，是美化环境的佼佼者。葡萄也是盆栽果树，为重要的棚架果树和庭院绿化树种，最宜攀缘棚架及凉廊，或在居室前后栽植。其枝条柔软，可以随意造型，人们将其制作成各种盆景放置于室内，清香幽雅、美观别致。葡萄是世界最古老的果树树种之一，其果实葡萄为著名水果，营养价值很高，葡萄酒是最重要的以葡萄为原料的加工品，葡萄还可加工成葡萄干、葡萄汁、葡萄籽饮料、葡萄籽油等常见产品。葡萄中的多种果酸有助于消化，且具有极高的药用价值，性平，味甘、酸，入肺、脾、肾经，有补气血、益肝肾、生津液、强筋骨、止咳除烦、补益气血、通利小便的功效。根和藤药用能止呕、安胎。葡萄皮中的白藜芦醇、葡萄籽中的原花青素含量都高于葡萄的其他部位，也高于其他大多数水果，已经成为世界性的重要的营养兼药用的商品。

（三）俞藤属 *Yua*

木质藤本。树皮有皮孔，髓白色。卷须二叉分枝。叶互生，掌状 5 小叶。复二歧聚伞花序与叶对生，最后一级分枝顶端近乎集生成伞形；花两性；花瓣通常 5，花蕾时合起，以后展开脱落。浆果圆球形，多肉质，味甜酸。种子呈梨形，背腹侧扁，顶端微凹，基部有短喙，腹面洼穴从基部向上达种子 2/3 处，背面种脐在种子中部。

本属有 3 种和 1 变种，产于中国亚热带地区、印度阿萨姆卡西山区和尼泊尔中部。

1. 俞藤 *Yua thomsonii* (M. A. Lawson) C. L. Li

形态特征：落叶木质藤本。小枝圆柱形，褐色，嫩枝略有棱纹，无毛；卷须二叉分枝，相隔

2 节间断与叶对生。叶为掌状 5 小叶,草质,小叶披针形或卵披针形,顶端渐尖或尾状渐尖,基部楔形,边缘上半部有细锐锯齿。花序为复二歧聚伞花序,与叶对生,无毛。果实近球形,紫黑色,味淡甜。种子梨形,顶端微凹。花期 5—6 月,果期 7—9 月。

分布与生境:分布于华东、华中、华南、西南地区。印度和尼泊尔也有分布。江苏境内有分布。生于海拔 100～1 300 m 的山坡林中,攀缘于树上。喜温湿环境,喜阳光,也耐阴,抗性强,耐寒,耐旱,耐瘠薄,对土壤和气候的适应能力强。

园林应用:俞藤嫩叶、嫩枝及秋叶带紫色,反卷而光亮,艳丽夺目,适应能力强,攀缘覆盖率高,是优良的立体绿化材料;因下挂的枝丫带紫色且纤细,宜种植在围栏旁,形成绿篱的效果极佳,可用于桥下、围墙、廊架等处立体绿化,也可以点缀假山和叠石。根可入药,治疗关节炎等症。

四十一、杜英科 Elaeocarpaceae

(一)杜英属 *Elaeocarpus*

乔木。叶通常互生,边缘有锯齿或全缘,下面或有黑色腺点,常有长柄;托叶存在,线形,稀为叶状,或有时不存在。总状花序腋生或生于无叶的二年生枝条上,两性,有时两性花与雄花并存;花瓣 4～6 片,白色,分离,顶端常撕裂,稀为全缘或浅齿裂。果为核果,内果皮硬骨质,表面常有沟纹;种子每室 1 颗。

约有 200 种,分布于东亚、东南亚及西南太平洋和大洋洲。我国产 38 种、6 变种,主要分布于华南及西南地区,分布的最北界限达四川峨眉山,是常绿阔叶林中常见的中层乔木。

1. 杜英 *Elaeocarpus decipiens* Hemsl.

形态特征:常绿乔木,高达 15 m。叶革质,披针形或倒披针形,先端渐尖,尖头钝,基部楔形,常下延,两面无毛,边缘具钝齿,侧脉 7～9 对。总状花序多生于叶腋及无叶的二年生枝条上。核果椭圆形,熟时淡褐色,内果皮骨质,具沟纹;种子 1。花期 6—7 月,果期 10 月。

分布与生境:分布于华南及贵州南部、云南、福建、台湾、浙江、江西、湖南、安徽等地。日本也有分布。现长江中下游地区广为引种栽培。江苏境内主要分布于南部地区。生长于海拔 300～800 m 的低山山谷、向阳山坡林中,常与栲树、青冈、枫香、南酸枣等混生,适生于酸性黄壤和红黄壤山区。较喜光,稍耐阴,适生于中等肥沃土壤。杜英喜温暖潮湿环境,耐寒性稍差。根系发达,萌芽力强,耐修剪。喜排水良好、湿润、肥沃的酸性土壤。生长速度中等偏快。对二氧化硫抗性强。

园林应用:杜英常绿且速生,适应性强,病虫害少,秋冬至早春部分树叶转为绯红色,红绿相间,鲜艳悦目,是庭院观赏和"四旁"绿化的优良树种。杜英每年换叶时,叶片呈血红色且高挂于树梢而经久不落,随风徐徐飘摇,是多季节观叶树种。加之其生长迅速,易繁殖、移栽,非常适合用于住家庭园添景、绿化或观赏,亦可营造风景林,常丛植作背景,是防护林带树种。杜英具有分枝低而紧凑、叶色浓艳、适合构造绿篱墙的特点,可以用作城市非机动车道或人行道的行道树。采用杜英构建居民区生态屏障,不仅具有美化、绿化效果,对防止尘垢污染、减轻或避免危害也具有明显的作用。其种子油可制作肥皂和作润滑油;树皮可制染料;木材可制作一般器具,或作为栽培香菇的良好段木;根可入药。

四十二、椴树科 Tiliaceae

(一)扁担杆属 *Grewia*

落叶乔木或灌木。嫩枝通常被星状毛。叶互生,具基出脉,有锯齿或有浅裂;叶柄短;托叶细小,早落。花两性或单性雌雄异株,通常 3 朵组成腋生的聚伞花序;花瓣 5 片,比萼片短;腺体常为鳞片状,着生于花瓣基部。核果常有纵沟,收缩成 2～4 个分核,具假隔膜。

约有 90 余种,分布于东半球热带。我国有 26 种,主产于长江流域以南各地。该属各种是重要的纤维资源植物。

1. 扁担杆 *Grewia biloba* G. Don

形态特征:落叶灌木或小乔木,高 1～4 m。多分枝,嫩枝被粗毛。叶薄革质,椭圆形或倒卵状椭圆形,先端锐尖,基部楔形或钝,两面有稀疏星状粗毛,基出脉 3 条,两侧脉上行过半,中脉有侧脉 3～5 对,边缘有细锯齿;托叶钻形。聚伞花序腋生,多花。核果红色,有 2～4 颗分核。花期 5—7 月。

分布与生境:分布于华东、华南、西南及台湾省等地。江苏全境都有分布。生长于丘陵、低山路边草地、灌丛或疏林。喜光,稍耐阴,较耐干旱瘠薄。

园林应用:扁担杆果实形状奇特,如婴儿的手,故又名"孩儿拳",其果秋季橙红美丽,且宿存悬挂枝头达数月之久,为良好的观果树种。园林中可丛植一片或与假山、岩石配植,颇具野趣;因其耐阴,也可种植在疏林内为下木,可丛植、群植作自然式绿篱或果篱。根或全株可入药;枝叶药用,味辛、甘,性温,能健脾益气、祛风除湿、解毒、消瘀,可治小儿疳积等;树皮可制人造棉,宜混纺或单纺;去皮的茎可供编织用。

(二)椴树属 *Tilia*

落叶乔木。单叶互生,有长柄,基部常为斜心形,全缘或有锯齿;托叶早落。花两性,白色或黄色,排成聚伞花序,花序柄下半部常与长舌状的苞片合生;花瓣 5 片,覆瓦状排列,基部常有小鳞片。果实圆球形或椭圆形,核果状,稀为浆果状,不开裂,稀干后开裂,有种子 1～2 颗。

约有 80 种,主要分布于亚热带和北温带。我国有 32 种,主产于黄河流域以南、五岭以北广大亚热带地区,只有少数种类分布达北回归线以南、华北及东北。在东北及华北一带,椴树属各种是主要的蜜源植物。

1. 糯米椴 *Tilia henryana* Szyszyl. var. *subglabra* V. Engl.

形态特征:落叶乔木。嫩枝及顶芽被黄色星状绒毛。叶近圆形,先端宽圆,基部心形,多整正,下面被黄色星状绒毛,侧脉 5～6 对,边缘具粗齿,齿端刺毛状;叶柄被毛。聚伞花序,花多数;苞片狭窄倒披针形。果实倒卵形,具 5 条棱,被毛。花期 6 月,果期 8—9 月。

分布与生境:分布于陕西、华中、华南、华东江西地区。江苏境内分布于南京、常州、无锡、苏州、镇江。生于海拔 1 300 m 以下的山地阔叶林及山坡疏林、山坡杂木林中。长江流域各地常用作行道树。喜阳,幼苗稍耐阴,耐干旱贫瘠,稍耐寒,对土壤要求不严,为山区土层肥厚山坡或山谷造林树种及次生林改造保留树种。

园林应用:糯米椴树形美观,树姿雄伟,叶大荫浓,寿命长,可用作行道树或庭园观赏;其花香馥郁,也是蜜源植物,可用于生物多样性培育工程中招蜂引蝶形成独特景观;叶片对灰尘和有毒气体抗性强,可用于厂矿区绿化或作高密度城市交通干道的行道树。此外,糯米椴也是纤维资源植物,其树皮纤维经处理后可编织麻袋、造纸和制人造棉,也可作火药导火线;木材轻软、细致,可作建筑、桥梁、枕木、家具、雕刻、火柴杆、铅笔、乐器等用材;花及嫩叶可代茶;花阴干后可入药,能发汗、镇静、解热;种子可榨油;嫩茎叶可喂猪,干叶可作牛羊的冬季饲料。

2. 南京椴 *Tilia miqueliana* Maxim.

形态特征:落叶乔木,高 20 m。树皮灰白色。嫩枝和顶芽被黄褐色茸毛。顶芽卵形。叶卵圆形,先端急短尖,基部心形,整正或稍偏斜,上面无毛,下面被灰色或灰黄色星状茸毛,边缘有整齐锯齿;叶柄被茸毛。聚伞花序;苞片狭窄倒披针形,两面有星状柔毛,初时较密,先端钝,基部狭窄。果实球形,无棱,被星状柔毛,有小突起。花期 7 月,果期 10—11 月。

分布与生境:分布于华东、华南地区。日本也有分布。北美、欧洲等植物园、树木园均有引种栽培。江苏境内分布于扬州、泰州、淮安、南通、盐城、南京、常州、无锡、苏州、镇江。生长于丘陵、山谷、山坡林中和山坡阴湿地,常沿溪流两侧生长。其适应能力强,耐干旱瘠薄,喜温暖湿润气候,喜土层深、腐殖质含量高、肥沃、排水好的土壤,对土壤具有改良作用。

园林应用:南京椴树形美观,姿态雄伟,叶大荫浓,树龄长,花芳香馥郁,园林观赏价值突出,是集观树形、树姿、树干、叶片、花及花序为一身的优良园林观赏树种,可作行道树、庭荫树及小区、广场和庭园绿化的骨干树种等。其萌蘖能力很强,往往在大树根部萌生很多萌条,形成类似于热带榕属植物"独木成林"的景观。其成熟叶片深绿,先端急短尖,形似菩提树(*Ficus religiosa*)叶片,在亚热带及温带地区许多古刹周边常用来替代与佛教文化渊源密切的菩提树,其果核常被来用制作佛珠,尽管它不是佛教中真正的菩提树,但是事实足以说明南京椴在佛教历史文化中的地位。南京椴叶片对灰尘及有害气体抗性强,病虫害少,可用于工矿区及高密度城市交通枢纽的景观绿化。其花序含挥发油(金合欢醇)而具有康养疗愈功能,故可用于医院、学校、幼儿园、疗养院、敬老院等环境中。其木材色白轻软,可作建筑、家具、造纸、雕刻、细木工等用材;韧皮纤维发达,俗称"椴麻",可供制人造棉、绳索及编织之用;花是酿造高级蜂蜜的优良蜜源;花及树皮均可入药,其浸剂有镇静、发汗、镇痉、解热之功效,主要用于治疗劳伤失力初起、久咳等;茎皮含鞣质、脂肪、蜡及果胶等。

3. 椴树 *Tilia tuan* Szyszyl.

形态特征:落叶乔木,高达 20 m。叶纸质,斜卵形,基部一侧圆形或半心形,一侧楔形,全缘或上半部有微齿突,下面被灰白色绒毛。花序梗与苞片中部以下合生,苞片窄带状,无柄,下面被灰色星状毛。果近球形,无棱,外面被星状绒毛与小瘤体,先端有小突尖。花期 7 月,果期 9 月。

分布与生境:主要分布于北温带和亚热带。江苏境内有分布。生于海拔 300～1 800 m 的山地阔叶林中。椴树为深根性植物,对土壤要求严格,喜肥沃、排水良好的湿润深厚土壤,但不耐水湿;喜光,喜温凉湿润气候,耐寒,抗性强,虫害少。幼苗、幼树较耐阴,在林下常匍匐生长;后期生长速度中等,萌芽力强。

园林应用:椴树树形美观,叶大荫浓,花朵芳香,叶形多变,病虫害少,对有害气体抗性强,对烟尘吸附力强,是优良的园林观赏树种。椴树树龄长,花芳香馥郁,还具蜜腺,为优良蜜源树种。枝皮纤维可制麻袋、拧绳索、制人造棉,亦可制火药导引线,还可用于编织草鞋;花可提取芳香油;叶可喂猪;椴树木材质白而轻软,为优良用材。椴花蜜、椴花茶深受人们欢迎,亦可供药用。其他用途同南京椴。

四十三、锦葵科 Malvaceae

(一)苘麻属 Abutilon

草本、亚灌木或灌木。叶互生,基部心形,掌状叶脉。花顶生或腋生,单生或排列成圆锥花序;花冠钟形、轮形,很少管形,花瓣5,基部联合,与雄蕊柱合生。蒴果近球形,陀螺状、磨盘状或灯笼状;种子肾形。

本属约有150种,分布于热带和亚热带地区。我国产9种(包括栽培种),分布于南北各省区。本属有些种类花型大、花色艳,可供园林观赏,如金铃花、红花苘麻等。

1. 金铃花 Abutilon pictum(Gillies ex Hook.)Walp.

形态特征:常绿灌木,高达1 m。叶掌状3~5深裂,裂片卵状渐尖,先端长渐尖,边缘具锯齿或粗齿,两面均无毛或仅下面疏被星状柔毛;托叶钻形,常早落。花单生于叶腋,花梗下垂无毛;花萼钟形,裂片5,卵状披针形,密被褐色星状短柔毛;花钟形,橘黄色,具紫色条纹,花瓣5,倒卵形。果未见。花期5—10月。

分布与生境:原产南美洲的巴西、乌拉圭等地。我国福建、浙江、江苏、湖北、北京、辽宁等地引种栽培。江苏南部有栽培。喜温暖及阳光充足环境,不耐寒,稍耐阴;适生于肥沃、湿润而排水良好的沙壤土上。

园林应用:金铃花四季常绿,花色红艳,可以布置花丛、花境,也可制成盆栽或悬挂花篮等,为园林中很有观赏价值的植物。其耐水湿,对氯气、氯化氢、二氧化硫等有害气体有较强的抵抗能力,能吸收、净化空气,具有滞尘、降噪功能,可作为园艺康养疗愈植物用于疗养院、酒店共享空间、医院等重要场所的内部庭院中。叶和花可活血祛瘀、舒筋通络,用于跌打损伤。

(二)木槿属 Hibiscus

草本、灌木或乔木。叶互生,掌状分裂或不分裂,具掌状叶脉,具托叶。花两性,5基数,花常单生于叶腋间;花瓣5,各色,基部与雄蕊柱合生。蒴果胞背开裂;种子肾形,被毛或具腺状乳突。

本属约有200余种,分布于热带和亚热带地区。我国有24种和16变种或变型(包括引入栽培种),分布于全国各地。本属的多数种类有大型美丽的花朵,是主要的园林观赏花灌木,如木芙蓉、木槿、朱槿、吊灯花等。

1. 木芙蓉 Hibiscus mutabilis L.

形态特征:落叶灌木或小乔木,高2~5 m。小枝、叶柄、花萼、花梗均密被星状绒毛与直柔毛。叶宽卵形或卵圆形,5~7裂,基部心形,掌状脉7~11。花单生于枝端叶腋,初开时花冠白色或淡红色,后变为深红色;萼钟形,裂片5。蒴果扁球形,开裂为5瓣。花期8—10月,果期11月。

分布与生境:分布于陕西、东北南部、华北、华中、华东、华南、西南及台湾等地区。日本和东南亚各国也有引种栽培。江苏境内均有分布。喜光,稍耐阴,喜温暖湿润气候,不耐寒,在长江流域以北地区露地栽植时,冬季地上部分常冻死,但第二年春季能从根部萌发新条,秋季能正常开花,栽培中常平茬整形使之发新枝。能耐短期的干旱和水湿,但喜肥沃湿润而排水良好的沙壤土。生长较快,萌蘖力强。对有毒气体抗性较强。

园林应用:木芙蓉春季梢头嫩绿,一派生机盎然的景象;夏季绿叶成荫,浓荫覆地,消除炎热带来清凉;秋季拒霜宜霜,花大色丽,花团锦簇,形色兼备,其花因光照强度的差异,花瓣内花青素浓度发生变化,在晴天,其花早晨开放时为白色或淡红色,中午至下午开放时为深红色,业内称该现象为"三醉芙蓉""弄色芙蓉";冬季褪去树叶,尽显扶疏枝干,寂静中孕育新的生机。木芙蓉一年四季各有风姿和妙趣,为我国重要的园林观赏树种,可丛植于庭院、坡地、路边、林缘及建筑物周围作花篱,也可作为行道树配置在次干道或三级道路边。木芙蓉盘根错节的根系也有利于水体边坡的稳定,可种植于水岸交错湿地景观带或滨水景观带。其小枝、叶片、叶柄、花萼均密被星状毛和短柔毛,能有效地吸附大气中飘浮的固体颗粒物;另外,木芙蓉对二氧化硫抗性强,对氯气与氯化氢也有一定抗性,可用于工矿区绿化或废弃矿区植被恢复与景观重建。其茎皮纤维洁白、柔韧、耐水湿,可供纺织用及作绳索、缆索及麻类代用品的制作原料,也可造纸。花可食。花、叶均可入药,有清热解毒、消肿排脓、凉血止血之效,用于治疗肺热咳嗽、月经过多、白带过多;外用治痈肿疮疖、乳腺炎、淋巴结炎、腮腺炎、烧烫伤、毒蛇咬伤、跌打损伤等。木芙蓉为成都市市花。

2. 木槿 *Hibiscus syriacus* L.

形态特征:落叶灌木,高2～4 m。小枝密被黄色星状绒毛。叶菱形或三角状卵形,常3裂,具不整齐圆锯齿,三出脉,下面近无毛。花单生枝顶叶腋;花萼钟状;花冠钟形,淡紫色。蒴果卵圆形,开裂为5瓣;种子肾形,背部被黄白色长柔毛。花期7—10月,果期11月。

分布与生境:分布于华中、华东、华南、西南及台湾地区。东南亚多个国家有栽培,为韩国和马来西亚的国花。现各地广泛栽培。江苏全境都有分布。木槿对环境的适应性很强,较耐干燥和贫瘠,对土壤要求不严,在重黏土中也能生长。喜光且稍耐阴,喜温暖、湿润气候,耐热又耐寒,但在北方地区栽培需保护越冬,好水湿而又耐旱,属两栖树种,耐修剪,萌蘖力强。

园林应用:木槿是夏秋季的重要观花灌木,花期长达3个月且花量多,且有许多花色、花形不同的品种,是一种在园林中很常见的花灌木,南方常作花篱或绿篱、小型桩头盆景材料;北方则用于庭园点缀及作室内盆栽。其枝条柔软,可塑性高,可塑造出如绿色拱状长廊的道路景观,亦可扎成花篮等各种形状的植物雕塑。木槿对二氧化硫等有害气体具有很强的抗性,同时还具有很强的滞尘功能,可用于化工厂或工业废弃地生态修复与景观营造。木槿花的营养价值极高,含有蛋白质、脂肪、粗纤维以及还原糖、维生素C、氨基酸、铁、钙、锌等,并含有黄酮类活性化合物。木槿花蕾食之口感清脆;完全绽放的木槿花,食之滑爽。木槿的花、果、根、叶和皮均可入药,有防治病毒性疾病和降低胆固醇之功效;其种子在中药里称"朝天子",有清肺化痰、解毒止痛功能,治痰喘咳嗽、神经性头痛、黄水疮。

四十四、梧桐科 Sterculiaceae

(一)梧桐属 *Firmiana*

乔木或灌木。叶为单叶,掌状3～5裂,或全缘。花通常排成圆锥花序,稀为总状花序,腋生或顶生,单性或杂性。果为蓇葖果,具柄,果皮膜质,在成熟前甚早就开裂成叶状;种子圆球形,胚乳扁平或褶合。

本属约有 15 种,分布于亚洲和非洲东部。我国有 3 种,主要分布于广东、广西和云南。

1. 梧桐 *Firmiana platanifolia* (L. f.) Schott & Endl.

形态特征:落叶乔木,高达 16 m;树皮绿色或灰绿色,常不裂。小枝粗壮,绿色;芽鳞被锈色柔毛。叶心形,掌状 3～5 裂,裂片全缘,基部心形,基生脉 7 条;叶柄与叶片等长。圆锥花序;萼片条形,黄绿色,反曲。蓇葖果膜质,成熟前开裂呈叶状,外被短绒毛或近无毛;种子2～4 个,形如豆粒。花期 6 月,果期 9～10 月。

分布与生境:分布于我国南北各省,从海南岛、广东到华北均有分布。日本也有分布。现我国各地广泛栽培,尤以长江流域为多。欧洲、美洲各地皆引种作为观赏树种。江苏全境都有分布。喜光,喜温暖湿润气候,耐寒性不强,很耐旱,喜钙,为石灰岩山地常见树种,但在酸性土壤上也能生长,喜肥沃、湿润、深厚而排水良好的土壤。忌水湿,积水易烂根,不宜在积水洼地或盐碱地栽种,通常在平原、丘陵及山沟生长较好。深根性,植根粗壮,萌芽力弱,一般不宜修剪。发叶较晚,而秋天落叶早。生长较快,寿命较长,对二氧化硫、氯气等有毒气体有较强的抗性。

园林应用:梧桐树在地理学、植物学方面有重要研究价值,并已成为园林景观中的重要乔木。其干形优美,茎干终生翠绿,生长迅速,为优良庭园绿化树种,宜植于村边、宅旁、石灰岩山坡等处;亦可作为庭荫树寄予闲情雅趣;还可作行道树和公园点缀,体现乡土特色。其对有害气体有抗性,非常适合用于工矿区群植绿化和废弃采矿迹地的植被修复与景观重建。其植物文化内涵有:高尚品格、忠贞爱情、孤独忧愁、离情别绪等。其木材轻软,为制木匣和乐器的良材。种子炒熟可食或榨油,油为不干性油;对种子进行烘干、水煮,口服有良好的消肿作用。树皮的纤维洁白,可用于造纸和编绳等。木材刨片可浸出黏液,称刨花,可润发。叶作土农药,可杀灭蚜虫。根、皮、叶、花、种子可入药。种子味甘,性平,有清热解毒、顺气和胃、健脾消食、止血之效;花味甘,性平,可利湿消肿、清热解毒;内韧皮味甘、苦,性凉,可祛风除湿、活血通经;根味甘,性平,可祛风除湿、调经止血、解毒疗疮;叶味苦,性寒,能祛风除湿、解毒消肿、降血压。

四十五、猕猴桃科 Actinidiaceae

(一)猕猴桃属 *Actinidia*

落叶、半落叶至常绿藤本。无毛或被毛。枝条通常有皮孔;冬芽隐藏于叶座之内或裸露于其外。叶为单叶,互生,膜质、纸质或革质,多数具长柄,有锯齿,叶脉羽状;托叶缺或废退。花白色、红色、黄色或绿色,雌雄异株,单生或排成简单的或分歧的聚伞花序,腋生或生于短花枝下部。果为浆果,秃净,少数被毛,球形、卵形至柱状长圆形;种子多数,细小,扁卵形。

全属有 54 种以上,产于亚洲,分布于马来西亚至西伯利亚东部的广阔地带。我国是优势主产区,有 52 种以上,集中产地是秦岭以南和横断山脉以东的大陆地区。本属植物花是很好的蜜源;许多种类的枝、叶、花、果都十分美观,适宜栽植于绿化园地作观赏植物。

1. 中华猕猴桃 *Actinidia chinensis* Planch.

形态特征:落叶大藤本。幼枝被灰白色绒毛或褐色长硬毛,后脱落;髓白色至淡褐色,片层状。叶倒阔卵形,先端尖或截平具凹缺,边缘具睫状小齿。聚伞花序具 1～3 花。果近球形,密被柔软的茸毛和淡褐色小斑点。花期 4—5 月,果期 8—10 月。

分布与生境: 分布于华中、陕西南部、华东、华南北部等地区。江苏境内有分布。生于海拔 200～800 m 的阳坡高草灌丛、灌木林、次生疏林及采伐迹地上。喜光,稍耐阴,喜温暖湿润气候,喜腐殖质丰富、排水良好的土壤。

园林应用: 中华猕猴桃生长旺盛,覆盖力强,叶形圆整,株形优美,春季花期香气四溢,沁人心脾,夏、秋季绿叶浓荫,果实累累,是园林中用于花架、棚架绿化,营造野趣园等田园风光的极好材料,也是园林结合经济意义最大的一种木质藤本。果实酸甜可口,风味较好,富含维生素 C,具有丰富的营养价值,除鲜食外,也可以加工成各种食品和饮料。全株可供药用,根皮、根性寒,味苦、涩,具有活血化瘀、清热解毒、利湿祛风的作用。

四十六、山茶科 Theaceae

(一) 山茶属 Camellia

常绿灌木或乔木。叶多为革质,羽状脉,有锯齿,具柄。花两性,顶生或腋生,单花或 2～3 朵并生,有短柄;花瓣 5～12 片,白色或红色,有时黄色,栽培种常为重瓣,覆瓦状排列。蒴果,种子圆球形或半球形。为中国的特有植物。

约有 20 组,共 280 种,分布于东亚北回归线两侧。我国有 238 种,以云南、广西、广东及四川最多。

1. 毛柄连蕊茶 Camellia fraterna Hance

形态特征: 常绿灌木或小乔木,高 1～5 m,嫩枝密生柔毛或长丝毛。叶革质,椭圆形,边缘有钝锯齿,先端渐尖而有钝尖头,基部阔楔形,侧脉 5～6 对,两面均不明显。花白色,常单生于枝顶。蒴果圆球形,果壳薄革质。花期 4—5 月。

分布与生境: 分布于浙江、江西、江苏、安徽、福建。江苏南京、镇江、常州、无锡、苏州等地有分布。生长于海拔 100～1 200 m 山坡、山谷的林缘、灌丛、疏林或杂木林中。

园林应用: 毛柄连蕊茶花小而密集,花色白中透红,淡雅,芳香,可应用于花坛,或与假山配植,也可丛植于林缘。因其枝叶密生绒毛,滞尘效果好,可用于芳香植物园或高密度城市中园艺康养疗愈环境中,如医院、幼儿园、疗养院、敬老院等场所。本种已于 2000 年引种栽培,现已产业化并投入园林应用。

2. 山茶 Camellia japonica L.

形态特征: 常绿灌木或小乔木,高 9 m。嫩枝无毛。叶互生,革质,椭圆形,边缘有细锯齿,先端略尖,或急短尖而有钝尖头,基部阔楔形,两面均无毛,侧脉 7～8 对,两面均可见。花顶生,红色,无柄。栽培种有白色、玫瑰红、淡红等色,且多重瓣。蒴果圆球形。花期 1—4 月,果熟期 9—10 月。

分布与生境: 山茶原产中国,主要分布在中国浙江、台湾、江西、四川、重庆及山东。日本、朝鲜半岛也有分布。现中国各地广泛栽培。江苏境内主要分布在南部的南京、镇江、常州、无锡、苏州等地。喜半阴,喜温暖湿润气候,较耐寒,怕高温,忌烈日,有较强的抗污染能力。山茶属半阴性植物,宜在散射光下生长,怕直射光及曝晒,幼苗需遮阴,但长期过阴对山茶生长也不利,会使其叶片薄、开花少,影响观赏价值。成年植株需较多光照,以利于花芽的形成和开花。露地栽培,以土层深厚、疏松、排水性好、酸碱度在 5～6 的土壤最为适宜,碱性土壤不适宜茶花生长。盆栽则需用肥沃疏松、微酸性的壤土或腐叶土。

园林应用:山茶为中国的传统园林花木,是我国十大传统名花之一。山茶常用于公园、庭院、居住区绿化,也可作为道路植物配置或盆栽观赏。山茶耐阴,江南酸性土壤地区多配植于疏林边缘,生长良好;栽植于假山旁可构成山石小景;景观建筑附近散植三五株,格外雅致;若辟以山茶专类园,花时各类品种争奇斗艳,分外美丽;庭院中可于院角隅错落散植几株,自然潇洒;如选杜鹃、玉兰相配,则花时色香济济;森林公园中也可于林缘路旁散植或群植,花时为山林生色颇多。茶花品种繁多,有 3 类 12 型,花大多数为红色或淡红色,半重瓣或重瓣;亦有白色,多为重瓣。北方宜盆栽观赏,置于门厅入口、会议室、公共场所都能取得良好效果;植于家庭的阳台、窗前,显春意盎然。山茶是冬季、春季主要的蜜源植物,而且具有花期长、蜜香甜的特点。山茶花种子可榨油,供工业用。山茶花药用价值亦高,有收敛、止血、凉血、调胃、理气、散瘀、消肿等功效。

3. 油茶 *Camellia oleifera* Abel

形态特征:常绿灌木或小乔木。嫩枝有粗毛。叶革质,椭圆形、长圆形或倒卵形,边缘有细锯齿,先端尖而有钝头,基部楔形,侧脉在上面能见,在下面不很明显。花白色,顶生。蒴果球形或卵圆形。花期 11 月至翌年 2 月。因其种子可榨油(茶油)供食用,故名。

分布与生境:分布于中国南方长江流域到华南各地亚热带地区的高山及丘陵地带。江苏南部的南京、镇江、常州、无锡、苏州、淮安、扬州、泰州、盐城、南通等地均有分布。多分布在海拔 1 000 m 以下的山地。油茶对土壤要求不甚严格,一般适宜在土层深厚的酸性土上生长,而不适宜生长在石块多和土质坚硬的地方。喜光,喜温暖湿润气候。

园林应用:油茶是世界四大木本油料植物之一,也是我国南方最重要的食用油料植物;冬季开花,可作园林造景中少花季节的观花植物,植于疏林下或建筑背阴处;亦是冬季蜜源植物。油茶适用于高、中山地绿化造林,要求在坡度和缓、侵蚀作用弱的地方栽植,且适宜作防火林带树种。茶油是中国特有的一种纯天然高级油料,色清味香,营养丰富,耐贮藏,是优质食用油;也可作为润滑油、防锈油用于工业。茶饼既是农药,又是肥料,可提高农田蓄水能力和防治稻田害虫。油茶果皮是提制栲胶的原料;叶、种子可入药,能清热解毒、活血散瘀、止痛;根可用于治疗急性咽喉炎、胃痛、扭挫伤。

4. 茶梅 *Camellia sasanqua* Sims

形态特征:常绿灌木或小乔木。嫩枝有毛。叶革质,椭圆形,先端短尖,基部楔形,有时略圆,上面干后深绿色,发亮,下面褐绿色,无毛,侧脉 5～6 对,在上面不明显,在下面可见,网脉不显著,边缘有细锯齿。花大小不一,红色或白色,略芳香。蒴果球形。花期 11 月至翌年 1 月。

分布与生境:分布于长江以南地区的江苏、浙江、福建、广东等沿江及南方各省。日本也有分布。江苏南京、镇江、常州、无锡、苏州、淮安、扬州、泰州、盐城、南通等地均有栽培。茶梅为亚热带适生树种,喜温暖湿润气候,喜光,耐阴。

园林应用:茶梅树形优美,姿态丰盈,花叶茂盛,花朵瑰丽,着花量多,花期长,为冬季观花灌木,常种植于花坛、花境或花篱,可于庭院中孤植或对植;也可丛植于草坪、林缘作点缀;或作配景材料,植于林缘、角落、墙基等处作点缀装饰;茶梅适宜修剪,亦可作基础地被种植及作常绿篱垣(开花时可为花篱,落花后又可为绿篱)材料,亦可盆栽观赏。茶梅自古是中国的传统名花,栽培历史悠久。自宋代始,茶梅已普遍栽培。红色茶梅的花语是"清雅、谦让";白色茶梅的花语是"理想的爱"。

5. 茶 *Camellia sinensis*（L.）Kuntze

形态特征:常绿灌木或小乔木,高 1～6 m。嫩枝无毛。叶革质,长圆形或椭圆形,边缘有锯齿,先端钝或尖锐,基部楔形,侧脉 5～7 对。花 1～3 朵腋生,白色。蒴果 3 球形或 1～2 球形。花期 10 月至翌年 2 月,果期 11 月。

分布与生境:起源于我国西南地区,野生种常见于长江以南各省的山区。现世界各国引种栽培。江苏境内苏州、镇江、扬州、淮安、南京、连云港、常州、无锡等地均有栽培。茶树喜光,耐阴,喜温暖湿润气候,在降水均匀的山地南坡生长较好。

园林应用:茶为世界著名的饮料植物,枝繁叶茂,也是观花类树种,常丛植于假山、路旁、台坡、池畔等地,可列植为绿篱。寺庙常在其后院或后山种植茶。茶常与梅林相间形成"茶梅间作"的景观并收到良好的经济效益;既符合生态之道,又增加了景观效果,是园林景观与经济结合的好树种。茶叶有多种有益成分,具有降低心脑血管发病和死亡风险、降低胆固醇和血压、减小患糖尿病的风险、防治早期阿尔茨海默病、抗压力和抗焦虑、提高免疫力、提高杀菌力、减肥瘦身等保健作用。

（二）杨桐属 *Adinandra*

常绿乔木或灌木。枝互生,嫩枝通常被毛。顶芽常被毛。单叶互生,2 列,革质,有时纸质,常具腺点,或有茸毛,全缘或具锯齿,具叶柄。花两性,单朵腋生,偶有双生,具花梗。浆果不开裂;种子多数至少数,常细小,深色,并有小窝孔。

约有 85 种,广布于亚洲热带和亚热带地区。我国有 20 种、7 变种,分布于长江以南各省区,多种产于广东、广西和云南。

1. 杨桐 *Adinandra millettii*（Hook. & Arn.）Benth. & Hook. f. ex Hance

形态特征:常绿灌木或小乔木,高 2～10 m,胸径 10～20 cm。小枝褐色,无毛。叶互生,革质,长圆状椭圆形,顶端短渐尖或近钝形,基部楔形,边全缘,侧脉 10～12 对,两面隐约可见。花白色,单朵腋生。果圆球形,疏被短柔毛,成熟时黑色。花期 5—7 月,果期 8—10 月。

分布与生境:分布于安徽南部、浙江南部和西部、江西、福建、湖南、广东、广西、贵州等地。江苏境内南京、镇江、常州、无锡和苏州等地有分布。常见于海拔 100～1 300 m,最高可达 1 800 m 的山坡路旁灌丛中、山地阳坡的疏林中或密林中,也往往见于林缘沟谷地或溪、河、路边。喜湿,耐阴,喜排水良好且肥沃的土壤。

园林应用:杨桐叶色亮丽,花白细致,可丛植观赏,也可配植于乔木下作耐阴下木,或作绿篱、城市高密度建筑间行道树,其叶片厚,可作防火篱。根及嫩叶可食,根全年可采,晒干或鲜用;夏、秋采嫩叶,鲜用。杨桐叶子可以作为茶叶,即石崖茶;果可以食用,也可以酿酒。研究发现杨桐具有抗癌活性,在医学界成了热门树种,但由于溶血副作用而被冷落。日本居民常用杨桐作鲜切花,或把杨桐枝条捆扎成束放在厅堂上方供神并称之为"神木"。

（三）木荷属 *Schima*

乔木。树皮有不整齐的块状裂纹。叶常绿,全缘或有锯齿,有柄。花大,两性,单生于枝顶叶腋,白色,有长柄。蒴果球形,木质,室背裂开;种子扁平,肾形,周围有薄翅。

约有 30 种,我国有 21 种,其余散见于东南亚各地。

1. 木荷 *Schima superba* Gardner & Champ.

形态特征:常绿大乔木,高 25 m,胸径 1 m 以上。嫩枝通常无毛。叶互生,革质或薄革质,椭圆形,先端尖锐,边缘有锯齿,基部楔形,侧脉 7～9 对,在两面明显。花白色,芳香,生于枝顶叶腋,常多朵排成总状花序。蒴果褐色,木质,球形。花期 6—8 月,果期 9—11 月。

分布与生境:分布于湖南、江西、广东、海南、广西江苏、浙江、福建、贵州以及台湾等地。江苏南部的苏州、宜兴、溧阳地区有生长。木荷幼树较耐阴,成年树喜光,喜温暖湿润的气候,耐干旱瘠薄。

园林应用:木荷树冠浓密,树干通直,树形优美,四季常绿,花大且夏日开放,花白芳香,是芳香植物园、园艺康养疗愈、庭院绿化的好树种,亦可作为行道树。木荷为中国珍贵的用材树种,其木材坚韧、纹理结构细致,耐久用,易加工,材质坚韧、细致,是纺织工业中制作纱锭、纱管的上等材料,又是造桥梁、船舶、车辆、建筑、农具、家具、胶合板等的优良用材。树皮、树叶含鞣质,可以提取单宁;亦可供药用,但因有大毒不可内服,常作外用,捣敷患处,用于攻毒、消肿,主治疥疮、无名肿毒。木荷既是一种优良的绿化、材用树种,又是一种较好的耐火、抗火、难燃树种,作为一种很好的防火林树种,可用于森林防火隔离带、加油站、化工厂、实验楼等周边的绿化。

(四)厚皮香属 *Ternstroemia*

常绿乔木或灌木。全株无毛。叶革质,单叶,螺旋状互生,常聚生于枝条近顶端,呈假轮生状,全缘或具不明显腺状齿刻,有叶柄。花两性、杂性或单性和两性异株,通常单生于叶腋或侧生于无叶的小枝上,有花梗。果为不开裂的浆果;种子肾形或马蹄形,稍压扁,假种皮成熟时通常鲜红色。

约有 90 种,主要分布于中美洲、南美洲、西南太平洋各岛屿、非洲及亚洲等泛热带和亚热带地区。我国有 14 种,广布长江以南各省区。

1. 厚皮香 *Ternstroemia gymnanthera* (Wight & Arn.) Sprague

形态特征:常绿小乔木,高可达 15 m,胸径 30～40 cm。全株无毛,树皮灰褐色,平滑。叶革质或薄革质,常聚生于枝端,呈假轮生状,椭圆形或椭圆状倒卵形,顶端短渐尖或急窄缩成短尖,基部楔形,边全缘,侧脉 5～6 对,两面均不明显。花两性,淡黄白色。果实圆球形,浆果状。花期 5—7 月,果期 8—10 月。

分布与生境:分布于长江以南至华南、华东、西南等地。越南、老挝、泰国、柬埔寨、尼泊尔、不丹及印度也有分布。江苏淮安、扬州、泰州、盐城、南通、南京、镇江、常州、无锡、苏州等地有分布。生于海拔 200～1 500 m 的山地林中、林缘路边或近山顶疏林。厚皮香喜温暖、湿润气候,耐阴,耐腐,抗风力强。

园林应用:厚皮香树冠浑圆,枝平展成层,叶厚而光亮,叶柄血红,姿态优美,花、叶、果均可观赏,初冬部分叶片由墨绿转绯红,远看疑是红花满枝,分外鲜艳,是四季可观的园景树,可列植于庭院、道路两旁,或配植于门厅两侧、道路角隅,也可丛植于疏林下、草坪边缘或墙隅,从而达到丰富色彩、增加层次的效果。其枝叶较耐修剪,是优秀的绿篱材料。厚皮香对二氧化碳、氯气、氟化氢等抗性强,并能吸收有毒气体,适用于作高密度城市建筑间道路的行道树、厂矿区绿化和环境林营造。厚皮香木材红色,俗称"猪血木",其坚硬致密,可作车辆、家具、农具与工艺用材;种子含油,可制油漆、肥皂与机械润滑油等;树皮含鞣质,可提取栲胶和茶褐色染料。

四十七、藤黄科 Clusiaceae

(一) 金丝桃属 *Hypericum*

灌木或多年生至一年生草本。无毛或被柔毛,具透明或常为暗淡、黑色或红色的腺体。叶对生,全缘,具柄或无柄。花序为聚伞花序,顶生或有时腋生,花两性,黄至金黄色,偶有白色,有时脉上带红色。果为一室间开裂的蒴果,通常两侧或一侧有龙骨状突起或多少具翅,表面有各种雕纹,无假种皮。

约有 400 余种,除南北两极地或荒漠地及大部分热带低地外世界广布。我国约有 55 种、8 亚种,几产于全国各地,但主要集中在西南。

1. 金丝桃 *Hypericum monogynum* L.

形态特征:半常绿小灌木,高达 1 m。全株光滑无毛。多分枝,小枝对生,红褐色。叶对生,全缘,坚纸质,叶片倒披针形或椭圆形至长圆形,先端锐尖至圆形,常具细小尖突,基部楔形。花序疏松,近伞房状,金黄色至柠檬黄色。蒴果宽卵珠形。花期 5—8 月,果期 8—9 月。

分布与生境:分布于河北、陕西、山东、华东、台湾、华南、华中、西南等地。日本也有引种栽培。江苏全境有分布。金丝桃为温带树种,喜光,喜湿润半阴环境,生于海拔 1 500 m 以下的山坡、路旁或灌丛中。

园林应用:金丝桃株形美丽,花叶秀丽,花色金黄,花冠如桃花,雄蕊金黄色,是夏季少花季节中优良的观花灌木,可丛植于林荫树下、庭院角隅、假山、路旁花径两侧作点缀材料,或列植于花坛、路旁,也可作绿篱或切花材料;在北方也常作为盆景材料。金丝桃根、茎、叶、花、果均可入药,性凉,味苦涩,入心、肝经;果作连翘代用品,根能清热解毒、散瘀止痛、止咳、下乳、调经补血、祛风湿,主治疮疖肿毒、急性咽喉炎、肝脾肿大、结膜炎、风寒性腰痛、蛇咬及蜂螫伤,并可治跌打损伤;茎、叶、花能抗抑郁、镇静、抗菌消炎、收敛创伤,抗病毒作用尤其突出,能抗 DNA 病毒与 RNA 病毒,可用于艾滋病治疗。从金丝桃中提取的金丝桃素为上好的护理药品,可用于美容医疗。

2. 金丝梅 *Hypericum patulum* Thunb.

形态特征:半常绿灌木,高达 1 m。小枝红色或暗褐色。叶对生,全缘,坚纸质,卵形、卵状披针形或长圆状卵形,先端钝形至圆形,常具小尖突,基部狭或宽楔形,散布少量腺点。花单生枝端或成聚伞花序,金黄色。蒴果宽卵珠形。花期 6—7 月,果期 8—10 月。

分布与生境:分布于甘肃南部、陕西、湖北至长江流域以南、广西、四川、贵州、云南、台湾等地。日本也有分布。江苏淮安、扬州、泰州、盐城、南通、南京、镇江、常州、无锡、苏州等地有分布。生于温带、亚热带海拔 300～2 400 m 的山坡或山谷的疏林下、路旁或灌丛中。喜光,略耐阴,稍耐寒,适应性强,根系发达,萌芽力强,耐修剪,忌积水,喜生长于排水良好、湿润肥沃的沙质壤土上。

园林应用:金丝梅株形、枝叶丰满,其春叶嫩绿,入秋发红,开花色彩金黄,靓丽鲜艳,适生范围广,抗逆性强,可丛植于庭院、草坪边缘、花坛和墙角、路旁等处作绿化材料,亦可作切花、花境材料或盆栽观赏。根可药用,能舒筋活血、催乳、利尿,是一种非常好的药材。金丝梅的花语是"讨厌或反感悲伤"。

四十八、瑞香科 Thymelaeaceae

(一)瑞香属 *Daphne*

落叶或常绿灌木或亚灌木。小枝有毛或无毛。冬芽小,具数个鳞片。叶互生,稀近对生,具短柄,无托叶。花通常两性,稀单性,通常组成顶生头状花序,稀为圆锥、总状或穗状花序,有时花序腋生,花白色、玫瑰色、黄色或淡绿色。浆果肉质或干燥而革质,通常为红色或黄色。

本属约有 95 种,主要分布于欧洲,经地中海、中亚到中国、日本,南到印度至印度尼西亚。我国有 44 种,主产于西南和西北部,其余全国各地均有分布。

1. 芫花 *Daphne genkwa* Siebold & Zucc.

形态特征:落叶灌木,高达 1 m。多分枝。树皮褐色,无毛。叶对生,稀互生,纸质,全缘,卵形或卵状披针形至椭圆状长圆形,先端急尖或短渐尖,基部宽楔形或钝圆形。花紫色或淡紫蓝色,无香味,常 3~6 朵簇生于叶腋或侧生。果实肉质,白色,椭圆形。花期 3—5月,果期 6—7 月。

分布与生境:分布于长江流域以南及河南、河北、山西、甘肃、陕西、四川、贵州等地。江苏全境有分布。生于海拔 50~1 000 m,喜温暖的气候,深根性,耐干旱贫瘠,怕涝,喜光,不耐阴,以肥沃疏松的沙质土壤栽培为宜。

园林应用:芫花早春先叶开花,花繁,粉红至紫红,初夏果白,是良好的观花果灌木,可丛植为花丛及花群或作地被,适栽于岩石园,也可盆栽观赏。芫花的根味辛、苦,性平,有毒,可毒鱼;全株可作农药,煮汁可杀虫,灭天牛效果良好;花蕾味苦、辛,性寒,有毒,为治水肿和祛痰药;茎皮纤维柔韧,可造纸和制人造棉。

(二)结香属 *Edgeworthia*

落叶灌木。多分枝。树皮强韧。叶互生,厚膜质,窄椭圆形至倒披针形,常簇生于枝顶,具短柄。花两性,组成紧密的头状花序,顶生或生于侧枝的顶端或腋生。果干燥或稍肉质。

共有 5 种,主产于亚洲,自印度、尼泊尔、不丹、缅甸、中国、日本至美洲东南部均有分布。我国有 4 种。

1. 结香 *Edgeworthia gardneri* Wall. ex Meisn.

形态特征:灌木,高约 2 m。小枝粗壮,褐色,常作三叉分枝。叶长圆形、披针形至倒披针形,先端短尖,基部楔形或渐狭,两面均被银灰色绢状毛,下面较多。花黄色,多数,芳香,头状花序顶生或侧生。果椭圆形,绿色,顶端被毛。花期 3—4 月,果期 8 月。

分布与生境:分布于河南、陕西及长江流域以南诸省区。江苏全境有分布。生于低海拔的阴湿肥沃地,喜半阴、半湿润环境,喜温暖气候,耐寒力较差。

园林应用:结香树形优雅,树冠球形,枝叶美丽,枝条纤维强劲,柔软,可打结而不断,常修整成各种造型。花黄色,多成簇,适合丛植于庭前、道旁、水边、墙隅,或点缀于假山岩石之间观赏,也可盆栽观赏。茎皮纤维可作高级纸及人造棉原料;枝条可编筐。全株入药能舒筋活络、消炎止痛,可治跌打损伤、风湿痛,也可作兽药,治牛跌打损伤;花有祛风明目的功效;根和叶可用于治疗风湿性关节痛、腰痛和跌打损伤等。其对保护环境、抑制白蚁有独特作用。结香是园林景观与经济结合的好树种。

四十九、胡颓子科 Elaeagnaceae

(一)胡颓子属 *Elaeagnus*

常绿或落叶灌木或小乔木,直立或攀缘。通常具刺,全体被银白色或褐色鳞片或星状绒毛。单叶互生,膜质、纸质或革质,披针形至椭圆形或卵形,全缘,稀波状,上面幼时散生银白色或褐色鳞片或星状柔毛,成熟后通常脱落,下面灰白色或褐色,密被鳞片或星状绒毛,通常具叶柄。花两性,稀杂性,单生或簇生成伞形总状花序。坚果呈核果状,矩圆形或椭圆形,红色或黄红色。

本属约有 80 种,广布于亚洲东部及东南部的亚热带和温带,少数种类分布于亚洲其他地区及欧洲温带地区。我国约有 55 种,全国各地均产,但长江流域及以南地区分布更为普遍。

1. 佘山羊奶子 *Elaeagnus argyi* H. Lév.

形态特征:落叶或常绿直立灌木,高达 3 m。通常具刺。叶大小不等,发于春秋两季,薄纸质或膜质;发于春季的为小型叶,椭圆形或矩圆形,顶端圆形或钝形,基部钝形;发于秋季的为大型叶,矩圆状倒卵形至阔椭圆形,两端钝,全缘。花淡黄色或泥黄色,常 5～7 花簇生新枝基部成伞形总状花序。果实倒卵状矩圆形,幼时被银白色鳞片,成熟时红色。花期 1—3 月,果期 4—5 月。

分布与生境:分布于江苏、浙江、安徽、江西、湖北、湖南等地。江苏淮安、扬州、泰州、盐城、南通、南京、镇江、常州、无锡、苏州等地有分布。喜生于海拔 100～300 m 林下的阴湿肥沃地、沟谷、溪边、路旁。

园林应用:花冬季至早春开放,枝叶清秀,叶发于春秋两季,同一植株上大小形状不等,叶背面银白色,花小,簇生,香气浓郁,果成熟时红色,长期不落,观赏价值较高,是极佳的观叶、闻香、观果材料,可用作绿篱、庭院观赏树种,也可用于城市园林康养疗愈环境中。因其抗污染能力强,是工厂"四旁"绿化的好材料,也可制作盆景。因其花芳香,又为蜜源植物,花蜜、花粉均较丰富,可散植、丛植于芳香园林绿地、林缘或林内招引鸟类、两栖爬行类等病虫害天敌。其果实、叶和根均可入药,有收敛止泻、镇咳解毒之效。果实成熟后可以食用,酸甜适口,还可以用来酿酒,别具清香。

2. 胡颓子 *Elaeagnus pungens* Thunb.

形态特征:常绿直立灌木,高 3～4 m,具刺。叶革质,互生,椭圆形或阔椭圆形,两端钝形或基部圆形,边缘微反卷或皱波状,上面幼时具银白色和少数褐色鳞片,成熟后脱落。花白色或淡白色,下垂,密被鳞片。果实椭圆形,幼时被褐色鳞片,成熟时红色。花期 9—12 月,果期翌年 4—6 月。

分布与生境:分布于江苏、浙江、福建、安徽、江西、湖北、湖南、广东、广西、贵州等地区。日本也有分布。江苏全境有分布。生于海拔 1 000 m 以下的向阳山坡上的疏林下及阴湿山谷中或路旁。喜光,也耐阴,喜高温、湿润气候,适应性强,耐干旱瘠薄性和耐湿性俱佳,是两栖性树种;抗寒力比较强,抗风能力强,对土壤要求不严,在中性、酸性和石灰质土壤上均能生长。

园林应用：胡颓子株形自然，枝叶浓密，冬季常绿而叶背银白色，红果下垂，经冬不凋，至翌年夏季才成熟，花虽小却芳香无比，是理想的观叶观果树种，易繁殖，耐修剪，适合造型，适于庭院绿化、草地丛植，也适植于林缘、树群外围作自然式绿篱或者作盆景和插花。花繁芬芳，适用于芳香园林或城市园艺康养疗愈环境中。果实味甜，可生食，也可酿酒和熬糖。种子、叶和根可入药。种子可消食、止泻痢，用于肠炎、痢疾、食欲不振；叶能止咳平喘，用于支气管炎、咳嗽、哮喘，治肺虚短气；根能祛风利湿、行瘀止血，治吐血及煎汤洗疮疥有一定疗效。茎皮纤维可造纸和制人造纤维板。

3. 牛奶子 *Elaeagnus umbellata* Thunb.

形态特征：落叶直立灌木，高 1～4 m，具长刺。叶纸质或膜质，椭圆形至卵状椭圆形，顶端钝形或渐尖，基部圆形至楔形，全缘或皱卷至波状。花黄白色，芳香，1～7 花簇生新枝基部，单生或成对生于幼叶腋。果实几近球形或卵圆形，幼时绿色，被银白色或有时全被褐色鳞片，成熟时红色。花期 4—5 月，果期 7—8 月。

分布与生境：分布于华北、华东、西南各省区。日本、朝鲜、中南半岛、印度、尼泊尔、不丹、阿富汗、巴尔干半岛等地有分布。江苏南部有分布。为亚热带和温带地区常见的植物，生长于海拔 20～3 000 m 的向阳林缘、灌丛中、荒坡上和沟边。

园林应用：牛奶子枝叶茂密，叶背银白色随风翻动而闪烁，花芳香，入秋则果红，悬挂于枝头，极富观赏性，是理想的观花观果和芳香树种，可配植于花丛或林缘，也可作绿篱或修剪造型。该种果实熟时味甜可生食，也可制果酒、果酱等；果实、叶、根可入药，具有治疗泻痢、消渴、降血糖、喘咳、祛风、降血脂、利湿、抗炎镇痛等功效，常用于治疗月经过多和风湿关节痛；此外，花还可提取香精、工业用油；木材可制人造纤维板；叶可作植物源农药杀棉蚜虫等。牛奶子的花和果实含有挥发油、萜类等，可用于高密度城市环境中园艺康养疗愈场所中。

五十、千屈菜科 Lythraceae

(一) 紫薇属 *Lagerstroemia*

落叶或常绿灌木或乔木。叶对生、近对生或聚生于小枝的上部，全缘；托叶极小，圆锥状，脱落。花两性，辐射对称，圆锥花序顶生或腋生。蒴果木质，成熟时室背开裂为 3～6 果瓣；种子多数，顶端有翅。

本属约有 55 种，分布于亚洲东部、东南部、南部的热带、亚热带地区，大洋洲也产。我国产 16 种，引入栽培 2 种，共有 18 种，主要分布于西南至台湾省。

1. 紫薇 *Lagerstroemia indica* L.

形态特征：落叶灌木或小乔木，高可达 7 m。树皮平滑，灰色或灰褐色，枝干多扭曲，小枝 4 棱，略呈翅状。叶互生或对生，纸质，椭圆形、阔矩圆形或倒卵形，顶端尖或钝，基部阔楔形或近圆形。花淡红色或紫色、白色，常组成顶生圆锥花序。蒴果椭圆状球形或阔椭圆形，幼时绿色至黄色，成熟时紫黑色，室背开裂。花期 6—10 月，果期 9—12 月。

分布与生境：广泛分布于华南、华北、东北中南部、华中、西南。亚洲主要各国均有分布，现广泛栽培。江苏全境有分布，是徐州市的市花。喜光，稍耐阴，怕涝。半阴生，也耐阳光曝晒，喜生于肥沃湿润的土壤上，也能耐旱，不论钙质土或酸性土都生长良好。

　　园林应用：紫薇树姿优美，树干扭曲、苍润、古雅珍奇，光滑洁净，花多而艳丽，开花时正当夏秋少花季节，花期长，故有"百日红"之称，常丛植于庭院、公园，或孤植于草坪、建筑物前、院落内、池畔以供观赏，是观花、观干、观根的盆景好树种，也是良好的次干道行道树或高速公路隔离带树种，亦可盆栽和作切花观赏。紫薇依据花色，主要可分为4类：紫薇，花紫色或深紫色；银薇，花白色或略带淡紫色；翠薇，花淡紫色；红薇，花桃红色。在园林苗圃中应按色彩分区种植培育，在景观应用中根据不同的景观环境可配植不同色彩的品种，体现不同的意境和景观的纯色效果；切忌将多种花色品种混植在一起，降低景观的感染力和震撼力。紫薇耐修剪，园林应用中常根据场景修剪成各类造型：自然开心型，可片植或群植，并与其他乔、灌、草结合配置，形成复合群落，开花时一片火红，花开百日，甚为壮观，体现群体美，给人一种心旷神怡的感觉；主干分层型，可孤植、行植或片植于园林绿地，开花时期，一片花海鲜艳夺目，甚为壮观；鹿角状龙爪型，可在假山或人工湖畔、庭院和门前孤植、对植或与其他植物配植，虬曲多姿的神韵与山水或庭院相得益彰，给予人们文静典雅、赏心悦目的观赏效果。另外，紫薇树桩也可盆栽或制作盆景，特别是容器培育后作促成栽培，利用物理方式调控花期，错开季节使其在重要时间节点开放，景观效益更佳。因其具有较强的抗污染能力，对二氧化硫、氟化氢及氯气的抗性较强，可用于工矿区、废弃工业迹地植被修复与景观重建。紫薇的木材坚硬、耐腐，可作农具、家具、建筑等用材。树皮、叶、花和根可供药用，味微苦、涩、性平，有清热解毒、止泻、止血、止痛作用，可治疗肝硬化、腹水、肝炎、各种出血症、骨折、乳腺炎、湿疹等病。紫薇的花语为"沉迷的爱、好运、雄辩"。

　　2. 南紫薇 *Lagerstroemia subcostata* Koehne

　　形态特征：落叶小乔木或灌木，高可达14 m。树皮薄，灰白色或茶褐色。幼枝近圆筒形或有不明显的4棱。叶膜质，矩圆形、矩圆状披针形或稀卵形，顶端渐尖，基部阔楔形。花小，白色或玫瑰色，组成顶生圆锥花序。蒴果小，椭圆形。花期6—8月，果期7—10月。

　　分布与生境：分布于长江流域及华南、四川、青海等地。日本也有分布。江苏境内南京、镇江、常州、无锡、苏州等地有分布。喜光，略耐阴，喜暖湿气候，也能耐寒，喜深厚、湿润、肥沃的沙质土壤，亦耐干旱，但不耐涝，常生于林缘、溪边。萌蘖力强，耐修剪。

　　园林应用：南紫薇树形较紫薇高大，花小而密集，是优良的夏季观花树种，在园林中可以片植作背景林、孤植于庭院作庭荫树、列植作行道树，也可以和其他常绿树种搭配混栽。其材质坚密，可作家具、细工及建筑用材，也可制轻便铁路枕木。花可供药用，有去毒消瘀之效。

五十一、石榴科 Punicaceae

（一）石榴属 *Punica*

　　落叶乔木或灌木。冬芽小，有2对鳞片。单叶通常对生或簇生，有时呈螺旋状排列，无托叶。花顶生或近顶生，单生或几朵簇生或组成聚伞花序，两性，辐射对称。浆果球形，顶端有宿存花萼裂片，果皮厚；种子多数，种皮外层肉质，内层骨质；胚直，无胚乳，子叶旋卷。

　　有2种。1种为印度洋索科特拉岛特有；另1种原产于亚洲中部和西南部，现在广泛种植。我国现栽培1种。

　　1. 石榴 *Punica granatum* L.

　　形态特征：落叶灌木或小乔木，通常高3～7 m。幼枝具棱角，截面呈方形，老枝近圆柱形,顶端刺状,无毛。叶对生,纸质,矩圆状披针形,顶端短尖、钝尖或微凹,基部短尖至稍钝形。花大,通常红色或淡黄色,1～5朵生枝顶。浆果近球形,淡黄褐色或淡黄绿色,有时白色,稀暗紫色。种子多数,红色至乳白色,肉质的外种皮可食用。花期6—7月,果期9—10月。

分布与生境:原产于巴尔干半岛至伊朗及其邻近地区(古代西域),现我国南北都有栽培,以江苏、河南等地种植面积较大。江苏全境有分布。喜温暖向阳的环境,耐旱,耐寒,耐瘠薄。生于海拔300～1000m的山上。

园林应用:石榴树姿优美,枝叶秀丽,初春嫩叶抽绿,婀娜多姿;夏季繁花似锦,灿若烟霞,花鲜艳如火且花期长,秋季鲜红的果悬挂枝头,是很好的观花观果树种,宜孤植或丛植于草坪、山坡、石间或庭院中,列植于小道、溪旁、坡地、建筑物之旁,也可作行道树下木或做成各种桩景盆栽观赏。中国传统文化视石榴为吉祥物,视它为多子多福的象征。石榴既可观赏又可食用。石榴花开于初夏。绿叶荫荫之中燃起一片火红,绚烂之极。赏过了花,其幼果由小变大,由绿变红,坠满了枝头,真如"红星映碧水"。石榴花的花语和象征意义为"成熟的美丽"。石榴的药用价值、营养价值很高。其叶、花、果皮均可入药,味甘、酸涩,性温,具有杀虫、收敛、涩肠、止痢等功效。石榴果实营养丰富,维生素C含量远比苹果、梨要高。

五十二、蓝果树科 Nyssaceae

(一)喜树属 Camptotheca

落叶乔木。叶互生,卵形,顶端锐尖,基部近圆形,叶脉羽状。头状花序近球形,苞片肉质;花杂性;花萼杯状,上部裂成5齿状的裂片;花瓣5,卵形,覆瓦状排列。果实为矩圆形翅果,顶端截形,有宿存的花盘,1室1种子,无果梗,着生成头状果序。

本属仅有1种,我国特产。

1. 喜树 Camptotheca acuminata Decne.

形态特征:落叶大乔木,高可达20m以上。树皮灰色或浅灰色,纵裂成浅沟状。叶互生,纸质,全缘,矩圆状卵形或矩圆状椭圆形,顶端短锐尖,基部近圆形或阔楔形,羽状脉。花杂性,同株,淡绿色,常由2～9个头状花序组成圆锥花序,顶生或腋生,通常上部为雌花序,下部为雄花序。翅果矩圆形,顶端具宿存的花盘,两侧具窄翅,幼时绿色,干燥后黄褐色。花期5—7月,果期9月。

分布与生境:分布于华东南部、华南、华中、西南地区,为我国特有树种。江苏各地有分布。常生于海拔1000m以下的林边或溪边。喜光,喜温暖湿润气候,较耐水湿,不耐严寒与干燥,深根性,萌芽力强,生长快。在酸性、中性、微碱性土壤上均能生长,在石灰岩风化土及冲积土生长良好。

园林应用:喜树的树形高大雄伟,树干挺直,生长迅速,果形奇特,适于公园、庭院作绿荫树,常用作堤岸、河边等水陆交错地带的景观营造树种,也是优良的行道树种。果实含油,可榨油供工业用。其木材轻软,适于制造纸张、胶合板、火柴、牙签、包装箱、绘图板、日常用具等。喜树的果实、根、树皮、树枝、叶均可入药,主要含有抗肿瘤的生物碱,具有抗癌、清热杀虫的功能,主治胃癌、结肠癌、直肠癌、膀胱癌、慢性粒细胞性白血病和急性淋巴细胞性白血病等,药用价值高。

(二)珙桐属 *Davidia*

落叶乔木。叶互生,卵形,基部心脏形,顶端锐尖,边缘有锯齿,侧脉 5~7 对,在下面显著,具长叶柄。花杂性,头状花序球形,顶生,花序下面有大型乳白色的总苞,由花瓣状的苞片 2~3 枚组成。核果矩圆状卵圆形、倒卵圆形或椭圆形,紫绿色或淡褐色,平滑,有黄色斑点。外果皮很薄,中果皮较厚,内果皮骨质,有纵沟纹,3~5 室,每室 1 种子。

本属仅有 1 种,为我国西南部特产。已被列为国家一级重点保护野生植物,为中国特有的单属植物,属孑遗植物,也是世界著名的观赏植物。

1. **珙桐** *Davidia involucrata* Baill.

形态特征:落叶乔木,高 15~20 m,胸径 1 m。幼枝圆柱形,当年生枝紫绿色、无毛,多年生枝深褐色或深灰色。叶纸质,互生,无托叶,阔卵形或近圆形,顶端急尖或短急尖,具微弯曲的尖头,基部心脏形或深心脏形,边缘有三角形而尖端锐尖的粗锯齿。两性花与雄花同株,由多数雄花与 1 个雌花或两性花组成近球形的头状花序,基部具纸质、矩圆状卵形或矩圆状倒卵形花瓣状的苞片 2~3 枚,初淡绿色,继而变为乳白色,后变为棕黄色而脱落。果实为长卵圆形核果,紫绿色具黄色斑点。花期 4 月,果期 10 月。珙桐是距今 6 000 万年前新生代第三纪古热带植物区系的孑遗种。

分布与生境:分布于湖北西部、重庆、湖南西部、四川以及贵州和云南两省的北部,为我国特有植物。江苏宜兴、溧阳等地有分布。喜半阴,略耐寒,生于海拔 1 500~2 200 m 的湿润的常绿阔叶、落叶阔叶混交林中。

园林应用:珙桐树干通直,花形奇特,因其花苞片形状酷似展翅飞翔的白鸽而被西方植物学家命名为"中国鸽子树"。珙桐是世界闻名的珍贵观赏树种,有"植物活化石"之称。宜自然种植作为庭荫树,丛植于池畔、溪边、景观建筑旁或园艺康养疗愈场所,亦可作行道树。其木材细密,质地沉重,是建筑的上等用材,可用于制作家具和作雕刻材料。其花文化寓意为"和平友好"。

(三)蓝果树属 *Nyssa*

乔木或灌木。叶互生,全缘或有锯齿,常有叶柄,无托叶。花杂性,异株,无花梗或有短花梗,成头状花序、伞形花序或总状花序。核果矩圆形、长椭圆形或卵圆形,顶端有宿存的花萼和花盘,内果皮骨质,扁形,有沟纹。

本属有约 10 余种,产于亚洲和美洲。我国有 7 种。

1. **蓝果树** *Nyssa sinensis* Oliv.

形态特征:落叶乔木,高达 20 m。树皮淡褐色或深灰色,粗糙,常裂成薄片脱落。叶纸质,互生,全缘,椭圆形或长椭圆形,顶端短急锐尖,基部近圆形,边缘略呈浅波状。花雌雄异株,聚生为伞形或短总状花序,雄花着生于叶已脱落的老枝上,雌花生于具叶的幼枝上。核果矩圆状椭圆形或长倒卵圆形,微扁,幼时紫绿色,成熟时深蓝色,后变深褐色。种子外壳坚硬、骨质,稍扁。花期 4—5 月,果期 6—8 月。

分布与生境:产于华东、华南地区。江苏南京、镇江、常州、无锡、苏州等地均有分布。喜阴湿,常生于海拔 300~1 700 m 的山谷或溪边潮湿混交林中。

园林应用:蓝果树树干通直,秋日叶变红色,适合作庭荫树、行道树,或作秋色叶树种片植于公园和风景区。木材坚硬,可供建筑和制舟车、家具等用,或作枕木和胶合板、纸张的原料。

五十三、五加科 Araliaceae

(一)八角金盘属 Fatsia

灌木或小乔木。叶为单叶,叶片掌状分裂,托叶不明显。花两性或杂性,聚生为伞形花序,再组成顶生圆锥花序;花瓣5,在花芽中镊合状排列;花盘隆起。果实卵形。

本属有2种,一种分布于日本,另一种系我国台湾特产。

1. 八角金盘 Fatsia japonica (Thunb.) Decne. & Planch.

形态特征:常绿灌木或小乔木,高可达5 m。茎光滑无刺。叶大,革质,近圆形,掌状7~9深裂,裂片长椭圆状卵形,先端短渐尖,基部心形,边缘有疏离粗锯齿,叶表深绿色,无毛,背面淡绿色,有粒状突起,边缘有时呈金黄色。花黄白色,形成伞形花序。果实近球形,熟时黑色。花期10—11月,果熟期翌年4月。

分布与生境:原产于日本。我国华北、华东及云南有分布。江苏淮安、扬州、泰州、盐城、南通、南京、镇江、常州、无锡、苏州等地有分布。喜温暖湿润的气候,耐阴,较耐寒。

园林应用:八角金盘叶大而形状奇特,是优良的观叶树种,适宜配植于庭前、门旁、窗边,或群植作疏林下木,此外,其抗污染能力强,是工业绿化的重要树种。

(二)常春藤属 Hedera

常绿攀缘灌木,有气生根。叶为单叶,叶片在不育枝上的通常有裂片或裂齿,在花枝上的常不分裂;叶柄细长,无托叶。伞形花序单个顶生,或几个组成顶生短圆锥花序。果实球形,种子卵圆形。

本属约有5种,分布于亚洲、欧洲和非洲北部。我国有2变种。

1. 常春藤 Hedera nepalensis K. Koch

形态特征:常绿攀缘灌木,茎长3~20 m,有气生根。叶片革质,在不育枝上通常为三角状卵形或三角状长圆形,先端短渐尖,基部截形,稀心形,边缘全缘或3裂;花枝上叶椭圆状卵形至椭圆状披针形,略歪斜而呈菱形,稀卵形或披针形,先端渐尖或长渐尖,基部楔形或阔楔形,稀圆形,全缘或有1~3浅裂。伞形花序单个顶生,或2~7个总状排列或伞房状排列成圆锥花序,花淡黄白色或淡绿白色,芳香。果实球形,红色或黄色。花期9—11月,果期翌年3—5月。

分布与生境:我国华北、华中、华东、华南均有分布,范围较广。江苏全境有分布。喜温暖湿润气候,不耐寒,垂直分布于海拔数十米至3 500 m处。

园林应用:常攀缘于林缘树木、假山、路旁、岩石和房屋墙壁,是理想的垂直绿化材料,也常用于室内装饰及绿化。

2. 洋常春藤 Hedera helix L.

形态特征:常绿攀缘灌木,有气生根。幼枝具星状柔毛。单叶互生,全缘,营养枝上的叶3~5浅裂;花果枝上的叶不裂而为卵状菱形。伞形花序。果黑色,球形,浆果状。翌年4—5月果熟。

分布与生境:原产于欧洲,国内黄河流域以南普遍栽培。江苏淮安、扬州、泰州、盐城、南通、南京、镇江、常州、无锡、苏州等地有分布。喜温暖湿润气候,也能在充足阳光下生长,耐阴,不耐寒。

园林应用:洋常春藤叶形优雅,四季常青,常攀缘于岩石、假山或墙壁,适用于垂直绿化或作林下地被,也可用于建筑物墙面装饰和盆栽观赏。

(三)刺楸属 *Kalopanax*

有刺灌木或乔木。叶为单叶,在长枝上疏散互生,在短枝上簇生;叶柄长,无托叶。花两性,聚生为伞形花序,再组成顶生圆锥花序,花瓣5,在花芽中镊合状排列。果实近球形,种子扁平。

本属仅有1种,分布于亚洲东部。

1. 刺楸 *Kalopanax septemlobus*(Thunb.)Koidz.

形态特征:落叶乔木,高10～15 m,胸径达70 cm以上。枝干散生粗刺。叶纸质,在长枝上互生,在短枝上簇生,掌状5～7浅裂,裂片阔三角状卵形至长圆状卵形,边缘有细锯齿,基部心形。伞形花序合成大的圆锥花序,花白色或淡绿黄色。果实球形,蓝黑色。花期7—10月,果期9—12月。

分布与生境:分布广,自东北至长江流域、华南、西南均有分布。江苏全境均有分布。喜阳光充足环境,稍耐阴,耐寒冷,多生于阳性森林、灌木林中和林缘,水湿丰富、腐殖质较多的密林,向阳山坡,在岩质山地也能生长。

园林应用:叶大浓密,浑身具刺,可丛植于风景区观赏,亦可孤植于庭院,或作下木,也可为作行道树。木材质硬,纹理通直,可作建材、制家具和铁路枕木。种子含油量约38%,可供制肥皂等用;树皮及叶含鞣质;根皮及枝可入药,有清热祛痰、收敛镇痛之效。

五十四、山茱萸科 Cornaceae

(一)桃叶珊瑚属 *Aucuba*

常绿小乔木或灌木。枝、叶对生,小枝绿色,圆柱形。叶厚革质至厚纸质,上面深绿色,有光泽,干后常为暗褐色,有时具黄色或淡黄色斑点,下面淡绿色,边缘具粗锯齿、细锯齿或腺状齿,稀近于全缘,羽状脉,叶柄较粗壮。花单性,雌雄异株,常1～3束组成圆锥花序或总状圆锥花序,花瓣镊合状排列,紫红色、黄色至绿色。核果肉质,圆柱状或卵状,幼时绿色,成熟后红色,干后黑色;种子1枚,长圆形,种皮膜质,白色。

全世界约有11种,分布于中国、不丹、印度、缅甸、越南及日本等国。我国各地均有分布,产于黄河流域以南各省区,东南至台湾,南至海南,西达西藏南部。

1. 花叶青木 *Aucuba japonica* var. *variegata* Dombrain

形态特征:常绿灌木,高1～1.5 m。枝、叶对生。叶革质,长椭圆形、卵状长椭圆形,稀阔披针形,先端渐尖,基部近于圆形或阔楔形,叶片有大小不等的黄色或淡黄色斑点,边缘上段具2～4对疏锯齿。圆锥花序顶生,暗紫色。果卵圆形,暗紫色或黑色。花期3—4月,果期至翌年4月。

分布与生境:主要分布于日本和朝鲜半岛。江苏淮安、扬州、泰州、盐城、南通、南京、镇江、常州、无锡、苏州等地有分布。极耐阴,较耐寒,对烟尘和大气污染的抗性强。

园林应用：其叶片黄绿相间，是珍贵的耐阴观叶植物，宜栽植于园林的庇荫处或树林下作绿化美化，亦可作行道树或绿篱。

(二)灯台树属 *Bothrocaryum*

落叶乔木或灌木。冬芽顶生或腋生，卵圆形或圆锥形，无毛。叶互生，纸质或厚纸质，阔卵形至椭圆状卵形，边缘全缘，下面有贴生的短柔毛。伞房状聚伞花序顶生，无花瓣状总苞片；花小，两性；花瓣4，白色，长圆状披针形，镊合状排列。核果球形，有种子2枚。

本属有2种，分布于东亚及北美亚热带、北温带地区。我国有1种。

1. 灯台树 *Bothrocaryum controversum*（Hemsl.）Pojark.

形态特征：落叶乔木，高达15 m。树皮光滑，暗灰色或带黄灰色，当年生枝紫红绿色，二年生枝淡绿色。叶互生，纸质，全缘，阔卵形、阔椭圆状卵形或披针状椭圆形，先端突尖，基部圆形或急尖，上面黄绿色，无毛，下面灰绿色，密被淡白色平贴短柔毛。伞房状聚伞花序顶生，花小，白色。核果球形，成熟时紫红色至蓝黑色。花期5—6月，果期7—8月。

分布与生境：产于华东、华中、华北等地区，江苏全境都有分布。喜温暖气候及半阴环境，适应性强，耐寒，耐热，生长快，生于海拔250～2 600 m的常绿阔叶林或针阔叶混交林中。

园林应用：灯台树是优良的集观树、观花、观叶为一体的彩叶树种，宜在园林中栽作庭荫树，亦可在公路街道两旁栽作行道树。可作药用。灯台树的木材呈黄白色或黄褐白色，心材与边材区别不明显，有光泽，纹理直而坚硬，细致均匀，易干燥，不耐腐，易切削，车旋性好，可作建筑、家具、玩具、雕刻、铅笔杆、车厢、农具及胶合板等用材。果肉含油量高，可以榨油；树皮含鞣质，可提制栲胶；种子含油率为22.9%，可榨油制肥皂及润滑油；茎、叶中的白色乳汁还可以用作橡胶及口香糖原料；叶可作饲料及肥料；花是蜜源。

(三)山茱萸属 *Cornus*

落叶乔木或灌木。枝常对生。叶纸质，对生，卵形、椭圆形或卵状披针形，全缘；叶柄绿色。花序伞形，常在发叶前开放，有总花梗；总苞片4，芽鳞状，革质或纸质，两轮排列，外轮2枚较大，内轮2枚稍小，开花后随即脱落；花两性，花瓣4，黄色，近于披针形，镊合状排列。核果长椭圆形；核骨质。

本属有46种，分布于欧洲中部及南部、亚洲东部及北美东部。我国有27种和20变种。

1. 山茱萸 *Cornus officinalis* Siebold & Zucc.

形态特征：落叶乔木或灌木，高达10 m。树皮灰褐色。小枝细圆柱形，无毛或稀被短柔毛。叶对生，纸质，全缘，卵状披针形或卵状椭圆形，先端渐尖，基部宽楔形或近于圆形。伞形花序生于枝侧，花小，两性，先叶开放，花瓣黄色，向外反卷。核果长椭圆形，红色至紫红色。花期3—4月，果期9—10月。

分布与生境：产于华东、华北、华中等地。江苏全境均有分布。喜光，喜温暖，不耐寒，在自然界多生于山沟、溪旁，垂直分布的海拔为250～1 300 m。

园林应用：山茱萸是重要的观花、观叶、观果植物，四季均可观赏，宜孤植于庭院、林缘，或与园林植物混植，亦可盆栽观果。以山茱萸果为原料，可进行绿色保健食品开发，如可加工成饮料、果酱、蜜饯及罐头等多种食品，果亦可供药用。

2. 红瑞木 *Cornus alba* L.

形态特征：落叶灌木，高达 3 m。幼枝被蜡状白粉，老枝红白色，无毛。叶对生，纸质，椭圆形，稀卵圆形，先端突尖，基部楔形或阔楔形，边缘全缘或波状反卷。伞房状聚伞花序顶生，花小，白色或淡黄白色。核果长圆形，微扁，成熟时乳白色或蓝白色。花期 6—7 月，果期 8—10 月。

分布与生境：产于东北、华北、西北及华东地区。江苏全境均有分布。喜温暖湿润，喜光，适应性强，耐寒，耐旱，生于海拔 600～1 700 m 的杂木林或针阔叶混交林中。

园林应用：红瑞木可与绿色枝干的植物相配植或在庭院中孤植，供观花、观叶、观枝、观果，也可作为绿篱使用，是城乡绿化美化的优良树种，亦可供药用。种子含油量约为 30%，可供工业用。

3. 梾木 *Cornus macrophylla* Wall.

形态特征：乔木，高达 15 m。幼枝粗壮，灰绿色，有棱角，微被灰色贴生短柔毛，不久变为无毛，老枝圆柱形，疏生灰白色椭圆形皮孔及半环形叶痕。叶对生，纸质，阔卵形或卵状长圆形，稀近于椭圆形，先端锐尖或短渐尖，基部圆形，稀宽楔形，边缘略有波状小齿。伞房状聚伞花序顶生，花白色，有香味。核果近于球形，成熟时黑色，近于无毛。花期 6—7 月，果期 8—9 月。

分布与生境：江苏淮安、扬州、泰州、盐城、南通、南京、镇江、常州、无锡、苏州等地有分布。生于海拔 72～3 000 m 的山谷森林中。

园林应用：梾木树形为圆锥形，姿态优美，还集观花、观叶、观果等多种观赏性于一身，宜作独赏树在绿地显要处孤植。也可供药用。其果实可榨油，树皮和叶可提栲胶、制染料，花为良好的蜜源。

4. 毛梾 *Cornus walteri* Wangerin

形态特征：落叶乔木，高达 15 m。树皮厚，黑褐色，纵裂而又横裂成块状。幼枝对生，绿色，略有棱角，密被贴生灰白色短柔毛，老后黄绿色，无毛。叶对生，纸质，椭圆形、长圆椭圆形或阔卵形，先端渐尖，基部楔形，有时稍不对称。伞房状聚伞花序顶生，花密，白色，有香味。核果球形，成熟时黑色，近于无毛。花期 5—6 月，果期 8—10 月。

分布与生境：产于辽宁、河北、山西南部以及华东、华中、华南、西南各省区。江苏全境均有分布。喜光，耐旱，耐高温，生于海拔 300～1 800 m 的杂木林或密林下。

园林应用：毛梾枝叶茂密，花白芳香，为蜜源植物，可栽植于草坪、林缘、路边作庭荫树或行道树。毛梾是油料植物，又可作为"四旁"绿化和水土保持树种。

（四）四照花属 *Dendrobenthamia*

常绿或落叶小乔木或灌木。冬芽顶生或腋生。叶对生，亚革质或革质，稀纸质，卵形、椭圆形或长圆披针形，侧脉 3～6(7) 对，具叶柄。头状花序顶生，有白色花瓣状的总苞片 4，卵形或椭圆形；花小，两性，花瓣 4。果为聚合状核果，球形或扁球形。

本属有 10 种，分布于喜马拉雅至东亚各地区。我国全有，产于内蒙古、山西、陕西、甘肃、河南以及长江以南各省区。

1. 四照花 *Dendrobenthamia japonica* (Siebold & Zucc.) Hutch.

形态特征：落叶小乔木，高达 7 m。小枝幼时淡绿色，微被灰白色短柔毛，老时暗褐色。

叶对生,纸质或厚纸质,卵形或卵状椭圆形,先端渐尖,有尖尾,基部宽楔形或圆形,边缘全缘或有明显的细齿,叶表绿色,背面粉绿色。头状花序球形,总苞片 4,花小,白色。果序球形,成熟时红色。花期 5—6 月,果期 8—10 月。

分布与生境:产于华北、华中、华南等地。江苏淮安、扬州、泰州、盐城、南通、南京、镇江、常州、无锡、苏州等地有分布。适应性强,性喜光,能耐一定程度的寒、旱、瘠薄,亦耐半阴,生于海拔 600～2 200 m 的森林中。

园林应用:四照花是重要的彩叶、赏花、观果、园林绿化植物,可丛植、列植于草坪、林缘及池畔等,也可与常绿树混植。其果实含油率为 40%左右,可作化工用油制造高级香皂,还可作机械、钟表机件的润滑油和油漆原料等。果实酸甜可口,营养丰富,含有维生素 C、有机酸、脂质及无机盐,是良好的鲜食野果,可以加工成各种果脯及高级饮料或食品,又可作为酿酒原料。花、果药用可补肺、散瘀血、防暑降温、提神醒脑、增进食欲。一些因棉、麻和铅、磷、苯等加工而引起职业性中毒的患者,坚持食用四照花果、饮料,其健康状况均有所提升。木材材质呈红褐色,坚硬,纹理细致,经久耐用,可作建筑和精雕材料。此外四照花还是蜜源植物,花粉营养丰富,可制作多种食品添加剂;叶可代茶,亦可作饲料。作为能够净化空气的环保植物,其排污除尘能力与构树近似。

Ⅱ. 合瓣花亚纲

五十五、杜鹃花科 Ericaceae

(一)杜鹃花属 *Rhododendron*

常绿或落叶灌木或乔木,有时矮小呈垫状。叶互生,全缘,稀有毛状小齿。花通常排列成伞形总状或短总状花序,稀单花,通常顶生,少有腋生;花萼 5 裂或环状无明显裂片;花冠漏斗状、钟状、管状,5 裂,裂片在芽内覆瓦状;雄蕊 5～10;子房通常 5 室。蒴果。种子多数,细小。

本属约有 1 000 种。中国约有 600 种,全国均有分布,尤其以四川、云南种类最多,是杜鹃花属的世界分布中心。

1. 满山红 Rhododendron mariesii Hemsl. & E. H. Wilson

形态特征:落叶灌木,高 1～4 m。枝轮生。叶厚纸质或近于革质,椭圆形、卵状披针形或三角状卵形,先端锐尖,具短尖头,基部钝或近于圆形,边缘微反卷。花芽卵球形,鳞片阔卵形,顶端钝尖,边缘具睫毛;花通常 2 朵顶生,先花后叶,出自同一顶生花芽;花冠漏斗形,淡紫红色或紫红色。蒴果椭圆状卵球形,密被亮棕褐色长柔毛。花期 4—5 月,果期 6—11 月。

分布与生境:产于长江流域,北达陕西,南达台湾。在江苏南京、镇江、常州、无锡、苏州等地均有分布。生于海拔 600～1 500 m 的山地稀疏灌丛。

园林应用:满山红花繁叶茂,绮丽多姿,萌发力强,耐修剪,根桩奇特,是优良的盆景材料。园林中最宜在林缘、溪边、池畔及岩石旁成丛成片栽植,也可于疏林下散植。满山红也是花篱的良好材料,还可经修剪培育成各种形态。以其营造的专类园极具特色。

2. 白花杜鹃(白杜鹃) *Rhododendron mucronatum* Turcz.

形态特征:半常绿灌木,高 1~2 m。幼枝开展,分枝多,密被灰褐色开展的长柔毛。叶纸质,披针形至卵状披针形或长圆状披针形,先端钝尖至圆形,基部楔形,上面深绿色,疏被灰褐色贴生长糙伏毛,混生短腺毛;叶柄密被灰褐色扁平长糙伏毛和短腺毛。伞形花序顶生;花冠白色,有时淡红色,阔漏斗形。蒴果圆锥状卵球形。花期 4—5 月,果期 6—7 月。

分布与生境:产于华东、华南、西南地区。在江苏南京、镇江、常州、无锡、苏州等地均有分布。喜凉爽湿润的气候,耐干旱瘠薄。

园林应用:白花杜鹃是环境恶劣地区的重要植被,具有重要的园艺观赏价值。适于在坡地、草丛等处大量运用,或作为花坛镶边、园路境界或花篱材料。

3. 迎红杜鹃 *Rhododendron mucronulatum* (Blume) G. Don

形态特征:落叶灌木,高 12 m。分枝多,幼枝细长,疏生鳞片。叶片质薄,椭圆形或椭圆状披针形,顶端锐尖、渐尖或钝,边缘全缘或有细圆齿,基部楔形或钝,上面疏生鳞片,下面鳞片大小不等,褐色。花序腋生枝顶或假顶生,先叶开放,伞形着生;花冠宽漏斗状,淡红紫色,外面被短柔毛,无鳞片。蒴果长圆形。花期 4—6 月,果期 5—7 月。

分布与生境:产于东北、华北、山东。在江苏北部有分布。生于山地灌丛。喜光,耐寒,喜湿润空气和排水良好的土壤。

园林应用:迎红杜鹃枝繁叶茂,萌发力强,耐修剪,根桩奇特,是优良的盆景材料。园林中最宜在林缘、溪边、池畔及岩石旁成丛成片栽植,也可于疏林下散植,是作花篱的良好材料,可经修剪培育成各种形态。另外,它的叶片为深绿色,可栽种在庭园中作为矮墙或屏障。

4. 锦绣杜鹃 *Rhododendron* × *pulchrum* Sweet

形态特征:半常绿灌木,高 1.5~2.5 m。枝开展,淡灰褐色,被淡棕色糙伏毛。叶薄革质,椭圆状长圆形至椭圆状披针形,先端钝尖,基部楔形,边缘反卷,全缘,上面深绿色,下面淡绿色,被微柔毛和糙伏毛,叶柄密被棕褐色糙伏毛。花芽卵球形,鳞片外面沿中部具淡黄褐色毛,内有黏质。伞形花序顶生;花冠玫瑰紫色,阔漏斗形,具深红色斑点。蒴果长圆状卵球形,被刚毛状糙伏毛。花期 4—5 月,果期 9—10 月。

分布与生境:产于华东、华南、中南地区。在江苏全境有分布。喜温暖,耐半阴,怕烈日、高温,忌碱性和重黏土,忌积水。

园林应用:锦绣杜鹃成片栽植,开花时浪漫似锦、万紫千红,可增添园林的自然景观效果。也可在岩石旁、池畔、草坪边缘丛栽,增添庭园气氛。盆栽摆放于宾馆、居室等场所,绚丽夺目。

5. 杜鹃(映山红) *Rhododendron simsii* Planch.

形态特征:落叶灌木,高 2~5 m。分枝多而纤细,密被亮棕褐色扁平糙伏毛。叶革质,具毛,常集生枝端,卵形、椭圆状卵形或倒卵形至倒披针形,先端短渐尖,基部楔形或宽楔形,边缘微反卷,具细齿,中脉在上面凹陷,下面凸出,叶柄密被亮棕褐色扁平糙伏毛。花芽卵球形,鳞片外面中部以上被糙伏毛,边缘具睫毛。花簇生枝顶;花冠阔漏斗形,玫瑰色、鲜红色或暗红色,裂片 5,倒卵形,具深红色斑点。蒴果卵球形,密被糙伏毛。花期 4—5 月,果期 6—8 月。

分布与生境:广布于长江以南各地。在江苏淮安、扬州、泰州、盐城、南通、南京、镇江、常州、无锡、苏州等地均有分布。生于海拔 500～1 200 m 的山地疏灌丛或松林下,为我国中南及西南典型的酸性土指示植物。

园林应用:杜鹃在园林布置上,可依据其生态习性依山、就石、伴水大面积栽培;也可根据其形态与色彩差异,采用多种乔、灌木杜鹃混合种植,构成立面高低错落、平面层次分明的园林组群。有的叶、花可入药或提取芳香油,有的花可食用,树皮和叶可提制栲胶,木材可做工艺品等。

(二)越橘属 *Vaccinium*

落叶或常绿灌木,很少为乔木。叶常绿,少数落叶,互生,稀假轮生,全缘或有锯齿。总状花序顶生、腋生或假顶生,稀单花腋生;花小;花萼 4～5 裂;花冠坛状、钟状或筒状,5 裂,裂片短小;雄蕊 10 或 8,花药顶部形成 2 直立的管;花盘垫状。浆果球形,顶部冠以宿存萼片。

本属约有 450 种,分布于亚洲、美洲、欧洲和非洲。中国产 91 种、2 亚种、24 变种,南北各地均有分布。

1. 南烛(乌饭树) *Vaccinium bracteatum* Thunb.

形态特征:常绿灌木或小乔木,高 2～6 m。多分枝,幼枝被短柔毛或无毛,老枝紫褐色,无毛。叶片薄革质,椭圆形、菱状椭圆形、披针状椭圆形至披针形,顶端锐尖、渐尖,稀长渐尖,基部楔形、宽楔形、稀钝圆,边缘有细锯齿,表面平坦有光泽,两面无毛。总状花序顶生和腋生,花冠白色,筒状,有时略呈坛状,外面密被短柔毛。浆果熟时紫黑色,外面通常被短柔毛。花期 6—7 月,果期 8—10 月。

分布与生境:广布于长江流域及以南地区。在江苏南京、镇江、常州、无锡、苏州等地均有分布。生于丘陵地带或海拔 400～1 400 m 的山地,常见于山坡林内或灌丛中。

园林应用:其主干直立,枝叶茂密,嫩叶红色,老叶浓绿,果实艳丽美观。在庭园中可植于草坪、林缘、疏林中或配植于山石边;在城市绿化中可植于道路两旁,观赏秋季佳果盈枝,颇具野趣,备受人们喜爱。果实可作食品防腐剂、着色剂,也可丰富和改进食品风味,亦可作药用。

2. 笃斯越橘 *Vaccinium uliginosum* L.

形态特征:落叶灌木,高 0.5～1 m。多分枝。茎短而细瘦,幼枝有微柔毛,老枝无毛。叶多数,散生,叶片纸质,倒卵形、椭圆形至长圆形,顶端圆形,有时微凹,基部宽楔形或楔形,全缘,表面近于无毛,背面微被柔毛,中脉、侧脉和网脉均纤细,在表面平坦,在背面突起。花下垂,着生于去年生枝顶叶腋;花冠绿白色,宽坛状。浆果近球形或椭圆形,成熟时蓝紫色,被白粉。花期 6 月,果期 7—8 月。

分布与生境:产于大兴安岭北部及长白山。在江苏全境有分布。生于海拔 900～2 300 m 的山坡落叶松林下、林缘,高山草原,沼泽湿地。

园林应用:主要应用与南烛相同。其果实较大,酸甜,味佳,可用以酿酒及制果酱,也可制成饮料。

五十六、紫金牛科 Myrsinaceae

(一)紫金牛属 *Ardisia*

小乔木、灌木或亚灌木状近草本。叶互生,稀对生或近轮生。聚伞花序、伞房花序、伞形花序或由上述花序组成的圆锥花序,稀总状花序,顶生或腋生;两性花;萼通常5裂,罕4裂;花冠通常5深裂,裂片扩展或外翻,旋转排列;雄蕊与花冠裂片同数,花丝极短;子房上位,花柱线形,胚珠3~12枚或更多。浆果核果状,球形或扁球形,通常为红色,有种子1枚。

本属约有300种,分布于热带美洲、太平洋诸岛、印度半岛东部及亚洲东部至南部,少数分布于大洋洲。我国有68种、12变种,分布于长江流域以南各地。

1. 朱砂根 *Ardisia crenata* Sims

形态特征:灌木,高1~2 m。茎粗壮,无毛,除侧生特殊花枝外无分枝。叶片革质或坚纸质,椭圆形、椭圆状披针形至倒披针形,顶端急尖或渐尖,基部楔形,边缘具皱波状或波状齿,具明显的边缘腺点。伞形花序或聚伞花序,着生于侧生特殊花枝顶端;花瓣白色,盛开时反卷,卵形,顶端急尖,具腺点。果球形,鲜红色,具腺点。花期5—6月,果期10—12月,有时翌年2—4月。

分布与生境:产于西藏东南部至台湾、湖北至海南岛。江苏南京、镇江、常州、无锡、苏州等地均有分布。生于海拔90~2 400 m的疏、密林下阴湿的灌木丛中。喜温暖、湿润、庇荫、通风良好的环境,不耐旱瘠和曝晒。

园林应用:朱砂根作为观赏植物,在园艺方面的品种很多。适于在庭园中的树荫下或较阴处如城市立交桥下、景观林下,或公园、庭院的角隅配置,因地制宜地多株丛植或群植,既可观果和美化环境,又可提高生态效益。其根、叶可入药;果可食,亦可榨油。

2. 紫金牛 *Ardisia japonica* (Thunb.) Blume

形态特征:常绿小灌木或亚灌木,近蔓生,具匍匐生根的根茎。叶对生或近轮生,叶片坚纸质或近革质,椭圆形至椭圆状倒卵形,顶端急尖,基部楔形,边缘具细锯齿,具腺点,两面无毛或有时背面仅中脉被细微柔毛。亚伞形花序,腋生或生于近茎顶端的叶腋;花瓣粉红色或白色,广卵形,无毛,具密腺点。果球形,鲜红色转黑色。花期5—6月,果期11—12月。

分布与生境:广布于长江以南各地区。在江苏徐州、连云港、宿迁、宜兴、溧阳等地有分布。见于海拔约1 200 m以下的山间林下或竹林下阴湿的地方。耐阴性强,忌阳光直晒,喜温暖湿润,不耐寒。

园林应用:紫金牛枝叶常青,入秋后果色鲜艳,经久不凋,能在郁密的林下生长,是一种优良的地被植物,可盆栽观赏,亦可与岩石相配作小盆景用,也可种植在高层建筑群的绿化带下层以及立交桥下。紫金牛全株及根供药用,治肺结核、咯血、咳嗽、慢性气管炎效果很好,亦治跌打风湿、黄疸肝炎、睾丸炎、白带、闭经、尿路感染等,为中国民间常用的中草药。

五十七、柿科 Ebenaceae

(一)柿属 *Diospyros*

落叶或常绿乔木或灌木;无顶芽。叶互生。花单性,雌雄异株或杂性;雄花常较雌花为小,组成聚伞花序,雄花序腋生在当年生枝上,雌花常单生叶腋;萼通常深裂,4裂;花冠壶形、钟形或管状,浅裂或深裂;雄蕊4~16枚;子房2~16室;花柱2~6枚,每室有胚珠1~2粒;在雌花中有退化雄蕊1~16枚或无雄蕊。浆果肉质;种子较大,通常两侧压扁。

本属约有500种,分布于热带至温带。中国产57种、6变种、1变型、1栽培种。

1. 柿树 *Diospyros kaki* Thunb.

形态特征：落叶大乔木，通常高达 10～14 m，胸高直径达 65 cm。树皮深灰色至灰黑色，或者黄灰褐色至褐色，沟纹较密，裂成长方块状。枝开展，带绿色至褐色，散生纵裂皮孔。冬芽卵形，先端钝。叶纸质，卵状椭圆形至倒卵形，先端渐尖或钝，基部楔形、钝或圆形。花雌雄异株，花序腋生，为聚伞花序；花冠黄白色而带紫红色，壶形。果形多样，嫩时绿色，后变黄色、橙黄色，老熟时果肉柔软多汁，呈橙红色或大红色等；种子褐色，椭圆状。花期 5—6 月，果期 9—10 月。

分布与生境：产于黄河流域至华南、西南地区。朝鲜、日本、东南亚、大洋洲、阿尔及利亚、法国、俄罗斯、美国等地有引种栽培。在江苏全境有分布。柿树是深根性树种，又是阳性树种，喜温暖气候，充足阳光和深厚、肥沃、湿润、排水良好的土壤，适生于中性土壤，耐寒、抗旱性强，属两栖树种，不耐盐碱土。寿命长，可达 300 年以上。

园林应用：柿树叶大荫浓，秋末冬初，霜叶染成红色，冬季落叶后，柿实殷红不落，一树满挂累累红果，增添优美景色，是优良的风景树。广泛应用于园林中水岸生态系统的景观带，或孤植于草坪或旷地，或列植于池塘、湖泊周边，尤为雄伟壮观；又因其对多种有毒气体抗性较强，能吸收有害气体，同时具有较强的吸滞粉尘的能力，常被种植于废弃工业地及采矿区，作为高密度城市建筑群中街道行道树或用于工厂、广场、校园绿化等。柿树是中国栽培历史悠久的果树，果实常经脱涩后作水果。柿子亦可加工制成柿饼，柿饼可以润脾补胃、润肺生津、祛痰镇咳、压胃热、解酒、疗口疮，一年中都可随时取食。柿子可提取柿漆（又名柿油或柿涩），用于涂渔网、雨具，填补船缝和作建筑材料的防腐剂等。柿子入药，能止血润便、缓和痔疾肿痛、降血压；柿蒂能下气止呃，治呃逆和夜尿症。柿树木材的边材含量大，可制纺织木梭、筷子、线轴，又可做家具、箱盒、装饰品等小用具，以及提琴的指板和弦轴等。

2. 君迁子 *Diospyros lotus* Blanco

形态特征：落叶乔木，高可达 30 m，胸径可达 1.3 m。树冠近球形或扁球形。树皮灰黑色或灰褐色，深裂或不规则厚块状剥落。小枝褐色或棕色，有纵裂的皮孔，嫩枝淡灰色。冬芽狭卵形，带棕色，先端急尖。叶近膜质，椭圆形至长椭圆形，先端渐尖或急尖，基部钝，宽楔形至近圆形。雄花腋生，簇生，花冠壶形，带红色或淡黄色；雌花单生，花冠壶形，淡绿色或带红色，裂片反曲。果近球形或椭圆形，初黄色后蓝黑色，常被有白色薄蜡层；种子长圆形，先端钝圆。花期 5—6 月，果期 10—11 月。

分布与生境：分布于山东、辽宁、河南、河北、山西、陕西、甘肃、江苏、浙江、安徽、江西、湖南、湖北、贵州、四川、云南、西藏等省区。亚洲西部、小亚细亚、欧洲南部亦有分布。在江苏全境有分布。生于海拔 200～2 300 m 左右的山地、山坡、山谷的灌丛中或沿溪涧河滩、阴湿山坡地的林缘中。为阳性树种，性强健，深根性，须根发达，喜肥沃深厚土壤，能耐半阴，枝叶多呈水平伸展，耐寒的能力较强，很耐水湿，也耐干旱瘠薄的土壤，属两栖树种，生长速度较快，抗污染，对二氧化硫抗性强，对中等碱性土及石灰质土有一定的耐受力，病虫害少，寿命较长。

园林应用：君迁子树干挺直、树冠圆整，适应性强，园林中可作庭荫树、行道树，亦可用于滨水、湖畔、溪涧等水际植被景观带的营造。果实脱涩后可食用，亦可制成果饼。播种苗主要用作繁殖柿树的砧木。木材可供雕刻，制作纺织木梭、小用具、精美家具和文具等。树皮可供提取单宁和制人造棉。未熟果实可提制柿漆,供制医药和涂料用。成熟果实可供食用,又可供制糖、酿酒、制醋;其入药有滋补肝肾、止渴、去烦热、令人润泽、镇心、润燥生津、加强补血的功效,和红枣合吃是保护肝脏的佳品。

3. 老鸦柿 *Diospyros rhombifolia* Hemsl.

形态特征:落叶小乔木,高可达 8 m 左右;树皮灰色,平滑。多分枝,分枝低,有枝刺,深褐色或黑褐色,无毛,散生椭圆形的纵裂小皮孔,小枝褐色,有柔毛。冬芽小,有毛。叶纸质,菱状倒卵形,先端钝,基部楔形。雄花生当年生枝下部,花冠壶形;雌花散生当年生枝下部,花冠壶形,裂片长圆形,向外反曲,有毛。果单生,球形,有柔毛,熟时橘红色,有蜡样光泽,无毛,顶端有小突尖。花期 4—5 月,果期 9—10 月。

分布与生境:分布于华东的浙江、江苏、安徽、江西、福建等地。在江苏全境有分布。生于山坡灌丛或山谷沟畔林中。喜温暖湿润环境,较喜光。对土壤要求不严。耐寒性强,在黄河以南可以露地越冬。

园林应用:老鸦柿树形潇洒优美,入秋橙黄色果实悬挂满树,透过绿叶闪闪发亮,又较耐阴,因而是绿化中良好的观果树种及优良的下木。其老桩可制作盆景或盆栽,也适于庭院、山石间应用。老鸦柿的果可提取柿漆,供涂漆渔网、雨具等用。实生苗可作柿树的砧木。

五十八、安息香(野茉莉)科 Styracaceae

(一)赤杨叶属 *Alniphyllum*

落叶乔木。叶互生,边缘有锯齿,无托叶。总状花序或圆锥花序,顶生或腋生;花两性;花冠钟状,5 深裂,裂片在花蕾中覆瓦状排列。蒴果长圆形,成熟时室背纵裂成 5 果瓣,外果皮肉质,干后脱落,内果皮木质;种子多数,长圆形,两端有不规则膜翅,种皮硬角质。

有 3 种,产于我国南部各省区。越南和印度也有。

1. 赤杨叶 *Alniphyllum fortunei* (Hemsl.) Makino

形态特征:又称拟赤杨,落叶大乔木,高可达 25 m。叶膜质或纸质,椭圆形或宽椭圆形,先端急尖或渐尖,边缘疏生锯齿,老叶下面被稀疏星状绒毛,有时下面具白粉。花序轴、花梗、花萼均被星状短绒毛;花白色或粉红色。花期 4—7 月,果期 8—10 月。

分布与生境:产于华东、华南、西南及台湾地区。印度、越南和缅甸也有分布。江苏境内分布于宜兴、溧阳等地。生于海拔 200～2 000 m 的常绿阔叶林中。喜光,速生,适应性强,寿命短,天然更新易,萌芽力强,为山地次生林常见种。

园林应用:赤杨叶可在常绿阔叶林或针叶林砍伐迹地中生长,常为山地次生林中的优势种,可用于荒山造林、保持水土。赤杨叶株形美观,生长迅速,叶片青翠,春季花开时,粉白色的花瓣纷纷飞扬,是良好的绿化材料,适于作行道树或于大型公园、风景区大面积种植成林,最宜用于水滨、沟谷等处。该种木材为美观轻工木材,纹理通直,为辐射孔材,木材洁白,结构中等,易加工,但切削面不够光滑,易干燥,不耐腐,是很好的火柴、雕刻图章、轻巧的上等家具及各种板料、模型等用材。本种亦为培养白木耳的优良树种。

(二)白辛树属 *Pterostyrax*

落叶乔木或灌木。冬芽裸露。叶互生,有叶柄,边缘有锯齿。伞房状圆锥花序顶生或生于小枝上部叶腋,花有短梗。核果干燥,除圆锥状的喙外,几全部为宿存的花萼所包围,并与其合生,不开裂,有翅或棱,外果皮薄,脆壳质,内果皮近木质,有种子1～2颗。

约有4种,产于我国、日本和缅甸。我国产2种。

1. 小叶白辛树 Pterostyrax corymbosus Siebold & Zucc.

形态特征:落叶乔木,高达15 m。嫩枝密被星状短柔毛,老枝无毛,灰褐色。叶纸质,倒卵形、宽倒卵形或椭圆形,顶端急渐尖或急尖,基部楔形或宽楔形,边缘有锐尖的锯齿。圆锥花序伞房状,花白色;小苞片线形,密被星状柔毛;花萼钟状。果实倒卵形,5翅,密被星状绒毛,顶端具圆锥状长喙。花期3—4月,果期5—9月。

分布与生境:分布于江苏、浙江、福建、湖南、广东。日本也有分布。江苏境内分布于宜兴、溧阳等地。常生于海拔400～1 500 m的山区河边以及山坡低凹而湿润的溪边、林缘。喜光,喜湿润,生长迅速,适生于酸性土壤。

园林应用:小叶白辛树叶形奇特,叶色秀丽,花白色而繁密,非常芳香,是良好的庭荫树,可用于庭园绿化,或作行道树或造林树种栽植,是营造混交林的良好伴生树种;可用于防风固堤、涵养水源。因其芬芳,为蜜源树种,也可种植于芳香植物园或高密度城市中园艺康养疗愈场所。本种喜湿,可用于水岸生态系统景观带营造或作低湿河流两岸滨水景观树种。其木材为散孔材,淡黄色,边材和心材无区别,材质轻软,可作一般器具用材。

(三)秤锤树属 Sinojackia

落叶乔木或灌木。冬芽裸露。叶互生,近无柄或具短柄,边缘有硬质锯齿,无托叶。总状聚伞花序开展,生于侧生小枝顶端;花白色,常下垂。果实木质,除喙外几全部为宿存花萼所包围并与其合生,外果皮肉质,不开裂,具皮孔,中果皮木栓质,内果皮坚硬,木质;种子1颗,长圆状线形,种皮硬骨质。

有6种,均产于我国中部、南部和西南部。

1. 秤锤树 Sinojackia xylocarpa H. H. Hu

形态特征:落叶小乔木,为中国特产树种,高达7 m。叶纸质,倒卵形或椭圆形,顶端急尖,基部楔形或近圆形,边缘具硬质锯齿。总状聚伞花序生于侧枝顶端,有花3～5朵。果实卵形,红褐色,有浅棕色的皮孔,无毛,顶端具圆锥状的喙,坚硬;种子1颗,长圆状线形,栗褐色。花期3—4月,果期7—9月。已濒临灭绝,为国家二级保护濒危种。

分布与生境:分布于江苏南京幕府山、燕子矶、江浦区老山及句容宝华山。长江流域诸多城市有栽培。江苏境内分布于淮安、扬州、泰州、盐城、南通、南京、镇江、常州、无锡、苏州等地。生于海拔150～800 m的丘陵山地次生落叶阔叶林的林缘、疏林中。喜光,其幼苗、幼树不耐庇荫。喜生于深厚、肥沃、湿润、排水良好的土壤,不耐干旱瘠薄。

园林应用:秤锤树为中国所特有,花白色美丽,秋后叶落,宿存果实形似秤锤下垂,花果均下垂,颇为奇特,是优美的观花观果园林观赏树种,可用于庭园绿化,常配植于绿地、路旁和林缘。

(四)安息香属 Styrax

乔木或灌木。单叶互生,多少被星状毛或鳞片状毛,极少无毛。总状花序、圆锥花序或聚伞花序,极少单花或数花聚生,顶生或腋生。核果肉质,干燥,不开裂或不规则3瓣开裂,与宿存花萼完全分离或稍与其合生;种子1～2颗,有坚硬的种皮和大而基生的种脐。

约有 130 种,主要分布于亚洲东部至马来西亚和北美洲的东南部经墨西哥至安第斯山,只有 1 种分布至欧洲地中海周围。我国约有 30 种、7 变种,除少数种类分布于东北或西北地区外,其余均主产于长江流域以南各省区。

1. 赛山梅 *Styrax confusus* Hemsl.

形态特征:落叶小乔木,高 2~8 m。树皮灰褐色,平滑。叶革质或近革质,椭圆形、长圆状椭圆形或倒卵状椭圆形,顶端急尖或钝渐尖,基部圆形或宽楔形,边缘有细锯齿;叶柄上面有深槽。总状花序顶生,有花 3~8 朵,花白色。果实近球形或倒卵形,常具皱纹;种子倒卵形,褐色,平滑或具深皱纹。花期 4—6 月,果期 9—11 月。

分布与生境:分布于华东、华中、华南、西南地区。江苏全境有分布。生于海拔 100~1 700 m 的丘陵、山地疏林中,以在气候温暖、土壤湿润的山坡上生长最好。

园林应用:赛山梅株形开展、秀丽,花洁白芬芳,常作为观花观果树木,在园林景观中具有重要地位。其体内含有具疗愈功效的安息香树脂,可用作高密度城市建筑间行道树下木,也可用于园林康养疗愈场所,如疗养院、幼儿园、学校、医院等对环境要求较高的场所。在园林中可孤植于假山、花坛、角隅、景观建筑阴面等地,也可群植于林缘、草坪周边,或列植于城市中林荫道、人行道、围墙前。其花为蜜源,可用于生物多样性培育中昆虫招引。赛山梅的种子油可供制润滑油、肥皂和油墨等。全株可入药,有多种医疗功效。

2. 垂珠花 *Styrax dasyanthus* Perkins

形态特征:落叶乔木,高达 8 m。叶革质或近革质,倒卵形、倒卵状椭圆形或椭圆形,顶端急尖或钝渐尖,基部楔形或宽楔形,边缘上部有稍内弯的角质细锯齿,两面疏被星状柔毛;叶柄上面具沟槽。圆锥花序或总状花序顶生或腋生,具多花,花白色。果实卵形或球形,顶端具短尖头,平滑或稍具皱纹;种子褐色,平滑。花期 4—6 月,果期 8—11 月。

分布与生境:分布于华东、华南、西南地区。江苏全境有分布。生于海拔 100~1 700 m 的丘陵、山地、山坡及溪边杂木林中。本种较耐寒,可引种到华北地区栽培。

园林应用:本种为安息香属花量最多的一种,花白色成串,清香优雅,形似茉莉花,含苞待放时,其花苞如朵朵白色珍珠下垂,故得其名。盛开时花瓣反卷,繁花似雪,果实成熟时色艳形美,常作为观花观果植物。其园林用途同赛山梅。叶可入药,性寒,味苦、甘,能润肺止咳;种子可榨油,油为半干性油,可作油漆及制肥皂。

3. 白花龙 *Styrax faberi* Perkins

形态特征:灌木,高 1~2 m。嫩枝纤弱,具沟槽,扁圆形,密被星状长柔毛,老枝圆柱形,紫红色。叶互生,纸质,椭圆形、倒卵形或长圆状披针形,顶端急渐尖,基部宽楔形或近圆形,边缘具细锯齿;叶柄密被黄褐色星状柔毛。总状花序顶生,有花 3~5 朵,花白色。果实倒卵形或近球形。花期 4—6 月,果期 8—10 月。

分布与生境:分布于华东、华中、华南、西南及台湾地区。江苏境内分布于江苏南部。生于海拔 100~600 m 低山区和丘陵地灌丛中。

园林应用:白花龙可在春、夏两季开花,春天嫩叶金黄,病虫害少。在园林绿化中,常用于点缀庭园或成片栽于山坡;也可盆栽或作盆景用于中庭点缀,或用作花篱。其他园林用途同赛山梅。种子油可以用来制肥皂和润滑油,亦供药用。根可治胃脘痛,叶可用于止血、生肌、消肿。

4. 野茉莉 *Styrax japonicus* Siebold & Zucc.

形态特征：灌木或小乔木，高 4~8 m。树皮暗褐色或灰褐色，平滑。嫩枝稍扁，暗紫色，圆柱形。叶互生，纸质或近革质，椭圆形或长圆状椭圆形至卵状椭圆形，边近全缘或仅于上半部具疏离锯齿；叶柄上面有凹槽。总状花序顶生，有花 5~8 朵，花白色。果实卵形，顶端具短尖头，外面密被灰色星状绒毛，有不规则皱纹；种子褐色，有深皱纹。花期 4—7 月，果期 9—11 月。

分布与生境：本种为该属分布最广的一种，北自秦岭和黄河以南，东起山东、福建，西至云南东北部和四川东部，南至广东和广西北部。朝鲜和日本也有分布。江苏全境都有分布。生于海拔 400~1 800 m 的林中。属阳性树种，生长迅速，喜生于酸性、疏松、排水良好、肥沃、土层较深厚的土壤中，忌积水。

园林应用：野茉莉枝叶浓密，树形紧凑美观，花洁白如雪，下垂，浓郁芳香，花期长，是一种优良的观赏树种，适合于绿地、庭院、林缘配植。又为蜜源植物，是营造城市园林中蝴蝶栖息地的优良材料。木材为散孔材，黄白色至淡褐色，纹理致密，材质稍坚硬，可作器具、雕刻等细工用材；种子油可制肥皂或机器润滑油，油粕可作肥料。花、虫瘿内白粉、叶、果可入药，味辛，性温，能祛风除湿，用于风湿痹痛。

5. 芬芳安息香 *Styrax odoratissimus* Champ. ex Benth.

形态特征：落叶小乔木，高 4~10 m。树皮灰褐色，不开裂。叶互生，薄革质至纸质，卵形或卵状椭圆形，顶端渐尖或急尖，基部宽楔形至圆形，边全缘或上部有疏锯齿。总状或圆锥花序顶生。果实近球形；种子卵形，密被褐色鳞片状毛和瘤状突起，稍具皱纹。花期 3—4 月，果期 6—9 月。

分布与生境：分布于安徽、江苏南部、浙江、江西、福建、湖北、湖南、广东、广西和贵州等省区。江苏南部有分布。生于海拔 300~1 400 m 的阴湿山谷、山坡疏林中。生长迅速，耐干旱瘠薄，喜生于酸性、土层较深厚且疏松、排水良好、肥沃的土壤中，忌积水。

园林应用：本种的叶较大，花洁白，为该属中花最香的一种，春天展叶晚，秋季落叶早，为珍贵的观花植物。其园林用途同赛山梅。木材坚硬，可作建筑、船舶、车辆和家具等用材；种子油可制肥皂和机械润滑油。

6. 越南安息香 *Styrax tonkinensis* (Pierre) Craib ex Hartwich

形态特征：又称白花树，落叶乔木，高 6~30 m。树冠圆锥形。树皮暗灰色或灰褐色，有不规则纵裂纹。叶互生，纸质至薄革质，椭圆形、椭圆状卵形至卵形，顶端短渐尖，基部圆形或楔形，边近全缘，嫩叶有时具 2~3 个齿裂。圆锥花序，花白色。果实近球形，顶端急尖或钝；种子卵形，栗褐色，密被小瘤状突起和星状毛。花期 4—6 月，果熟期 8—10 月。

分布与生境：分布于广西、广东、云南、贵州、福建、江西、浙江以及湖南等省区。越南也有分布。江苏境内有引种栽培。分布于 100~1 000 m 的低山丘陵区。生于气候温暖、较潮湿，土壤疏松、土层深厚、排水良好的山坡或山谷、疏林中或林缘。本种生长迅速，具很强的萌芽更新能力，喜生于微酸性、肥沃且疏松的土壤中，耐干旱瘠薄，忌积水。

园林应用：越南安息香树干通直，常作为观花、观果植物。其木材为散孔材，木质洁白细致，结构致密均匀，材质松软，是理想的工艺、制胶合板和纸浆用材，可制火柴杆、家具及板材；种子油称"白花油"，可供食用和药用，治疥疮。树脂称"安息香"，含有较多香脂酸，是贵重药材,并可用于制造高级香料。

7. 玉铃花 *Styrax obassia* Siebold & Zucc.

形态特征:乔木或灌木,高 10～14 m。树皮灰褐色,平滑。嫩枝略扁,常被褐色星状长柔毛,成长后无毛,圆柱形,紫红色。叶纸质,生于小枝最上部的互生,宽椭圆形或近圆形,顶端急尖或渐尖,基部近圆形或宽楔形,边缘具粗锯齿。花白色或粉红色,芳香,总状花序顶生或腋生。果实卵形或近卵形;种子长圆形,暗褐色,近平滑,无毛。花期 5—7 月,果期 8—9 月。

分布与生境:产于华北、华东地区。江苏全境有分布。属阳性树种,生长在海拔 700～1 500 m 的林中,适于在较平坦或稍倾斜的土地上生长,以在湿润而肥沃的土壤上生长较好。

园林应用:玉铃花树形优美,花朵芳香美丽,作为极具观赏价值的园林树,常种植于草坪、林缘、路边及假山岩石间,形成良好的群落环境,或散植于庭院、建筑物附近。玉铃花是良好的材用树种之一,其木材可作建筑、器具、雕刻用材。种子可榨油,用于制皂及机械润滑油。花美丽、芳香,可供园林观赏及提取芳香油。

(五)陀螺果属 *Melliodendron*

落叶乔木。冬芽卵形,有数片鳞片包裹。叶互生,无托叶,边缘有锯齿。花单生或成对,生于前一年小枝的叶腋,开花于长叶之前或花与叶同时开放,有长梗;花冠钟状,5 深裂几达基部。果大,木质,稍具棱或脊,宿存花萼与果实合生,包围果实全长的 2/3 或至近顶端,外果皮和中果皮木栓质,内果皮木质,坚硬;种子椭圆形,扁平,种皮膜质,胚乳肉质。

有 1 种,产于我国云南东南部、四川南部、贵州、广西(东南部除外)、湖南、广东中部以北、江西和福建,为中国特有植物。

1. 陀螺果 *Melliodendron xylocarpum* Hand.-Mazz.

形态特征:落叶大乔木,高可达 25 m。小枝红褐色。芽被柔毛。叶纸质,卵状披针形、椭圆形至长椭圆形,边缘有细锯齿,干后上面带黑色,侧脉 7～9 对。花白色,花冠裂片长圆形。果倒卵形、倒圆锥形或倒卵状梨形,密被灰黄色星状绒毛,具 5～10 棱或脊;种子椭圆形,扁平。花期 4—5 月,果期 8—10 月。陀螺果的中文名得名于其果实成熟后形似陀螺,又因形状为卵状,酷似鸦头,色黄褐似沙梨,故又名“鸦头梨”,我国民间又称其为红花茉莉。

分布与生境:分布于华南广东、广西的南岭山地,贵州,四川南部,重庆,江西中南部,福建北部,湖南等地区。长江流域各地植物园有栽培。加拿大、英国有引种栽培。江苏徐州新沂、苏州、常州、南京、镇江等地现有栽培。生于海拔 500～1 700 m 的山谷水边疏林中,星散分布,在混交林中居上层。喜光,速生,具很强的萌芽更新能力,喜生于微酸性、肥沃且疏松的土壤中,耐干旱瘠薄,忌积水。

园林应用:陀螺果树形优美,分枝开展,先花后叶,花大而美丽、淡雅似雪,先叶开放,略带粉色、雅致洁净,果奇特、垂悬,果形似陀螺,是优良的行道树和园林庭院观赏树种;陀螺果花期景观属纯式花相(先花后叶),被世界上历史最悠久的植物学杂志 *Curtis's Botanical Magazine*(《柯蒂斯植物学杂志》)誉为从中国引种的最美安息香科植物。陀螺果木材呈黄白色,材质坚韧,适宜作农具或工具等用材。种子能榨油,可食用,种子粕中可以提取广谱的生物活性物质。

五十九、木樨科 Oleaceae

(一)流苏树属 *Chionanthus*

落叶灌木或乔木。叶对生,单叶,全缘或具小锯齿;具叶柄。圆锥花序疏松,由上一年生枝梢的侧芽抽生;花较大,两性,或单性雌雄异株;花萼深 4 裂;花冠白色。果为核果,内果皮厚,近硬骨质;种子 1 枚,种皮薄。

本属有 2 种,1 种产于北美,1 种产于我国以及日本和朝鲜。

1. 流苏树 *Chionanthus retusus* Lindl. & Paxton

形态特征:落叶灌木或乔木,高可达 20 m。小枝灰褐色或黑灰色,圆柱形,开展,无毛,幼枝淡黄色或褐色,疏被或密被短柔毛。叶片革质或薄革质,长圆形、椭圆形或圆形,先端圆钝,基部圆或宽楔形至楔形,全缘或有小锯齿,叶缘稍反卷。聚伞状圆锥花序顶生于枝端,近无毛。果椭圆形,被白粉,呈蓝黑色或黑色。花期 3—6 月,果期 6—11 月。

分布与生境:分布于甘肃、陕西,华中河南以南至广东,华北山西、河北,西南云南、四川,华南及华东福建、台湾地区。朝鲜、日本也有分布。江苏各地都有分布。生于海拔 3000 m 以下的稀疏混交林中或灌丛中,或山坡、河边。流苏树喜光,喜温暖气候,不耐荫蔽,适应性强,耐寒,耐旱,忌积水,生长速度较慢,寿命长,耐瘠薄,对土壤要求不严,但以在肥沃、通透性好的沙壤土中生长最好,有一定的耐盐碱能力。

园林应用:流苏树植株高大优美、枝叶繁茂,花形纤细,白色花冠细长如流苏,花大而美丽,气味芳香,花期时如雪压树,不论点缀、群植、列植均具很好的观赏效果,可用于芳香园林或城市园艺康养疗愈场所。适于在草坪、路旁、池边、庭院建筑前孤植或丛植,列植于常绿树或围墙之前效果尤佳。老桩是重要的盆景材料,也可盆栽,制作桩景;北方常用于嫁接,作桂花的砧木。其花苞和嫩叶能代茶叶作饮料(糯米茶);果实含油丰富,可榨油,供工业用;木材坚重细致,可制作器具;芽、叶亦有药用价值。

(二)雪柳属 *Fontanesia*

落叶灌木,有时呈小乔木状。小枝四棱形。叶对生,单叶,常为披针形,全缘或具齿;无柄或具短柄。花小,多朵组成圆锥花序或总状花序,顶生或腋生;花冠白色、黄色或淡红白色,深 4 裂,基部合生。果为翅果,扁平,环生窄翅,每室通常仅有种子 1 枚。

有 2 种。我国和地中海地区各产 1 种。

1. 雪柳 *Fontanesia philliraeoides* subsp. *fortunei* (Carrière) Yalt.

形态特征:落叶灌木或小乔木,高达 8 m。树皮灰褐色。枝灰白色,圆柱形,小枝淡黄色或淡绿色,四棱形或具棱角,无毛。叶片纸质,披针形、卵状披针形或狭卵形,全缘,两面无毛。圆锥花序顶生或腋生,顶生花序长,腋生花序较短。果黄棕色,倒卵形至倒卵状椭圆形,扁平,边缘具窄翅;种子具 3 棱。花期 4—6 月,果期 6—10 月。

分布与生境:分布于陕西,华北的河北,华中的河南及湖北东部,华东的山东、江苏、安徽、浙江,华南地区。江苏全境均有分布。生长于海拔在 800 m 以下的水沟、溪边或林中。喜光,稍耐阴,喜温暖湿润气候,也耐寒。适应性强,耐干旱瘠薄,喜生长于排水良好、肥沃的土壤。

园林应用:雪柳叶形似柳叶,开花季节白花满枝,犹如覆雪,故得其名。其花白繁密,如点点雪花,故又称"珍珠花",为上好的观花树木。夏季,雪柳盛开的小白花聚成圆锥花序布满枝头，一团团白花散发出芳香气味；秋季叶丛中黄褐色的果实挂满枝头；初冬绿叶依然葱翠。雪柳也是非常好的蜜源植物。雪柳还具较强的萌芽能力，耐修剪，易造型，适于作绿篱、绿屏，加之其叶密、下垂，作绿篱整体郁闭性良好，没有裸露枝干的缺点。其对二氧化硫等有害气体抗性很强，还有吸尘、减噪、固土等功能，并且栽培管理粗放，病虫害少，因此是栽植绿篱、绿化街道及工矿厂区、美化庭院、营造防风林的理想树种，可丛植于草坪角隅、房屋前后、池畔、坡地、路旁、崖边或树丛边缘，亦可作行道树或孤植于庭院之中作庭荫树。其花芬芳，叶、根也有康养疗愈功能，嫩叶可代茶，根可治脚气，可用于芳香植物园或对环境要求较高的场所，如医院、幼儿园、学校、疗养院、敬老院等。雪柳可作切花用，也是良好的纤维资源植物，其枝条可编筐，茎皮可制人造棉。

（三）连翘属 Forsythia

直立或蔓性落叶灌木。枝中空或具片状髓。叶对生，单叶，稀 3 裂至三出复叶，具锯齿或全缘，有毛或无毛，具叶柄。花两性，1 至数朵着生于叶腋，先于叶开放。果为蒴果，2 室，室间开裂，每室具种子多枚，种子一侧具翅。

约有 11 种，除 1 种产于欧洲东南部外，其余均产于亚洲东部，尤以我国种类最多，现有 7 种、1 变型，其中 1 种系栽培。全属又为早春开花植物，3 月初便含苞待放，是庭园布置早春开花植物的理想材料。

1. 连翘 *Forsythia suspensa*（Thunb.）Vahl

形态特征：落叶灌木。枝开展或下垂，棕色、棕褐色或淡黄褐色。叶通常为单叶，或 3 裂至三出复叶，叶片卵形、宽卵形或椭圆状卵形至椭圆形，先端锐尖，基部圆形、宽楔形至楔形，叶缘除基部外具锐锯齿或粗锯齿。花通常单生或 2 至数朵着生于叶腋，先于叶开放，花萼绿色，花冠黄色。果卵球形、卵状椭圆形或长椭圆形。花期 3—4 月，果期 7—9 月。

分布与生境：分布于陕西，华北的河北、山西，华中的河南、湖北，华东的山东、安徽西部，西南的四川等地区。现广泛栽培。江苏全境有分布。生于海拔 50～2 000 m 的山坡灌丛、林下或草丛中，或山谷、山沟疏林中。连翘喜光，也较耐阴；喜温暖湿润气候，耐寒、耐干瘠薄，不耐积水；对土壤要求不严，在中性、微酸或碱性土壤上均能正常生长，但在阳光充足、土壤深厚肥沃而湿润的立地条件下生长较好。连翘生命力和适应性强，根系发达，固土能力强，萌发力强。

园林应用：连翘树姿优美，生长旺盛。早春先叶开花，且花期长、花量多，盛开时满枝金黄，芬芳四溢，令人赏心悦目，是早春优良观花灌木，可以栽作花篱、花丛、花坛、花境等，是荒山绿化优良生态树种、黄土高原防治水土流失的最佳生态经济植物；也可用于高速公路中分带大面积栽植，亦可作行道树下木、绿篱栽植以及广泛用于城乡、街路、庭院等绿化。连翘属于野生油料植物，其籽实油是制作绝缘油漆和化妆品的良好原料，精炼后也是良好的食用油。连翘提取物可作为天然防腐剂用于食品保鲜。连翘在绿化美化城市方面应用广泛，是观光农业和现代园林难得的优良树种。果实可以入药，性凉，入心、肝、胆经，能清热、解毒、散结、消肿，治温热、丹毒、斑疹、痈疡肿毒、瘰疬、小便淋闭。

2. 金钟花 *Forsythia viridissima* Lindl.

形态特征：落叶灌木，高可达 3 m。全株除花萼裂片边缘具睫毛外，其余均无毛。枝棕褐色或红棕色，直立，小枝绿色或黄绿色，呈四棱形，皮孔明显，具片状髓。叶片长椭圆形至披针形,上半部具不规则锐锯齿或粗锯齿。花 1～3 朵着生于叶腋,先于叶开放,花冠深黄色。果卵形或宽卵形,先端喙状渐尖,具皮孔。花期 3—4 月,果期 8—11 月。

分布与生境:分布于华东的江苏、安徽、浙江、江西、福建,华中的湖北、湖南,西南地区的云南西北部。现除华南地区外,全国各地均有栽培。江苏全境有分布。生于海拔 100～2 600 m 的山地、谷地或河谷边林缘、溪沟边或山坡路旁灌丛中。喜光,也耐半阴,还耐热、耐寒,对土壤要求不严,耐干旱瘠薄,也耐水湿;是很好的两栖树种。在温暖湿润、疏松肥沃,排水良好的沙质土中生长良好。

园林应用:金钟花枝挺直,先叶后花,金黄灿烂,既是春季优良的园林花灌木,又是盆栽的好材料,可丛植于草坪、墙隅、路边、树缘、院内庭前等处。因其有两栖特性,可列植于滨水地带、用于水岸交错带的水际线绿篱营造和道路绿化等,也可作片植基础种植材料。果壳、根或叶入药,性凉,味苦,能清热、解毒、散结,主治感冒发热、目赤肿。

(四)梣属 *Fraxinus*

落叶乔木,稀灌木。芽大,多数具芽鳞 2～4 对,稀为裸芽。叶对生,奇数羽状复叶,有小叶 3 至多枚,小叶叶缘具锯齿或近全缘。花小,单性、两性或杂性,雌雄同株或异株;圆锥花序顶生或腋生于枝端,或着生于去年生枝上。果为含 1 枚或偶有 2 枚种子的坚果,扁平或凸起,先端迅速发育伸长成翅,翅长于坚果,故称单翅果;种子卵状长圆形,扁平。

约有 60 种,大多数分布在北半球暖温带地区和亚热带。我国产 27 种、1 变种,其中有 1 种系栽培,遍及各省区。

1. 绒毛梣 *Fraxinus velutina* Torr.

形态特征:落叶乔木,树皮较薄,浅裂,灰褐色,裂片较整齐。奇数羽状复叶,小叶 3～9 枚,以 5 枚居多,顶端小叶叶柄明显,叶长卵圆形,先端尖,基部宽楔形,不对称,边缘有细锯齿,叶背中脉有绒毛。雌雄异株,圆锥状聚伞花序着生于前一年生长的小枝上,无花瓣,雌花柱头成熟时二裂,呈粉红色,先花后叶。单翅果,种子长条形。花期 4 月,5 月见果,果 11 月中旬成熟。

分布与生境:原产于北美,我国华北、内蒙古南部、辽宁南部、长江下游均有栽培。江苏境内多有分布,且大部分栽培于河滩、地堰及沿海沙地。绒毛梣为阳性树种,喜光,根系发达且深,生长较快,对气候、土壤要求不严,耐寒,耐干旱也耐水湿,属两栖树种。其病虫害少,抗风,抗烟尘,耐盐碱。

园林应用:绒毛梣树冠庞大,枝繁叶茂,叶大荫浓。适应性强,特别耐盐碱、抗污染,秋叶常呈金黄色,是优良的秋色叶树种,可作为行道树和庭荫树,也可栽植于水岸景观带或滨水绿化带。因其特别耐盐碱,可供沙荒、盐碱地造林,是沿海城市防护堤绿化的优良树种,还可作"四旁"绿化、农田防护林树种。绒毛梣的材质优良,堪比水曲柳。

2. 光蜡树 *Fraxinus griffithii* C. B. Clarke

形态特征:半落叶乔木,高 10～20 m。树皮灰白色,粗糙,呈薄片状剥落。芽裸露,被毛。小枝灰白色,被毛,具皮孔。羽状复叶,叶柄基部略扩大,小叶柄着生处具关节,小叶 5～7 枚,革质,卵形至长卵形。圆锥花序顶生于当年生枝端,花冠白色。翅果阔披针状匙形,翅下延至坚果中部以下,坚果圆柱形。花期 5—7 月,果期 7—11 月。

分布与生境:分布于华中的湖北、湖南,华东的福建、台湾,华南的广东、广西、海南,西南的贵州、四川和云南等地。日本、菲律宾、印度尼西亚、孟加拉国、印度也有分布。华北、江苏均有引种栽培。生于海拔 100～2 000 m 的干燥山坡、林缘、村旁、河边。喜光,幼树耐阴,较耐寒,也耐高温,枝叶生长茂盛。耐水湿,对土壤要求不严,在盐碱地区抗性很强,对有毒气体有一定抗性,喜土层深厚、排水良好的壤土。

园林应用:本种为该属中少有的常绿树种,其树冠开展,复叶亮丽,半下垂的枝条非常秀美,可用作行道树和庭荫树,也可用于营造沿海防护林或盐碱滩涂造林。光蜡树材质坚韧、纹理直,可制农具、家具、车辆、胶合板、运动器材等;枝条可编箩筐;树皮可入药。本种可作经济昆虫资源树种,栽于田埂、矮林作业,放养白蜡虫可生产白蜡,为轻工、化工及医药的重要原料。

3. 苦枥木 *Fraxinus insularis* Hemsl.

形态特征:落叶乔木,高可达 30 m。芽密被黑褐色绒毛。羽状复叶,小叶 5～7 枚,坚纸质或近革质,长圆形或椭圆状披针形,先端急尖、渐尖至尾尖,基部偏斜,边缘具浅锯齿,两面无毛,侧脉 7～11 对,网脉明显。圆锥花序,分枝细长,花白色,芳香,花梗丝状。翅果红色至褐色,长匙形。花期 4—5 月,果期 7—9 月。

分布与生境:分布于长江以南、台湾至西南各省区。日本也有分布。江苏境内有分布。其分布广,形态变异大,适应性强,生于各种海拔高度的山地杂木林中、沟谷溪边的林缘等处。

园林应用:苦枥木树形高大,树冠开展,秋叶深红色,翅果成熟后如众多飞蛾悬挂枝头,很有特色,可作行道树和庭荫树。其花芳香,可用于芳香植物园或高密度城市建筑群中园艺康养疗愈场所。茎皮入药,味苦,性寒,入肝、胆经,能清热燥湿、平喘止咳、明目,主治细菌性痢疾、肠炎、白带、慢性气管炎、目赤肿痛、迎风流泪、牛皮癣等。

(五)素馨属 *Jasminum*

小乔木或直立或攀缘状灌木,常绿或落叶。小枝圆柱形或具棱角和沟。叶对生或互生,稀轮生,单叶、三出复叶或为奇数羽状复叶,全缘或深裂。花两性,排成聚伞花序,聚伞花序再排列成圆锥状、总状、伞房状、伞状或头状。浆果双生或其中一个不育而成单生,果成熟时呈黑色或蓝黑色,果皮肥厚或膜质。

约有 200 余种,分布于非洲、亚洲、澳大利亚以及太平洋南部诸岛屿;南美洲仅有 1 种。我国产 47 种、1 亚种、4 变种、4 变型,其中 2 种系栽培,分布于秦岭山脉以南各省区。

1. 探春花 *Jasminum floridum* Bunge

形态特征:又称迎夏,半常绿直立或攀缘状灌木,高 0.4～3 m。小枝褐色或黄绿色。叶互生,复叶,小叶 3 或 5 枚,小枝基部常有单叶;小叶片卵形、卵状椭圆形至椭圆形,先端急尖,具小尖头;顶生小叶片常稍大,具小叶柄;单叶为宽卵形、椭圆形或近圆形。聚伞花序或伞状聚伞花序顶生;花冠黄色,近漏斗状。果长圆形或球形,成熟时呈黑色。花期 4—6 月,果期 9—10 月。

分布与生境:分布于陕西南部,华北的河北,华中湖北西部、河南西部,西南的四川、贵州北部,华东的山东。江苏全境均有栽培。生于海拔 2 000 m 以下的坡地、山谷或林中。喜光,喜温暖、湿润的气候;较耐热,不耐寒;对土壤要求不严,喜肥沃、疏松、排水良好的土壤。

园林应用:探春花株形优美,叶丛翠绿,花开于初夏和秋季,花期长,花色金黄,清香四溢,枝条常蔓生,是优良花灌木,可作绿篱、花灌丛、地被、边坡垂直绿化。除用于盆景、盆栽、鲜切花瓶插水养外,也适合栽植于芳香植物园和园林康养疗愈场所。花、叶亦可供药用,花能退热出汗,有利排尿,主治咳逆上气、喉痹、发热头痛、小便热痛等症;其叶能活血化瘀、祛毒、快速消肿,主治疮毒、恶疮、跌打损伤、外伤流血等。嫩花可炒食,其味甘甜。

2. 茉莉花 *Jasminum sambac*(L.)Aiton

形态特征:常绿小灌木,高1～3 m;小枝疏被柔毛。单叶对生,纸质,宽卵形或椭圆形,有时近圆形,两端圆或钝,侧脉4～6对,稍凹入。聚伞花序顶生,常具3花;花萼裂片线形;花冠白色,极芳香;盆栽一般不结实。花期5—8月,果期7—9月。

分布与生境:原产于印度,中国南方露地引种栽培,中国其他地方和世界各地广泛栽培。性喜温暖湿润,在通风良好、半阴的环境中生长最好。土壤以含有大量腐殖质的微酸性沙质土壤最适合。其大多数品种畏寒、畏旱,不耐霜冻、湿涝和碱土;冬季气温低于3℃时,枝叶易遭受冻害,如持续时间长就会死亡。江苏境内各地盆栽,室内越冬。

园林应用:我国长江流域广泛盆栽供观赏,一般要置于暖处越冬;南岭及以南地区可露天过冬。在适生地区可应用于广场、人行道路、隔离带绿化;亦可用于芳香庭院及城市园艺康养疗愈场所,如医院、幼儿园、学校、康复中心、疗养院、敬老院等。茉莉的花极香,可制茉莉精油,为著名的花茶原料及重要的香精原料;茉莉花亦可入药。其根味苦,性温,有毒,能麻醉、止痛,用于跌损筋骨、龋齿、头痛、失眠;叶味辛,性凉,能清热解表,用于外感发热、腹胀腹泻;花味辛、甘,性温,能理气、开郁、辟秽、和中,用于下痢腹痛、目赤红肿、疮毒,并有止咳化痰之效。

3. 迎春花 *Jasminum nudiflorum* Lindl.

形态特征:落叶灌木,直立或匍匐,高0.3～5 m。枝条下垂,枝稍扭曲,光滑无毛,小枝四棱形,棱上多少具狭翼。叶对生,三出复叶,小枝基部常具单叶;小叶片卵形、长卵形或椭圆形,先端锐尖或钝,基部楔形,叶缘反卷。花单生于前一年生小枝的叶腋,稀生于小枝顶端;花萼绿色,花冠黄色。花期2—4月,果期8—9月。因在百花之中开花较早,花后即迎来众花争艳的春天而得其名。

分布与生境:原产于华中、华南、西南的亚热带地区。现广泛引种到黄河流域以南栽培。江苏全境有栽培。生于海拔300～2 000 m山坡灌丛中。喜光,稍耐阴;喜温暖、湿润的气候,也耐寒,耐旱但不耐水湿。喜疏松肥沃且排水良好的沙质土,在酸性土中生长旺盛,在碱性土中生长不良。

园林应用:迎春花的花先于叶开放,清香,金黄色,外染红晕,端庄秀丽,气质非凡,具有不畏寒威、不择风土、适应性强的特点,与梅花、水仙和山茶花统称为"雪中四友",现为河南省鹤壁市的市花。园林中可配置于湖边溪畔、桥头墙隅、坡面、挡土墙垣、草坪林缘等处,也可作开花地被和花篱,同时也是盆栽和制作盆景的材料。其他用途同探春花。

4. 野迎春 *Jasminum mesnyi* Hance

形态特征:常绿灌木,高0.5～5 m;枝弯弓下垂,具4棱,无毛。叶对生,三出复叶与单叶并存;小叶近革质,长卵形或长卵状披针形,侧生小叶较小,无柄。花单生叶腋,花冠黄色,漏斗状,花萼钟状,裂片6～8枚;栽培时常为重瓣。果椭圆形。花期11月至翌年8月,果期3—5月。

分布与生境:分布于西南的四川西南部、贵州、云南等地。江苏全境有分布。生长于海拔 500～2 500 m 的山谷林中。喜温暖湿润气候和充足阳光,忌严寒和积水,稍耐阴,以在排水良好、肥沃的酸性沙壤土上生长最好,适应性强,管理粗放。

园林应用:野迎春是本属少有的常绿种类,其花明黄色,早春盛开,是受人们喜爱的观赏植物。枝条柔软细腻,可编织成圆形、椭圆形、游龙形等各种形状供观赏;也常用于屋顶女儿墙、花架绿篱、坡地、高地、阳台的悬垂绿化。其他用途同探春花。

(六) 女贞属 *Ligustrum*

落叶或常绿、半常绿的灌木、小乔木或乔木。单叶对生,叶片纸质或革质,全缘;具叶柄。聚伞花序常排列成圆锥花序,多顶生于小枝顶端,稀腋生;花两性;花冠白色,近辐状、漏斗状或高脚碟状。果为浆果状核果,内果皮膜质或纸质,稀为核果状而室背开裂;种子1～4枚,种皮薄。

约有 45 种,主要分布于亚洲温暖地区,向西北延伸至欧洲,另经马来西亚分布至新几内亚、澳大利亚;东亚约有 35 种,为本属现代分布中心。我国产 29 种、1 亚种、9 变种、1 变型,其中 2 种系栽培,尤以西南地区种类最多,约占东亚总数的 1/2。

1. 女贞 *Ligustrum lucidum* W. T. Aiton

形态特征:常绿乔木,高可达 25 m。叶革质,卵形、长卵形或卵状椭圆形,先端尖或渐尖,基部圆,两面无毛,侧脉 4～9 对。圆锥花序顶生,较大;花梗极短。果肾形,深蓝黑色,熟时红黑色,被白粉。花期 5—7 月,果期为 7 月至翌年 5 月。

分布与生境:广泛分布于长江流域以南至华南、西南各省区,向西北分布至陕西、甘肃,华北、西北地区也有栽培。江苏全境有分布,栽培或野生。生于海拔 2 900 m 以下疏、密林中。女贞喜光,也耐阴,较耐寒,耐水湿,喜温暖湿润气候。女贞为深根性树种,须根发达,生长快,萌芽力强,耐修剪,但不耐瘠薄。对大气污染的抗性较强,对二氧化硫、氯气、氟化氢及铅蒸气均有较强抗性,也能忍受较严重的粉尘、烟尘污染;女贞对剧毒的汞蒸气反应相当敏感,一旦受熏,叶、茎、花冠、花梗和幼蕾便会变成棕色或黑色,严重时会掉叶、掉蕾。对土壤要求不严,以深厚、肥沃、腐殖质含量高的沙质壤土或黏质壤土栽培为宜,在红、黄壤土中也能生长。

园林应用:女贞枝叶茂密,树形整齐,四季婆娑,是常用观赏树种,可于庭院孤植或丛植,也可作行道树、绿篱等。因女贞适应性强,生长快且耐修剪,在园林中多作为庭院、道路、厂矿、学校等的绿墙。女贞的果实鸟兽喜食,常用于生物多样性培育工程中动物招引。在高密度城市交通环境中可用女贞作指示树种来监测空气污染物的变化。女贞的实生苗培育容易,可以用作嫁接繁殖桂花、丁香等的砧木。女贞叶可提取清香的冬青油(水杨酸甲酯),经常用作甜食和牙膏的添加剂;该油易被皮肤所吸收,也具有收敛、利尿和兴奋等功效,还可以用来治疗肌肉疼痛。女贞的成熟果实晒干后在中药里称女贞子,性凉,味甘、苦,可明目、乌发、补肝肾,具有降血脂及抗动脉硬化、降血糖、抗肝损、升高外周白细胞数、抗炎、抗癌、抗突变等作用,主治耳鸣眩晕、双目昏花、须发早白和牙齿松动等。

2. 金森女贞 *Ligustrum japonicum* Thunb. 'Howardii'

形态特征:常绿灌木或小乔木,植株高在 1.2 m 以下。叶对生,单叶卵形,革质、厚实、有肉感;春季新叶鲜黄色,至冬季转为金黄色,部分新叶沿中脉两侧或一侧局部有云翳状浅绿色斑块,色彩明快悦目;节间短,枝叶稠密。圆锥状花序,花白色。果实黑紫色,椭圆形。

花期 6—7 月,果期 10—11 月。

分布与生境:原种分布于日本本州关东以西、四国、九州及中国台湾省,现中国南方地区广泛栽培。江苏境内有引种栽培。耐热,耐寒,喜光,又耐半阴,耐旱,对土壤要求不严,抗病力强,生长迅速。其叶片宽大,能吸收空气中大量的粉尘及有害气体,净化空气。

园林应用:金森女贞植株强健繁茂,春季新叶呈明亮的黄绿色,至冬季转为金黄色,叶片厚实且质感好;一串串银铃般的小花散发出阵阵清香;秋冬季节蓝黑色的果实挂满枝头,果期可以持续至翌年早春;其株形紧凑且枝叶稠密,长势强健,为春季斑色类彩叶植物,是非常好的自然式绿篱材料;可作道路、建筑或屋顶绿化的基础栽植材料,软化硬质景观,或应用于重要地段的草坪、花坛和广场,与其他彩叶植物配植,修整成各种模纹图案;亦可植作界定空间、遮挡视线的园林外围绿篱,也可植于墙边、林缘等半阴处,遮挡建筑基础,丰富林缘景观的层次。金森女贞萌发力强,底部枝条与内部枝条不易凋落,对病虫害、火灾、煤烟、风雪等有较强的抗性,可用于工矿厂区、加油站绿化或用于废弃采矿迹地的植被修复与景观营造。

3. 金叶女贞 *Ligustrum* × *vicaryi* Rehder

形态特征:半常绿灌木,株高 2~3 m。老枝多为淡褐色,幼枝淡灰黄色,嫩梢黄中带紫红色,先端 1~2 对叶片的叶缘呈紫红色,皮孔明显。叶对生,椭圆形,先端渐尖,基部广楔形。顶生圆锥状花序,花白色,有淡香。核果成熟后为紫黑色。花期 4—5 月,果期 10—11 月。

分布与生境:原产于北美西部,为美国加州的金边女贞与欧洲女贞杂交而成。华北南部至华东北部广泛引种栽培。江苏全境有引种栽培。性喜光,稍耐阴,有一定耐寒能力,不耐高温高湿,适应性较强,病虫害少,对土壤要求不严格,以在疏松肥沃、通透性良好的沙壤土地块栽培为佳,对我国长江以南及黄河流域等地的气候条件均能适应,生长良好。

园林应用:金叶女贞叶色金黄,尤其在春秋两季色泽更加璀璨亮丽,夏季开花,花形优美,常作色叶绿篱植物;可塑性极高,能最大程度地满足园林修剪的需求,在园林绿化中主要用来组成图案和建造绿篱;也可以作为配色植物,根据配色的方案将黄色叶片与红色叶片和绿色叶片巧妙搭配,组成色块来美化、调节城市绿化带和园林景观。其叶面革质,表面有蜡质层,对有害气体如二氧化硫、氯气等有较强的抗性。因其花芳香,可用于高密度城市环境中园艺康养疗愈场所绿化。

4. 小叶女贞 *Ligustrum quihoui* Carrière

形态特征:落叶灌木,高 1~3 m。小枝淡棕色,圆柱形,密被微柔毛,后脱落。叶片薄革质,形状和大小变异较大,先端锐尖、钝或微凹,基部狭楔形至楔形,叶缘反卷,常具腺点。圆锥花序顶生,近圆柱形,分枝处常有 1 对叶状苞片。果倒卵形、宽椭圆形或近球形,呈紫黑色。花期 5—7 月,果期 8—11 月。

分布与生境:分布于陕西南部,华中的河南、湖北,华东的山东、江苏、安徽、浙江、江西,西南的四川、贵州西北部、云南、西藏察隅等地区。江苏全境有分布。生于海拔 100 ~ 2 500 m 的沟边、路旁、河边灌丛中或山坡的林缘。适应性强,生长健壮,喜光,稍耐阴,喜温暖湿润的气候。

园林应用:小叶女贞主枝叶紧密,四季常青,圆整且耐修剪,庭院中常栽植观赏。其生长迅速,为园林绿化的重要绿篱、绿墙、绿屏材料,也是制作盆景的优良树种。小叶女贞抗污染能力强,能吸收二氧化硫等有害气体,是优良的抗污染树种,可用于工矿区绿化和废弃工业地的植被修复与景观营造。其还可作桂花、丁香等树的砧木。叶可入药,具清热解毒等功效,治烫伤、外伤;树皮入药可治烫伤。

5. 小蜡 *Ligustrum sinense* Lour.

形态特征:落叶灌木或小乔木,高 2～4 m;小枝常被淡黄色短柔毛。叶近革质,叶形变化大,常为椭圆形或卵状椭圆形,先端锐尖、短渐尖至钝而微凹,基部近圆形,上面深绿色,下面淡绿色,常被毛,侧脉 4～8 对;叶柄被毛。圆锥花序顶生或腋生,常被黄褐色短柔毛。果近球形。花期 3～6 月,果期 9—11 月。

分布与生境:分布于华东的江苏、浙江、安徽、江西、福建、台湾,华中的湖北、湖南,华南的广东、广西,西南的贵州、四川、云南等地区。越南、马来西亚也有栽培。江苏全境有分布。生于海拔 100～2 600 m 的山坡、山谷、溪边、河旁、路边的密林、疏林或混交林中。喜光,喜温暖或高温湿润气候,不耐水湿,耐寒,生命力强,耐修剪,较耐瘠薄,喜肥沃的沙质壤土。

园林应用:小蜡树冠枝叶稠密,树姿袅娜,分枝茂密,盛花期花开满树,如皑皑白雪,是优美的木本花卉和园林风景树。其耐修剪整形,最适宜植作绿篱、绿墙和绿屏;可修整成几何图形,作模纹花坛材料;或配植于庭门、入口及路边树丛、山石小品、林缘、溪边、池畔,无不相宜。本种老干古根虬曲多姿,常制作为树桩景。同时小蜡也是优良的抗污染树种,适用于公路及厂矿企业绿化。果实可酿酒;种子榨油可制肥皂;树皮和叶可入药,具清热降火、抑菌抗菌、去腐生肌等功效,治吐血、牙痛、口疮、咽喉痛,能防感染、止咳等。

(七)木樨属 *Osmanthus*

常绿灌木或小乔木。单叶对生,叶片厚革质或薄革质,全缘或具锯齿,两面通常具腺点;具叶柄。花两性,通常雌蕊或雄蕊不育而成单性花,雌雄异株或雄花、两性花异株,聚伞花序簇生于叶腋,或再组成腋生或顶生的短小圆锥花序;花冠白色或黄白色。果为核果,椭圆形或歪斜椭圆形,内果皮坚硬或骨质,常具种子 1 枚。

约有 30 种,分布于亚洲东南部和美洲。我国产 25 种及 3 变种,其中 1 种系栽培,主产于南部和西南地区。本属植物的花都芳香。桂花为我国著名的香料植物。

1. 桂花 *Osmanthus fragrans*（Thunb.）Lour.

形态特征:常绿灌木或小乔木,通常高 3～5 m,最高可高达 18 m。树皮灰褐色。小枝黄褐色,无毛。叶革质,多为长椭圆形,常具锯齿,两面无毛,密布小泡状腺体。聚伞花序簇生于叶腋,或近于帚状,每腋内有花多朵;花极芳香,果歪斜,椭圆形,熟时紫黑色。花期 8—10 月,果期 3—4 月。

分布与生境:分布于西南喜马拉雅山东段,在中国原生地主要在西南部,四川、陕南、云南、广西、广东、湖南、湖北、江西、安徽、河南等地均有分布,现广泛栽培于淮河流域及其以南地区,其适生区北可抵黄河下游,南可至两广、海南等地。印度、尼泊尔、柬埔寨也有分布。江苏境内分布于淮安、扬州、泰州、盐城、南通、南京、镇江、常州、无锡、苏州等地。喜光,也耐半阴,喜温暖湿润气候,但忌积水,有一定的耐干旱能力,抗逆性强,耐高温,不耐寒,在中国秦岭—淮河一线以南的地区均可露地越冬。对土壤要求不严,但在排水良好、富含腐殖质的沙质壤土上生长最好。桂花对氯气、二氧化硫、氟化氢等有害气体都有一定的抗性,还有较强的吸滞粉尘的能力。

园林应用:桂花终年常绿,枝繁叶茂,秋季开花,芳香四溢,可谓"独占三秋压群芳"。常作园景树,可孤植、对植,也可成丛、成林栽种,在园林中应用普遍。在中国古典园林中,丛生灌木型的桂花常与建筑物、山石相配,植于亭台楼阁附近。它是中国传统十大名花之一,也是集绿化、美化、香化于一体的观赏与实用兼备的优良园林树种,村前屋后常见大树,庭园习见,长江以南广为种植。桂花为名贵花木,芳香浓郁,陈香扑鼻,令人神清气爽,且于国庆、中秋佳节前后开放,更得时节。桂花花色缤纷,花期不同,有金桂、银桂、丹桂、四季桂等栽培变种和变型,在分类上仍作为同一个种。桂花对有害气体二氧化硫、氟化氢有一定的抗性,可用于工矿区或废弃工业地的绿化。桂花的木材材质致密,纹理美观,不易炸裂,刨面光洁,是良好的雕刻用材。桂花香气扑鼻,含多种香料物质,可食用、药用或提取香料。其花味辛,性温,散寒破结、化痰止咳,用于治疗牙痛、咳喘痰多、经闭腹痛;果味辛、甘,性温,暖胃、平肝、散寒,用于治疗虚寒胃痛;根味甘、微涩,性平,祛风湿、散寒,用于治疗风湿筋骨疼痛、腰痛、肾虚牙痛。桂花是上好的康养疗愈树种,沁人肺腑、浓能远溢的香堪称一绝,可种植于芳香植物园、高密度城市中园林康养疗愈场所,如医院、幼儿园、学校、疗养院、敬老院等。以桂花为原料制作的桂花茶是中国特产,它香气柔和、味道可口,为大众所喜爱。桂花自古就深受中国人的喜爱,被视为传统名花。在中国古代的咏花诗词中,咏桂之作的数量也颇为可观。桂花在园林建设中有着广泛的运用。桂花花语为"崇高、美好、吉祥、友好、忠贞之士、仙友、仙客";桂枝寓意为"出类拔萃之人物、仕途"。

桂花的主要栽培变种及变型有:

a. 金桂 *Osmanthus fragrans* var. *thunbergii* Makino

形态特征:金桂叶广椭圆形,叶缘波状,花黄色至深黄色。

分布与生境:现各地广泛栽培。江苏境内分布于淮安、扬州、泰州、盐城、南通、南京、镇江、常州、无锡、苏州等地。

园林应用:同桂花。

b. 银桂 *Osmanthus fragrans* f. *latifolius*(Makino)Makino

形态特征:银桂叶相对较小,椭圆形,花纯白、乳白、黄白色或淡黄色,浓香。开花在 9 月上中旬至 10 月中下旬。

分布与生境:现各地广泛栽培,江苏中部及南部多有栽培。

园林应用:同桂花。

c. 丹桂 *Osmanthus fragrans* var. *aurantiacus* Makino

形态特征:丹桂为常绿阔叶乔木,树皮灰色,不裂;单叶对生,叶较小,披针形,两端尖,全缘,疏生细锯齿,硬革质,叶腋具 2～4 叠生芽;聚伞状花序,花小,单瓣,簇生叶腋,花橘红色或橙黄色;花冠稍内扣,花色橙红,香味相对较淡。秋季开花 2 次,花期为 9 月下旬至 10 月上旬。核果卵球形,蓝紫色,果期为翌年 4—5 月。

分布与生境:现各地广泛栽培。江苏境内分布于淮安、扬州、泰州、盐城、南通、南京、镇江、常州、无锡、苏州等地。喜温暖、湿润气候,耐高温而不耐寒,为温带树种。

园林应用:同桂花。

d. 四季桂 *Osmanthus fragrans*（Thunb.）Lour.'Semperfloren'

形态特征：叶较小，花黄或淡黄色，香味相对较弱。四季桂每年9月至翌年3月分批开花。可连续开花数次。

分布与生境：现各地广泛栽培。江苏境内分布于淮安、扬州、泰州、盐城、南通、南京、镇江、常州、无锡、苏州等地。

园林应用：同桂花。

六十、马钱科 Loganiaceae

（一）醉鱼草属 *Buddleja*

多为灌木，少有乔木和亚灌木或亚灌木状草本。植株通常被腺毛、星状毛或叉状毛。枝条通常对生，圆柱形或四棱形，棱上通常具窄翅。单叶对生，稀互生或簇生，全缘或有锯齿；羽状脉；叶柄通常短。花多朵组成圆锥状、穗状、总状或头状的聚伞花序。蒴果、室间开裂，或浆果、不开裂；种子多颗，细小，两端或一端有翅，稀光滑无翅。

约有100种，分布于美洲、非洲和亚洲的热带至温带地区。我国产29种、4变种，除东北地区及新疆外，几乎全国各省区均有。本属一些种类可供药用和观赏。

1. 醉鱼草 *Buddleja lindleyana* Fortune

形态特征：落叶灌木，高1～3 m。茎皮褐色。小枝具4棱，棱上略有窄翅。叶对生，叶片膜质，卵形、椭圆形至长圆状披针形，顶端渐尖，基部宽楔形至圆形，边缘全缘或具有波状齿。穗状聚伞花序顶生；花紫色，芳香。果序穗状；蒴果长圆状或椭圆状，无毛，有鳞片；种子淡褐色，小，无翅。花期4—10月，果期8月至翌年4月。

分布与生境：分布于华东的江苏、安徽、浙江、江西、福建，华南的广东、广西，华中的湖北、湖南，西南的四川、贵州和云南等地区。东南亚、美洲及非洲均有栽培。江苏淮安、扬州、泰州、盐城、南通、南京、镇江、常州、无锡、苏州等地均有分布。生于海拔100～2 000 m的山地路旁、河边灌木丛中或林缘。喜温暖湿润气候和深厚肥沃的土壤，适应性强，耐干旱瘠薄，但不耐水湿。

园林应用：醉鱼草植株生长健壮，适应性强，粉红色的花芳香而美丽，无限花序使得花期很长，在园林中常植于草地周边，也可用作坡地、墙隅绿化美化，装点山石、庭院、道路、花坛都非常优美；经修剪整形后可盆栽观赏或用于高速公路和城市道路的中分带的绿化，也可作鲜切花材料。本种萌芽力强，耐修剪，枝叶密集，生长迅速，经整形修剪后可作为自然式或规则式绿篱。醉鱼草花香宜人且花期较长，可栽植于芳香植物园或城市园艺康养疗愈场所。醉鱼草五彩缤纷的色彩和香气极易引来蝴蝶、蜜蜂等小昆虫，可以形成充满生气的生态花园。全株有小毒，捣碎投入河中能使活鱼麻醉，便于捕捉，故得其名，因此不宜栽植于鱼塘附近。花、叶及根供药用，味辛、苦，性温，有毒，有祛风除湿、止咳化痰、杀虫、活血散瘀之功效，治流行性感冒、咳嗽、哮喘、风湿关节痛、蛔虫病、钩虫病、跌打、外伤出血、痄腮、瘰疬。兽医用其枝叶治牛泻血。全株可用作农药，专杀小麦吸浆虫、螟虫及孑孓等。醉鱼草的花语为"信仰与执着"。

2. 密蒙花 *Buddleja officinalis* Maxim.

形态特征：落叶灌木，高1～4 m。小枝略呈四棱形，灰褐色。小枝、叶下面、叶柄和花序均密被灰白色星状短绒毛。叶对生,纸质,狭椭圆形、长卵形或卵状披针形,顶端渐尖、急尖或钝,基部楔形或宽楔形,通常全缘;托叶在两叶柄基部之间缢缩成一横线。花多而密集,组成顶生聚伞圆锥花序。蒴果椭圆状,2 瓣裂;种子多颗,狭椭圆形,两端具翅。花期 3—4 月,果期 5—8 月。

分布与生境: 分布于西北的陕西、甘肃,华北的山西,华中的湖北、湖南、河南,华东的江苏、安徽、福建,华南的广东、广西,西南的四川、贵州、云南和西藏等地区。不丹、缅甸、越南等也有分布。江苏南部有分布。生海拔 100～2 800 m 向阳山坡、河边、村旁的灌木丛中或林缘。适应性较强,在石灰岩山地亦能生长。

园林应用: 密蒙花的花紫色并渐变为黄白色,美丽而芳香,为良好的庭园观赏植物,适于在林缘、山坡、水滨丛植或片植。密蒙花叶与茎密生绒毛,滞尘杀菌效果好,可用于工矿、高密度城市道路、建筑群周边绿化。全株可入药,花(包括花序)有清热利湿、明目退翳之功效,根可清热解毒,枝叶可用于治牛和马的红白痢。花还可提取芳香油,亦可作黄色食品染料。茎皮纤维坚韧,可作为造纸原料。密蒙花的花语为"盼幸福降临"。其他园林用途同醉鱼草。

六十一、夹竹桃科 Apocynaceae

(一)蔓长春花属 *Vinca*

蔓性半灌木,有水液。叶对生。花单生于叶腋内,极少 2 朵;花萼 5 裂;雄蕊 5 枚,着生于花冠筒的中部之下,花丝扁平,比花药为长,花药顶端有具一丛毛的膜贴于柱头。蓇葖果 2 个,直立;种子 6～8 个。

约有 10 余种,分布于欧洲。我国东部栽培有 2 种、1 变种。

1. 蔓长春花 *Vinca major* L.

形态特征: 常绿蔓性半灌木。茎偃卧,花茎直立。除叶缘、叶柄、花萼及花冠喉部有毛外,其余均无毛。叶对生,椭圆形,先端急尖,基部下延,侧脉约 4 对,叶柄长 1 cm。花单朵腋生,蓝色。花期 3—5 月。

分布与生境: 原产于地中海沿岸及美洲、印度等地。中国江苏、上海、浙江、湖北和台湾等地区有栽培。江苏省各地均有分布。喜温暖湿润的气候,喜阳光,也较耐阴,稍耐寒,喜欢生长在深厚、肥沃、湿润的土壤中。

园林应用: 蔓长春花既耐热又耐寒,有着较强的生命力,四季常绿,花期长达 3 个月,且其花色绚丽,有着较高的观赏价值,是一种理想的地被植物。在园林中常用于花坛、花境,也可用于边坡悬垂、屋顶花园女儿墙悬挂造景等。

2. 花叶蔓长春花 *Vinca major* var. *variegata* Loudon

形态特征: 常绿蔓性半灌木。该变种与原种的区别是叶边缘为白色,有黄白色斑点。

分布与生境: 中国国内主要栽培于华东等地区。江苏省各地均有分布。生境与蔓长春花相似。

园林应用: 园林应用与蔓长春花相似。

(二)络石属 *Trachelospermum*

攀缘灌木。全株具白色乳汁,无毛或被柔毛。叶对生,具羽状脉。花序聚伞状,有时呈聚伞圆锥状,顶生、腋生或近腋生,花白色或紫色。蓇葖果双生,长圆状披针形;种子线状长圆形,顶端具种毛,种毛白色绢质。

约有 30 种,分布于亚洲热带和亚热带地区,稀温带地区。我国产 10 种、6 变种,几乎遍布全国各省区。

1. 络石 Trachelospermum jasminoides (Lindl.) Lem.

形态特征:常绿木质藤本,长达 10 m 以上,具乳汁。茎赤褐色,圆柱形,有皮孔。小枝被黄色柔毛,老时渐无毛。叶对生,革质或近革质,椭圆形至卵状椭圆形或宽倒卵形,顶端锐尖、渐尖或钝,基部渐狭至钝,叶面无毛,叶背中脉凸起,叶柄短。花白色。蓇葖果双生。花期 3—7 月,果期 7—12 月。

分布与生境:分布于中国黄河流域以南广大地区,包括西北的陕西、华北的河北、华东及长江流域至华南。日本、朝鲜和越南也有分布。江苏省各地均有分布。生于山野、溪边、路旁、林缘或杂木林中。常缠绕于树上或攀缘于墙壁、岩石上。喜光,耐阴,喜温暖湿润气候,对气候的适应性强,较耐寒,亦耐暑热,对土壤要求不严,一般肥力的轻黏土及沙壤土栽培均宜,在酸性土及碱性土上均可生长,耐干旱,但忌水涝,抗海潮风。

园林应用:络石叶片光亮、常绿,花白色、芳香,花冠如风车,具有很高的观赏价值,在园林中多作地被,或盆栽观赏,常缠绕于树上或攀缘于墙壁、岩石上,亦可移栽于园圃。络石为芳香花卉,可用在芳香园林中,或用于城市园艺康养疗愈环境中,亦可用于工矿厂区、废弃工业地、废弃采矿迹地作地被,进行植被修复与景观营造。根茎可入药,味苦、辛,性微寒,归心、肝、肾经,能通络止痛、凉血清热、解毒消肿,主治风湿痹痛、腰膝酸痛、筋脉拘挛、咽喉肿痛、疔疮肿毒、跌打损伤、外伤出血。

(三)夹竹桃属 Nerium

直立灌木,枝条灰绿色,含水液。叶轮生,稀对生,具柄,革质,羽状脉,侧脉密生而平行。伞房状聚伞花序顶生,具总花梗;花冠漏斗状,红色,栽培品种可演变为白色或黄色,花冠筒圆筒形;花冠裂片 5 或更多而呈重瓣,斜倒卵形,花蕾时向右覆盖。蓇葖果 2,离生,长圆形;种子长圆形,种皮被短柔毛,顶端具种毛。

约有 4 种,分布于地中海沿岸及亚洲热带、亚热带地区。我国引入栽培 2 种、1 栽培品种。

1. 夹竹桃 Nerium oleander L.

形态特征:常绿直立大灌木,高达 5 m。枝条灰绿色,具乳汁,嫩枝条有棱,被微毛。叶 3～4 枚轮生,下部枝为对生,窄披针形,顶端急尖,基部楔形,叶缘反卷,叶面深绿,无毛,中脉背面凸起,侧脉密生而平行。花深红或粉红色,种子长圆形。花期 3—11 月,栽培很少结果。

分布与生境:原产于印度、伊朗和尼泊尔,我国长江流域及其以南地区广为栽植,北方则多盆栽。江苏省各地均有分布。喜光,不耐寒,有较强耐旱性,滞尘能力强,对土壤要求不严,可生于碱地。

园林应用:夹竹桃的叶片如柳似竹,花冠粉红至深红或白色,胜似桃花,有特殊香气,花期长,色泽鲜艳,常在高速公路中分带、公园、风景区、道路旁或河、湖周围栽植,夹竹桃有抗烟雾、耐烟尘、抗污染、抗毒物和净化空气、保护环境的能力,是用于工矿区、废弃采矿迹地等生长条件较差地区生态修复的好树种。夹竹桃植株有毒,叶、树皮、根、花、种子均含有多种苷元,毒性极强,人、畜误食能致死,在园林中要特别注意在某些场所应用的风险,如在医院、幼儿园、学校、敬老院、疗养院等场所慎用。茎皮纤维为优良混纺原料;种子含油,可榨油供制润滑油。

(四)长春花属 *Catharanthus*

一年生或多年生草本,有乳汁或汁液。叶草质,对生,叶腋内和叶腋间有腺体。花 2～3 朵组成聚伞花序,顶生或腋生。蓇葖果双生,直立,圆筒状,具条纹;种子 15～30 粒,长圆状圆筒形,两端截形,黑色,具颗粒状小瘤;胚乳肉质,胚直立;子叶卵圆形。

约有 6 种,产于非洲东部及亚洲东南部。我国栽培 1 种、2 变种。

1. 长春花 *Catharanthus roseus* (L.) Rchb. ex Spach

形态特征:常绿半灌木或亚灌木。略有分枝,具乳汁,全株无毛或仅有微毛。茎近方形,有条纹,灰绿色,节间长 1～3.5 cm。叶膜质,倒卵状长圆形,先端浑圆,有短尖头,基部楔形,下延,脉在背面略隆起。花红色。种子长圆状圆筒形。花期、果期几乎全年。

分布与生境:原产于地中海沿岸、印度、热带美洲,我国西南、中南及华东等各省有引种栽培。江苏南部有栽培。性喜高温、高湿环境,耐半阴,不耐严寒。

园林应用:长春花植株低矮,姿态优美,花期长,适合布置花坛、花境、岩石园,或模纹种植、作地被,也常盆栽,特别适合种植于大型花槽观赏。全株可入药,能凉血降压、镇静安神,可用于治疗高血压、火烫伤、恶性淋巴瘤、绒毛膜上皮癌、单核细胞性白血病等。

(五)罗布麻属 *Apocynum*

落叶直立半灌木,具乳汁。枝条对生或互生。叶对生,稀近对生或互生,具柄,叶柄基部及腋间具腺体。圆锥状聚伞花序一至多歧,顶生或腋生。蓇葖果 2,平行或叉生,细而长,圆筒状;种子多数,细小,顶端具有一簇白色绢质的种毛;胚根在上。

全世界约有 14 种,广布于北美洲、欧洲及亚洲的温带地区。我国产 1 种,分布于西北、华北、华东及东北各省区。

1. 罗布麻 *Apocynum venetum* L.

形态特征:直立半灌木,一般高约 2 m,具乳汁,枝条对生或互生,圆筒形,光滑无毛,紫红色或淡红色。叶基本对生,叶片椭圆状披针形至卵圆状长圆形,顶端渐尖至钝,具短尖头,叶缘具细齿。花紫红色或粉红色,种子卵状长圆形。花期 4—9 月,果期 7—12 月。

分布与生境:我国淮河、秦岭、昆仑山以北各省区都有分布。在江苏主要分布于徐州、连云港、宿迁。主要生于盐碱荒地和沙漠边缘及河流两岸、山沟、山坡的沙质地、冲积平原、湖泊周围及戈壁荒滩上。

园林应用:罗布麻易繁殖,移栽易成活,经济价值高,现已被广泛引种栽培驯化。其植株美观,适应性强,特别是红茎、绿叶、粉花、芳香,可作绿篱或用于岩石园等。花量繁多,美丽、芳香,花期较长,具有发达的蜜腺,是一种良好的蜜源植物。罗布麻茎皮纤维细而长,是一种比较理想的新的天然纺织原料,被誉为"野生纤维之王";其叶、花还可入药,自古以来罗布麻就被国人誉为"仙草",其味甘、苦,性凉,归肝经,有清火、降血压、强心、利尿、治心脏病等作用;其叶可制茶,可作为保健饮品。

六十二、马鞭草科 Verbenaceae

（一）牡荆属 *Vitex*

乔木或灌木。小枝通常四棱形，无毛或有微柔毛。叶对生，有柄，掌状复叶，小叶 3～8 枚，稀单叶，小叶片全缘或有锯齿，浅裂至深裂。花序顶生或腋生，为有梗或无梗的聚伞花序，或为聚伞花序组成的圆锥状、伞房状至近穗状花序。果实球形、卵形至倒卵形，中果皮肉质，内果皮骨质；种子倒卵形、长圆形或近圆形，无胚乳。

约有 250 种，主要分布于热带和温带地区。我国有 14 种、7 变种、3 变型。主产于长江以南，少数种类向西北经秦岭至西藏高原、向东北经华北至辽宁等地分布。

1. 黄荆 *Vitex negundo* L.

形态特征：灌木或小乔木，小枝四棱形，密生灰白色绒毛。掌状复叶，小叶 5 枚，少有 3 枚，长圆状披针形至披针形，顶端渐尖，基部楔形，表面绿色，背面密生灰白色绒毛，中间小叶长，两侧小叶依次递小。聚伞花序排成圆锥状，顶生，花淡紫色。核果近球形。花期 4—6 月，果期 7—10 月。

分布与生境：分布于长江以南各省，北达秦岭—淮河一线。非洲东部经马达加斯加、亚洲东南部至南美洲的玻利维亚也有分布。江苏省各地均有分布。生于山坡路旁或灌木丛中。喜光，能耐半阴，好肥沃土壤，但亦耐干旱、瘠薄和寒冷，是北方低山干旱阳坡最常见的灌丛优势种。萌蘖力强，耐修剪。

园林应用：黄荆树形疏散，叶茂花繁，淡雅秀丽，最适宜植于山坡、湖塘边、园路小径旁点缀风景。园林中制作盆栽多用其老桩，姿态奇特，上盆后稍加修剪整理即可观赏。管理比较粗放，也很适合家庭盆栽观赏。因其耐干旱瘠薄，可造林困难地绿化、水土保持，营造边坡防护林，也可种植于废弃工矿厂区。黄荆木材为小径材，材质好，可加工小型用具；茎皮可造纸及制人造棉；茎、叶治久痢；种子为清凉性镇静、镇痛药；根可以驱虫；花和枝叶可提取芳香油。

2. 荆条 *Vitex negundo* var. *heterophylla* (Franch.) Rehder

形态特征：黄荆的变种，主要特点为小叶片边缘有缺刻状锯齿，浅裂至深裂，背面密被灰白色绒毛。

分布与生境：广泛分布于中国北方地区，在江苏、安徽、江西、湖南、贵州、四川有分布。日本也有分布。江苏北部有分布。生于山坡路旁。

园林应用：荆条叶形美观秀丽，花色蔚蓝清雅，香气四溢，雅致宜人，是装点风景区的极好材料，也是优良的庭园绿化观赏树种。其叶和花含精油，可提取芳香油。也可将其种植于芳香植物专类园及城市园林康养疗愈场所。荆条是绿色屏障，是北方干旱山区阳坡、半阳坡的典型植被，对荒地护坡和防止风沙均有一定的作用，也可用于工矿厂区和废弃采矿迹地的植被修复与景观重建。其老根株形奇特多姿，耐雕刻加工，是理想的杂木类树桩盆景制作材料。种子可制肥皂及工业用油；茎皮含纤维，可用于造纸和人造棉及编绳索；荆条枝条柔韧，不受虫蛀，可编成各种筐篮；花含蜜汁，且花繁、开放期长，是良好的蜜源植物；茎、果实、根、叶可入药，具有清凉镇静作用，能治痢疾、流感、咳嗽痰喘、胃肠痛，根及籽可驱蛲虫，治风湿性关节炎、慢性支气管等病症；荆条枝干是很好的燃料，枝叶含有丰富的营养，主要成分与紫花苜蓿接近，是很好的绿肥。

（二）大青属 Clerodendrum

落叶或半常绿灌木或小乔木，少为攀缘状藤本或草本。冬芽圆锥状。幼枝四棱形至近圆柱形，有浅或深棱槽，皮孔明显或不显。单叶对生，少为 3～5 叶轮生，全缘、波状或有各式锯齿，很少浅裂至掌状分裂。聚伞花序或由聚伞花序组成疏展或紧密的伞房状或圆锥状花序，或短缩近头状，顶生、假顶生（生于小枝顶叶腋）或腋生，直立或下垂。浆果状核果，外面常有 4 浅槽或成熟后分裂为 4 分核，或因发育不全而为 1～3 分核；种子长圆形，无胚乳。

本属约有 400 种，分布于热带和亚热带，少数分布于温带，主产于东半球。我国有 34 种、6 变种，大多数分布在西南、华南地区。

1. 臭牡丹 Clerodendrum bungei Steud.

形态特征： 落叶灌木，高 1～2 m。植株有臭味。花序轴、叶柄密被黄褐色或紫色脱落性的柔毛。小枝近圆形，皮孔显著。叶片纸质，宽卵形或卵形，边缘具粗或细锯齿，表面散生短柔毛，叶柄很长。花淡红色、红色或紫红色。核果近球形。花期 5—11 月，果期 11—12 月。

分布与生境： 分布于华北、西北、西南以及江苏、安徽、浙江、江西、湖南、湖北、广西。印度北部、越南、马来西亚也有分布。江苏省各地均有分布。生于海拔 2 500 m 以下的山坡、林缘、沟谷、路旁、灌丛润湿处。喜光，喜温暖湿润气候。适应性强，耐寒，耐旱，耐阴，喜肥沃、疏松、湿润的土壤。

园林应用： 臭牡丹叶色浓绿，花朵优美，花期长，是一种非常美丽的园林花卉。其适应性广，抗逆性强，对水肥要求不严，管理粗放，非常符合当前城市建设应用节约型园林植物的要求，适宜栽于坡地、林下或树丛旁。因其萌蘖生长密集，还可作为优良的水土保持植物，用于护坡、保持水土。适宜栽于坡地、林下或树丛旁。其根、叶入药，为著名的云南蛇药主要成分，具有祛风解毒、消肿止痛之效。

2. 海州常山 Clerodendrum trichotomum Thunb.

形态特征： 灌木或小乔木，高 1.5～10 m 幼枝、叶柄、花序轴等多少被黄褐色柔毛或近无毛，老枝灰白色，具皮孔，髓白色，有淡黄色薄片状横隔。叶片纸质，卵形、卵状椭圆形或三角状卵形，顶端渐尖，基部一般楔形至截形。花白色或带粉红色。核果近球形。花果期 6—11 月。

分布与生境： 分布于华北的河北，向南至浙江、福建，向西至湖北、四川等地。朝鲜半岛、日本、菲律宾也有分布。江苏省内均有分布。生于海拔 2 400 m 以下的山坡灌丛中。喜光，稍耐阴，喜湿润肥沃壤土，较耐干旱瘠薄，适应性强，有一定耐寒性，忌低洼积水，对土壤要求不严，耐盐碱性较强，喜肥厚、湿润、通透性好的沙壤土，在沙土、轻黏土上均能正常生长，分蘖能力强。

园林应用： 海州常山植株繁茂，花序大，花果美丽，一株树上花果共存，白、红、蓝相映，色泽亮丽，花果期长，花时白色花冠后衬紫花红萼，花后有鲜红的宿存萼片，配以小蓝果，果熟时增大的紫红色宿萼托着蓝紫色果实，很是悦目，为优良秋季观花观果树种，是布置园景的好材料。丛植、孤植均宜，可栽植于公园、绿地等阳光充足的地方，若在空旷处栽植一株，几年后便可自行繁殖成一片；也可与其他树木配植于庭院、山坡、溪边、堤岸、悬崖、石隙及林下。其根、茎、叶、花可入药，有祛风湿、清热利尿、止痛、平肝降压之效，可治疗风湿痹痛、半身不遂、高血压病、偏头痛、疟疾、痢疾、痔疮、痈疽疮疥。

3. 龙吐珠 *Clerodendrum thomsoniae* Balf.

形态特征：攀缘状灌木。幼枝四棱形，被黄褐色短绒毛，老时无毛，小枝髓部嫩时疏松，老后中空。叶片纸质，狭卵形或卵状长圆形，顶端渐尖，基部近圆形，全缘，表面被小疣毛。花深红色。核果。花期3—5月，果期7—11月。

分布与生境：原产于热带非洲西部，中国各地均有栽培。江苏省南部有栽培。喜温暖、湿润和阳光充足的半阴环境，不耐寒。

园林应用：龙吐珠多栽培，枝蔓柔细，叶子稀疏，春夏开花，花甚美丽，萼白色、较大，花冠上部深红色，开花的时候红色花冠吐露在花萼之外，犹如蟠龙吐珠，故得其名，是优良的攀缘花木。主要用于温室栽培观赏，可植于花架，也可盆栽点缀窗台和夏季小庭院，大型酒店、宾馆中庭、南方公园或旅游基地则多将其编成花篮、拱门、凉亭等各种造型。全株可入药，性平，味淡，能清热、凉血、消肿、解毒，可治热病、惊痫、咳嗽、吐血、咽喉肿痛、痢疾、痈肿、疔疮、蛇虫咬伤、烫伤。

（三）紫珠属 *Callicarpa*

直立灌木，稀为乔木、藤本或攀缘灌木。小枝圆筒形或四棱形，被分枝的毛、星状毛、单毛或钩毛，稀无毛。叶对生，偶有三叶轮生，有柄或近无柄，边缘有锯齿，稀为全缘，通常被毛和腺点，无托叶。聚伞花序腋生。果实通常为核果或浆果状，成熟时紫色、红色或白色，外果皮薄，中果皮通常肉质，内果皮骨质，内有种子1粒；种子小，长圆形，种皮膜质。

约有190余种，主要分布于热带和亚热带的亚洲和大洋洲，少数种分布于美洲，极少数种分布区可延伸到亚洲和北美洲的温带地区。我国约有46种，主产于长江以南，少数种分布区可延伸到华北至东北和西北的边缘。本属有些种类可供药用，有些栽培供观赏。

1. 紫珠 *Callicarpa bodinieri* H. Lév.

形态特征：落叶灌木，高约2 m。小枝、叶柄和花序均被粗糠状星状柔毛。叶片卵状长椭圆形至椭圆形，顶端长渐尖至短尖，基部楔形，边缘有细锯齿，表面干后暗棕红色，有短柔毛，背面灰棕色，密被星状柔毛。花紫色。果实球形。花期6—7月，果期8—11月。

分布与生境：分布于河南南部、江苏南部、安徽南部、浙江、江西、湖南、湖北、广东、广西、四川、贵州、云南。越南也有分布。在江苏主要分布于淮安、扬州、泰州、盐城、南通、南京、镇江、常州、无锡、苏州、宜兴、溧阳。生于海拔100～2 300 m的林中、林缘及灌丛中。喜温，喜湿，怕风，怕旱，在阴凉的环境生长较好。

园林应用：紫珠株形秀丽，花色绚丽，果实色彩鲜艳，果期长，珠圆玉润，犹如一颗颗紫色的珍珠，是一种既可观花又能赏果的优良花灌木，尤以观果为主，常用于园林绿化或庭院栽种，可丛植于公园草坪周边、道路两边，或与山石相配，也可盆栽或将其制作成观果盆景观赏。其果穗还可剪下瓶插或作切花材料。全株可入药，能通经和血，治月经不调、虚劳、白带、产后血气痛、感冒风寒；调麻油外用可治缠蛇丹毒。紫珠的花语为"聪明"。

2. 日本紫珠 *Callicarpa japonica* Thunb.

形态特征：落叶灌木，高约2 m。小枝圆柱形，无毛。叶片倒卵形、卵形或椭圆形，顶端急尖或长尾尖，基部楔形，通常两面无毛，边缘上半部有锯齿，叶柄很短。聚伞花序，花白色或淡紫色。果实球形。花期 6—7 月,果期 8—10 月。

分布与生境:分布于辽宁、河北、山东、江苏、安徽、浙江、台湾、江西、湖南、湖北西部、四川东部、贵州。日本、朝鲜也有分布。在江苏主要分布于淮河以南的地区。生于海拔 100～900 m 的山坡和谷地溪旁的丛林中。喜光,耐阴,喜温暖湿润气候,较耐寒;喜深厚肥沃的土壤,萌芽力强。

园林应用:日本紫珠株形秀丽,枝条柔软,秋季果实累累,紫粉色明亮如珠,果期长,耐寒、耐阴性强,是优良的花果俱佳灌木。可配植于庭院或公园绿地边缘,也可丛植于园路旁与常绿树搭配。叶入药称紫珠,能止血消炎、散瘀消肿,用于胃及十二指肠溃疡出血、外伤出血、衄血、齿龈出血、扭伤肿痛、化脓性皮肤溃疡、烧伤、流行性感冒。

3. 白棠子树 *Callicarpa dichotoma* (Lour.) K. Koch

形态特征:落叶小灌木,高约 1～3 m。小枝纤细,嫩枝部分有星状毛。叶倒卵形或披针形,顶端急尖或尾尖,基部楔形,边缘仅上半部具数个粗锯齿,表面粗糙,背面无毛,密生细小黄色腺点,叶柄很短。花紫色。果实球形。花期 5—6 月,果期 7—11 月。

分布与生境:分布于华东的山东、华中、华南、贵州至华北南部。在江苏主要分布于淮河以南各地。生于海拔 400 m 以下的低山丘陵灌丛中。喜光,喜温暖湿润气候,较耐寒,耐阴,对土壤要求不严。

园林应用:白棠子树植株矮小,枝条柔细,入秋白色果实累累,如粒粒珍珠,是优良的观果灌木。茎、叶含大量挥发性芳香油,适于作城市园林康养疗愈场所的基础种植材料,也适于在庭院、草地、假山、路边、常绿树前丛植。果枝可作切花材料。全株供药用,治感冒、跌打损伤、气血瘀滞、妇女闭经、外伤肿痛;根可治关节酸痛、外伤肿痛;茎、叶可提取芳香油,叶也可用作止血药。

4. 窄叶紫珠 *Callicarpa membranacea* H. T. Chang

形态特征:落叶灌木,叶片质地较薄,倒披针形或披针形,绿色或略带紫色,两面常无毛,有不明显的腺点,边缘中部以上有锯齿,叶柄长不超过 5 mm。花白色,果实球形。花期 5—6 月,果期 7—10 月。

分布与生境:产于陕西秦岭以南、河南、江苏、安徽南部、浙江、江西、湖北、湖南、广东、广西、贵州、四川东部。在江苏主要分布于淮河以南各地。生于海拔 1 300 m 以下的山坡、溪旁林中或灌丛中。

园林应用:同紫珠。

六十三、茄科 Solanaceae

(一) 枸杞属 *Lycium*

灌木,通常有棘刺或稀无刺。单叶互生或因侧枝极度缩短而数枚簇生,条状圆柱形或扁平,全缘,有叶柄或近于无柄。花有梗,单生于叶腋或簇生于极度缩短的侧枝上。浆果,具肉质的果皮。种子多数或由于不发育仅有少数,扁平;胚弯曲成大于半圆的环,位于周边,子叶半圆棒状。

约有 80 种,主要分布在南美洲,少数种类分布于欧亚大陆温带。我国产 7 种、3 变种,主要分布于北部。

1. 枸杞 *Lycium chinense* Mill.

形态特征:落叶灌木,高 0.5～1 m,栽培时可高达 2 m。枝条细弱,弓状弯曲或俯垂,淡灰色,有纵条纹,具棘刺,小枝顶端锐尖呈棘刺状。叶纸质,单叶互生或 2～4 枚簇生,卵形、卵状菱形、长椭圆形或卵状披针形,顶端急尖,基部楔形。花淡紫色。浆果红色。花果期 6—11 月。

分布与生境:分布于我国西北的新疆、青海、陕西、宁夏、甘肃南部,东北的黑龙江、吉林、辽宁,华北的内蒙古、河北、山西,以及西南、华中、华南和华东各省区。朝鲜、日本、欧洲有栽培或逸为野生。在我国除普遍野生外,各地也作药用、果蔬或绿化栽培。江苏省各地均有分布。常生于山坡、荒地、丘陵地、盐碱地、路旁及村边、宅旁,亦可用于绿化。

园林应用:枸杞树形婀娜,叶翠绿,花淡紫,果实鲜红,是很好的盆景观赏植物,现已有部分栽培供观赏,但由于其耐寒、耐旱、不耐涝,所以在江南多雨多涝地区很难种植。其耐干旱,可生长在沙地或少土的乱石地,因此可作为水土保持灌木,用于废弃采矿迹地裸岩植被恢复或荒地生态修复。而且,其耐盐碱,为盐碱地或渣土场生态修复的先锋树种。其嫩叶可作蔬菜,被列为"药食两用"树种,可以加工成各种食品、饮料、保健品等。人们在煲汤或者煮粥的时候也经常加入枸杞。枸杞种子油可制润滑油或食用油,也可加工成保健品——枸杞子油。

(二)曼陀罗属 *Datura*

草本、半灌木、灌木或小乔木。茎直立,二歧分枝。单叶互生,有叶柄。花大型,常单生于枝分叉间或叶腋,直立、斜升或俯垂。蒴果,规则或不规则 4 瓣裂,或者浆果状,表面生硬针刺或无针刺而光滑;种子多数,扁肾形或近圆形;胚极弯曲。

约有 16 种,多数分布于热带和亚热带地区,少数分布于温带。我国有 4 种,南北各省区均有分布,野生或栽培。该属植物是提取莨菪碱和东莨菪碱的资源植物。

1. 曼陀罗 *Datura stramonium* L.

形态特征:落叶草本或半灌木,高 0.5～1.5 m。全体近平滑或在幼嫩部被短柔毛。茎粗壮,圆柱形,淡绿色或带紫色,下部木质化。叶广卵形,顶端渐尖,基部楔形不对称,边缘有不规则波状浅裂,侧脉直达裂片顶端,叶柄长。花白色或淡紫色。蒴果。花期 6—10 月,果期 7—11 月。

分布与生境:原产于墨西哥,广泛分布于世界温带至热带地区,中国各地均有分布。江苏省各地均有分布。常生于住宅旁、田间、沟旁、河岸、山坡、路边或草地上,也有的为药用或观赏而栽培。喜温暖、向阳及排水良好的沙质壤土地。

园林应用:曼陀罗全株有毒,并不适合用于家居装饰,不过可以种植在庭院中,一是有香味,二是艳丽妖娆,可作为高贵华丽、品味特殊、有特质的装饰。只是要提防小孩、路人误食或近闻其香,以免中毒。曼陀罗还带着神秘、圣洁、浪漫的气质,因而适合欧式的庭院家居风格;此外也适用于中国古典式的绿化装饰,尤其适合具有田园风味的绿化装饰风格。可以用于高速公路两侧绿化带,防止人与动物穿越。曼陀罗可致癌、致幻,可用于麻醉、治疗疾病。种子油可制肥皂和掺和油漆,可用于制作杀虫、杀菌剂。曼陀罗的花语为"不可预知的死亡和爱"。

（三）茄属 *Solanum*

草本、亚灌木、灌木至小乔木，有时为藤本。无刺或有刺，无毛或被单毛、腺毛、树枝状毛、星状毛及具柄星状毛。叶互生，稀双生，全缘、波状或作各种分裂，稀为复叶。花组成顶生、侧生、腋生、假腋生、腋外生或对叶生的聚伞花序，蝎尾状、伞状聚伞花序，或聚伞式圆锥花序。浆果或大或小，多半为近球状、椭圆状，稀扁圆状至倒梨状，黑色、黄色、橙色至朱红色，果内石细胞粒存在或不存在；种子近卵形至肾形，通常两侧压扁，外面具网纹状凹穴。

约有 2 000 种，分布于全世界热带及亚热带，少数分布至温带地区，主要产于南美洲热带地区。我国有 39 种、14 变种。

1. 珊瑚樱 *Solanum pseudocapsicum* L.

形态特征：直立分枝小灌木，高达 2 m，全株光滑无毛。叶互生，狭长圆形至披针形，先端尖或钝，基部狭楔形下延成叶柄，边全缘或波状，两面均光滑无毛，中脉下陷，叶柄很短。花多单生，白色。浆果球形。花期 5—6 月，果期 10—11 月。

分布与生境：原产于南美。我国安徽、江西、广东、广西等地均有栽培。江苏省各地多栽培，有逸生于路边、沟边和旷地。性喜光，也耐半阴，喜温暖，耐高温，较耐干旱，耐寒力较差。喜土层深厚、疏松的肥沃土壤。

园林应用：珊瑚樱果实鲜艳，浆果在枝上宿存，很久不落，老果未落，新果又生，终年累月，挂果期长，是良好的观果树种，可盆栽，也可作盆景，供室内观赏，尤其在寒冷的严冬，居室里放置一盆红艳满树的珊瑚樱可以使屋里充满生机。根、果可入药，性温，味咸、微苦，有毒，能活血散瘀、消肿止痛，主治腰肌劳损。

六十四、玄参科 Scrophulariaceae

（一）泡桐属 *Paulownia*

落叶乔木，但在热带常绿，树冠圆锥形、伞形或近圆柱形，常无顶芽。除老枝外全体均被毛。叶对生，大而有长柄，生长旺盛的新枝上有时 3 枚轮生，心脏形至长卵状心脏形，基部心形，全缘、波状或 3~5 浅裂，在幼株中常具锯齿，无托叶。花 3~5 朵成小聚伞花序，具总花梗或无。蒴果卵圆形、卵状椭圆形、椭圆形或长圆形，果皮较薄或较厚而木质化；种子小而多，有膜质翅，具少量胚乳。

共有 7 种，均产于我国，除东北北部、内蒙古、新疆北部、西藏等地区外全国均有分布，栽培或野生，有些地区正在引种。白花泡桐在越南、老挝也有分布。有些种类已为世界各大洲许多国家引种栽培，主要用其木材。

1. 白花泡桐 *Paulownia fortunei* (Seem.) Hemsl.

形态特征：落叶乔木，高达 30 m。树冠圆锥形，主干直。树皮灰褐色。幼枝、叶、花序各部和幼果均被黄褐色星状绒毛，但叶柄、叶片上面和花梗渐变无毛。叶片大，长卵状心脏形，有时为卵状心脏形，成熟叶片下面密被绒毛，叶柄长。花白色。蒴果。花期 3—4 月，果期 7—8 月。

分布与生境：主要分布于长江流域以南、安徽、浙江、福建、台湾、江西、湖北、湖南、四川、云南、贵州、广东、广西。越南、老挝也有分布。山东、河北、河南、陕西等地有大量引种。江苏省各地均有分布。生于低海拔的山坡、林中、山谷及荒地。本种越向西南则分布地海拔高度越高,可达海拔 2 000 m。生长快,适应性较强。

园林应用:白花泡桐主干端直,树姿优美,冠大荫浓,春天繁花似锦,花朵较大,夏天绿树成荫,美丽惹眼,具有较好的观赏价值,适于在庭园、公园、广场、街道作庭荫树或行道树。泡桐叶大而多毛,能吸附烟尘,抵抗有毒气体,净化空气,适用于厂矿或废弃矿坑或工业地绿化。其根深,种子细小,为平原地区粮桐间作和"四旁"绿化的理想树种。泡桐木材的纹理通直且不挠也不裂,具有均匀的结构,易于加工,再加上其具有不易燃烧、不易变形、油漆染色良好、隔潮性优良等优点,特别适合制作航空、舰船模型及胶合板、救生器械等。泡桐木材的纤维素含量高,颜色较浅,是造纸工业的好原料。泡桐的木质比较疏松,具有很好的声学性能,共鸣性强,是制作乐器的优良材料之一,可作建筑,家具、人造板和乐器等用材。泡桐的小枝则可以用来制作炭笔。泡桐的叶、花、果和树皮可入药,具有清热解毒的功效。泡桐花具有很好的抗菌抗病毒作用,其含有熊果酸,能够缓解人们烦躁不安的情绪,同时对癌细胞也有明显的抑制作用,可以制成注射剂、片剂、药膏、水剂等形式的有效药物,应用于鼻炎、支气管肺炎、急性扁桃体炎、急性肠炎等各种炎症。泡桐果具有降压的功效,适用于高血压患者,并且其含有丁香苷,有止血的功效。

2. 毛泡桐 *Paulownia tomentosa*（Thunb.）Steud.

形态特征:落叶乔木,高达 20 m。树冠宽大、伞形,树皮灰褐色。小枝有明显皮孔,幼时常具黏质短腺毛。叶片大,心脏形,顶端具锐尖头,全缘或波状浅裂,上面毛稀疏,下面毛密或稀疏,叶柄长,常有黏质短腺毛。花紫色。蒴果。花期 4—5 月,果期 8—9 月。

分布与生境:分布于辽宁南部,河北,黄河流域以南的河南、山东、江苏、安徽、湖北、江西等地。北方习见栽培。江苏省各地均有分布。强阳性,不耐庇荫,较喜凉爽气候,根系肉质,耐干旱而怕积水,抗污染。

园林应用:毛泡桐树干通直,树冠宽广,叶大而密,花大而美丽、清香扑鼻,先花后叶,可植于庭院、公园、风景区等各处,作行道树、庭荫树和园景树,也是优良的农田林网、"四旁"绿化和山地绿化造林树种。其叶片被毛,能分泌一种黏性物质,吸附大量烟尘及有毒气体,抗污染能力较强,适于工矿厂区或废弃采矿迹地的生态修复与景观营造。其木材是制作乐器和飞机部件的特殊材料。根皮入药可治跌打伤。其他用途同白花泡桐。

六十五、紫葳科 Bignoniaceae

(一) 梓属 *Catalpa*

落叶乔木。单叶对生,稀 3 叶轮生,揉之有臭气味,叶下面脉腋间通常具紫色腺点。花两性,组成顶生圆锥花序、伞房花序或总状花序。果为长柱形蒴果,2 瓣开裂,果瓣薄而脆,隔膜纤细,圆柱形;种子多列,圆形,薄膜状,两端具束毛。

约有 13 种,分布于美洲和东亚。我国连引入种共 5 种及 1 变型,除南部外,各地均有。

1. 黄金树 *Catalpa speciosa* Teas

形态特征:落叶乔木,高 6～10 m。树冠伞形。叶卵心形至卵状长圆形,叶片较大,顶端长渐尖,基部楔形至浅心形,上面亮绿色,无毛,下面密被短柔毛,叶柄长。圆锥花序顶生,花白色。蒴果。花期 5—6 月,果期 8—9 月。

分布与生境:原产于美国中部至东部。现我国新疆、陕西、云南、辽宁南部、黄河流域及长江流域以南多有栽培。江苏省各地均有分布。喜光,稍耐阴,喜湿润凉爽气候及深厚、肥沃、疏松、排水良好的土壤。耐干旱,不耐瘠薄与积水,在酸性土、中性土、轻盐碱性以及石灰质土上均能生长,有一定的耐寒性。深根性,根系发达,抗风能力强。

园林应用:黄金树花色洁白,是优良的园林绿化树种。其还是一种芳香植物,除可以净化空气,用于园林康养疗愈环境外,其新鲜枝叶还可以提炼香精油,香精油用途广泛,以其制作的香水是国际市场上极受欢迎的一种高级香水。其木材是制木胎漆器、乐器和雕版刻字的优质材料。黄金树也可作行道树、防风带树种、砧木等。

2. 梓树 *Catalpa ovata* G. Don

形态特征:落叶乔木,高达 15 m。树冠伞形,主干通直。叶对生或近对生,有时轮生,阔卵形,长宽近相等,顶端渐尖,基部心形,全缘或浅波状,常三浅裂,叶片正面及背面均粗糙。花淡黄色,内面具 2 黄色条纹及紫色斑点。蒴果线形。花期 4—6 月,果期 10—12 月。

分布与生境:分布广,以黄河中下游为分布中心,南达华南北部,北达东北,西至西南地区。日本也有分布。江苏省各地均有分布。多栽培于村庄附近及公路两旁,野生者已不可见,生于海拔 50~2 500 m 的低山河谷。适应性较强,在适生地生长颇速,喜光,喜温暖,稍耐阴,颇耐寒,在暖热条件下生长不良,喜深厚、肥沃而湿润的疏松土壤,不耐干燥瘠薄,耐轻微盐碱。抗污染能力强。

园林应用:梓树树体端正,树冠宽大,树冠倒卵形或椭圆形,树荫浓密,叶大而多毛,春夏季满树白花,花繁密似蛱蝶,秋冬荚果垂如豆,是著名的庭荫树种。梓树有较强的消声、滞尘、耐受大气污染能力,能抗二氧化硫、氯气、烟尘等,是良好的环保树种,可作行道树、庭荫树,也可用于厂矿区和废弃矿坑宕口植被修复,亦可用于营造生态风景林。其木材宜作枕木、桥梁、电杆、车辆、船舶、坑木、建筑、高级地板、家具(箱、柜、桌、椅等)、水车、木桶、细木工、美工、玩具和乐器等用材。古人珍爱梓木,用桐(泡桐)木制琴面板,用梓木制琴底,叫作"桐天梓地",这样的琴为琴中上品。因梓树播种繁殖育苗容易,可用其作砧木快速繁殖楸树。其嫩叶可食;树皮、果实、枝、叶可作药用,亦可作农药和饲料。

3. 楸树 *Catalpa bungei* C. A. Mey.

形态特征:落叶小乔木,高 8~12 m。叶三角状卵形或卵状长圆形,叶片较大,顶端长渐尖,基部截形,阔楔形或心形,有时基部具 1~2 粗齿,叶面深绿色,叶背无毛,叶柄长。花淡红色,内面具 2 条黄色条纹及暗紫色斑点。蒴果线形。花期 5—6 月,果期 6—10 月。

分布与生境:主要分布于黄河流域至长江流域,东起海滨,西至甘肃,南始云南,北到内蒙古南部的范围内。江苏省各地均有分布。喜光,较耐寒,喜深厚、肥沃、湿润的土壤,不耐干旱,忌积水,稍耐盐碱。萌蘖力强,侧根发达。耐烟尘、抗有害气体能力强。寿命长。

园林应用:楸树树姿俊秀,高大挺拔,树干通直,枝繁叶茂,花多盖冠,其花形若钟,红斑点缀白色花冠,如雪似火,是重要的庭院景观树木,自古人们就把楸树作为园林观赏树种,用于皇宫、庭院、刹寺庙宇、胜景名园之中。楸树也可栽培作行道树。楸树对二氧化硫、氯气等有毒气体有较强的抗性,能净化空气,可用于工矿厂区、废弃工业迹地的生态修复与景观重建,是绿化城市、改善环境的优良树种。楸树是中国珍贵的材用树种之一,其木材材质好、用途广、经济价值高,居百木之首。其茎皮、叶、种子可入药;其叶含有丰富的营养成分,嫩叶可食;花可炒菜或提炼芳香油。

（二）凌霄属 *Campsis*

攀缘木质藤本，以气生根攀缘，落叶。叶对生，为奇数 1 回羽状复叶，小叶有粗锯齿。花大，红色或橙红色，组成顶生花束或短圆锥花序。蒴果，室背开裂，由隔膜上分裂为 2 果瓣。种子多数，扁平，有半透明的膜质翅。

有 2 种，1 种产于北美洲，另 1 种产我国和日本。花大而美丽，常栽培作庭园观赏植物。花亦可作妇科药。本属系以气生根攀缘的藤本植物，无卷须；叶为奇数 1 回羽状复叶，易于与该科的其他属区别。

1. **凌霄** *Campsis grandiflora*（Thunb.）K. Schum.

形态特征：攀缘藤本。茎木质，表皮脱落，枯褐色，以气生根攀附于他物之上。叶对生，奇数羽状复叶，小叶 7～9 枚，卵形或卵状披针形，顶端尾状渐尖，基部阔楔形，不对称。花内面鲜红色，外面橙黄色。蒴果。花期 5—9 月，果期 9—11 月。

分布与生境：分布于陕西，华东的河北，华东的山东、福建、台湾，华中的河南，华南的广东、广西以及长江流域各地。日本也有分布。越南、印度、巴基斯坦有栽培。江苏省各地均有分布。喜光，也较耐阴，喜温湿环境，生性强健，适应性较强，耐寒，耐旱，耐瘠薄，在盐碱瘠薄的土壤中也能正常生长，但以深厚、肥沃、排水良好的微酸性土壤为好。萌芽力、萌蘖力均强。

园林应用：凌霄为藤本植物，喜攀缘，枝丫间生有气生根，是庭院中绿化的优良植物。其病虫害较少，干枝虬曲多姿，翠叶团团如盖，其花朵漏斗形，大红或金黄，花大色艳，花期甚长，为庭园中营造棚架、花门之良好绿化材料，用于攀缘墙垣、山石、枯树、石壁或竹篱均极适宜；点缀于假山间隙，繁花艳彩，绿叶满墙，花枝伸展，更觉动人；经修剪、整枝等栽培措施，可修成灌木状栽培观赏。其管理粗放、适应性强，是理想的城市垂直绿化材料，亦可作室内的盆栽藤本植物。花为通经利尿药，可治跌打损伤等。凌霄的花语为"敬佩和声誉、慈母之爱"。

（三）硬骨凌霄属 *Tecomaria*

落叶半攀缘状灌木。叶对生，奇数羽状复叶，小叶有锯齿。花黄色或橙红色，排成顶生的总状花序或圆锥花序；萼钟状，5 齿裂；花冠漏斗状，二唇形；雄蕊伸出花冠筒外，花盘环状，子房 2 室。朔果线形。

原产于非洲，约有 100 种。我国引种栽培 1 种。

1. **硬骨凌霄** *Tecomaria capensis*（Thunb.）Lindl.

形态特征：半藤状或直立灌木。枝常绿褐色，上面常有痂状凸起。叶对生，奇数羽状复叶，小叶多为 7 枚，卵形至阔椭圆形，小叶有锯齿，顶端急尖或渐尖，基部楔形。花橙红色至鲜红色，排成顶生的总状花序或圆锥花序；萼钟状，5 齿裂；花冠漏斗状，二唇形；雄蕊伸出花冠筒外，花盘杯状。蒴果线形，压扁。花期 5—9 月，果期 9—11 月。

分布与生境：原产于南美洲，我国华南和西南各地多有栽培。江苏省各地均有分布。喜阳光充足、温暖、湿润的环境。

园林应用：硬骨凌霄四季常青，为篱栅攀生型植物。其叶片繁茂，花色艳丽，花期长，叶形美，是优良的观赏花木，可用于矮墙、栅栏、小型棚架及阳台垂直绿化，也可以作绿篱；或植于山石旁，用来美化假山；亦可用于庭院绿化，盆栽装饰阳台。其茎、叶、花可入药，有通经利尿等效,性微寒,味辛、微酸,能散瘀消肿、通经利尿,主治肺结核、支气管炎、哮喘、咳嗽、咽喉肿痛、闭经、浮肿、骨折、跌打损伤、蛇伤。

六十六、茜草科 Rubiaceae

(一)水团花属 *Adina*

灌木或小乔木。顶芽不明显,由托叶疏松包裹。叶对生,托叶窄三角形,常宿存。头状花序顶生或腋生,或两者兼有,总花梗 1~3,不分枝,或二歧聚伞状分枝,或呈圆锥状排列。花 5 数,近无梗。果序中的小蒴果疏松,具硬的内果皮,室背室间 4 片开裂;种子卵球状至三角形,两面扁平,顶部略具翅。

本属有 3 种,国外分布于日本和越南。我国有 2 种,分布于广东、海南、广西、福建、江西、浙江和贵州。

1. 水杨梅 *Adina rubella* Hance

形态特征:又名细叶水团花。落叶小灌木,高 1~3 m。小枝细长,具赤褐色微毛,后无毛。叶对生,近无柄,薄革质,卵状披针形或卵状椭圆形,全缘,顶端渐尖或短尖,基部阔楔形或近圆形。头状花序单生。顶生或兼有腋生,花紫红色。小蒴果长卵状楔形。花期 7 月,果熟期 9—12 月。

分布与生境:分布于广东、广西、福建、江苏、浙江、湖南、江西和陕西(秦岭南坡)等地。朝鲜也有分布。江苏淮河以南各地有分布。喜光,耐寒,喜水湿,也较耐干旱,多生于溪边、河边、沙滩等湿润地区。

园林应用:水杨梅根深枝密,树形清秀,花美丽,果形奇特,根系发达,耐水湿,生态适应性强,移栽成活率高,生长快,易管护,适用于塘边、河道绿化和生态修复,为水土保持林优良灌木,是营造滨水及湿地景观绿化带的优良树种,也可用于绿篱花境或公路分隔带,能在较短时间内达到固岸护坡、绿化美化的效果,亦是良好的盆景材料。细叶水团花全株可入药,具清热解毒、散瘀止痛之效,主治湿热泄泻、痢疾、湿疹、疮疖肿毒、风火牙痛、跌打损伤、外伤出血。临床证明其根具良好的抗肿瘤活性,尤其是对消化道肿瘤如胃癌、胰腺癌、肠癌等效果显著。其可用于园林中康养疗愈场所。茎纤维为制作绳索、麻袋、人造棉和纸张等的原料。

(二)鸡仔木属 *Sinoadina*

半常绿或落叶乔木,高达 12 m。树皮灰色,粗糙;小枝无毛。叶对生,薄革质,宽卵形、卵状长圆形或椭圆形,长 9~15 cm,先端短尖或渐尖,基部微心形或宽楔形,上面无毛或有疏毛,下面无毛或有白色柔毛,侧脉 6~12 对,脉腋窝陷无毛或密被毛;叶柄长 3~6 cm,无毛或有柔毛,托叶 2 裂,裂片近圆形,早落。花 5 基数,具小苞片,近无梗;萼筒密被苍白色长柔毛,萼裂片密被长柔毛,宿存;花冠淡黄色,高脚碟状或窄漏斗状,长 7 mm,密被苍白色微柔毛,裂片三角状,密被微柔毛,镊合状排列。果序径 1.1~1.5 cm,蒴果疏散,倒卵状楔形,长 5 mm,有疏毛,内果皮硬。种子三角形或具 3 棱角,两侧略扁,无翅。

本属为单种属,仅有 1 种,国内分布于四川、云南、贵州、湖南、广东、广西、台湾、浙江、江西、云南、江苏和安徽。国外日本、泰国和缅甸有分布。

1. 鸡仔木 *Sinoadina racemosa* (Siebold & Zucc.) Ridsd.

形态特征:又名水冬瓜,落叶乔木,高 4~12 m。树皮灰色,粗糙。小枝无毛。叶对生,薄革质,宽卵形、卵状长圆形或椭圆形,顶端短尖至渐尖,基部心形或钝,有时偏斜,叶表有光泽,无毛,背面有白色短柔毛。头状花序球形,常约 10 个排成聚伞状圆锥花序,花淡黄色,具小苞片。小蒴果倒卵状楔形,褐色,有稀疏的毛。花期 6—7 月,果熟期 9—10 月。

分布与生境:分布于四川、云南、贵州、湖南、广东、广西、台湾、浙江、江西、江苏和安徽。日本、泰国和缅甸也有分布。在江苏境内南京栖霞山、紫金山及宜兴地区有分布。多生长于海拔 100～950 m 处的山林中或水边向阳处。

园林应用:鸡仔木叶大而翠绿,叶色丰富,秋天满树果如天空繁星点点,适宜孤植、丛植于庭院公园观赏,也可作行道树。鸡仔木是一种速生的材用树种,其木材褐色,可制家具、农具、火柴杆、乐器、室内装饰装修等。树皮纤维可制麻袋、绳索及人造棉等。

(二)栀子属 *Gardenia*

灌木或很少为乔木,无刺或很少具刺。叶对生,托叶生于叶柄内,三角形,基部常合生。花大,腋生或顶生,单生、簇生或很少组成伞房状的聚伞花序。浆果常大,平滑或具纵棱,革质或肉质;种子多数,常与肉质的胎座胶结而成一球状体,扁平或肿胀。

约有 250 种,分布于东半球的热带和亚热带地区。我国有 5 种、1 变种,产于中部以南各省区。

1. 栀子 *Gardenia jasminoides* J. Ellis

形态特征:常绿灌木,高 0.3～3 m。嫩枝常被短毛,枝圆柱形,灰色。叶对生,革质,少为 3 枚轮生,叶形多样,通常为长圆状披针形、倒卵状长圆形、倒卵形或椭圆形,顶端渐尖、骤然长渐尖或短尖而钝,基部楔形或短尖,两面常无毛。花芳香,白色,通常单朵生于枝顶。果卵形、近球形、椭圆形或长圆形,黄色或橙红色。花期 3—7 月,果期 5 月至翌年 2 月。

分布与生境:原产于我国中部和南部,河北、陕西、甘肃、长江流域及其以南各地常见栽培。江苏境内淮河以南各地有分布。喜温暖湿润气候,较耐寒,喜光但恶曝晒,耐半阴,生于海拔 10～1 500 m 处的旷野、丘陵、山谷、山坡、溪边的灌丛或林中。适宜生长在疏松、肥沃、排水良好、轻黏性酸性土壤中,抗有害气体能力强,萌芽力强,耐修剪。是典型的酸性树种。

园林应用:栀子四季常青,花大而美丽、芳香,叶色浓绿,多丛植或配植于公园、庭院,作为道路绿化下层点缀,也可用于营造芳香植物专类园或园艺康养疗愈环境中的花篱、绿篱或制作盆景。其花语为"喜悦、永恒的爱与约定"。

(三)鸡矢藤属 *Paederia*

柔弱缠绕灌木或藤本,揉之发出强烈的臭味。茎圆柱形,蜿蜒状。叶对生,很少 3 枚轮生,具柄,通常膜质;托叶在叶柄内,三角形,脱落。花排成腋生或顶生的圆锥花序式聚伞花序,具小苞片或无。果球形或扁球形,外果皮膜质,分裂为 2 个圆形或长圆形小坚果,小坚果膜质或革质,背面压扁;种子与小坚果合生。

约有 20～30 种,大部产于亚洲热带地区,其他热带地区亦有少量分布。我国有 11 种、1 变种,分布于西南、中南至东部,而以西南部为多。

1. 鸡矢藤 *Paederia foetida* L.

形态特征:藤本。茎长 3～5 m,无毛或近无毛,基部木质化,揉碎有臭味。叶对生,纸质或近革质,形状变化很大,卵形、卵状长圆形至披针形,顶端急尖或渐尖,基部楔形、近圆或截平,有时浅心形。圆锥花序式聚伞花序腋生和顶生,扩展,分枝对生,末次分枝上着生的花常呈蝎尾状排列,花外面灰白色,内面紫红色。果球形,成熟时近黄色,有光泽,平滑。花期5—7月,果期9—10月。

分布与生境:产于华中、华东、华南等地区。江苏全境有分布。其适应性强,抗寒,耐旱,既喜光又耐阴,生于海拔200~2 000 m的山坡、林中、林缘、沟谷边灌丛中或缠绕在灌木上。

园林应用:鸡矢藤多用于林下地被。其常攀缘于岩石上,因此亦是良好的垂直绿化植物。

(四)六月雪属 *Serissa*

分枝多的灌木。无毛或小枝被微柔毛,揉之发出臭气。叶对生,近无柄,通常聚生于短小枝上,近革质,卵形;托叶与叶柄合生成一短鞘,有3~8条刺毛,不脱落。花腋生或顶生,单朵或多朵丛生,无梗。果为球形的核果。

本属有2种,分布于我国和日本。

1. 六月雪 *Serissa japonica* (Thunb.) Thunb.

形态特征:落叶或半常绿小灌木,高达1 m,有臭气。叶革质,卵形至倒披针形,顶端短尖至长尖,边全缘,无毛。花单生、数朵丛生于小枝顶部或腋生,有被毛、边缘浅波状的苞片。花淡红色或白色,裂片扩展,顶端3裂。花期5—7月。

分布与生境:产于江苏、安徽、江西、浙江、福建、广东、香港、广西、四川、云南。日本、越南也有分布。江苏全境都有分布。生于河畔、溪边或丘陵的杂木林内。喜光但畏强光,耐阴,喜温暖气候,稍耐寒,耐旱,喜排水良好、肥沃和湿润疏松的土壤,对环境要求不高,生长力较强。生于河溪边或丘陵的杂木林内。

园林应用:六月雪枝叶密集茂盛,花期满树洁白如雪,雅洁可爱,是常见的观叶观花树种,宜栽植作花坛、花境、花篱,或配植在山石、岩缝间,也可作下木。六月雪是四川、江苏、安徽等派别盆景中的主要树种之一,其叶细小,根系发达,尤其适宜制作成微型或提根式盆景。这类盆景置于厅堂或酒店中庭内的茶几、书桌或窗台上,显得非常雅致,是室内美化点缀的佳品。其根、茎、叶均可入药,性凉,味淡、微辛,能舒肝解郁、清热利湿、消肿拔毒、止咳化痰,用于治疗急性肝炎、风湿腰腿痛、痈肿恶疮、蛇咬伤、脾虚泄泻、小儿疳积、带下病、目翳、肠痈、狂犬病。

2. 白马骨 *Serissa serissoides* (DC.) Druce

形态特征:常绿小灌木,高达1 m。枝粗壮,灰色,被短毛,后毛脱落变无毛,嫩枝被微柔毛。叶通常丛生,薄纸质,倒卵形或倒披针形,顶端短尖或近短尖,基部收狭成一短柄,除下面被疏毛外,其余无毛,托叶宿存。花单生或数朵腋生、顶生,淡红白色。核果小,球形。花期4—6月,果期7—8月。

分布与生境:分布于江苏、安徽、江西、浙江、福建、广东、香港、广西、四川、云南。日本、越南也有分布。江苏南部有分布。生于河畔、溪边或丘陵的荒地或杂木林内。喜光但畏强光,也较耐阴,喜温暖气候,也稍能耐寒,耐旱力强,对土壤的要求不高,喜排水良好、肥沃、湿润、疏松的土壤。生长力较强。

园林应用:该树种枝条纤细,花冠白色带红晕,可作观赏花木,也可当绿篱、林下地被材料或点缀于假山石缝间,还可作为树桩盆景观赏。其他用途同六月雪。

六十七、忍冬科 Caprifoliaceae

(一) 忍冬属 *Lonicera*

直立灌木或矮灌木,很少呈小乔木状,有时为缠绕藤本,落叶或常绿。小枝髓部白色或黑褐色,枝有时中空,老枝树皮常呈条状剥落。叶对生,纸质、厚纸质至革质,全缘。花白色或由白色转为黄色、淡红色或紫红色,通常成对生于腋生的总花梗顶端,或花无柄而呈轮状排列于小枝顶,花冠呈钟状、筒状或漏斗状。果实为浆果,红色、蓝黑色或黑色;具少数至多数种子。

约有 200 种,产于北美洲、欧洲、亚洲和非洲北部的温带和亚热带地区。我国有 98 种,广布于全国各省区,而以西南部种类最多。

1. 郁香忍冬 *Lonicera fragrantissima* Lindl. & Paxton

形态特征:半常绿落叶灌木,高达 2 m。幼枝无毛或疏被倒生刚毛,老枝灰褐色。叶厚纸质或革质,形态变异很大,从倒卵状椭圆形、椭圆形、圆卵形、卵形至卵状矩圆形,顶端短尖或具凸尖,基部圆形或阔楔形。花先叶开放,白色或淡红色,芳香,生于幼枝基部苞腋。浆果鲜红色,矩圆形;种子褐色,稍扁,矩圆形,有细凹点。花期 2 月中旬至 4 月,果熟期 4 月下旬至 5 月。

分布与生境:分布于长江流域至河南西南部、浙江东部、河北南部、陕西南部、山西、山东及甘肃等地。江苏淮河以南各地有分布。生于海拔 200~700 m 山坡灌丛中。喜光,耐阴,耐寒,耐旱,萌芽力强,在湿润、肥沃的土壤中生长良好。

园林应用:本种为该属最香的一种,早春先叶开花,是优良的园林观花观果植物,可种植于芳香专类园或城市园林康养疗愈场所,也适合丛植于庭院中、草坪、假山旁、园路小径两侧等,还是较优良的盆栽观赏植物。

2. 忍冬 *Lonicera japonica* Thunb.

形态特征:又称金银花。半常绿藤本。幼枝密生硬直糙毛、腺毛和短柔毛,髓小,中空。叶纸质,卵形至矩圆状卵形,有时卵状披针形,顶端尖或渐尖,基部圆或近心形,幼时两面有毛,老后无毛。花白色,后变黄色,唇形,筒稍长于唇瓣,上唇裂片顶端钝形,下唇带状而反曲。果实圆形,熟时蓝黑色,有光泽;种子卵圆形或椭圆形,褐色。花期 4—6 月,果熟期 10—11 月。

分布与生境:现中国大部分地区普遍栽培。日本和朝鲜也有分布。江苏全境都有分布。生于海拔 1 500 m 以下的山坡灌丛或疏林中、乱石堆、山路旁及村庄篱笆边。忍冬的适应性很强,喜光,也耐阴,耐寒,耐旱,耐水湿,对土壤和气候的要求并不严格,以在土层较厚的沙质壤土上生长最佳,山坡、梯田、地堰、堤坝、瘠薄的丘陵都可栽培。其根系发达,萌蘖力强。在北美洲逸生成为难除的杂草。

园林应用:忍冬的花期自少花的夏季开始,开花不绝,两朵为一个花序,次第开放,先白后黄,黄白相映,故名“金银花”;冬季老叶枯萎,新叶又生,经冬不凋,故又名“忍冬”。忍冬的攀缘能力强,为色香俱备的藤本植物,可作地被或垂直绿化材料,攀缘于篱垣、绿廊、绿亭、竹篱、花架等,或附于山石,植于沟边,攀爬于道路边坡或挡土墙。其老桩也是优良的盆景材料,姿态古雅,兼赏花叶,别具一格。忍冬是优良的蜜源植物,花可制作成金银花露,为消暑良药,因其芳香和药用价值,还可用于芳香专类园和高密度城市园林康养疗愈环境中。忍冬亦是一种具有悠久历史的常用中药,其花及茎(藤)入药,性寒,味甘,归肺、胃经,能清热解毒、消炎退肿,对细菌性痢疾和各种化脓性疾病都有效,主治温病发热,热毒血痢、痈肿疔疮、喉痹及多种感染性疾病。

本种的变种有红白忍冬(*L. japonica* var. *chinensis*)。幼枝紫黑色,幼叶带紫红色,小苞片比萼筒狭;花冠外面紫红色,内面白色,上唇裂片较长,裂隙深超过唇瓣的 1/2。园林用途与忍冬相似。

3. 金银忍冬 *Lonicera maackii* (Rupr.) Maxim.

形态特征:又称金银木,落叶灌木,高达 6 m。幼枝有柔毛,髓心中空。叶纸质,形状变化较大,通常卵状椭圆形至卵状披针形,稀矩圆状披针形或倒卵状矩圆形,顶端渐尖或长渐尖,基部宽楔形至圆形。花冠先白色后变黄色,芳香,外被短伏毛或无毛,内被柔毛。果实暗红色,圆形。种子具蜂窝状微小浅凹点。花期 5—6 月,果熟期 8—10 月。

分布与生境:产于东北、华北、华东、陕西、甘肃、四川至云南北部和西藏。朝鲜、日本、俄罗斯远东地区也有分布。江苏全境都有分布。生于海拔 1 800 m 以下的林中或林缘溪流附近的灌木丛中。性喜强光,喜湿润气候,稍耐旱,亦较耐寒,在中国北方绝大多数地区可露地越冬。

园林应用:金银忍冬树势旺盛,枝叶丰满,叶、花、果俱美,具有较高的观赏价值。春末夏初繁花满树,层层开花,花朵清雅,芳香四溢,金银相映,引来蜂飞蝶绕;春天可赏花闻香,秋天则红果满枝,晶莹剔透,鲜艳夺目,而且挂果期长,经冬不凋,可与瑞雪相辉映。金银忍冬适植于小片风景林、山坡、林缘、滨水景观带、草坪周边、庭院、园路小径,作行道树下木或点缀于建筑周围观赏花果和体验芳香等,适当修剪可作绿篱、花篱等,良好树形者也可作独赏树,还可用于园林康养疗愈环境场所中。其花是优良的蜜源,也可提取芳香油;果是鸟兽的美食;茎皮可制人造棉;种子油可制肥皂。全株可药用。

(二)接骨木属 *Sambucus*

落叶乔木或灌木,很少为多年生高大草本。茎干常有皮孔,具发达的髓。单数羽状复叶,对生;托叶叶状或退化成腺体。花序由聚伞合成顶生的复伞式或圆锥式;花小,白色或黄白色,整齐。浆果状核果红黄色或紫黑色,具 3~5 枚核;种子三棱形或椭圆形。

有 20 余种,分布极广,几遍布北半球温带和亚热带地区。我国有 4~5 种,另从国外引种栽培 1~2 种。

1. 接骨木 *Sambucus williamsii* Hance

形态特征:落叶灌木或小乔木,高 5~6 m。老枝淡红褐色,具明显的长椭圆形皮孔,髓部淡褐色。羽状复叶有小叶 2~3 对,侧生小叶片卵圆形、狭椭圆形至倒矩圆状披针形,顶端尖、渐尖至尾尖,边缘具不整齐锯齿,有时基部或中部以下具 1 至数枚腺齿,基部楔形或圆形,两侧不对称,顶生小叶卵形或倒卵形,叶搓揉后有臭气;托叶狭带形,或退化成带蓝色的突起。圆锥形聚伞花序顶生,花白色或淡黄色。果实红色,极少蓝紫黑色,卵圆形或近圆形。花期 4—5 月,果熟期 9—10 月。

分布与生境:在中国分布极广,从东北至西南、华南均产。江苏淮河以南各地有分布。生于海拔 300~1 600 m 的林下山坡、灌丛、沟边、路旁、宅边等地。适应性较强,对气候要求不严,喜光,也耐阴,较耐寒,又耐旱,忌水涝,喜肥沃、疏松的土壤。根系发达,萌蘖力强,抗污染力强。

园林应用:接骨木株形优美,枝叶繁茂,春季观花,白花满树,夏秋季观果,是良好的观赏花灌木,可丛植于园路、草坪、林缘、水溪畔等处,作花篱、果篱;因其抗污染力强,亦可营造工矿厂区绿化防护林和用于废弃工业矿坑或采矿宕口植被恢复与景观重建。其根、茎、叶可入药,治跌打损伤、痨病、风湿疼痛、麻木。接骨木的花语为"但行好事,莫问前程"。

(三)荚蒾属 *Viburnum*

灌木或小乔木,落叶或常绿,常被簇状毛,茎干有皮孔。单叶对生,稀 3 枚轮生,全缘或有锯齿,有柄。花小,两性,整齐;花序由聚伞合成顶生或侧生的伞形式、圆锥式或伞房式,有时具白色大型的不孕边花或全部由大型不孕花组成;花冠白色,较少淡红色,辐状、钟状、漏斗状或高脚碟状。果实为核果,卵圆形或圆形,冠以宿存的萼齿和花柱;核扁平,较少圆形,骨质,有背、腹沟或无沟,内含 1 颗种子。

全世界约有 200 种,分布于温带和亚热带地区,亚洲和南美洲种类较多。我国约有 74 种,广泛分布于全国各省区,以西南部种类最多。

1. 荚蒾 *Viburnum dilatatum* Hance

形态特征:落叶灌木,高达 3 m。当年生小枝密被土黄色或黄绿色小刚毛状粗毛及簇状短毛,老时毛可弯伏,毛基有小瘤状突起;二年生小枝暗紫褐色,被疏毛或几无毛,有凸起的垫状物。叶纸质,宽倒卵形、倒卵形或宽卵形,顶端急尖,基部圆形至钝形或微心形,边缘有牙齿状锯齿,齿端突尖,叶面及脉有柔毛,叶近基部两侧有少数腺体。复伞形式聚伞花序稠密,花冠白色,辐状。核果红色,椭圆状卵圆形。花期 5—6 月,果熟期 9—11 月。

分布与生境:分布于黄河以南至长江流域各地。日本和朝鲜也有分布。江苏全境都有分布。生于海拔 100~1 000 m 的山坡或山谷疏林下、林缘及山脚灌丛中。荚蒾为温带树种,喜光,耐阴,喜温暖湿润,对气候及土壤条件要求不严,喜微酸性肥沃土壤,耐寒。

园林应用:荚蒾树冠球形,枝叶茂密优美,入秋变为红色,开花时节,纷纷白花布满枝头,秋季果成熟时,累累红果挂满枝头,赏心悦目,集观花、观叶、观果为一体,可丛植于草地、假山石旁,也可作盆景材料。荚蒾韧皮纤维可制绳和人造棉。种子含油,可制肥皂和润滑油。果可食,亦可酿酒。枝叶清热解毒、疏风解表,用于疔疮发热、风热感冒;外用治过敏性皮炎。根、茎、叶入药,味涩、酸,性微寒,清热疏风解毒、祛瘀消肿、活血化瘀,用于治疗瘰疬、跌打损伤、风热感冒、疔疮发热、产后伤风。

2. 绣球荚蒾 *Viburnum macrocephalum* Fortune

形态特征:又称木本绣球、木绣球。落叶或半常绿灌木,高达 4 m。树皮灰褐色或灰白色,芽、幼枝、叶柄及花序均密被灰白色或黄白色簇状短毛,老枝灰黑色。叶纸质,卵形至椭圆形或卵状矩圆形,顶端钝或稍尖,基部圆形,边缘有细齿。聚伞花序呈球形,全部由大型不孕花组成,第一级辐射枝 5 条,花生于第三级辐射枝上,萼筒筒状,花冠白色,辐状。花期4—5 月。

分布与生境:分布于长江流域。江苏全境都有分布。多生于丘陵山区林下或灌丛中。喜光,稍耐阴,喜温暖湿润气候,耐寒性不强,能适应一般土壤,喜在肥沃、湿润、排水良好的土壤中生长。长势旺盛,萌芽力、萌蘖力均强。

园林应用：绣球荚蒾树冠圆整,大型白色花朵组成的头状花序形状如绣球,花白如雪,甚为壮观,其球状花序如雪球累累,簇拥在椭圆形的绿叶中,在街道两旁和庭院中构成拱形花廊;栽植于窗前与墙垣之下也极适宜;还可作大型花坛的中心树。是良好的观花树种,可丛植于庭院或公园观赏,也可孤植于草坪。

3. 珊瑚树 *Viburnum odoratissimum* Ker Gawl.

形态特征：常绿灌木或小乔木,高达 10 m。枝灰色或灰褐色,有凸起的小瘤状皮孔。叶革质,倒卵状矩圆形至矩圆形,顶端钝或急狭而钝头,基部宽楔形,边缘常有较规则的波状浅钝锯齿。圆锥花序常生于具两对叶的幼枝顶,宽尖塔形,花芳香,白色,辐状,裂片反折。果卵圆形或卵状椭圆形,先红后变黑。花期 4—5 月,果熟期 7—9 月。花落后显出椭圆形的果实,初为橙红,之后红色渐变紫黑色,形似珊瑚,故而得其名。

分布与生境：分布于浙江和台湾,长江流域以南有栽培。印度、缅甸、泰国、越南、朝鲜南部和日本也有分布。江苏全境都有分布。喜阳光,稍耐阴,喜温暖湿润气候,不耐寒,在肥沃的中性土壤中生长最好。

园林应用：珊瑚树因根系发达,萌芽力强,耐修剪,易整形,适合作绿篱或绿墙,或丛植作园景,也可栽于路旁作行道树下木,是一种很理想的园林绿化树种;也是机场围栏、高速公路隔离带、居民区绿化、厂区绿化、防护林带、庭院绿化的优选树种。其抗污染能力强,对煤烟和有毒气体具有较强的抗性和吸收能力,可用于工厂、加油站、仓储园区绿化。珊瑚树耐火力较强,亦是良好的防火树种,可作森林防火屏障。其木材细软,可制锄柄等。

4. 雪球荚蒾 *Viburnum plicatum* Thunb.

形态特征：也称粉团。落叶灌木,高达 3 m。当年小枝浅黄褐色,四角状,被由黄褐色簇状毛组成的绒毛;二年生小枝灰褐色或灰黑色,稍具棱角或否,散生圆形皮孔;老枝圆筒形。叶纸质,宽卵形、圆状倒卵形或倒卵形,稀近圆形,顶端圆或急狭而微凸尖,基部圆形或宽楔形,边缘有不整齐三角状锯齿。聚伞花序伞形式,球形,全部由大型的不孕花组成,第一级辐射枝 6~8 条,花生于第四级辐射枝上,萼筒倒圆锥形,花白色,辐状。花期 4—5 月。

分布与生境：分布于湖北西部和贵州中部。日本也有分布。现我国各地普遍栽培。江苏淮河以南各地均有分布。生于海拔 100~1 800 m 的山坡沟边、山谷混交林内及沟谷旁灌丛中。喜光,稍耐阴,性喜温暖,稍耐寒。

园林应用：雪球荚蒾花大而美丽,为常见栽培的观花植物。其树姿优雅,每当春季,满树白花簇开,如蝴蝶纷飞于花间,清新高雅,常于泉边栽植或配植于山石旁,富有山林野趣;或孤植、片植于草坪边缘、林缘路旁、墙垣边,或丛植于景观建筑一隅供观赏,也常用于公园,作为搭配树种与紫荆混栽,紫白相间,甚为优美。

5. 皱叶荚蒾 *Viburnum rhytidophyllum* Hemsl.

形态特征：常绿灌木或小乔木,高达 4 m。幼枝、芽、叶下面、叶柄及花序均被由黄白色、黄褐色或红褐色簇状毛组成的厚绒毛。当年小枝粗壮,稍有棱角;二年生小枝红褐色或灰黑色,无毛,散生圆形小皮孔;老枝黑褐色。叶革质,卵状矩圆形至卵状披针形,顶端稍尖或略钝,基部圆形或微心形,全缘或有不明显小齿。聚伞花序稠密,第一级辐射枝通常 7 条,四角状,粗壮,花生于第三级辐射枝上,花冠白色,辐状。果实红色,后变黑色,宽椭圆形。花期 4—5 月,果熟期 9—10 月。

　　分布与生境：分布于陕西南部、湖北西部、四川东部和东南部及贵州。欧洲多有栽培。江苏各地有栽培。生于海拔 600～2 400 m 的山坡林下或灌丛中。喜光，亦较耐阴，喜温暖、湿润环境，但不耐涝。对土壤要求不严，在沙壤土、素沙土中均能正常生长，但喜深厚肥沃、排水良好的沙质土壤。

　　园林应用：皱叶荚蒾树姿优美，四季常青，叶色浓绿，秋果累累，栽培容易，耐修剪，为北方常见的观果树木，适于在庭院、屋旁、墙隅、假山边、大树下种植，其绿叶之美尽展于经冬雪而不变。在北方园林景观中，是不可多得的常绿灌木。本种茎皮纤维可制麻及绳索。

（四）锦带花属 *Weigela*

　　落叶灌木；幼枝稍呈四方形。冬芽具数枚鳞片。叶对生，边缘有锯齿，具柄或几无柄，无托叶。花单生或由 2～6 花组成聚伞花序生于侧生短枝上部叶腋或枝顶，花冠白色、粉红色至深红色，钟状漏斗形，5 裂。蒴果圆柱形，革质或木质；种子小而多，无翅或有狭翅。

　　约有 10 种，主要分布于东亚和美洲东北部。我国有 2 种，另有 1～2 种庭园栽培。

　　1. 锦带花 *Weigela florida* (Bunge) A. DC.

　　形态特征：落叶灌木，高 1～3 m。幼枝稍呈四方形，有 2 列短柔毛。叶矩圆形、椭圆形至倒卵状椭圆形，顶端渐尖，基部阔楔形至圆形，边缘有锯齿，上面疏生短柔毛，下面密生短柔毛或绒毛。花单生或成聚伞花序生于侧生短枝的叶腋或枝顶。花紫红色或玫瑰红色，内面浅红色。果实顶有短柄状喙，疏生柔毛。花期 4～6 月，果期 6～7 月。

　　分布与生境：分布于东北的黑龙江、吉林、辽宁，华北的内蒙古、山西、陕西，华中的河南及华东的山东及江苏北部等地。俄罗斯、朝鲜和日本也有分布。江苏北部各地有分布。生于海拔 100～1 450 m 的湿润沟谷、阴或半阴处杂木林下或山顶灌木丛中。喜光，耐阴，耐寒，对土壤要求不严，能耐干旱瘠薄，但以在深厚、湿润而腐殖质丰富的土壤上生长最好，忌水涝。萌芽力强，生长迅速。

　　园林应用：锦带花枝叶繁茂，花色艳丽，花期可长达 2 个月以上，春夏季为观花灌木，也是华北地区主要的早春观花灌木。可孤植、丛植于庭院草坪、湖畔石间，还可配植于花篱、树丛、假山间，也可作切花材料。锦带花对氯化氢抗性强，是良好的抗污染树种，可用于工矿厂区或高密度城市交通枢纽生态修复。

　　2. 水马桑 *Weigela japonica* Thunb. var. *sinica* (Rehd.) Bailey

　　形态特征：又称半边月。落叶灌木，高达 6 m。叶长卵形至卵状椭圆形，顶端渐尖至长渐尖，基部阔楔形至圆形，边缘具锯齿，上面深绿色，疏生短柔毛，下面浅绿色，密生短柔毛。单花或具 3 朵花的聚伞花序生于短枝的叶腋或顶端，花白色或淡红色，花开后逐渐变红色，漏斗状钟形。果实顶端有短柄状喙，疏生柔毛。花期 4—5 月，果期 6—7 月。

　　分布与生境：分布于华东的安徽、浙江、江西、福建，华中的湖北、湖南，华南的广东、广西和西南的四川、贵州等各省区。江苏全境均有分布。生于海拔 450～1 800 m 的山坡林下、山顶灌丛和沟边等地。喜光，耐寒，适应性强，耐瘠薄，喜肥沃、湿润、腐殖质丰富的土壤。

　　园林应用：本种枝叶繁茂，花色艳丽，观叶、观花均可，春季盛花时花朵密集，初开时为白色，后逐渐变为桃红色，花冠基部深红色，是优良的观赏花灌木，适合于庭园角隅、池畔群植，花丛配植，假山点缀或丛植于常绿林缘等，也可作切花材料。其对氯化氢抗性强，可植于工厂、城市交通密集道路作行道树下木。其根、枝叶可入药,味甘,性平,能益气、健脾,主治体虚食少、消化不良,用于腰膝疼痛、劳伤身痛、疔疮、痈疽、外用治烧烫伤。

第二节　单子叶植物纲

六十八、禾本科 Poaceae

竹亚科 Bambusoideae

(一)箬竹属 Indocalamus

灌木状或小灌木状竹类。地下茎复轴型。竿节间圆筒形,壁厚,竿环平,圆筒形,无沟槽;每节具 1 分枝,有时竿上部分枝数每节可达 3 枝,分枝通常与主竿近等粗,常贴竿,竿直立,节间细长。竿箨宿存,箨鞘质厚而脆,箨片披针形至狭三角形,直立或开展。叶片大型,多呈长椭圆状披针形,宽 2.5 cm 以上,具数条至多条平行的侧脉及小横脉。花序一次发生,顶生,通常由 4~5 或更多的小穗排列成圆锥状。鳞被 3;雄蕊 3;花柱 2,柱头 2,羽毛状。外稃具多脉,长圆形或披针形,无毛;内稃短于外稃,具 2 脊,先端凹。颖果长圆形。

该属共有约 30 种,分布于中国、印度、斯里兰卡以及菲律宾等地。我国有 22(一说 17)种,分布于秦岭、淮河流域以南各省区。常生于山谷或湿地,组成小片纯林或为林下下木。

1. 阔叶箬竹 Indocalamus latifolius (Keng) McClure

形态特征:混生型。灌木状,竿高约 1 m,径 5~15 mm,通直,近实心。每节分枝 1~3,与主竿等粗。箨鞘质坚硬,背面有深棕色小刺毛,箨舌平截,鞘口糙毛流苏状,小枝有叶 1~3 片,上面翠绿色,近叶缘有刚毛,下面白色微有毛。笋期 5 月。

分布与生境:分布于山东、江苏、安徽、浙江、江西、福建、湖北、湖南、广东、四川等地。在海拔 300~1 400 m 的林下、林缘生长良好。较喜光,喜温暖湿润的气候,稍耐寒,喜湿润土壤,稍耐干旱。

园林应用:阔叶箬竹植株低矮,枝叶繁茂,叶色翠绿,是园林中常见的地被植物,亦是北方常见的观赏竹种。可丛植点缀假山、坡地,也可以密植成篱,适合于林缘、山崖、台坡、园路、石级左右丛植,亦可植于河边、池畔,既可护岸,又颇具野趣。阔叶箬竹除具备竹亚科植物强大的固碳功能之外,还具有较强的释氧、滞尘、降噪音等生态功能。竿宜制毛笔杆或竹筷;叶宽大,可制船篷与斗笠等防雨用品。阔叶箬竹的单位叶面积是竹亚科植物中较大的,叶常用于包裹米粽。叶还可入药,性寒,味甘,归肺、肝经,具有清热解毒、止血之功效,常用于治疗喉痹失音、肺热鼻衄、肠风下血、月水不止、小腹气痛、尿白如注,兼治痘疮倒黡。

2. 箬竹 Indocalamus tessellatus (Munro) Keng f.

形态特征:复轴混生型。竿高 0.75~2 m,径 0.4~0.9 cm,节间长约 25 cm,最长者可达 32 cm,圆筒形,在分枝一侧的基部微扁,一般为绿色;节较平坦;竿环较箨环略隆起,节下方有红棕色贴竿的毛环。新竿被蜡粉和灰白色细毛;竿箨绿色或绿褐色,宿存,长于节间,箨叶狭小,无箨耳及繸毛。叶宽披针形或长圆状披针形,长 20~45 cm,宽 4~10.8 cm,表面灰绿色,密被贴伏的短柔毛或无毛,中脉两侧或仅一侧生有一条毡毛,次脉 8~16 对,小横脉明显,形成方格状,叶缘生有细锯齿。笋期 4—5 月,花期 6—7 月。该种是 Wm. Munro 取自中国出口的茶叶篓子中的竹叶而定名发表的。

分布与生境：分布于浙江西天目山、衢州市和湖南永州阳明山，现广泛引种于长江流域各地栽培。生于海拔 200~1 400 m 的山坡路旁。

园林应用：其植株园林应用同阔叶箬竹，是良好的地被绿化材料，用于河边护岸、公园绿化。箬竹生长快，叶大，产量高，资源丰富，用途广泛，其竿可制竹筷、毛笔杆、扫帚柄等，其叶可作食品包装物（包裹粽子）、茶叶、制斗笠、船篷衬垫等，还可用来加工箬竹酒、饲料、造纸及提取多糖等；其笋可作蔬菜（笋干）或制罐头。箬竹除大量野生外，已开展人工丰产栽培。叶可入药，味甘，性寒，能清热解毒、止血、消肿，用于吐衄、衄血、尿血、小便淋痛不利、喉痹、痈肿。箬竹叶、笋及产品药用价值高，对癌症特有的恶病质具有防治功效。

（二）簕竹属 *Bambusa*

乔木状或灌木状，地下茎合轴型。竿丛生，节间圆筒形，每节有多数分枝，在某些种类小枝可硬化成刺。如不发育之枝硬化成刺，则竿基部数节常仅有 1 分枝。竿箨较迟落，箨叶直立或外翻，基部与箨鞘的顶端等宽；箨耳发达，其上常生有流苏状繸毛。叶小型至中型，小横脉常不明显。花序大型，为具叶或无叶的假圆锥花序，由数至多个小穗簇生或聚成头状；小穗有小花数至多朵，颖 1~4 片，外稃具多脉，鳞被 3，顶端常钝，边缘被纤毛；雄蕊 6，子房常具柄，柱头 3，羽毛状。颖果长圆形。

约有 100 余种，分布于亚洲中部和东部、马来半岛及澳大利亚。我国有 50 余种，主产于华南。

1. 孝顺竹 *Bambusa multiplex* (Lour.) Raeusch. ex Schult. & Schult. f.

形态特征：又名凤凰竹、慈孝竹。竿丛生，高 3~7 m，径 1~2 cm。竹壁厚；基部节间长 20~40 cm，幼时节间上部有小刺毛，被白粉；箨鞘厚纸质，硬，无毛；箨耳小或无、有纤毛；箨舌不显著，高约 1 mm。每节多分枝，其中 1 枝较粗壮。每小枝有叶 5~12 枚，二列状排列，叶长 4~14 cm，宽 5~20 mm，次脉 4~8 对，窄披针形，无小横脉或在脉间具透明微点。笋期 6—9 月。

分布与生境：分布于长江以南各省。日本及东南亚也有分布。喜温暖湿润气候及排水良好、湿润的土壤，为丛生竹类最耐寒种类之一，也是丛生竹类中分布最广、适应性最强的竹种之一，可引种北移。

园林应用：孝顺竹枝叶清秀，竹竿青绿，叶密集下垂，姿态潇洒，婆娑柔美，为优良的庭园观赏竹种。可丛植于池边、河岸、水畔，或种植于宅旁作绿篱用，亦可对植于路旁、桥头、入口两侧，列植于道路两侧，形成素雅宁静的通幽竹径。竿材坚韧，可编织工艺品、代绳索捆缚脚手架，也是造纸的好材料，竿削刮成的竹绒是填塞木船缝隙的最佳材料。竹叶可供药用，有解热、清凉和治疗流鼻血之效。

变种及栽培品种有：

毛凤凰竹 *Bambusa multiplex* var. *incana* B. M. Yang：该变种与原变种的主要区分特征为箨鞘背面被糙伏毛。产于中国江西、湖南。生于旷地或溪边。

观音竹 *Bambusa multiplex* var. *riviereorum* R. Maire：该变种与原变种的区分特征为竿实心，高 1~3 m，直径 3~5 mm，小枝具 13~23 叶，且常下弯呈弓状，叶片较原变种小，长 1.6~3.2 cm，宽 2.6~6.5 mm。原产于中国华南地区。多生于丘陵山地溪边，也常栽培于庭园间作矮绿篱,或盆栽供观赏。

石角竹 *Bambusa multiplex* var. *shimadae* (Hayata) Sasaki:该变种与原变种的主要区别在于箨鞘先端近于两侧对称的宽拱形。产于中国台湾。常年植于旱地田野间和山麓,广州庭园间也有栽培。该变种常栽培作绿篱和防风林。

黄纹竹 *Bambusa multiplex* 'Yellowstripe' Chia & C. Y. Sia:该栽培品种与原变种的主要区分特征为竿节间在具芽或具分枝的一边具黄色纵条纹。产于中国四川。

小琴丝竹 *Bambusa multiplex* 'Alphonse-Karr' R. A. Young:该栽培品种与原变种的主要区分特征为竿和分枝的节间黄色,具不同宽度的绿色纵条纹;竿箨新鲜时绿色,具黄白色纵条纹。中国四川、广东和台湾等省于庭园中栽培。其竿和分枝的色泽鲜明,有如黄金间碧玉,多种植在庭园中供观赏。

银丝竹 *Bambusa multiplex* 'Silverstripe' R. A. Young:该栽培品种与原变种的主要区别在于竿下部的节间以及箨鞘和少数叶片等皆为绿色而具白色纵条纹。中国广州和香港于庭园中栽培。

垂枝竹 *Bambusa multiplex* 'Willowy' R. A. Young:该栽培品种与原变种的主要区分特征为分枝下垂,叶片细长,一般长 10~20 cm,宽 8~16 mm。原产于中国,广州庭园中有栽培。叶片细长,枝叶下垂,形似垂柳,为庭园观赏品种,甚为美观。

凤尾竹 *Bambusa multiplex* 'Fernleaf' R. A. Young:该栽培品种与观音竹相似,但植株较高大,高 3~6 m,竿中空,小枝稍下弯,具 9~13 叶,叶片长 3.3~6.5 cm,宽 4~7 mm。原产于中国,华东、华南、西南以至台湾、香港均有栽培,多种植作绿篱或供观赏。

小叶琴丝竹 *Bambusa multiplex* 'Stripestem Fernleaf' R. A. Young:该栽培品种与凤尾竹相似,其不同处在于植株较矮小,高 1~3 m,竿初时色淡红,后转为黄色并具不同宽度的绿色纵条纹,小枝下弯,具 12~20 叶,叶片长 1.6~3.8 cm。中国台湾和香港的庭园中有栽培,供观赏。

2. 佛肚竹 *Bambusa ventricosa* McClure

形态特征:合轴丛生型。植株多灌木状,丛生,无刺,竿无毛,幼竿深绿色,稍被白粉,老时转浅黄色。正常竿圆筒形;畸形竿竿节甚密,间节较正常竿为短,基部显著膨大呈瓶状。箨叶卵状披针形;箨鞘无毛,初时深绿色,干时浅草黄色;箨耳发达,圆形或倒卵形至镰刀形,橘黄色至褐色,干时草黄色;箨舌极短,长 0.3~0.5 cm,叶片卵状披针形,长 12~21 cm,两面同色,背面被柔毛。

分布与生境:我国广东特产,中国南方各地以及亚洲的马来西亚和美洲均有引种栽培。江苏等其他地区多盆栽。喜温暖湿润的气候条件,不耐寒,冬季气温应保持在 10 ℃以上,低于 4 ℃往往受冻。喜阳光,但忌干燥烈日暴晒,不耐旱,忌积水,要求肥沃、湿润、疏松和排水良好的酸性腐殖土及沙壤土,在黏重瘠薄的土壤中生长不良。

园林应用:本种灌木状丛生,竹竿短小畸形,姿态秀丽,四季翠绿,状若佛肚,奇异可观,古朴典雅,在广东等地可露地栽植,在地上种植时则形成高大竹丛,偶尔在正常竿中也长出少数畸形竿;其他地区盆栽,常施以人工截顶平茬培育,形成畸形植株以供观赏。适于在庭院、公园、水滨等处种植,于假山、崖石等配植更显优雅。漂亮的佛肚竹也是制作很多工艺品、文玩如扇子、竹雕、乐器等的材料。

（三）刚竹属 *Phyllostachys*

地下茎单轴型。竿散生，乔木状，节间分枝一侧有沟槽；每节通常2分枝，竿箨早落；叶片较小，有细锯或一边全缘，带状披针形或披针形，小横脉明显，复穗状花序或密集成头状，具佛焰苞，小花2～6，颖片1～3；鳞被3，雄蕊3，花柱细长，柱头羽状3裂，颖果针状。

约有50种，以我国黄河流域以南至南岭山地为分布中心。少数种类分布区延伸至印度及中南半岛。世界各国广为引种栽培。

1. 毛竹（楠竹）*Phyllostachys edulis* (Carriere) J. Houzeau

形态特征：大型竹，乔木状。竿散生，高20 m，径16 cm或更粗。竿基部节间短，中部节间可长达40 cm；分枝以下竿环平，仅箨环隆起，新竿有白粉，密被细柔毛。竿箨长于节间，背部密被棕褐色毛和深褐色斑，斑点常块状分布；箨耳小，䍁毛发达；箨片较短，长三角形至披针形。每小枝保留2～3叶；叶长4～11 cm，宽0.5～1.2 cm；花枝穗状，佛焰苞10片以上，内具1～3枚假小穗，每小穗具2小花，仅1朵发育。颖果长2～3 cm。笋期3月下旬至4月。

分布与生境：分布于秦岭、大别山、汉水流域至长江流域以南地区，南至华南北部，西至贵州、四川，东至台湾，是我国分布最广的竹种。黄河流域如山东、河南、山西、陕西等地引种栽培。日本、美国、俄罗斯及欧洲各国也有引种栽培。生于海拔1 000 m以下山地。喜光，亦耐阴。喜湿润凉爽气候，较耐寒，能耐－15 ℃的低温，水分充沛时耐寒性更强。喜肥沃湿润、排水良好的酸性土，在干燥或排水不畅的土壤以及碱性土上均生长不良。在适生地生长快，植株生长发育周期较长，可达50～60年。

园林应用：毛竹为我国分布最广、栽培悠久、蓄积量最多、用途最广的最重要经济竹种，约占全国竹林面积的50％以上。毛竹竿高叶翠，端直挺秀，四季常青，秀丽挺拔，经霜不凋，雅俗共赏，最宜在风景区大面积种植，形成谷深林茂、云雾缭绕的景观。竹林中若有小径穿越，曲折幽静，宛若画中。自古以来常植于庭园曲径、池畔、溪涧、山坡、石迹、天井、景门等处，也可在湖边、农村屋前宅后、荒山空地上种植，既可改善、美化环境，又具很高的经济价值。其竿粗大，竹材韧性强，篾性好，可供编制各种用具及工艺品，枝梢可制作扫帚；亦可供建筑用，作梁柱、棚架、脚手架等；其他用途如作胶合竹板、变性竹材、竹地板、家具、工艺美术品和日常生活用品等用材；胶合竹板广泛用于卡车车厢底板、建筑模板等；竹材纤维含量高，嫩竹及竿箨为造纸工业的好原料；笋味鲜美，可鲜食或加工制成玉兰片、笋干、笋衣等。毛竹竹笋、竹沥、竹叶、竹根、竹实可入药。竹笋性微寒，味甘，无毒，具清热化痰、解毒透疹、健脾益气、助消化增食欲、降血压、防止血管硬化和美容防癌等功能。竹叶性凉，味甘、辛，凉心缓脾、化痰止渴、清热散郁、解毒清胃，有杀虫疗疮、止呕除烦等用途，治上焦风邪烦热、咳逆喘促、呕哕吐血和一切中风惊痛等。竹根具止消渴、散毒补虚功效，可作益气止渴、补虚下气及消毒药用。竹实有通神明、轻身益气的功效，是较好的滋补食品。竹叶、竹材提取物主要含有丰富的黄酮类和酚酸类等化合物，具有优良的清除活性氧自由基与阻断亚硝化反应能力，对人体内源性抗氧化酶系有影响，能抑制脂质过氧化和提高免疫能力，有较好的防疲劳、抗衰老和增强智能等作用。

变型有：

龟甲竹 *Phyllostachys edulis* f. *heterocycla* (Carrière) V. N. Vassil.：竿直立、粗大，

高可达 20 m,竹竿粗 5～8 cm,表面灰绿。叶披针形,每小枝 2～3 叶。竿下部或中部以下节间畸形,不规则短缩,斜面凸出呈龟甲状。分布于中国秦岭、汉水流域至长江流域以南和台湾省,黄河流域也有栽培。毛竹林中偶有发现,很少见到天然成片的。长江流域各城市公园中均有栽植,北方的一些城市公园亦有引种。喜温暖湿润的气候,喜空气相对湿度大的环境,喜肥沃、深厚、排水良好的微酸性土壤。竹竿的节纹状如龟甲,既稀少又珍奇,特别是较高大的个体,为竹中珍品,可用于点缀园林小品,也可盆栽观赏。龟甲竹的竹材可以制作各种高级竹工艺品,如刻写书联等。

2. 桂竹 *Phyllostachys reticulata*(Rupr.)K. Koch

形态特征:单轴散生型。竿高 10～20 m,胸径达 14～16 cm,中部节间长可达 40 cm,新竿、老竿均为深绿色,无白粉,无毛,分枝以下竿环、箨环均隆起。竿箨黄褐色,密被近黑色斑点,疏生直立硬毛;两侧或一侧有箨耳;箨耳长圆形或镰状;下部竿箨常无箨耳;箨舌微隆起,边缘有纤毛;箨叶带状至三角形,中间绿,两侧紫色,边缘黄色,平直并常皱折,外翻。每小枝具 5～6 叶,叶质较厚,基部略圆形,叶舌发达,有叶耳和长缝毛,叶耳具长肩毛,后渐脱落;叶长 7～15 cm。宽 1.3～2.3 cm。笋期 5 月下旬至 6 月中旬。

分布与生境:原产于我国,分布于黄河流域及其以南各地,从武夷山脉向西经五岭山脉至西南各省区均可见野生的种群。主产于长江流域及山东、河南、陕西等省。河北、山西等地有栽培。为我国竹亚科植物中分布最广的一种。生长于海拔 1 000 m 以下山坡下部、盆地、丘陵和平地。桂竹早年引入日本,现世界各地广泛栽培,被誉为材质最佳竹种。喜温暖凉润气候及肥厚、排水良好的沙质土壤。适生范围大,抗性较强,能耐－18 ℃的低温。多生于山坡下部和平地土层深厚肥沃的地方,不喜黏重土壤。耐旱,耐瘠薄,繁殖力也强,幼竿节上潜伏芽易萌蘖。竿大株高,笋期晚,当年生竹易受风雪压折。

园林应用:桂竹翠绿,竹竿粗大通直,常栽植于庭园观赏,也是优良的绿化材料。其材质坚韧,篾性好,用途很广,仅次于毛竹,可作建筑、家具、棚架、柄材、扁担、旗杆等用材。本竹成材早,产量高,轮伐周期短,竹材坚硬而有弹性,是"南竹北移"的优良竹种。其笋味微淡涩,可供食用。竿箨可作药品、食品包裹材料。竹篾较水竹和淡竹硬脆,可编晒席、篓等。

变型有:

寿竹 *Phyllostachys bambusoides* f. *shouzhu* Yi:与原变型的区别在于新竿微被白粉,竿环较平坦,节间较长,箨鞘无毛,通常无箨耳和鞘口缝毛。产于四川东部和湖南南部。笋味甜,较毛竹笋味美;竿可制作凉床、竹椅、灰板条、蒸笼和竹帘;竿梢可制作柴耙;枝可制扫帚;箨鞘可制雨帽和包裹粽子。

斑竹 *Phyllostachys bambusoides* f. *lacrima-deae* Keng f. & Wen:与原变型的区别在于竿有紫褐色或淡褐色斑点。产于黄河至长江流域各地。该变型竿粗大,竹材坚硬,篾性也好,为优良用材竹种;笋味略涩。亦可栽培供观赏。

黄槽斑竹 *Phyllostachys bambusoides* f. *mixta* Keng f. & Wen:该变型之节间具黄沟槽及褐色斑点。产于河南焦作市博爱县。

3. 美竹 *Phyllostachys mannii* Gamble

形态特征:竿高 8～9 m,径 4～6 cm,中部节间长 27～42 cm;分枝以下竿环、箨环均隆起;新竿疏生白色倒毛;竿箨有多数紫色脉纹、稀疏紫褐色小斑点或近无斑点,上部边缘有整齐白色缘毛;箨耳窄镰形,紫色;箨舌紫色,有白色短纤毛;箨叶三角形至宽带状,直立,微开展或拱曲,每小枝 1~2 叶,叶片长 5~12 cm,宽 1~2 cm。笋期 5 月上旬。

分布与生境:本种分布区从黄河至长江流域以及西南直到西藏的南部。印度也有分布。欧美国家有栽培。江苏南部、浙江西北部栽培较普遍。适应性强,对土壤要求不高,喜生于沙质土上,多生于山坡下部及河漫滩上。

园林应用:园林中用途同桂竹。可用于高速公路两旁或边坡绿化。发笋力强,成林快,竹材坚韧,竿的节间长,易劈篾,篾性甚好,优于淡竹,宜编织篮、席等用品,所编竹器结实耐用;也可整材使用。笋味苦。因出笋多、成林快,是较好的造林竹种。

4. 人面竹 *Phyllostachys aurea* Carr. ex A. et C. Riv

形态特征:单轴型散生竹。竿高 5~8 m,径 2~3 cm,基部或中部以下数节常呈畸形缩短,节间肿胀或缢缩,节有时斜歪,中部正常节间长 15~20 cm。新竿绿色,有白粉,无毛,箨环有一圈细毛;老竿黄绿色或黄色,竿环与箨环均微隆起。竿箨淡褐色,微带红色,边缘常焦枯,无毛,仅基底部有细毛,疏被褐色小斑点或小斑块;无箨耳和繸毛;箨叶带状披针形或披针形,长 6~12 cm,宽 1~1.8 cm。笋期 5 月中旬。

分布与生境:主产于亚热带地区,分布于中国江苏、浙江、安徽、河南、陕西、四川、贵州、湖北、湖南、江西、广西中部和北部、广东。多生于海拔 700 m 以下山地。各地园林绿化广为栽培,国外多有引种栽培。亚热带竹种,性较耐寒,能耐-18 ℃低温,耐阴,适应性强,喜湿润的气候条件,要求深厚的土层和肥沃的酸性土,不耐盐碱和干旱。适生于温暖湿润、土层深厚的低山丘陵及平原地区。

园林应用:人面竹竿劲直,株形美观,节间肿胀,花纹紧凑奇特,枝叶茂密,四季青绿,老竿黄绿,竹姿奇异,为良好的观赏竹种,也是一种可用于庭院绿化、居室美化的珍稀植物。常于庭院空地栽植,或与佛肚竹、方竹等竿变化特殊的种类配植,可增添情趣。该竹盆栽摆放室内具有发散奇特芳香味、驱虫灭蚊等奇效,可用于各类园艺康养疗愈场所。同时该种又是制作旅游工艺品的天然材料,竹竿可制作手杖、钓鱼竿和小型工艺品等。笋味鲜美,可供食用。

5. 金竹 *Phyllostachys sulphurea* (Carr.) A. et C. Riv

形态特征:单轴散生型。竿高 7~8 m,径 3~4 cm,中部节间长 20~30 cm,新竿金黄色,节间具绿色条纹,无毛,微被白粉;老竿下有白粉环,分枝以下竿环不明显,箨环隆起;竿节间正常,不短缩;竿壁在放大镜下可见晶状小点。竿箨底色为黄绿色或淡褐色,无毛,被褐色或紫色斑点,有绿色脉纹;无箨耳和繸毛;箨叶带状披针形,有橘红色边带,平直,下垂。每小枝 2~6 叶,有叶耳和长繸毛,宿存或部分脱落,叶长 6~16 cm,宽 1~2.2 cm。笋期 5 月中旬。

分布与生境:分布于黄河至长江流域的江苏、安徽、江西、河南及浙江、福建等地。美国引种栽培。生于山坡林地中。喜光,稍耐阴,喜温暖、湿润环境,不甚耐寒,喜深厚肥沃、排水良好的土壤。

园林应用:本种竹竿金黄色,颇为美观,常栽培供观赏。金竹用途广泛,成片竹林、竹海不仅可用于观光旅游,还可作建筑用材,竿可作小型建筑用材,又可作工业造纸原料,及用于制造各种生产、生活用品和工艺品。竹笋是纯天然绿色食品,可供食用,味微苦,入心经。

变种及栽培品种有：

槽里黄刚竹 *Phyllostachys sulphurea* 'Houzeau' McClure：竿、节间绿色，沟槽绿黄色。

刚竹 *Phyllostachys sulphurea* var. *viridis* R. A. Young：竿、节间、沟槽均为绿色。

槽里黄刚竹及刚竹抗性强，能耐 −18 ℃低温，喜酸性土，略耐盐碱，在 pH8.5 左右的碱土和含盐 0.1% 的土壤中也能生长。

槽里黄刚竹、刚竹竿高而挺秀，叶翠，四季常青，值霜雪而不凋，历四时而常茂，颇无妖艳，雅俗共赏，对山坡、平原均能适应，用于城郊、乡村河滩地、屋后宅旁、丘陵谷坡绿化，无不相宜。

6. 淡竹 *Phyllostachys glauca* McClure

形态特征：又名粉绿竹。单轴型散生竹。中型，竿高 18 m，径可达 9 cm，无毛，中间节部长达 30～45 cm。分枝一侧有沟槽，竿环与箨环均隆起；新竿密被白粉而为蓝绿色；老竿绿色，仅节下有白粉环。箨鞘淡红褐或绿褐色，有多数紫色脉纹，无毛，被紫褐色斑点；无箨耳和繸毛；箨舌截平，暗紫色，微有波状齿缺，有短纤毛；箨叶平直，带状披针形，绿色，有紫色细条纹。每小枝 2～3 叶，叶鞘初时有叶耳，后渐脱落，叶舌紫色或紫褐色，叶片披针形，长 8～16 cm。笋期 4 月中旬至 5 月底。

分布与生境：分布于黄河至长江流域各地，也是常见的栽培竹种之一，江苏、山东、河南、陕西等省分布较多，组成大面积的竹林。淡竹适应性较强，在低山、丘陵、河漫滩均能生长，能耐一定的干旱瘠薄和轻度盐碱土，耐寒，在 −18 ℃ 左右的低温下能正常生长。北移引种已跨过渤海，在北纬 40° 以北的辽宁省营口、盖州等地能安全越冬。耐旱性较强。竹竿坚韧，生长旺盛。

园林应用：淡竹是我国黄河至长江流域重要经济材用竹种。其竹林姿态婀娜，竹笋光洁如玉，适于大面积片植，也可制作小品以供庭园观赏。多于宅旁成片栽植，以供实用；亦可防风并绿化环境。竹材材质优良，竿壁略薄，节部不高，篾性尤佳，是上等的农用、篾用竹种，竿可作捻泥竿、晒竿、烤烟竿，搭瓜架，制农具柄等，亦可编织凉席。笋味鲜美，可供食用。

7. 早竹（早园竹） *Phyllostachys violascens* (Carrière) Rivière & C. Rivière

形态特征：竿高 8～10 m，径 4～6 cm；中部节间长 15～25 cm，常一侧肿胀，不匀称；新竿深绿色，节部紫褐色，密被白粉；老竿有隐约黄色纵条纹。竿箨无毛，密被不规则、大小不等的褐色斑点，无箨耳或繸毛；箨舌两侧下延成肩状，褐绿色或紫褐色，先端具细纤毛；箨叶强烈皱折。每小枝 2～3 叶居多，叶片长 6～18 cm，宽 1～2.2 cm。笋期 3 月下旬至 4 月上旬或更早，故谓之早竹。

分布与生境：分布于浙江、江苏、安徽等地，江西、湖南等地引种栽培。浙江有大面积栽培的早竹笋用林，多植于平地宅前屋后。喜光，喜凉爽，喜温暖湿润气候，耐寒，能耐 −20 ℃ 低温，耐阴，忌积水，喜微酸性、深厚、肥沃、疏松、排水良好而湿润的土壤，在过于干燥的沙荒石砾地、盐碱土或积水的洼地、黏土上生长不良。对气候适应性强。垂直分布高度与纬度、经度、地形有密切关系，一般分布在海拔 800 m 以下。竹鞭的寿命可达 10 年以上，1～6 年为幼、壮龄阶段，以后逐渐失去萌发力。

园林应用：早竹在园林造景中可以形成疏密有致、别具一格的景致，或单独成片成景，或与其他植物，或与山、石、水等相配成景，无不相宜。早竹发笋早，笋味美，持续时间长，产量高,是良好的笋用竹种,采用稻草、竹叶等覆盖技术措施,出笋可提前到春节前后。早竹为江浙一带最重要的经济竹种,笋味鲜美,供鲜食或加工成罐头。其竿壁薄,节间又常一侧肿胀,仅能作一般柄材使用。

8. 乌哺鸡竹 *Phyllostachys vivax* McClure

形态特征: 竿高 10～15 cm,径 4～8 m,中部节间长 25～35 cm;新竿绿色,微被白粉,无毛,节不为紫色;竿环微隆起;竿箨密被黑褐色斑点及斑块,中部斑点密集,无箨耳和繸毛;箨舌先端撕裂状;箨叶带状披针形,强烈皱折,反曲。每小枝 2～4 叶,叶长 9～18 cm,宽 1.1～2 cm。笋期 4 月下旬至 5 月上旬。

分布与生境: 主要分布于浙江、江苏、福建、安徽、山东、河南,多生于平原宅前屋后。喜光,喜空气湿度较大的环境,忌干燥。

园林应用: 本种竹竿色泽鲜艳,为近年园林应用较多的优良观赏竹种,深受人们喜爱。乌哺鸡竹形态优美、独特,幼笋味道鲜美、产量高,集观赏、食用于一身,是园林景观与经济结合完美的好竹种。竹材壁较薄,篾性也较差,仅可编制篮、筐;竿可制作农具柄等。

栽培品种有:

黄纹竹 *Phyllostachys vivax* 'Huangwenzhu' J. L. Lu:竿绿色,沟槽黄色。

黄竿乌哺鸡竹 *Phyllostachys vivax* 'Aureocanlis' N. X. Ma:竿黄色,基部节间具绿色纵条纹。

9. 篌竹 *Phyllostachys nidularia* Munro

形态特征: 竿高达 10 m,径达 4～8 cm,中部节间长达 40 cm,槽宽平,竹壁厚约 3 mm。竿箨和笋箨无斑点,竿箨短于节间,厚革质,绿色,有时上部有白色条带或条纹,中下部有紫色条纹,有白粉,无毛;箨舌宽短,先端平截;箨叶舟状隆起,直立,基部延伸成箨耳;箨耳极发达,长椭圆形至镰形,长 2～3.5 cm,紫褐色,弯曲包住笋体。每小枝 1 叶,稀 2 叶,叶长 7～13 cm,宽 1.3～2 cm,叶片略下垂。小穗密集成头状,每小穗 2～5 小花。笋期 4 月中下旬。

分布与生境: 分布于陕西南部及长江以南华中、华东至华南北部,西至四川峨眉山。生于海拔 1 200 m 以下的溪边山谷。多为野生,适应性很强,耐干旱瘠薄,也耐水湿,为两栖竹种,在土壤瘠薄的山坡地、河溪旁及沙滩地上均能生长,常在石砾荒坡瘠地形成大面积竹丛。野生者通常矮小,在土层深厚、肥沃湿润、呈酸性或微酸性的沙质壤土上生长较好,高可达10 m。适生于黄壤、红壤、黄棕壤和河流冲积土。

园林应用: 篌竹是良好的两栖竹种,植株冠幅窄而挺立,叶下倾,体态优雅,笋箨纹路明晰、色泽各异,是道路绿化和庭园置景的优选竹种。其竹材壁薄、柔韧、性脆、耐腐,细竿可搭篱笆,大竹竿可劈篾编制虾笼,称"笼竹";笋味鲜美,供食用。其竹林鞭系发育、集结于土壤近表层,是营造水土保持和水源涵养林的重要竹种,可用于荒山及水岸生态交错地带绿化,亦为废弃工业地生态修复与景观重建的重要竹种。竹材纤维较长,纤维素含量较高,是上好的纸浆原料。寄生于竹叶的竹黄菌能镇痛消炎、抗癌护肝,具有悠久的民间应用历史与现代临床应用潜力。

10. 紫竹 *Phyllostachys nigra* (Lodd.) Munro

形态特征: 单轴散生型。乔木状中小型竹。竿高 3～6 m,径 2～4 cm,中部节间长 25～30 cm;新竿密被细柔毛,有白粉,淡绿色;1 年后竿渐变为紫黑色或棕紫色。竿箨短于节间,淡红褐色或绿褐色,密被淡褐色毛,无斑点;箨环与竿环均隆起。箨耳发达,非由箨叶基部延伸而成,短圆形或裂成二瓣,紫黑色,上有紫黑色、弯曲的长肩毛;箨舌紫色;箨叶三角形或三角状披针形,呈舟状隆起,初皱折、直立,后微波状、外展。每小枝2~3叶,叶鞘初被粗毛,叶片披针形,长7~10 cm,宽1~1.5 cm,质地较薄,下面基部有细毛。笋期4月下旬。

分布与生境:主要分布于浙江、江苏、安徽、湖北、湖南、福建及陕西,西至四川、云南、贵州,南至广东、广西等省区。黄河流域以南各地广为栽培。日本、朝鲜、印度及欧美各国多有引种栽培。紫竹适应性强,性耐寒,可耐−20 ℃的低温,亦耐阴,但忌积水,山地、平原都可栽培。北京露地栽培能安全越冬。对土壤要求不严,以疏松肥沃的微酸性土最为适宜。

园林应用:紫竹竿紫叶绿,扶疏成林,别具特色,为传统的观竿竹类,其竹竿紫黑色,柔和发亮,隐于绿叶之下,甚为绮丽。在园林中广泛栽培,宜种植于庭院山石之间或书斋、厅堂、小径、池水旁,也可栽于盆中,置于窗前、几上,别有一番情趣。其竿之粗细高矮可视配植需要加以控制,宜与黄槽竹、金镶玉竹、斑竹等竿具特殊色彩的竹种配植,营造观竿色竹种专类园。紫竹的竹材较坚韧,可供制作小型竹制家具、手杖、伞柄、乐器及美术工艺品等用。紫竹的根状茎可入药,味辛,性平,能祛风、散瘀、解毒,用于治疗风湿痹痛、经闭、症瘕、狂犬咬伤。

变种有:

毛金竹 *Phyllostachys nigra* var. *henonis* (Mitford) Stapf ex Rendle:又名淡竹,与紫竹区别在于竿高大,可达7~18 m,竿壁较厚,可达5 mm,新竿绿色,老竿灰绿色或灰白色,不为紫黑色。毛金竹因其笋箨密被金黄色刺毛而得名。笋期5月上中旬。用途同紫竹。

11. **金镶玉竹** *Phyllostachys aureosulcata* McClure

形态特征:为散生竹。竿高4~6 m,径2~4 cm;中部节间长15~20 cm,竿节间金黄色,分枝一侧的纵槽绿色;新竿密被细柔毛,后渐脱落,毛基残留于节间,节下有白粉环;老竿粗糙,竿环隆起,明显高于箨环。竿箨淡黄色或淡紫色,具乳白色条纹;箨鞘背面疏生紫色细小斑点;箨耳发达,边缘具长繸毛,紫褐色,扭曲;箨舌宽、短,弧形,边缘被细短毛;箨叶三角形或三角状披针形。每小枝1~2叶,叶鞘无毛,叶舌隆起,弧形;通常无叶耳和鞘口肩毛;叶片带状披针形,长5~11 cm,宽0.8~1.5 cm,下面仅基部微有毛。笋淡黄色或带紫色,有时黄白色。笋期4月下旬至5月上旬。

分布与生境:产于中国江苏云台山,北京、浙江以及江苏省内其他地方有栽培。生于山坡,组成小面积纯林。繁殖快,适应性强,能耐−20 ℃低温,喜向阳背风环境和土层深厚、肥沃、湿润、排水和透气性能良好的沙壤土,土壤pH为4.5~7比较适宜。

园林应用:金镶玉竹为竹中珍品,尤其是其嫩黄色的竹竿上每节都有一道绿色的凹槽,青翠如玉,位置节节交错,犹如在金板上镶进了一块块碧玉,清雅可爱,故名。金镶玉竹清秀挺拔,高雅脱俗,竿色美丽淡雅,可单植或丛植用于点缀亭阁、庭院,形成窗外含竹、粉墙竹影、山石竹伴等景观,也可片植在公园、广场等地,营造曲径通幽的竹林小道。

12. **水竹** *Phyllostachys heteroclada* Oliv.

形态特征:竿高8 m,径2~5 cm,分枝角度大,中部节间长30 cm;新竿被白粉,疏生倒毛;竿环较平,节内长约5 mm;竿箨短于节间,无斑点;箨耳小但明显,淡紫色,边缘有数条紫色繸毛;箨舌宽短,边缘有纤毛;箨叶三角形或三角状披针形,绿色,舟状隆起,直立。每小枝具 2 叶,稀 1 或 3 叶,叶长 6.5～11 cm,宽 1.3～1.6 cm。笋期 4 月中下旬。

分布与生境:分布于黄河流域及其以南各地、大别山以南、华中、华东,南至华南,西至云南东北部。生于海拔 1 300 m 以下的山沟、溪边、河旁。喜光,喜湿润土壤,不耐干旱瘠薄土壤。为长江流域及其以南最常见的野生竹种。

园林应用:水竹节间挺拔,竿青叶绿,姿态秀丽,可种植于湿地公园中水岸交错过渡地带,或用于营造园林中水系周边景观带。其节间较长,纤维细韧,竹节较平,竹材易于劈篾,篾性甚佳,用以编织凉席(称水竹席)和其他竹器,经久耐用,不易虫蛀,为优良篾用竹种。水竹全身是宝,不但是工业原料之一,而且用途广泛。竹笋味鲜、甘甜;竹材编器具和工艺品美观、耐用;燃烧后能产生竹油、竹炭,竹油香气浓郁,可用作化妆品的配料等,竹炭用于烤火、打铁、作建筑涂料或吸附材料。水竹还有一定的药用价值。

(四)寒竹属 *Chimonobambusa*

地下茎复轴型。竿直立,圆筒形或略呈四方形,竿中部每节分枝 3,竿上部分枝可更多;分枝一侧微扁或有沟槽,基部数节通常各有一圈刺瘤状气根或无气生根;箨鞘薄纸质、纸质至厚纸质,边缘膜质;箨耳缺;箨叶细小,几不发育,直立,三角形或锥形,基部与箨鞘连接处无明显关节。叶横脉明显。花枝紧密簇生,重复分枝,小枝 2～3 小穗,颖 1～3;鳞被 3;雄蕊 3;花柱 2,短小,柱头羽毛状。颖果,有坚厚的果皮。

有 20 种,分布于我国、日本、印度和马来半岛。我国有全部种类。

1. 方竹 *Chimonobambusa quadrangularis* (Franceschi) Makino

形态特征:又名四方竹。高 3～8 m,径 1～4 cm。节间长 8～22 cm,四方形或近四方形。上部节间呈"D"形,幼时密被黄褐色倒向小刺毛,后脱落,在毛基部留有小疣状突起,使竿表面较粗糙;下部节间四方形,竿环甚隆起,箨环幼时有小刺毛,基部数节常有刺状气根一圈;竿中部分枝 3,上部可增至 5～7,枝光滑。箨鞘无毛,背面具多数紫色小斑点;箨耳及箨舌均极不发达;箨叶极小或退化。叶 2～5 枚着生小枝上,叶鞘无毛,叶舌截平、极短;叶片薄纸质,窄披针形,长 8～30 cm,宽 1～3 cm。四季均可发笋。

生态习性:方竹为亚热带竹种,为我国特有,产于江苏、安徽、浙江、福建、江西、湖南、广西和台湾。日本有分布,欧美也有栽培。多生于低山坡地及沟谷地带林下。喜湿润肥沃的土壤环境,能耐阴。

园林应用:方竹下方上圆,形状奇特,可供庭园观赏;又有刺状气根,别具风韵,宜植于窗前、水边或配植于花坛中、假山旁。其叶色翠绿,景观秀丽,为优良观赏竹种。竿可制手杖。因质地较脆,故不宜用于劈篾编织。笋肉丰味美。

(五)矢竹属 *Pseudosasa*

地下茎复轴型。竿散生,兼为多丛性,直立,无刺;节间圆筒形,唯具分枝节间之一侧在基部可有短距离的纵沟槽,中空,髓常为海绵状,呈圆柱体填充于节间的空腔;竿环较平坦;竿的每节具 1 芽,生出 1～3 枝,至竿上部则每节分枝可更多,枝上举而基部贴竿较紧。竿箨宿存或迟落;箨鞘质常较厚,长或短于节间;鞘口缝毛存在或否,当存在时则为白色而劲直或波曲,缝毛平滑(或稍粗糙),彼此平行;箨片直立或展开,早落。叶鞘通常宿存;叶舌矮或较高;叶片长披针形,小横脉显著。

本属已知约有 30 多种,分布于东亚(中国、朝鲜及日本),我国有 23 种、5 变种,分布于华南和华东地区南部,但也有一种[鸡公山茶竿竹(*P. maculifera*)]可向北分布至秦岭以南。

1. 茶竿竹 *Pseudosasa amabilis* (McClure) Keng f. ex S. L. Chen et al.

形态特征:又名青篱竹、沙白竹。复轴型混生竹,有横走之竹鞭,局部缩短。地上部丛生状,竿坚硬直立,高 6~15 m,径可达 6 cm,节间长 30~40 cm。竿环平整;箨环似线状;箨鞘棕绿色,干枯后呈灰褐色,脱落迟,被栗色刺毛;箨耳刚毛状,硬而弯曲;箨舌圆形,褐色,具条纹;箨叶细长,硬而直,上部的箨叶稍长于箨鞘,边缘内卷,粗糙。分枝高度中等,枝细小而短,一年生竹的下部节生枝 1 枚,中上部节生枝 3 枚。叶 4~8 片着生枝端,披针形,长 13~35 cm,叶鞘细长,鞘口有扭曲硬毛。笋期 3 月下旬至 5 月中旬。

分布与生境:分布于江西、福建、湖南、华南各地,集中栽培于广东怀集、广宁,有成片集约经营的竹林。长江以南地区可以栽培,近年江苏、浙江多有引种栽培。生于丘陵平原或河流沿岸的山坡。性较耐寒,能耐−13℃低温。喜深厚、肥沃、湿润而排水良好之酸性或中性沙质壤土,亦能适应土层厚的红、黄壤。瘠薄地上常呈丛生状,根系发达,繁殖容易。

园林应用:茶竿竹刚劲挺拔,竹竿耸直秀美,叶密集下垂,色油绿欲滴,光亮可爱,是一种有开发价值的经济观赏竹种。无论是森林公园、街区绿化还是居住区环境建设,茶竿竹均为很好的园林材料。在公园绿地丛植,或在亭树叠石之间、屋前窗外点缀几丛,幽野兼备,风趣横生。若将该竹种植于湿地或城市河道两岸构成滨水生态绿廊,一方面可为密集的城市空间增添四季常绿的景色,另一方面可以修复受污染的城市河道,固堤防蚀,对水系生态环境的改善大有裨益。由于茶竿竹叶面积指数高,枝叶浓密,具有很强的吸附污染气体的能力,对灰尘具有很好的滞留、吸附能力,在高密度城市建筑群中栽植应用,可发挥明显的生态效益。本种生长快,成型早,适应性强,耐干旱,适宜推广应用于农村"四旁"绿化。其竿壁厚而节平,材质优良;竹笋鲜甜可口,营养元素较为全面。

(六)苦竹属 *Pleioblastus*

竿小型至大型,散生或少数种类可丛生成群,直立;地下茎有时呈单轴型,有时亦可部分短缩呈复轴型。节间圆筒形或在其有分枝之节间下部一侧微扁平,节下方的白粉环明显,中空或少数种类近实心,髓呈笛膜状或棉絮状;竿环隆起,高于箨环;箨环常具一圈箨鞘基部残留物,幼竿的箨环还常具一圈棕褐色小刺毛;竿每节分 3~7 枝,唯竿上部数节分枝数更多且呈束状,无明显主枝,枝条展开,与竿成 40°~50°夹角。箨鞘宿存,厚草质或厚纸质,背部通常除基部密生一圈茸毛和边缘具纤毛外,其余部分无毛或具脱落性小刺毛和白粉;大多数种类无箨耳和鞘口缝毛,但亦可有大型的箨耳和鞘口缝毛;箨舌截形至弧形;箨片锥形至披针形,基部向内收窄,常外翻。每小枝通常生 3~5 叶,少数种类可多达 13 叶;叶鞘背部被毛或无毛,鞘口具流苏状通直或波状弯曲的缝毛;叶舌截形或拱形;叶片长圆状披针形或狭长披针形。

本属笋味苦,大都不能食用。竹材篾性一般较脆,不适宜编织,但竿通直而且竿壁较厚,可制伞柄、帐竿、支架、毛笔杆等。分布于东亚,日本最多。我国已知约有 20 种,分布较零星,以长江中下流域各地较多。

1. 菲白竹 *Pleioblastus fortunei* (Van Houtte) Nakai

形态特征：丛生状，节间无毛；每节分枝 1。小型竹，竿矮小，高 0.2～1.5 m，直径 0.2～0.3 cm。节间圆筒形。竿环平；竿箨宿存；箨鞘无毛；无箨耳及繸毛；箨舌不明显；箨叶小，披针形。叶披针形，两面具白色柔毛，背面较密，叶片绿色，具明显的白色或淡黄色纵条纹。笋期 5 月。

生态习性：原产于日本。我国有引种栽培，江苏和浙江等省栽培较多。耐寒，耐阴，喜温暖气候、沙性肥沃土壤，生长密集，病虫害极少，可任意修剪，管理简单、粗放。

园林应用：本竹种竿矮小，叶具不规则白色或淡黄色条纹，甚美丽，为优良观赏竹种，可丛植于草坪角隅，或修剪使其矮化，栽作林下地被或绿篱，也可栽作盆景。菲白竹叶片与禾本科和豆科常见牧草相比，粗蛋白质、粗脂肪、粗灰分含量高，粗纤维含量与禾本科常见牧草相当，略高于豆科植物，并且含量比较丰富，能满足畜体组织新陈代谢对外源氮的需求，因此可作牲畜饲料。

2. 苦竹 *Pleioblastus amarus* (Keng) Keng f.

形态特征：又名乌云竹、伞柄竹。地下茎复轴混生。竿直立，高 3～5 m，径 1.5～3 cm，节间长约 20～30 cm。新竿被白粉，箨环下尤甚，竿环隆起，箨环隆起呈木栓质；箨鞘呈细长三角形，厚纸质兼革质，长 15～20 cm，中部宽 5～6 cm，顶宽 5～10 mm，干时草绿色，背面生有刺毛；箨耳小，深褐色，有直立棕色缝毛；箨舌截平，长约 1～2 cm，箨叶细长披针形，波曲状，长 4～11 cm，宽 3～5 mm。每小枝 3～4 枚叶，叶片长 14～20 cm，宽 1～3 cm。叶鞘无毛，长 2.5～7.5 cm，鞘口无毛，叶舌坚韧，截状。笋期 5—6 月。

分布与生境：分布于长江中下游以南地区的江苏、安徽、浙江、福建、湖南、湖北、四川、贵州、云南等省。生于低山丘陵和盆地，很少有成片竹林。适应性强，对一般土壤均能适应。

园林应用：苦竹竹竿挺直秀丽，叶片下垂，姿态优美，为优良观赏竹种。可于庭园绿地成丛栽植，或在亭际、石旁、窗前屋后配植，以资点缀，无不适宜。苦竹具有适应性强、生长快、笋期长、产量高等特点，经济价值很高。其笋富含糖类、蛋白质、脂肪、纤维素、半纤维素以及磷、铁、钙和其他多种元素、维生素等物质，不仅可以捞煮后炒食，也可以加工成水煮笋或各种调味笋。苦笋味道甘苦，脆嫩可口，生津开胃，回味甘美，不仅是优良的无公害蔬菜，更是减肥和预防肠癌的保健食品，具有清肝明目的药用价值。竹材坚韧，用途广泛，可整竿使用或加工为各种农用品、伞柄、旗杆、农用支架，也是制作竹家具和造纸的良好材料，用苦竹制成的宣纸类制品具有色泽鲜艳、不易被虫蛀的特点。嫩叶、嫩苗、根茎等均可供药用，夏秋季采摘，鲜用或晒干。中药名有苦竹叶、苦竹笋、苦竹茹、苦竹沥、苦竹根，具有清热、解毒、凉血、清痰等功效。

（七）鹅毛竹属 *Shibataea*

地下茎复轴型，小型灌木状竹类。

已知有 7 种、2 变种及 1 栽培品种。

1. 鹅毛竹 *Shibataea chinensis* Nakai

形态特征：地下茎（竹鞭）呈棕黄色或淡黄色。节间长仅 1～2 cm，粗 5～8 mm，中空极小或几为实心。体态矮小，株高约 1 m，径 2～3 mm，竿中部节间长 10～15 cm，竿壁厚，中空小,竿淡绿色,略带紫色,无毛、竿环肿胀。竿箨纸质,无毛,边缘具缝毛;无箨耳和鞘口缝毛;箨舌高约 4 mm;箨叶锥状。每枝仅具 1 叶,偶有 2 叶。每节常有 5～6 分枝,分枝等长,梢端具叶片 1 枚。笋期 5—6 月。

生态习性:广泛分布于江苏、安徽、江西、福建等地,长江流域以南各大城市均有栽培。生于山坡或林缘,亦可生于林下。喜温暖湿润的气候,喜光,耐旱,耐瘠薄。

园林应用:鹅毛竹体态矮小,叶态优美,四季常青,是极佳的地被观赏植物。一般用于地表绿化观赏,如作绿篱、地被、盆栽,点缀山石等。

(八)亚平竹属 *Semiarundinaria*

该属物种为地下茎单轴或复轴型,小乔木或灌木状竹类植物。

本属仅有 1 种和 1 变种。原华东特产,现安徽、江西、湖北、广东等地均有发现。

1. 短穗竹 *Semiarundinaria densiflora* (Rendle) Keng

形态特征:中国特有种。地下茎为单轴型。竿散生,高 2.6 m,幼竿被倒向的白色细毛,后脱落,老竿则无毛;节间圆筒形,无沟槽,或在分枝一侧的节间下部有沟槽,长 7～18.5 cm,在箨环下方具白粉,以后变为黑垢。竿上部每节 3 分枝。箨鞘绿色,具白色与紫色纵条,边缘具紫红色纤毛;箨耳发达,大小和形状多变,边缘具弯曲缝毛;箨舌宽短平截;箨叶绿色,长披针形,平展,边缘外翻。笋期 5～6 月,花期 3～5 月。

分布与生境:主要分布于江苏、浙江、安徽、江西、湖北、广东等地区。喜温暖、潮湿的低海拔平原、丘陵、低山坡地。在腐殖质含量高的土壤中生长良好;生长在干旱瘠薄之地或砍伐不当,很易开花,但花后常自行复壮再生,并不死亡。

园林应用:一般作绿篱、地被观赏用。竿可制伞柄、钓鱼竿,也可劈篾编织家庭用具。笋味略苦。

六十九、棕榈科 Arecaceae

(一)棕竹属 *Rhapis*

灌木,茎细如竹,多丛生。叶鞘网状,黑褐色。叶聚生茎顶,叶片内向折叠,掌状深裂几达基部,裂片少数(20 以下),先端短锐裂,边缘具微齿;叶柄细,边缘无刺。花单性异株或杂性;花序生于叶丛中;花萼和花冠 3 齿裂;雄蕊 6(雌花中为退化雄蕊);心皮离生。果实通常由 1 心皮发育而成,球形;种子 1,胚乳均匀。

约有 12 种,分布于亚洲东部及东南部。我国有 7 种,产于西南至华南地区。

1. 棕竹 *Rhapis excelsa* (Thunb.) A. Henry

形态特征:又名筋头竹、观音竹。高 2～3 m。茎圆柱形,有节,上部被淡黑色、粗硬的网状纤维。叶常掌状深裂,裂片 4～10,叶缘和中脉有褐色小锐齿,顶端具不规则齿牙;叶柄扁平。花序长约 30 cm,多分枝;花序梗及分枝花序基部各有 1 佛焰苞包被,密被褐色绒毛。果实球状倒卵形,直径 8～10 mm;种子球形。花期 6～7 月。

分布与生境:分布于我国华南及西南地区,散生于热带季雨林中。日本也有分布。长江以南各地多栽培。北方盆栽,在室内越冬。适应性强,喜温暖、阴湿及通风良好的环境和排水良好、富含腐殖质的沙壤土。夏季温度以 20～30 ℃为宜,冬季温度不可低于 4 ℃。萌蘖力强,耐阴,喜湿润的酸性土。

园林应用：棕竹株丛挺拔，叶形秀丽，树形优美，宜配植于花坛、廊隅、窗下、路边、丛植、列植均可。亦可盆栽或制作盆景，供室内装饰。棕竹能够吸收 80% 以上的多种有害气体，净化空气；同时棕竹还能消除重金属污染，并对二氧化硫有一定的吸收作用，可用于人流量较大的室内场所，如影院大厅、会议室、车站休息室等。根、叶可入药，味甘、涩，性平。叶收敛止血，主治鼻衄、咯血、吐血、产后出血过多；根祛风除湿、收敛止血，治风湿痹痛、鼻衄、咯血、跌打损伤。

（二）蒲葵属 *Livistona*

乔木状，树干有环状叶痕。叶大，宽肾状扇形，掌状分裂至中上部，裂片先端 2 裂，下垂；叶柄长，两侧有刺。花两性；花序生于叶丛中；佛焰苞多数，圆筒形；花萼、花冠均 3 裂；雄蕊 6，花丝基部合生。果实球形或椭圆球形；种子 1，胚乳均匀。

有 30 种，分布于亚洲及大洋洲热带地区。我国有 3 种，产于西南部至东南部。

1. 蒲葵 *Livistona chinensis*（Jacq.）R. Br. ex Mart.

形态特征：乔木状，树高达 10～20 m，基部膨大，胸径 15～30 cm。树冠密实，近圆球形，冠幅可达 8 m。叶阔肾状扇形，宽约 1.5～1.8 m，长 1.2～1.5 m，掌状分裂至中部，裂片条状披针形，具横脉；叶柄两侧具骨质的钩刺，长达 1.3～1.5 m。圆锥花序长约 1 m，腋生，花无柄，黄绿色。果实椭圆形，长 1.8～2 cm，熟时蓝黑色。花期春秋季，果期 11 月。

分布与生境：分布于华南，在广东、广西、福建、台湾普遍栽培，湖南、江西、四川、云南亦多有引种，中南半岛亦有分布。江苏地区可室内栽培。喜高温、多湿的气候及湿润、肥沃、富含腐殖质的黏壤土。能耐 0 ℃的低温和一定程度的干旱。喜光但忌烈日曝晒，亦能耐阴；不耐旱，耐水湿和咸潮，在肥沃、湿润、有机质丰富的土壤里生长良好。生长缓慢，虽无主根，但侧根异常发达，密集丛生，抗风力强，能在沿海地区生长。

园林应用：蒲葵树形美观，为热带及亚热带地区优美的庭荫树和行道树，可孤植、丛植、对植、列植，也可盆栽，不但是一种良好的庭园观赏植物和"四旁"绿化树种，也是园林结合生产的理想树种。葵叶可加工制作蓑衣、船篷、盖房顶的遮盖物和精美的高级工艺品，如葵席、花篮、画扇、织扇等；叶裂片的肋脉可制牙签；树干可作梁柱；果实及根、叶均可入药，性平，味淡，具有败毒抗癌、消瘀止血之功效，民间常用其治疗白血病、鼻咽癌、绒毛膜癌、食道癌。

（三）棕榈属 *Trachycarpus*

乔木状或灌木状。树干具环状叶痕；上部具黑褐色叶鞘解体成的网状纤维。单叶，掌状分裂至中部以下；裂片 20 片以上，先端 2 裂，几直伸；叶柄边缘常具细齿。花单性、杂性，小；花序生于叶丛中；佛焰苞多数，具毛；花萼、花冠均 3 裂；雄蕊 6；心皮分离。果实球形，粗糙；种子腹面有凹槽，胚乳均匀。

约有 8 种，分布于印度、中南半岛至中国和日本。我国约有 3 种，其中 1 种普遍栽培于南部各省区，另 2 种产于云南西部至西北部。

1. 棕榈 *Trachycarpus fortunei*（Hook.）H. Wendl.

形态特征：又名棕树。常绿乔木状。树干圆柱形，高达 15 m；干径达 24 cm。树干常被残存的老叶柄及密集的网状纤维。叶圆扇形，径 30～60 cm，裂片条形，多数，坚硬，先端 2 浅裂，叶柄长 0.5～1 m，两侧具细锯齿。叶间肉穗状花序簇生，下垂，黄色。果扁肾形，熟时淡蓝色，略被白粉。花期 4—5 月，果期 10—11 月。

分布与生境：产于秦岭、长江流域以南，东起台湾，南达西南、华南、中南半岛。现我国大部分地区有栽培，北起陕西南部，南到广东、广西和云南，西达西藏边界，东至上海和浙江。现栽培区向北扩大至长江流域以至秦岭南部汉中。耐阴，喜温湿气候及湿润、肥沃、富含腐殖质、排水良好的石灰性、中性或微酸性土壤。耐轻盐碱，也耐一定的干旱与水湿。抗大气污染能力强。较耐寒，是棕榈科国内分布最广、分布纬度最高的种。浅根性，无主根，易被风吹倒。生长较慢。

园林应用：棕榈科植物以其特有的形态特征构成了热带植物部分特有的景观。棕榈树姿优美，挺拔秀丽，叶姿优雅，叶色葱茏，栽于庭院、路边及花坛之中适于四季观赏。可供园林中对植、列植于庭前、路边、入口处，或孤植、群植于池边、林缘、草地边角、窗前，翠影婆娑，颇具南国风光。耐烟尘，对多种有害气体抗性很强，且有吸收能力，工矿区可大面积种植，是工厂绿化优良树种。亦可盆栽布置会场及庭院。棕榈叶鞘为扇子形，有棕纤维，叶可制扇、帽等工艺品，叶脉可制牙签；叶鞘纤维可制绳索、蓑衣、棕垫、地毯、棕刷和沙发的填充材料等；嫩叶经漂白可编扇和草帽；花苞及嫩花葶可供食用；果皮可提取棕蜡；木材可以制器具，可作亭柱、水槽，又可制扇骨、木梳等；棕皮及叶柄、根、花、果、种子可入药，有收涩之效，可收敛止血，主治吐血、衄血、便血、血淋、尿血、外伤出血、崩漏下血；种子加工后是很好的饲料。

（四）散尾葵属 *Chrysalidocarpus*

单生或丛生灌木。茎具环状叶痕，有时在茎节上产生气生枝。叶羽状全裂，羽片多数，线形或披针形，外向折叠，羽片边缘常变厚，上面无毛，背面常常沿中肋被扁平鳞片，有时叶脉之间被小鳞片和蜡，横小脉不明显；叶柄上面具沟槽，背面圆，常被鳞片或蜡；叶轴上面具棱角，背面圆；叶鞘初时管状，后于叶柄对面劈裂，常常被各式鳞片和蜡。花序生于叶间或叶鞘下，分枝可达 3～4 级；花雌雄同株，多次开花结实。果实略为陀螺形或长圆形，近基部具柱头残留物，外果皮光滑，中果皮具网状纤维。

约有 20 种，主产于马达加斯加。中国引入栽培的只有散尾葵 1 种，广西、广东及其沿海岛屿、台湾等地常栽培于庭园中供观赏。江苏地区有室内栽培。

1. 散尾葵 *Chrysalidocarpus lutescens* H. Wendl.

形态特征：又名黄椰。丛生型常绿灌木，高可达 8 m，直径可达 12 cm，茎基部略膨大，光滑、黄绿色，嫩时被蜡粉，有环纹，环状鞘痕明显。叶羽状全裂，裂片条状披针形，先端长渐尖，柔软，常为 2 短裂，背面主脉隆起。叶柄、叶轴、叶鞘均淡黄绿色，叶鞘圆筒形，包茎。肉穗花序，花小，成串，金黄色。果近圆形，种子 1～3，卵形至阔椭圆形。花期 3—4 月。

分布与生境：原产于马达加斯加岛。我国广州、深圳、台湾等地多用于庭园栽植。长江流域及以北地区均作温室观叶盆栽。为热带植物，喜温暖、潮湿、半阴且通风良好的环境，耐寒性差，越冬最低温度在 10 ℃ 以上。苗期生长甚慢，以后生长迅速。适宜疏松、排水良好、肥厚的壤土。

园林应用：散尾葵枝叶茂密，四季常青，耐阴性强，适用于庭院草地绿化，可栽于建筑阴面。幼树可盆栽作室内饰物。在家居中摆放散尾葵，能够有效去除空气中的苯、三氯乙烯、甲醛等有挥发性的有害物质。在热带地区的庭院中，散尾葵多作观赏树栽种于草地、树荫、宅旁；北方地区主要采用盆栽，是布置客厅、餐厅、会议室、家庭居室、书房、卧室或阳台的高档盆栽观叶植物，在明亮的室内可以较长时间摆放观赏；在较阴暗的房间也可连续观赏 4～

6周。散尾葵生长很慢,一般多作中、小盆栽植。散尾葵的叶鞘纤维可入药,味微苦、涩,性凉,入肝经,能收敛止血,主治吐血咯血、便血、崩漏等。

七十、百合科 Liliaceae

(一)菝葜属 *Smilax*

攀缘或直立小灌木,常绿或有时落叶,极少为草本,常具坚硬的根状茎。枝条圆柱形或有时四棱形,常有刺,有时有疣状突起或刚毛。叶二列互生,全缘,具3~7主脉和网状细脉;叶柄两侧边缘常具或长或短的翅状鞘,鞘的上方有一对卷须或无卷须,向上至叶片基部一段有一色泽较暗的脱落点。花小,单性异株,通常排成单个腋生的伞形花序,较少若干个伞形花序又排成圆锥花序或穗状花序。浆果通常球形,具少数种子。

共约有300种,广布于全球热带地区,也见于东亚和北美的温暖地区,少数种类产于地中海一带。我国有60种和一些变种,大多数分布于长江以南各省区。

1. 菝葜 *Smilax fluminensis* Steud.

形态特征:常绿或半常绿攀缘灌木,茎长1~3 m,疏生刺。根状茎粗厚,坚硬,为不规则的块状。叶薄革质或坚纸质,圆形或卵形,干后通常红褐色或近古铜色,下面通常淡绿色,具鞘,几乎都有卷须,脱落点位于靠近卷须处。伞形花序生于叶尚幼嫩的小枝上,常呈球形,花绿黄色。浆果熟时红色,有粉霜。花期2~5月,果期9—11月。

分布与生境:分布于华中、华东和华南地区。缅甸、越南、泰国、菲律宾也有分布。江苏全境有分布。生于海拔2 000 m以下的林下、灌丛中、路旁、河谷或山坡上。耐旱,喜光,稍耐阴,耐瘠薄。

园林应用:菝葜可攀附于岩石、棚架、假山作点缀,是常用的垂直绿化植物,也可作地被植物,亦可用于绿篱栅栏。根状茎可以提取淀粉和栲胶,或用来酿酒。根状茎可入药,主要含皂苷、生物碱成分,味甘,性温,能祛风湿、利小便、消肿毒,主治关节疼痛、肌肉麻木、泄泻、痢疾、水肿、淋病、疔疮、肿毒、瘰疬、痔疮。

2. 小果菝葜 *Smilax davidiana* A. DC.

形态特征:常绿或半常绿攀缘灌木,茎长1~2 m,具疏刺。具粗短的根状茎。叶坚纸质,干后红褐色,通常椭圆形,先端微凸或短渐尖,基部楔形或圆形,下面淡绿色;叶柄较短,具鞘,耳状,明显比叶柄宽,有细卷须,脱落点位于近卷须上方。伞形花序生于叶尚幼嫩的小枝上,多少呈半球形,花绿黄色。浆果熟时暗红色。花期3—4月,果期10—11月。

分布与生境:分布于华东的江苏、安徽、浙江、江西、福建,华中的湖北、湖南,华南的广东、广西等地区。越南、老挝、泰国也有分布。江苏全境有分布。生于海拔800 m以下的林下、灌丛中或山坡、路边阴处。

园林应用:小果菝葜生长旺盛,叶片浓密且果形奇特,多用于廊架式绿化,形成绿廊、花廊或花架,以供观果、赏花、遮阴。其他用途同菝葜。

3. 土茯苓 *Smilax glabra* Roxb.

形态特征:常绿攀缘灌木。根状茎粗厚,块状,常由匍匐茎相连接,茎长1~4 m。枝条光滑,无刺。叶薄革质,狭椭圆状披针形至狭卵状披针形,先端渐尖,下面通常绿色,有时带苍白色;叶柄具狭鞘,有卷须,脱落点位于近顶端。伞形花序通常具10余朵花,花绿白色,六棱状球形。浆果熟时紫黑色,具粉霜。花期 7—11 月,果期 11 月至次年 4 月。

分布与生境:产于甘肃南部和长江流域以南各省区,直到台湾、海南岛和云南。江苏全境有分布。生于海拔 1 800 m 以下的林中、灌丛下、河岸或山谷中,也见于林缘与疏林中。

园林应用:土茯苓具刺,主要攀缘于矮墙、篱架、栅栏等处,是垂直绿化植物,又具有防护功能。本种粗厚的根状茎称土茯苓,富含淀粉,可用来制糕点或酿酒;也可入药,性平,味甘,归肝经、胃经、脾经,利湿热、解毒、健脾胃、利关节。

4. 牛尾菜 *Smilax hypoglauca* Benth.

形态特征:常绿或半常绿攀缘灌木,茎长 1～2 m,中空有少量髓,干后凹瘪并具槽。枝条有时稍带四棱形,无刺。叶革质,形状变化较大,卵状矩圆形、卵形至狭椭圆形,下面绿色,无毛;叶柄长 7～20 mm,通常在中部以下有卷须。伞形花序总花梗较纤细,长 3～5 (10) cm;小苞片长 1～2 mm,在花期一般不落。浆果直径 7～9 mm。花期 6～7 月,果期 10 月。

分布与生境:除内蒙古、新疆、西藏、青海、宁夏以及四川、云南高山地区外,全国都有分布。朝鲜、日本和菲律宾也分布。生于海拔 1 600 m 以下的林下、灌丛、山沟或山坡草丛中。

园林应用:用途同菝葜。牛尾菜是一种集观赏、食用、药用和工业价值于一体的野生资源植物,具有重要的经济价值。牛尾菜为良好的垂直绿化植物,可观果。其根茎可入药,味甘、苦,性平,具有祛痰、止咳、通络止痛、活血化瘀之功效。牛尾菜的种子可提取油料;其根茎还富含鞣质,可提取栲胶。

5. 华东菝葜 *Smilax sieboldii* Miq.

形态特征:常绿或半常绿攀缘灌木或半灌木,具粗短的根状茎,茎长 1～2 m。小枝常带草质,干后稍凹瘪,一般有刺,刺多半细长,针状,稍黑色。叶草质,卵形,先端长渐尖,基部常截形,具狭鞘,有卷须,脱落点位于上部。伞形花序具几朵花,花绿黄色。浆果熟时蓝黑色。花期 5—6 月,果期 10 月。

分布与生境:分布于华北、华东地区。朝鲜、日本也有分布。江苏全境有分布。生于海拔 1 800 m 以下的林下、灌丛中或山坡草丛中。

园林应用:为良好的攀缘植物,也可作绿篱。该种植物多作地栽,在篱栅、棚架、山石旁进行种植,亦可盆栽观赏。

(二)丝兰属 *Yucca*

茎很短或长而木质化,有时有分枝。叶近簇生于茎或枝的顶端,条状披针形至长条形,常厚实、坚挺而具刺状顶端,边缘有细齿或作丝裂。圆锥花序从叶丛抽出,花近钟形。果实为不裂或开裂的蒴果,或为浆果。种子多数,扁平,薄,常具黑色种皮。

约有 30 种,分布于中美洲至北美洲。我国有引种栽培。

1. 细叶丝兰 *Yucca flaccida* Haw.

形态特征:茎很短或不明显。叶近莲座状簇生,坚硬,近剑形或长条状披针形,顶端具一硬刺,边缘有许多稍弯曲的白色丝状纤维。花近白色,下垂,排成狭长的圆锥花序。蒴果椭圆状卵形,开裂。花期 6—7 月。

分布与生境:原产于北美东南部,我国长江流域及其以南的亚热带地区常栽培。江苏全境有分布。性强健,极耐寒,容易成活,对土壤适应性很强。喜阳光充足及通风良好的环境,生于排水良好的沙质壤土及日照良好与通风之地。丝兰茎易产生不定芽,天然更新能力强,根系发达,生命力强。叶片有一层较厚的角质层和蜡被,能减少蒸发,因而抗旱能力强。

园林应用:丝兰四季常青,体形奇特,花序硕大、花大洁白,一年春秋两季开放,繁多的白花下垂如铃,姿态优美,花期持久,幽香宜人,花叶俱美,是良好的庭院、公园观赏植物,适植于高密度城市中园艺康养疗愈场所。其抗性强,适应性广,四季常青,观赏价值高,是园林绿化的重要树种。丝兰叶姿刚劲有力,常年浓绿色,夏秋间开花,花期长,花序圆锥形,高出叶丛,显得高大挺拔,一串串如杯状的乳白色花朵,后变微黄,上缀下垂,互相簇拥,亮丽秀美,也是良好的鲜切花材料。丝兰数株成丛,高低不一,剑形叶放射状,排列整齐,适于在庭园、公园、花坛中孤植或丛植,常栽在花坛中心、建筑前、草坪中、庭前、池畔、路边、岩石、台坡,也可和其他花卉配植。由于丝兰适应性强,生长快,叶片坚厚,顶端具硬尖刺,可以作为围篱,或种于围墙、栅栏之下,具有防护作用,可替代防护网。丝兰具有良好的净化空气的功能,对有害气体如二氧化硫、氟化氢、氯气等均有很强的抗性和吸收能力,对氨气、乙烯等也有一定的抗性,可用于工矿厂区绿化或工业废弃地生态修复与景观营造。丝兰提取物是一种新型饲料添加剂,可促进畜禽健康、高产,改善其消化道环境,促进营养物质吸收,提高饲料利用率,提升肉产品品质等。特别是丝兰提取物具有独特的固氮能力,对降低畜禽粪便中的氨气、硫化氢、粪臭素等有害物浓度,以及改善饲养环境方面效果显著。丝兰叶纤维洁白、强韧、耐水湿,称"白麻棕",可制缆绳。叶片还可提取甾体激素。丝兰是塞舌尔的国花。

附录　中国部分城市市花和市树
（含特别行政区区花、区树）

直辖市、特别行政区

1. 北京市

   市花：月季、菊花。月季，蔷薇科蔷薇属灌木；菊花，菊科菊属宿根亚灌木。

   市树：国槐、侧柏。国槐，豆科槐属落叶乔木；侧柏，柏科侧柏属常绿乔木。

2. 上海市

   市花：玉兰，木兰科玉兰属落叶乔木。

   市树：未确定。

3. 天津市

   市花：月季，蔷薇科蔷薇属灌木。

   市树：绒毛白蜡，木樨科梣属落叶乔木。

4. 重庆市

   市花：山茶花，山茶科山茶属常绿灌木或小乔木。

   市树：黄葛树，桑科榕属落叶大乔木。

5. 香港

   区花：紫荆花（红花羊蹄甲），豆科羊蹄甲属落叶乔木。

   区树：未确定。

6. 澳门

   区花：莲花，睡莲科睡莲属多年生草本。

   区树：未确定。

福建省

7. 福州市

   市花：茉莉花，木樨科素馨属常绿灌木。

   市树：榕树，桑科榕属常绿大乔木。

8. 厦门市

   市花：叶子花，紫茉莉科叶子花属落叶藤本灌木。

   市树：凤凰木，豆科凤凰木属落叶乔木。

9. 漳州市

   市花：水仙，石蒜科水仙属多年生草本。

   市树：香樟，樟科樟属常绿乔木。

10. 泉州市

市花:刺桐、含笑。刺桐,豆科刺桐属落叶乔木;含笑,木兰科含笑属常绿灌木或小乔木。

市树:刺桐,豆科刺桐属落叶乔木。

11. 三明市

市花:迎春花、叶子花。迎春花,木樨科素馨属落叶灌木;叶子花,紫茉莉科叶子花属落叶藤本灌木。

市树:黄花槐、红花紫荆。黄花槐,豆科槐属草本或亚灌木;红花紫荆,豆科羊蹄甲属落叶乔木。

12. 莆田市

市花:月季,蔷薇科蔷薇属灌木。

市树:荔枝树,无患子科荔枝属常绿乔木。

13. 南平市

市花:百合,百合科百合属多年生草本。

市树:闽楠、香樟。闽楠,樟科楠属常绿乔木;香樟,樟科樟属常绿乔木。

14. 龙岩市

市花:建兰、山茶花。建兰,兰科兰属多年生草本;山茶花,山茶科山茶属常绿灌木或小乔木。

市树:香樟,樟科樟属常绿乔木。

广东省

15. 广州市

市花:木棉,木棉科木棉属落叶大乔木。

市树:木棉,木棉科木棉属落叶大乔木。

16. 深圳市

市花:叶子花,紫茉莉科叶子花属落叶藤本灌木。

市树:荔枝树,无患子科荔枝属常绿乔木。

17. 汕头市

市花:凤凰木,豆科凤凰木属落叶乔木。

市树:未确定。

18. 湛江市

市花:洋紫荆,豆科羊蹄甲属落叶乔木。

市树:未确定。

19. 惠州市

市花:叶子花,紫茉莉科叶子花属落叶藤本灌木。

市树:红花紫荆,豆科羊蹄甲属落叶乔木。

20. 肇庆市

市花:鸡蛋花、荷花。鸡蛋花,夹竹桃科鸡蛋花属落叶灌木或小乔木;荷花,睡莲科莲属多年生草本。

市树:白兰,木兰科含笑属常绿乔木。

21. 中山市

市花:菊花,菊科菊属宿根亚灌木。

市树:凤凰木,豆科凤凰木属落叶乔木。

22. 江门市

市花:叶子花,紫茉莉科叶子花属落叶藤本灌木。

市树:蒲葵,棕榈科蒲葵属常绿乔木。

23. 韶关市

市花:兰花,兰科兰属多年生草本。

市树:香樟,樟科樟属常绿乔木。

24. 佛山市

市花:玉兰,木兰科玉兰属落叶乔木。

市树:桐树(油桐),大戟科油桐属落叶乔木。

25. 梅州市

市花:梅花,蔷薇科杏属落叶小乔木。

市树:桂花,木樨科木樨属常绿乔木。

26. 珠海市

市花:叶子花,紫茉莉科叶子花属落叶藤本灌木。

市树:洋紫荆,豆科羊蹄甲属落叶乔木。

27. 清远市

市花:叶子花、禾雀花。叶子花,紫茉莉科叶子花属落叶藤本灌木;禾雀花,豆科黧豆属常绿大型木质藤本。

市树:白兰,木兰科含笑属常绿乔木。

28. 东莞市

市花:白兰,木兰科含笑属常绿乔木。

市树:荔枝树,无患子科荔枝属常绿乔木。

广西壮族自治区

29. 南宁市

市花:朱槿,锦葵科木槿属常绿灌木。

市树:扁桃树,蔷薇科桃属常绿乔木。

30. 桂林市

市花:桂花,木樨科木樨属常绿乔木。

市树:桂树(桂花),木樨科木樨属常绿乔木。

31. 北海市

市花:叶子花,紫茉莉科叶子花属落叶藤本灌木。

市树:小叶榕,桑科榕属常绿乔木。

32. 柳州市

市花:洋紫荆,豆科羊蹄甲属落叶乔木。

市树:小叶榕,桑科榕属常绿乔木。

33. 防城港市

市花:金花茶,山茶科山茶属常绿灌木。

市树:秋枫,大戟科秋枫属半常绿乔木。

34. 崇左市

市花:木棉,木棉科木棉属落叶大乔木。

市树:扁桃树,蔷薇科桃属常绿乔木。

35. 梧州市

市花:叶子花,紫茉莉科叶子花属落叶藤本灌木。

市树:六旺树(苹婆),梧桐科苹婆属常绿乔木。

36. 贺州市

市花:莲花,睡莲科睡莲属多年生草本。

市树:未确定。

37. 来宾市

市花:洋紫荆,豆科羊蹄甲属落叶乔木。

市树:香樟,樟科樟属常绿乔木。

38. 贵港市

市花:荷花,睡莲科莲属多年生草本。

市树:玉桂树(肉桂),樟科樟属常绿乔木。

江西省

39. 南昌市

市花:金边瑞香、月季。金边瑞香,瑞香科瑞香属常绿灌木;月季,蔷薇科蔷薇属灌木。

市树:香樟,樟科樟属常绿乔木。

40. 鹰潭市

市花:月季,蔷薇科蔷薇属灌木。

市树:樟树(香樟),樟科樟属常绿乔木。

41. 九江市

市花:荷花,睡莲科莲属多年生草本。

市树:香樟,樟科樟属常绿乔木。

42. 景德镇市

市花:山茶花,山茶科山茶属常绿灌木或小乔木。

市树:樟树(香樟),樟科樟属常绿乔木。

43. 吉安市

市花:杜鹃花,杜鹃花科杜鹃花属常绿或落叶灌木。

市树:樟树(香樟),樟科樟属常绿乔木。

44. 井冈山市

市花:杜鹃花,杜鹃花科杜鹃花属常绿或落叶灌木。

市树:红豆杉,红豆杉科红豆杉属常绿针叶乔木。

45. 赣州市

市花:杜鹃花,杜鹃花科杜鹃花属常绿或落叶灌木。

市树:榕树,桑科榕属常绿乔木。

46. 宜春市

市花:华木莲,木兰科华木莲属落叶乔木。

市树:桂树(桂花),木樨科木樨属常绿乔木。

47. 上饶市

市花:猴头杜鹃,杜鹃花科杜鹃花属常绿灌木。

市树:香樟,樟科樟属常绿乔木。

浙江省

48. 杭州市

市花:桂花,木樨科木樨属常绿乔木。

市树:香樟,樟科樟属常绿乔木。

49. 绍兴市

市花:兰花,兰科兰属多年生草本。

市树:香榧,红豆杉科榧属常绿乔木。

50. 宁波市

市花:山茶花,山茶科山茶属常绿灌木或小乔木。

市树:香樟,樟科樟属常绿乔木。

51. 温州市

市花:山茶花,山茶科山茶属常绿灌木或小乔木。

市树:榕树,桑科榕属常绿大乔木。

52. 金华市

市花:山茶花,山茶科山茶属常绿灌木或小乔木。

市树:香樟,樟科樟属常绿乔木。

53. 余姚市

市花:杜鹃花,杜鹃花科杜鹃花属常绿或落叶灌木。

市树:广玉兰,木兰科北美木兰属常绿乔木。

54. 嘉兴市

市花:杜鹃花、石榴。杜鹃花,杜鹃花科杜鹃花属常绿或落叶灌木;石榴,石榴科石榴属
落叶灌木或小乔木。

市树:香樟,樟科樟属常绿乔木。

湖南省

55. 长沙市

市花:杜鹃花,杜鹃花科杜鹃花属常绿或落叶灌木。

市树:香樟,樟科樟属常绿乔木。

56. 株洲市

市花:红花檵木,金缕梅科檵木属多年生常绿灌木。

市树:香樟,樟科樟属常绿乔木。

57. 湘潭市

市花:菊花,菊科菊属宿根亚灌木。

市树:香樟,樟科樟属常绿乔木。

58. 衡阳市

市花:山茶花、月季。山茶花,山茶科山茶属常绿灌木或小乔木;月季,蔷薇科蔷薇属灌木。

市树:香樟,樟科樟属常绿乔木。

59. 岳阳市

市花:栀子花,茜草科栀子属常绿灌木。

市树:杜英,杜英科杜英属常绿乔木。

60. 常德市

市花:桃花,蔷薇科桃属落叶乔木。

市树:香樟,樟科樟属常绿乔木。

61. 邵阳市

市花:紫薇,千屈菜科紫薇属落叶小乔木或灌木。

市树:香樟,樟科樟属常绿乔木

62. 娄底市

市花:杜鹃花,杜鹃花科杜鹃花属常绿或落叶灌木。

市树:樟树(香樟),樟科樟属常绿乔木。

湖北省

63. 武汉市

市花:梅花,蔷薇科杏属落叶小乔木。

市树:水杉,杉科水杉属落叶大乔木。

64. 宜昌市

市花:宜昌百合(百合)、蜡梅。宜昌百合(百合),百合科百合属多年生草本;蜡梅,蜡梅科蜡梅属落叶灌木。

市树:橘树、栾树。橘树,芸香科柑橘属常绿小乔木;栾树,无患子科栾树属落叶乔木。

65. 黄石市

市花:石榴,石榴科石榴属落叶灌木或小乔木。

　　市树:樟树(香樟),樟科樟属常绿乔木。

66. 襄阳市

　　市花:紫薇,千屈菜科紫薇属落叶小乔木或灌木。

　　市树:女贞,木樨科女贞属常绿小乔木。

67. 荆门市

　　市花:紫薇、菊花。紫薇,千屈菜科紫薇属落叶小乔木或灌木;菊花,菊科菊属宿根亚灌木。

　　市树:栾树,无患子科栾树属落叶灌木或乔木。

68. 随州市

　　市花:月季,蔷薇科蔷薇属灌木。

　　市树:银杏,银杏科银杏属落叶乔木。

69. 恩施市

　　市花:月季,蔷薇科蔷薇属灌木。

　　市树:樟树(香樟),樟科樟属常绿乔木。

70. 利川市

　　市花:杜鹃花,杜鹃花科杜鹃花属常绿或落叶灌木。

　　市树:水杉,杉科水杉属落叶大乔木。

71. 荆州市

　　市花:荷花、蜡梅。荷花,睡莲科莲属水生草本;蜡梅,蜡梅科蜡梅属落叶灌木。

　　市树:紫荆、银杏。紫荆,豆科紫荆属落叶灌木;银杏,银杏科银杏属落叶乔木。

72. 鄂州市

　　市花:梅花,蔷薇科杏属落叶小乔木。

　　市树:香樟,樟科樟属常绿乔木。

73. 老河口市

　　市花:桂花,木樨科木樨属常绿乔木。

　　市树:未确定。

74. 十堰市

　　市花:石榴、紫薇。石榴,石榴科石榴属落叶灌木或小乔木;紫薇,千屈菜科紫薇属落叶小乔木或灌木

　　市树:香樟、栾树。香樟,樟科樟属常绿乔木;栾树,无患子科栾树属落叶乔木。

75. 丹江口市

　　市花:梅花,蔷薇科杏属落叶小乔木。

　　市树:香樟,樟科樟属常绿乔木。

江苏省

76. 南京市

　　市花:梅花,蔷薇科杏属落叶小乔木。

　　市树:雪松,松科雪松属常绿大乔木。

77. 无锡市

市花:杜鹃花、梅花。杜鹃花,杜鹃花科杜鹃花属常绿或落叶灌木;梅花,蔷薇科杏属落叶小乔木。

市树:香樟,樟科樟属常绿乔木。

78. 苏州市

市花:桂花,木樨科木樨属常绿乔木。

市树:香樟,樟科樟属常绿乔木。

79. 南通市

市花:菊花,菊科菊属宿根亚灌木。

市树:广玉兰,木兰科北美木兰属常绿乔木。

80. 镇江市

市花:蜡梅,蜡梅科蜡梅属落叶灌木。

市树:广玉兰,木兰科北美木兰属常绿乔木。

81. 扬州市

市花:琼花,忍冬科荚蒾属落叶或半常绿灌木。

市树:银杏、柳树。银杏,银杏科银杏属落叶乔木;柳树,杨柳科柳属落叶乔木。

82. 常州市

市花:月季,蔷薇科蔷薇属灌木。

市树:广玉兰,木兰科北美木兰属常绿乔木。

83. 淮安市

市花:月季,蔷薇科蔷薇属灌木。

市树:雪松,松科雪松属常绿大乔木。

84. 宿迁市

市花:紫薇、桂花。紫薇,千屈菜科紫薇属落叶小乔木或灌木;桂花,木樨科木樨属常绿乔木。

市树:杨树、槐树(国槐)。杨树,杨柳科杨属落叶乔木;槐树(国槐),豆科槐属落叶乔木。

85. 泰州市

市花:梅花,蔷薇科杏属落叶小乔木。

市树:银杏,银杏科银杏属落叶大乔木。

86. 连云港市

市花:玉兰,木兰科玉兰属落叶乔木。

市树:银杏,银杏科银杏属落叶大乔木。

87. 徐州市

市花:紫薇,千屈菜科紫薇属落叶小乔木或灌木。

市树:银杏,银杏科银杏属落叶大乔木。

安徽省

88. 合肥市

市花:石榴、桂花。石榴,石榴科石榴属落叶灌木或小乔木;桂花,木樨科木樨属常绿乔木。

市树:广玉兰,木兰科北美木兰属常绿乔木。

89. 阜阳市

市花:月季,蔷薇科蔷薇属灌木。

市树:刺槐,豆科刺槐属落叶乔木。

90. 蚌埠市

市花:月季,蔷薇科蔷薇属灌木。

市树:雪松、国槐。雪松,松科雪松属常绿乔木;国槐,豆科槐属落叶乔木。

91. 安庆市

市花:月季,蔷薇科蔷薇属灌木。

市树:香樟,樟科樟属常绿乔木。

92. 淮南市

市花:月季,蔷薇科蔷薇属灌木。

市树:悬铃木,悬铃木科悬铃木属落叶乔木。

93. 巢湖市

市花:牡丹、桂花。牡丹,毛茛科芍药属落叶小灌木;桂花,木樨科木樨属常绿乔木。

市树:梧桐,梧桐科梧桐属落叶乔木。

94. 马鞍山市

市花:桂花,木樨科木樨属常绿乔木。

市树:香樟,樟科樟属常绿乔木。

95. 淮北市

市花:梅花、月季。梅花,蔷薇科杏属落叶小乔木;月季,蔷薇科蔷薇属灌木。

市树:国槐、银杏。国槐,豆科槐属落叶乔木;银杏,银杏科银杏属落叶乔木。

96. 芜湖市

市花:月季、菊花。月季,蔷薇科蔷薇属灌木;菊花,菊科菊属宿根亚灌木。

市树:香樟、垂柳。香樟,樟科樟属常绿乔木;垂柳,杨柳科柳属落叶乔木。

云南省

97. 昆明市

市花:云南山茶(滇山茶),山茶科山茶属常绿灌木。

市树:玉兰,木兰科玉兰属落叶乔木。

98. 大理市

市花:高山杜鹃,杜鹃花科杜鹃花属常绿灌木。

市树:榕树,桑科榕属常绿乔木。

99. 玉溪市

市花:朱槿,锦葵科木槿属常绿灌木。

市树:未确定。

四川省

100. 成都市

市花:木芙蓉,锦葵科木槿属落叶灌木或小乔木。

市树:银杏,银杏科银杏属落叶大乔木。

101. 西昌市

市花:叶子花,紫茉莉科叶子花属落叶藤本灌木。

市树:蓝花楹,紫葳科蓝花楹属落叶乔木。

102. 德阳市

市花:月季,蔷薇科蔷薇属灌木。

市树:香樟,樟科樟属常绿乔木。

103. 自贡市

市花:紫薇,千屈菜科紫薇属落叶小乔木或灌木。

市树:香樟,樟科樟属常绿乔木。

104. 攀枝花市

市花:攀枝花(木棉),木棉科木棉属落叶大乔木。

市树:凤凰木,豆科凤凰木属落叶乔木。

山西省

105. 太原市

市花:菊花,菊科菊属宿根亚灌木。

市树:国槐,豆科槐属落叶乔木。

106. 大同市

市花:丁香,木樨科丁香属落叶小乔木或灌木。

市树:国槐,豆科槐属落叶乔木。

107. 朔州市

市花:蜀葵,锦葵科蜀葵属二年生直立草本。

市树:小叶杨,杨柳科杨属落叶乔木。

108. 吕梁市

市花:月季,蔷薇科蔷薇属灌木。

市树:国槐,豆科槐属落叶乔木。

109. 运城市

市花:月季、菊花。月季,蔷薇科蔷薇属灌木;菊花,菊科菊属宿根亚灌木。

市树:国槐,豆科槐属落叶乔木。

110. 晋城市

市花:紫薇,千屈菜科紫薇属落叶小乔木或灌木。

市树:雪松,松科雪松属常绿大乔木。

河南省

111. 郑州市

市花:月季,蔷薇科蔷薇属灌木。

市树:法国梧桐(三球悬铃木),悬铃木科悬铃木属落叶大乔木。

112. 洛阳市

市花:牡丹,毛茛科芍药属落叶小灌木。

市树:未确定。

113. 开封市

市花:菊花,菊科菊属宿根亚灌木。

市树:未确定。

114. 新乡市

市花:石榴、月季。石榴,石榴科石榴属落叶灌木或小乔木;月季,蔷薇科蔷薇属灌木。

市树:国槐,豆科槐属落叶乔木。

115. 鹤壁市

市花:迎春花,木樨科素馨属落叶灌木。

市树:国槐,豆科槐属落叶乔木。

116. 焦作市

市花:月季,蔷薇科蔷薇属灌木。

市树:国槐,豆科槐属落叶乔木。

117. 平顶山市

市花:月季,蔷薇科蔷薇属灌木。

市树:香樟,樟科樟属常绿乔木。

118. 商丘市

市花:月季,蔷薇科蔷薇属灌木。

市树:国槐,豆科槐属落叶乔木。

119. 信阳市

市花:桂花,木樨科木樨属常绿乔木。

市树:银杏,银杏科银杏属落叶大乔木。

120. 安阳市

市花:紫薇,千屈菜科紫薇属落叶小乔木或灌木。

市树:国槐,豆科槐属落叶乔木。

121. 驻马店市

市花:紫薇,千屈菜科紫薇属落叶小乔木或灌木。

市树:香樟,樟科樟属常绿乔木。

122. 三门峡市

市花:月季,蔷薇科蔷薇属灌木。

市树:雪松,松科雪松属常绿大乔木。

123. 南阳市

市花:月季,蔷薇科蔷薇属灌木。

市树:望春玉兰,木兰科玉兰属落叶乔木。

124. 许昌市

市花:荷花,睡莲科莲属多年生草本。

市树:未确定。

山东省

125. 济南市

市花:荷花,睡莲科莲属多年生草本。

市树:柳树,杨柳科柳属落叶乔木。

126. 青岛市

市花:山茶花,山茶科山茶属常绿灌木或小乔木。

市树:雪松,松科雪松属常绿大乔木。

127. 威海市

市花:桂花,木樨科木樨属常绿乔木。

市树:合欢,豆科合欢属落叶乔木。

128. 济宁市

市花:荷花,睡莲科莲属多年生草本。

市树:国槐,豆科槐属落叶乔木。

129. 日照市

市花:桂花,木樨科木樨属常绿乔木。

市树:银杏,银杏科银杏属落叶大乔木。

130. 枣庄市

市花:石榴,石榴科石榴属落叶灌木或小乔木。

市树:枣树,鼠李科枣属落叶乔木。

131. 菏泽市

市花:牡丹,毛茛科芍药属落叶小灌木。

市树:木瓜,蔷薇科木瓜属落叶灌木或小乔木。

河北省

132. 石家庄

市花:月季,蔷薇科蔷薇属灌木。

市树:国槐,豆科槐属落叶乔木。

133. 承德市

市花:玫瑰,蔷薇科蔷薇属落叶丛生灌木。

市树:未确定。

134. 张家口市

　　市花:大丽花,菊科大丽花属多年生草本。

　　市树:国槐,豆科槐属落叶乔木。

135. 邯郸市

　　市花:月季,蔷薇科蔷薇属灌木。

　　市树:国槐、法国梧桐(三球悬铃木)。国槐,豆科槐属落叶乔木;法国梧桐(三球悬铃木),悬铃木科悬铃木属落叶大乔木。

136. 廊坊市

　　市花:月季,蔷薇科蔷薇属灌木。

　　市树:国槐,豆科槐属落叶乔木。

137. 沧州市

　　市花:月季,蔷薇科蔷薇属灌木。

　　市树:国槐,豆科槐属落叶乔木。

138. 辛集市

　　市花:月季,蔷薇科蔷薇属灌木。

　　市树:未确定。

139. 邢台市

　　市花:月季,蔷薇科蔷薇属灌木。

　　市树:国槐,豆科槐属落叶乔木。

宁夏回族自治区

140. 银川市

　　市花:马兰花(马蔺)、玫瑰。马兰花(马蔺),鸢尾科鸢尾属多年生宿根草本花卉;玫瑰,蔷薇科蔷薇属落叶丛生灌木。

　　市树:沙枣树、国槐。沙枣树,胡颓子科胡颓子属落叶乔木;国槐,豆科槐属落叶乔木。

青海省

141. 西宁市

　　市花:丁香花,木樨科丁香属落叶小乔木或灌木。

　　市树:柳树,杨柳科柳属落叶乔木。

142. 格尔木市

　　市花:柽柳,柽柳科柽柳属落叶灌木或小乔木。

　　市树,未确定。

陕西省

143. 西安市

　　市花:石榴,石榴科石榴属落叶灌木或小乔木。

市树:国槐,豆科槐属落叶乔木。

144. 汉中市

市花:旱莲(二乔玉兰),木兰科玉兰属落叶乔木。

市树:汉桂(桂花),木樨科木樨属常绿乔木。

145. 咸阳市

市花:紫薇,千屈菜科紫薇属落叶小乔木或灌木。

市树:未确定。

146. 延安市

市花:牡丹,毛茛科芍药属落叶小灌木。

市树:柏树(扁柏)、苹果树。柏树(扁柏),柏科侧柏属常绿乔木;苹果树,蔷薇科苹果属落叶乔木。

黑龙江省

147. 哈尔滨市

市花:紫丁香,木樨科丁香属落叶灌木或小乔木。

市树:榆树,榆科榆属落叶乔木。

148. 佳木斯市

市花:杏花,蔷薇科杏属落叶小乔木。

市树:樟子松,松科松属常绿乔木。

辽宁省

149. 沈阳市

市花:玫瑰,蔷薇科蔷薇属落叶丛生灌木。

市树:油松,松科松属常绿针叶乔木。

150. 大连市

市花:月季,蔷薇科蔷薇属灌木。

市树:国槐,豆科槐属落叶乔木。

151. 阜新市

市花:黄刺玫,蔷薇科蔷薇属落叶灌木。

市树:樟子松,松科松属常绿乔木。

152. 丹东市

市花:杜鹃花,杜鹃花科杜鹃花属落叶或常绿灌木。

市树:银杏,银杏科银杏属落叶大乔木。

153. 锦州市

市花:月季,蔷薇科蔷薇属灌木。

市树:银杏,银杏科银杏属落叶大乔木。

吉林省

154. 长春市
市花:君子兰,石蒜科君子兰属多年生草本。
市树:黑松,松科松属常绿乔木。

西藏自治区

155. 拉萨市
市花:格桑花(秋英、金露梅)。秋英,菊科秋英属草本;金露梅,蔷薇科委陵菜属亚灌木。
市树:未确定。

内蒙古自治区

156. 呼和浩特市
市花:紫丁香,木樨科丁香属落叶灌木或小乔木。
市树:油松,松科松属常绿针叶乔木。

157. 包头市
市花:小丽花,菊科大丽花属多年生草本变种。
市树:云杉,松科云杉属常绿乔木。

新疆维吾尔自治区

158. 乌鲁木齐市
市花:玫瑰,蔷薇科蔷薇属落叶丛生灌木。
市树:大叶榆,榆科榆属落叶乔木。

159. 奎屯市
市花:玫瑰,蔷薇科蔷薇属落叶丛生灌木。
市树:未确定。

台湾省

160. 台北市
市花:杜鹃花,杜鹃花科杜鹃花属落叶或常绿灌木。
市树:榕树,桑科榕属常绿大乔木。

161. 新竹市
市花:杜鹃花,杜鹃花科杜鹃花属落叶或常绿灌木。
市树:黑松,松科松属常绿乔木。

162. 台南市
市花:蝴蝶兰,兰科蝴蝶兰属附生性草本。
市树:凤凰木,豆科凤凰木属落叶乔木。

主要参考文献

［1］中国树木志编委会．中国树木志［M］．北京：中国林业出版社，1985.

［2］曹慧娟．植物学［M］．2版．北京：中国林业出版社，1992.

［3］邹惠渝．园林植物学［M］．南京：南京大学出版社，2000.

［4］陈有民．园林树木学（修订版）［M］．北京：中国林业出版社，1990.

［5］北京林业大学园林系花卉教研组．花卉学［M］．北京：中国林业出版社，1998.

［6］童丽丽，许晓岗．知花识礼［M］．上海：上海科学技术出版社，2006.

［7］童丽丽．观赏植物学［M］．上海：上海交通大学出版社，2013.

［8］费砚良，张金政．宿根花卉［M］．北京：中国林业出版社，1999.

［9］谢维荪，徐民生．多浆花卉［M］．北京：中国林业出版社，1999.

［10］熊济华．观赏树木学［M］．北京：中国农业出版社，1998.

［11］汪劲武．种子植物分类学［M］．北京：高等教育出版社，1985.

［12］陈俊愉．中国花卉品种分类学［M］．北京：中国林业出版社，2001.

［13］胡嘉琪，梁师文．黄山植物［M］．上海：复旦大学出版社，1996.

［14］中国科学院植物研究所．中国高等植物图鉴［M］．北京：科学出版社，1972.

［15］曾宋君，邢福武．观赏蕨类［M］．北京：中国林业出版社，2002.

［16］中国科学院中国植物志编委会．中国植物志：第六卷［M］．北京：科学出版社，2000.

［17］祁承经，汤庚国．树木学（南方本）［M］．2版．北京：中国林业出版社，2005.

［18］云南大学生物系．植物生态学［M］．北京：人民教育出版社．1980.